KGBの世界都市ガイド

訳・小川政邦

晶文社

Published in Japan, 2001
by Shobun-sha Publisher, Tokyo.
Japanese translation rights arranged with
Top Secret Collection Publishers Co., Ltd,. Moscow
c/o Andrew Nurnberg Associates Ltd, London
through Tuttle-Mori Agency, Inc., Tokyo.

ＫＧＢの世界都市ガイド

目次

東京　277

リオ・デ・ジャネイロ　305

ローマ　345

ブックデザイン　坂川栄治＋藤田知子（坂川事務所）

序文

あなたが手にしているいっぷう変わった本は何でしょう。また、それを書いた奇妙な人たちは誰なんでしょう。

近年、諜報と諜報員に関する本が大洪水のようにあふれかえっており、わたしたちは今にもそれに巻き込まれて溺れてしまいそうです。しかし、なぜ人は諜報に赴くのか、そもそも彼らはどんな人間なのだろうか、何が彼らをつき動かしているのかなどはわからずじまいです。

わたしの年代の人間はほとんどどの男の子も、船乗りになるか、飛行士になるか、諜報員になるかなどを夢見ていました。

では、この本について。人は誰でも周囲をすべて自分の専門的な目で見ます。歯科医はたぶんあなたの歯の具合をたちまち見て取るでしょう。建築家は町を歩きながら控え壁《バットレス》のスタイルの違いや特徴を眺め、庭師は通りの清潔さに注目します。

諜報員はどうでしょう。

諜報員は戦場を眺めるように都市を見ます。彼は街で自分のエイジェントに会ったり、秘密の隠し場所を設けたり、撤収したり、車で走行中は周囲に目を配り、尾行がついていないか確かめます。諜報員は自分の五本の指のように都市の様子をくまなく知っていなければなりません。諜報員はまだ諜報学校にいるうちから目的の都市の研究を始め、ガイドブックを詳しく調べ、地図を見、バスや鉄道列車の時刻表にも精通してしまいます。

わたしは世界の多くの首都に行きましたが、何年もそこに住むようなことは一度もありませんでした。わたしはそれらの都会についてあらゆることを知っているような気がしていました。しかしこの本はわたしに多くの思いがけないことを見せてくれました。わたしはまったく新しくロンドン、ローマ、パリ……を見直しました。

諜報員は諜報活動をするだけでなく、その都市で生活し、そこでは自分の子どもたちが生まれ、下着をランドリーに持っていき、部屋代を払い、オペラに行き、恋をし、離婚し、博物館めぐりをし、ビヤホールをはしごし、教会へ入ります（お祈りをしにではなく、人知れずエイジェントに金を渡すために）。

ですから、諜報員にとって外国の首都は彼自身の生活と祖国に対する奉仕の一部です。目に見えない戦いの場所を忘れるのは不可能です。それらの場所は悲喜こもごもに思い出されます。諜報活動の途上には月桂冠というよりも、いばらのとげの方がたくさん撒き散らされているからです……どれほどの諜報員がさまざまな首都で消え、好ましからざる人物と宣告されたことでしょう。

わたしはこの本の執筆者の多くを個人的に知っています。彼らはわたしのテレビ番組に外国通のジャーナリストとして出演しました。もちろん、わたしは彼らの本当の職業には気付きませんでした。

この本は内容はもとより、執筆者の顔触れもユニークです。この本はさまざまなときにニューヨーク、ロンドン、ローマ、パリ、カイロ、バンコクなどで活動していた旧ソ連KGB対外諜報部のプロが書いたのです。

この珍しい世界の都市案内は皆さんに名所旧跡を見せてくれるうえ、スパイ活動の歴史上まだ知られていなかった多くの事実も語ってくれるでしょう。今では、イギリスの王たちがスパイ趣味だったことや、フランスの伝説的なスパイの大御所フーシェがどこに住んでいたかを覚えている人はいないでしょう。ロレンス大佐がどんなレストランを好んだかとか、マタ・ハリが好きな寝椅子はどのような椅子だったかなどは古老でさえ言えないでしょう。

読者は月並みな情報を詰め込んだ普通の観光客みたいにいろいろな首都を訪ねるわけではありません。読者には秘密の会談に適した公園がわかるでしょうし、KGBの大物エイジェントが出入りしていたレストランを見るでしょうし、諜報員たちが好んで走ったコースを通るでしょう。

執筆者たちは興味津々のスパイ活動や、恋のアバンチュールのことさえ語っています。生活習慣の詳細な描写、国民気質の特性、料理の魅力、礼儀作法や国によってどう振る舞うべきかという賢明な助言などが読者の皆さんの前に展開されます。デイル・カーネギーを読むみたいに、あなたは外国人の好意をかちとる術《すべ》を学び、訪問先の国の愛し方がわかるようになるでしょう。

諜報員たちはリラックスして、軽く冗談めいたスタイルで（おそらく、ユーモアこそが秘密をあかす最良の方法だからでしょう）この本を書きました。

この本を読んでください。これは誰にでも、とくに観光客には必要な本です。

わたしは執筆者たちが番組「旅行者クラブ」の将来の放送のためにほとんど完成したシナリオを何本かくれたことに対しても彼らに感謝します。

ユーリイ・センケヴィチ

テレビ番組「旅行者クラブ」の司会者、
トール・ヘイエルダールの探検参加者、
医師、ジャーナリスト。

ロンドン

ЛОНДОН

筆者の横顔

KGB個人ファイル

№ [redacted]

氏名	ミハイル・ペトローヴィチ・リュビーモフ
生年月日	1934年5月27日
学歴と専門	大学卒　国際関係専門家
外国語	英語、スウェーデン語
学位	歴史学博士候補
軍の階級	大佐
勤務した国	イギリス、デンマーク
家庭	既婚
スポーツ	水泳、バレーボール
好きな飲物	モルトウイスキー「グレンリヴェット」
好きなたばこ	喫煙せず
趣味	散歩

貧困に苦しむ者をもっと苦しめてやりたければ
その者をイギリスに送りこみなさい。
彼はそこで富や絢爛豪華な裕福の証《あか》しや
山と積まれたギニー金貨のはざまで
タンタロスの苦しみを味わうでしょう。

N・カラムジン

スパイ、古巣に戻る

高速道路は世界中どこでも似たりよったりだ。途中の景色にしても、モスクワのシェレメーチエヴォからの道でも、北イタリアのトレヴィーゾからでも、パリのシャルル・ド・ゴール空港からの道だろうと一様に物寂しげである。ヒースロー空港からの高速道路も色あせて、くすんでおり、嵐のような胸の高まりを呼ぶこともない。友人のクリスは肩幅の広いスコットランド人のタクシー運転手相手に会話を楽しんでいる。この運転手は横断歩道をよろよろ歩くお婆さんたちをにこにこ見守りながら通してやる優しい男だ。彼は道路交通法を厳格に守る（ここは赤信号でも突っ走るほどデモクラシーがはるか先まで進んだモスクワではない）。

「誰を乗せていると思う？　元KGB大佐、以前イギリスから追い出された危険なスパイなんだぜ」、クリスははしゃぐ。「このおじさん、見かけはすてきだけど何をやっていたと思う？　イギリスの保守党員を片っ端からKGBの手先に仕立てていたのさ」

運転手はちらっとバックミラーでわたしを見ると、不意に嬉しそうに言った。

「すごい！　いいことやったね。あんな悪党どもにはそうしてやらなきゃ。保守党の連中は国を危うい瀬戸際まで持っていったんだから」

城とウィスキーの狭間でひっそり生きてきたスコットランドがある貧しいイギリス北部出身の人たちは、保守党員を好かず、恵まれたロンドンをねたんでいる。一方、ロンドンは、怠け者のスコットランド人はロンドンのすねかじりだと無邪気に考えている。

わたしは満足だ。やはり無駄働きではなかった、貴重な魂の情熱とKGB職員の熱い心を無駄に消耗したのではなかったのだ。階級的憎しみに連帯を表明してこの運転手業のプロレタリア君と握手をしたい気持ち。

久し振りだね、とらえどころのない不思議なアルビオン〔イギリス〕！　夜明け前のペル・メル街、三十年前、わたしは猛スピードで車を飛ばした。かつてジャック・ロンドンら資本主義の本質を暴露した人たちが讃えたイースト・エンドの貧民窟へ、息子に初めて会うために疾駆する。共産党員の産婦人科医たちが働き、それゆえに万事金しだいのブルジョワ病院よりもお産で死ぬ危険がずっと少なかった産院がそこにあるのだ。

何と昔のことになったのだろう。ああ、ときに激しく、ときに運命的だった六〇年代。

やあ、マークス＆スペンサー・デパート。これは華麗なハロッズ・デパートのように目の玉の飛び出るような値段ではなく、安値で民主主義的な店。恥ずかしながら、大外交官にしてスパイであるこのわたしはよく客から貧相な店員と間違えられて、野菜のおろし金や、ときにはかみそりを見せてくれと言われた店。たぶん、わたしの人相に親切な世話好きそうな表情があったのかも。自分がスターリン独裁の時代に育ったのもゆえなきことではなかった。

こんにちは、ヴィクトリア朝風のリッツ・ホテル、ピカデリーの重々しい飾りつけ。「さらば、ピカデリー。さらば、レスター・スクエア。ティペラリーまでは遠いが、わたしの心はここにある」。そしてリッチモンド・パークの草地や芝生を逍遥する鹿たち。イギリスの芝生は人間が大勢歩きまわったり寝ころんだりしても鮮やかに息づいているのに、なぜふるさとロシアの芝生は立ち入り厳禁にもかかわらず年中茶色に擦り切れているのか、これはロシア人にとって永遠の謎である。

そしてジョージ王朝様式のチェルシーのコッテージ。窓辺には花を並べ、チッペンデイル様式の革張りのソファ。ふとその下を見ると、アガサ・クリスティの小説の硬直死体。

ロンドンは多様な面を持つ厳しい美しさでわたしの目をくらませる。ロンドンは非常に賢明だ。ロンドンには常に行間の意味がある。わたしはロンドンを愛し、ロンドンにはまもなくイギリス人がいなくなり、移民で満ちあふれるだろうという予測を恐ろしい気持ちで聞く。

自分の靴で町中を踏みしめた。辻馬車で乗り回したというのはカラムジン〔ロシアの作家。十八世紀末にヨーロッパ見聞記を発表した〕の旦那の話で、われわれ諜報の脇役は迷路のような路地をさまよい歩き、調べたり、取り調べられたり、走る場合だってある。あるときのこと、わたしは通行人を驚かせながらページを開いたままの地図を手に野生馬のようにひた走りに走った。道に迷い、時間に遅れそうになったので、協力者が立ち去ってしまうのではないか心配で、汗だくで走った。

いちばんの問題は、ロンドンではそこらじゅうがイギリス人だということだ。そのころのわたしは、まだリクルートしていないイギリス人がごまんといることが悲しいほどだった。

傲岸な保守党員たち——超《スーパー》大国(当時はよろずsuperだった)の運命がかかっている極秘情報の持ち主たち——の群れがパイプをくゆらしてオックスフォード・ストリートを歩きまわる。きれいに洗って毛を梳いた犬が散歩させてもらい、人類の幸福を至上命令と考えている者はその光景に心を傷つけられる。映画館では頭がくらむほどの喫煙(幸い今は禁止されているが、そのころはとくに最終回ではスクリーンが煙に隠れてしまい、映写が終わるとイギリス人たち、とくに植民地帰りの退役大佐たちは一斉に起立して「イギリスよ、統治せよ」を高らかに歌った)。

辺りいちめん保守党員だらけで、その中にわたしの金の魚がうろこをきらめかせていた。

恥ずべき情熱

わたしとイギリスには奇妙な愛情が培われていった。イギリスが自分の気に入れば入るほどわたしは何か恥ずかしいことをしているのではないかと悩んだ。それでもイギリスはわたしの気に入り、ヘンリー・レガッタも、ダンテ・ゲイブリエル・ロセッティやわたしの好きなアルジャーノン・チャールズ・スウィンバーン（マーチン・イーデンが愛した人物）も住んでいた家々の近くの河岸通りチェイニ・ウォークも素晴らしかったし、人々はサッカレーやトロロープの小説にあるようなおつにすました連中ではなく（高慢ちきな者もいたが）、素敵で、愛想がよかった。

イギリスに対する禁断の情熱は身震いするほどで、このたわむれの恋はほとんど背徳の感じすらした。そのとき、イギリスの方へ韻を踏んだ鉛の弾丸が飛んできた。わたしは淫蕩にふけるソーホーの居酒屋、山高帽をかぶり、お定まりの傘を持ったうんざりするような聖職者たち、礼儀正しすぎる猫かぶりのレディたちを意地悪い詩で笑いとばした。

君主制は無学な大衆をまどわせるために維持されてきたのではないだろうか。

そのために、ウェストミンスター寺院も、おもちゃのような親衛隊も、貧富の別なく入れるリッツ・ホテルのレストランですらそっくり包み込んでいる伝統崇拝が存在しつづけたのではないだろうか。アハ、ハ。

ハイド・パークで赤いリボンの子どもを大事そうに乗せた乳母車を押すベビーシッターもわたしをかっとさせた。十分に食べているこのベビーたちにもいらいらさせられた（飢えたアフリカの子どもたちが頭に浮かぶ）。ベビーシッターに説明してやりたかった。君たちそんなに誇り高く見せようとしたって無駄さ。君たちは、自分の子どもや福祉事業どころではなく、夜の居酒屋のシャンパン、ヴーヴ・クリコがお似合いの「血にまみれて狂気している連中」のサービス係にすぎないんだよ……。

何という幸せ。わが国にはこんな恥さらしはありえない。わが国には平等で兄弟愛に満ちた幼稚園がいっぱいあり、上流家庭の保母などという者はまったくいない。

わたしのイギリス！　過去の辻馬車はごろ石道を走る。車輪がきしむ。新聞売り子が小窓から覗き込み、たどたどしいロンドンなまりで「アンク・ユー、サー」、つまり「サンキュー、サー」と言う。さあ、ストラトフォード・アポン・エイヴォンだ。わたしはハムレットの塑像を見つめる（そして上級中尉の自分との驚くべき類似性を発見する）。ほら、シェリーの妻が溺れたハイド・パークのサーペンタイン湖だ（「誰の奥さんだって？　昨日の夕食会でキャビアをまるまる一瓶たいらげたあの足曲がりの男のじゃないだろうね」、友がきいた）。わたしは朝早く公園を短パンで走る――試合開始だ。わたしは息子を乳母車に乗せて進む。あっ、息子が驚いたようにぐるりを見まわしながら危なげに芝生を歩いている……。

　今度はソーホーのレストラン、エトワールだ。わたしがアメリカ人の歴史の教授（彼は上着のポケットに派手な色のハンカチを入れている。ハンカチは無造作にそして上品に突き出していて、わたしはたぶん物欲しそうにそれを見ていたのだろう、あるとき彼はポケットからそれを引っ張り出し、マイク、君にプレゼントだと言った）とエスカルゴの殻をほじくっていると、男が駆け込んできて、ホール中に叫んだ。「ケネディ大統領が殺された！」場内しーんとなる。

　わたしはカフェ・イザークで「影の内閣」の閣僚ディック・クロスマンと食事をしている。突然、ボーイがメモを持ってくる。「あなたのテーブルは盗聴されています」。わたしの相棒は落ち着きはらってそれを読むと、眉をぴくりとさせてわたしに渡す。わたしは説明しがたい胸騒ぎに襲われる。ふたりは犯罪めいたことは何もしていなかったのだが、急いで食事を片付けて出口に向かう。誰かがわたしの背中をポンと叩き、アッハッハと笑った。名うてのひょうきん者、旧友の映画監督ジャック・レヴァインだ。彼がひと芝居打ったのだ。君、ブラックユーモアをありがとう。われわれがどれほどあおくなったか、とっくり眺めて楽しむがいい……。


わたしの辻馬車は飛んでいく。

　スパイの仕事は人間の心の知識を異常に広げるが、われわれを駄目にし、厚顔無恥にする。だいたい、きちんとした人間が鍵穴を覗き込んだり、隣人が黙っていようと思う情報をほじくり出そうとしたりするだろうか。プロのスパイ活動は個性を殺し、最も恐ろしいことは、神に造られたすばらしい、喜びも悲しみも持ち合わせている一個の人間が、スパイにとっては「協力者発掘事業」の対象の一人と映るということである。「協力者発掘事業」とは、大昔からスパイが自尊心の意識から太い針に粗い糸を通して綴じ込んできた厳粛なファイル名である。人類《ホモ・サピエンス》、自然界の王は、あらゆる方面から眺め、においを嗅ぎ、舐めまわし、がんじがらめにし、だまし、たらし込み、協力者にすべき対象に変えられる。

　それでも……それでもやはり彼ら、わたしのエイジェントたちは常にわたしと共にあり、メンバーであろうとなかろうと、献身的な者であろうと関係を絶った者であろうと、彼らは手をたずさえて列をなして地平線のふちを進んで行く。これがわたしの生活。わたしはそのなかにいるし、ドラマの幕切れをとっくに知っているくせに、何度も何度もうっちゃられたり、初手から打ち直したりしている好奇心の強い観客として、この生活を上から眺めている。彼らはよろめき、跳びはね、笑い、顔をしかめ、こぶしでわたしをおどかし、愛想よく手をさしのべ、顔をそむけ、泣く。

そのなかに、夢のようなことを約束したり、ひとをまごつかせたりする、きわめて柔軟な外交官がいた。近づけば火傷をさせられるこの老練な狼はどんな大学よりも多くの人生をわたしに教えてくれたが、その後なぜか姿を消してしまった。あっ、彼だ。わたしの狂ったような辻馬車に手を振っている。鼻の前に指を広げてわたしをじらし、叫んでいる。「おーい、おっさん、俺にいっぱいくわされただろう。どうだい、うまいだろう」

機密文書を渡すべきか、それとも貧しくとも幸せに暮らすか長い間決めかねていた細身のレディ。彼女はわたしと会うのをとても恐れていたが、その後ある西側の記者であるわれわれのエイジェントの抱擁に手を広げた。彼のことは全然恐れず、貴重な情報をもたらした。

彼女は薄笑いしてわたしを見ている。「ご機嫌いかが、勝利者さん。あなたはどうやってあのくわせ者をわたしに近づけられたんですの？　いいこと、あなたにもう少し忍耐力があったら、結局あなたにもあの呪わしい文書を差し上げましたのに」

それがわかっていたなら。かわいいレディ。それがわかっていたならねえ。何でも早くからわかればねえ……。ああ、これはすべて昔のこと。三十年が過ぎたのだ。

そしてわたしは再びここに、もはや年金生活者かつ作家としてここにきた。

最初の数日はハムステッドの丘にある、同じく文士の旧友クリスの豪邸に貧乏な親類みたいに住まわせてもらった。彼はインテリに崇拝されている。そこには風刺詩のゆえに死んだ詩人キーツのこじんまりした家もある。ハムステッド・ヒースの森蔭には有名な作家（やはり元スパイ）のジョン・ル・カレが住んでいる。そこではどの家もそれぞれが記念碑である。そこにはまた絵画芸術の宝庫ケンウッド。ひたすら散歩が堪能できる。

わたしたちはキッチンで食事をすることにし、クリスはプラスチックの小箱を数個取り出す。わたしはほしぶどう、くるみその他何かわからないものが入った、六〇年代には想像もできなかったさまざまな実のミックスの山をびっくりして眺める。

カラムジンが警告して言うには、「……イギリス式にも食べた。すなわち、牛肉とチーズ以外何も食べなかった。イギリス人はどんな青物も好まない。それで彼らの血は濃くなり、それで彼らは粘液質になり、自分でも耐えられない鬱病になり、自殺するのも稀ではなくなる。彼らのふさぎの虫の肉体的原因にはさらに二つの要因を加えることができる。それは海からの永遠の霧と永遠の炭煙である」

今はどちらもない。

冷たいオートミール（自分と人類全体が哀れに思えてくる）。

わたしはオートミールを食べる。わたしはこれを憎んでいる。しかし、われわれスパイはたいてい不規則な生活で胃カタルなので、オートミールは胃にいいのだ。

ゆっくりコーヒーを味わう。本物の炒ったモカ。インスタントコーヒーは平民の宿命。さりながら、コーヒーを飲むのはひとと近づきになるのにうまく利用できる。カップを手にあちこち歩きまわれる大きなダンスホールで役に立つ。方法は簡単。必要な目標に近づいたらほんの少しコーヒーを床にこぼして、あっ、と言えばよい。標的は当然軽く振り向く。それが不器用さを詫びる絶好のきっかけで、自己紹介し、会話を始める。

すごく勤勉なスパイは動揺してひとの（あるいはもっとまずいことには自分の）服かドレスにコーヒーをかけてしまうが、これで絶望してはならない。その場合には近づきになるのはもっと自然に見えるし、しみに塩をかけてやるとか、ウオッカで拭くとかしてやれば、相手は恐縮して感謝するだろう。

クリスが葉巻を出す。われわれはサー・ウィンストン・チャーチルが二人いるみたいに悠然とくゆらす。

葉巻もスパイには重宝だ。これは暗殺に便利だ。葉巻には爆発物も、毒をつけた発射装置も仕込める。それは簡単に血液に浸透して瞬時に心臓を止める。

キップリングが書いているように、「女性は単に女性にすぎないが、葉巻はそれこそ本物の煙だ」

食事が済んだ。わたしはモスクワで買ったイギリス製のほとんど踵まであるレインコートを羽織る（こんなのはロンドンでは見たこともない。大多数のイギリス人はロシアのいちばん貧しい「担ぎ屋」みたいに質素なジャンパーで歩いている）。クリスは家の戸締まりをしているが、とてもあっさりしていて、ベルはいっさいないし、暗証装置もない。

わたしは尾行されているだろうか。年金生活のスパイなど無視しているのじゃないか。いや、いや、わたしはまだ動けるんだよ！

浣腸器、モロトフ、左側通行

たぶん、今でも監視し、私のスーツケースを調べ、いつでも私が携帯している浣腸器に驚いていることだろう。

ロンドンではモロトフでさえ戦時中ひそかに持ち物を調べられていた。黒パンが半分とクラコフの輪形ソーセージ一本、それにピストル一丁が見つかった。

わたしたちは家を出て、クリスのグレーのジャガーに直行する。これはジェイムズ・ボンドご愛用の車種だ。万一の場合を考え、鋭い目で車を見まわし、かがみ込んでのぞく。特務機関は好んでマフラーに爆発物を貼りつける。これには塩素酸塩と砂糖を混ぜて詰めたコンドームがとりわけ便利だ。

ジャガーはすべるようにハムステッドの丘を下り、フィンチリー(トリール生まれのワイン愛好家カール・マルクスが家族とかつて暮らしていたところ)を通り過ぎ、さらに狭い路地伝いに進むと、わたしは突然、リージェント・パーク脇の通りを思い出した。機密文書を売る話を持ち掛けてきた人物に待ちぼうけをくわされた場所だ。

あのいまいましい奴はやって来ず、わたしは悲しい気持ちで動物園に向かい、そこでむしった草をカモシカに食べさせたかどで罰金を取られた。わたしに罰金を科した赤ら顔の愉快な男は、仮定法の効用に関するアネクドートをわたしに聞かせてくれた。

マダムが娘と猿の檻の前に立ち止まったところ、猿たちがいきなり愛のたわむれを始めました。マダムはショック、娘は大喜び。マダムは娘を檻から引き離そうとしますが、娘はふんばります。「ママ、あたし猿が遊ぶところ見たいの」

レディは憤然としてやおら恰幅のいい警備員に向き直ります。

「あなた、ちょっと失礼。わたしがこのけだものたちに焼き栗をやったなら、このその……醜態をやめるかしら」

「あなたならおやめになりますか、マダム?」

仮定法というものはすばらしいですな、この「もし~なら」は。

わたしたちは通りをいくつも回ってから、ポータベロ市場の近くで車を止めた。ここはロンドンのロシア人コロニー愛用の市場で、蚤から飛行機まで何でも買える。

ああ、ポータベロ! 土曜日ごとにわたしは妻と息子を乗せてこの果物と野菜の饗宴に飛んで行った。グランニー・スミス種のりんご(りんご一日一個で医者いらず、イギリスのことわざ)、芽キャベツ、ブロッコリーを山と買い、トランクから折り畳み式の乳母車をそっと取り出すと、かわりに全部そこへ詰め込んだ。

そこから先は諜報活動に入る。妻は息子と車から離れ、気持ちのいいホランド・パークを通ってわたしたちのアールス・テラスのつつましやかな住まいに着く。わたしは運転席につき、静かにとある小路に出（緊張で鼻水が出る）、元気に街路や小路をぐるぐる回ったあげく、尊大なイギリス的面構えで地下鉄やバスの中でロンドンっ子に交じりこんだ。

こんなベテランの尻尾はつかまりっこない。

こうしたすべてはどれほど心地よく神経をくすぐり、他に比類ない自己を意識しながら、いっぱい食わせることの楽しかったこと。

実を言えば、スパイ駆け出しのころ、わたしはどうしても左側通行に慣れることができず、煙にまいている最中よく規則違反で警察に罰せられた。

左側通行はヨーロッパ人にとっては鞭であり、通りを渡るときには頭がくるくる回ってしまう。

最もこわいのは、ロシアに戻って右側通行に慣れようとしながらそわそわ走り続けることだ。それにもましておそろしいのは、お互いに道を譲り合い、どの歩行者に対しても幸せそうな微笑を浮かべて止まっているイギリスのドライバーのいんぎんなマナーを自分から失うことだ。ふるさとロシアではすべてこの逆だ。相手に譲れば、自分がやられるが、道を譲るのは性格の弱さの表れなのだ。

こんな思い出にふけりながら呑気に限りなく美しいポータベロをのろのろ行くと、不意に胸の張り裂けるような歌が聞こえてきた。「君はわたしを破滅させた、黒い瞳よ！」、ソ連陸軍大佐の軍服を着た若い男がギターを手に歌い始めた。軍帽は地面に置いてあり、通りがかりの人たちは喜んでコインをそれに投げ込んでいる。

わたしは胸がぎゅーっと締めつけられた。いったいどこまで落ちぶれてしまったのか。

これがあの時代なら、即刻後ろに手がまわり、モスクワに送られて、ソ連軍侮辱で投獄されただろう。ところが今は……。

以前は秩序があった。われわれのあるエイジェントだった中国人の知事が何かスターリンのことをつぶやいたら、ソビエト代表部の食事に連れていかれ、地下室でピラフならぬ弾丸を見舞われた。うなじに撃ち込む発射音は外のトラックの音で聞こえなかった。

とくに手間取ることもなく、そこに埋めてしまった。

しかしあの悪党は歌いまくっている……。

そのとき、警官——おまわりさん——と並べてわたしを撮りたくてうずうずしていたクリスがわたしの思いをさえぎった。おまわりさんたちは商人の方を見ながら、不機嫌そうにしゃべっている。

　正直言って、わたしは自国の善良きわまりない民警を見ただけでも心臓が止まりそうになり、運転中はひたすら彼らの方を見ないように努めた（今でも覚えているが、民警が不意にわたしの車を止め、近づいてドアを開けたとき、わたしは車から転がり落ちたことがある）。

　買収できないおまわりさんたちはわたしをパニックに追い込むだけなのだ。しかし、これは恐怖ではない。彼らは別に罰金をかけたり、免許証を取り上げたりしない。わたしはおまわりさんの前ではまったく尊敬の気持ちでおどおどしてしまうのだ。ある晩遅く、ひとりのおまわりさんがわたしを止めて、例の仮定法で知識を広げてくれた。「失礼ですが、ライトをおつけになられたなら、よいのではないかと思いますが」と言ってくれたのも忘れられない。

　おお、「もし～なら」の効き目！

　わたしは心配そうな顔をする（「どうしたんだ」とクリス）。警官に近づき怖くて震えながら、近くに郵便局はありますかときく。彼らはいぶかしげに、わたしの裏の裏まで知りつくしているみたいにわたしを見るが、丁寧に教えてくれた。

　トリックは成功し、警官とツーショットの写真もできた。

　ホットドッグを一本ずつ食べて、次の目的地点――ロシア大使館の建物が二棟そびえ立つ「百万長者ストリート」へ向かう。

　以前そこはもっと豪華で、門にはシルクハットをかぶったのっぽの番人が立ち、門を通過するあらゆるロシア人の動きについて掛け持ち仕事で通報していた。そこでは朝刊も売っていた。あるときわたしは軽率に門内にすべりこみながら好きな『タイムズ』を取ろうと片手を伸ばし、左の脇腹（自分のではなく車の）をすっかりこすってしまった。

　大使館だ。ここでわたしは幸せな日々を過ごしたのだ！

　当時、われわれは樽詰めのニシンみたいに二つの建物に押し込められ、わたしは多くの人と知り合いですらなく、こんなに多くの人の群れの監視につとめるイギリスの防諜機関に同情するばかりだった。

　一九七一年、イギリスは耐えきれなくなって、ロシア人職員を百人以上締め出してしまった。もしイギリスがそんな決断をしなければ、たぶんわれわれはあそこにルビャンカにあるような巨大な建物を建て、愛情省みたいなものをつくったかもしれない。

おそらく、隣のケンジントン宮殿まで地下道を掘り、女王の侍女を残らず誘惑してしまったかも……。

わたしたちはケンジントン・ハイ・ストリートに出て、羽根を抜かれていない生きている孔雀が歩きまわっている公園へ曲がり、ホランド伯爵がフランス士官の兵営として建てたアールス・テラスへ向かう（伯爵は熱烈なフランスびいきで、政府は大目にみていた）。伯爵が、この建物の二つの玄関口がやがてロシア人に占拠されるということを知ったとしたらどうしただろう。

この建物には偉大にして無名のある人物が住んでいた。それはわたしである。

わたしたちは半地階の、子どもの多い家族といっしょの共同住宅に住んでいた。窓はごみ箱に直面し、ディッケンズの小説の浮浪者みたいな哀れな生活を送っていた。そのころの外交官や諜報員の生活を思い起こすと目に涙が浮かぶ。そのかわり、精神はきわめて旺盛だった。

貧乏には愚痴を言わず、自由や細々した身の回りの品や、海へ行く旅を喜んだ。

人間にはさらに何が必要なのだろう。

そのころわたしたちのところへクリスの友人、のっぽのジョンが転がり込んできた。彼の車のトランクにはおとなしいセントバーナード犬が入っている（ジョンはその犬をとても可愛がり、犬が苦しそうに喘いでいるときでも連れまわっていた）。

わたしは自分自身そんなような体験をしたことを覚えている。敵の見張りがわたしを外出させないので、目をくらますため、わたしはトランクに押し込まれて大使館から運び出されることになった。

その中でわたしは臭気のためにほとんど死ぬところだったが、任務は正確に遂行した。

セントバーナードは嬉しそうに尻尾を振る。

イギリス人は犬を熱愛し、記念碑を建てたり、詩を書いてやったりする。

かつてわれわれが犬のライカを宇宙へ打ち上げたとき、大使館の前では抗議のデモがすさまじかった。

犬はスパイにも役にたつ。犬と散歩のときには柱や木にエイジェントにあてた合図の印をつけたり、迎え酒に飲んでつぶしたビールの缶をごみ箱の横に捨てたりできる。

犬は人間だけでなく、スパイの友でもあり、連絡係も務められる。

ドイツ人は第一次世界大戦でとくに犬を愛用した。雄犬は毛皮や口の中にまで隠したエイジェントの秘密報告を運び、イギリス人は彼ら（エイジェントではなく雄犬）

を生け捕りにするために雌犬を放した。雌犬は雄を本来の道からそらせてしまった。

ロシア人も犬を使ったが、乱暴だった。秘密報告をあそこへ押し込んだ。あるとき、ドイツのパトロールが痛みに苦しんでいるシェパードを連れた土地の者を見咎めた。間もなくカプセルが光り、すっかり明らかになった。

ハイド・パークでレディに言い寄るには

わたしはカラムジンが見逃さなかったハイド・パークの芝生を歩く。当時ハイド・パークはまだ郊外だと思われていた。

馬術教師をお供にした乗馬姿の若いイギリス女性たちがカラムジンを感嘆させた。彼女たちが古い樫の木かげで馬をおりたとき、カラムジンはそのなかのひとりにフランス語で話しかけた。イギリス女性は彼を頭のてっぺんから爪先まで眺め、二度「ウイ」と言い、二度「ノン」と言い、それ以上何も言わなかった。

もしもカラムジンがエチケットの基本を知っていたなら、こんなふうに近づきになるのは失礼だ、知らないひとに列車か地下鉄で話しかけるのと同じだということがわかっただろう。それにイギリス人と外国語で話すくらい愚かなことはない。彼らが認めるのは英語と若干英語の単語を知っている外国人だけで、お世辞に「あなたはとても英語がお上手ですね」と答えるだろう。

カラムジンは、誰かしらと接触することに努力していないと毎日諜報代表部のボスに叱られる典型的なドジスパイのように振る舞ったのだ。

わたし自身、何度かハイド・パークで誰かに接触を試み、あるとき若い娘さんと話し始めた。彼女は保守党本部の職員だということがわかった。

わたしがロシア人だと知った可哀そうなお嬢さんは気が遠くなって永遠の芝生に転落しそうになった。われわれはそれほどイギリスで恐れられていたのだ。

その後わたしはもっと賢くなり、知らないひとには自分は旅のスウェーデン人ですと自己紹介した。そしてあるとき、朝のハイド・パークのランニングでお年寄りを一人追い越した（当時ジョギングをやるのは奇人ぐらいだった）。その人とことばを交わし、スウェーデンの記者だと名乗ったが、腰を抜かさんばかりに驚いた。その人物は突然流暢なスウェーデン語で話し始めたではないか。まさにスウェーデン人がジョギングしていたのだ。わたしはもちろん、すぐさま事態を理解し、自分は半分スウェーデン人にすぎませんと言ったが、ハイド・パークの芝生でさえ、わたしのことばを聞いてひどく赤面していた。

　やがていつの間にかナイツブリッジに着きつつあり、足はひとりでにわたしをブロンプトン・ロードにある世界最高級のハロッズ・デパートへ連れていく。

　商店はスパイのエイジェントの仕事にとってバスや地下鉄に劣らず重要である。巨大なハロッズは出入り口が多く、いつも人がいっぱいで、尾行がついていても簡単に群衆にまぎれこめる。

　山のような品物にきょろきょろしている買う気十分の客の役ほど自然に見えるものはない。

　迷子の犬のように階から階へ走り移り、エレベーターからエレベーターへ乗り移り、非常口へ回り、試着室で上着を試着し、階段を駆けおりてごらんなさい。おそらく数分後にはあなたの後ろに激昂して真っ赤になり、息切れして死にそうな何人かの男の顔が見えるでしょう。

　つまらない物をくすねたり、血気を抑えたいひとに忠告。ハロッズはパウンドケーキのレーズンみたいに保安局員で満ちているし、ときにはアイルランドのテロリストの爆弾が破裂する場所でもある。

　以前、大店舗では親切な店員が客にくっついて離れなかったが、今ではセルフサービスのシステムが全盛だ。

　このシステムで大切なことはおずおずしないこと。売り子の鋭い視線を浴びながらフランネルのズボンを選び、これも英国びいきの執着のひとつだが（最後のズボンは最近三十年も経った）、仮縫い室へ行き、入り口で預かり証を受け取って寸法をはかる。太ったことに驚き、別のを選びに出る。

　一回に持ってこられるのは三着以下だが、イギリスの寸法はヨーロッパと違う。仮縫い室の中は暑い。また別のを選びに出るにはもう一度着直さなければならない。この手順にわたしは息がつまり、もうパンツ一丁で出ていきたくなる。

　物質的なものは精神的なものとミックスするとよい。したがって、ついにズボン（欲しかったのとは全然違うもの）を買い、わたしはデパートからあまり遠くないヴィクトリア&アルバート美術館へ移動する。この美術館はイギリス人が植民地大国の時代に略奪してきた宝物に満ちあふれている。

　この地域には自分も強奪したくなるような興味尽きない博物館がたくさんある。

　ズボンをしっかり胸に押し当てて（買物はたいへんだったほど、貴重なものになる）、ナイツブリッジに戻りながら、一度女王と庭園でのんびり紅茶を飲んだことのあるバッキンガム宮殿の方へ行く。イギリスでは女王の名はとっくの昔に神聖ではなく、誰でも彼でも好きなようにあしらっている。

かつてわれわれのエイジェントで、三〇年代に腐敗した資本主義と闘っていた秘密共産党員のひとり、アンソニー・ブラントが女王の美術ギャラリーの長を務めていた。そのころ、彼はすでにわれわれと縁を切っており、スパイも皇室にはとくに関心はなかった。はてしない情事の話や家庭内のスキャンダルのほかにあそこで何がわかるというのだろう。

女王の美術ギャラリーは現在万人に開放されており、ロンドン最高のもののひとつである。

そこはプロムナードにも、スパイにも素敵な場所なのだ。

王室のたくらみ

ペル・メル、またはメル（邸宅の多くは表札がない。これは有名なイギリスのクラブであり、百ポンド払っても素性不明の者は入れてもらえない）、それからセント・ジェイムズ宮殿の公園の方へ行くと、地下から角笛《つのぶえ》の響きと歴史の歩みが聞こえてくる。


ああ、イギリス王室よ！　この王室はどれほどのスキャンダルを世にもたらし、どれほどの中傷を生み出していることだろう。チャールズ皇太子とダイアナ妃をずたずたに引き裂いた現代のスキャンダルは壮大な過去の背景の中では瑣末なことにすぎない。

十九世紀初頭、王位にあったジョージ四世は大食漢で、金を湯水のように使う浪費家であり、自分に押しつけられたハイエナのキャロラインから逃れるために半生を費やし、事実上彼女とは暮らさなかった。女王は樽のように太り、卑猥な言葉を好み、短足、不潔で国民に賛美されることはなかった。

ジョージは彼女の王冠を奪うためにありとあらゆることを考えた。探偵を雇ってイタリアへ尾行させ、女王の召使たちを買収し、漁師たちさえ女王がボートで愛人たちと逢引していたと証言した。そして王はついに女王と執事のイタリア人ベルガミとの関係をつきとめた。

尋問は厳しく、不倫を企てる者すべてにとってよい教訓になった。

メイドが取り調べられた。

「お前はベルガミが女王のベッドを温めているところに居合わせたか」

「わたしはベッドが温められているときにはいませんで

したが、お湯を入れた瓶を持っていきました」(当時イギリス人は暖をとるために、湯の入った瓶をベッドに入れた。今でも冗談に、イギリス人にはセックスはないが、熱い瓶があると言う)

「お前は庭を散歩中のベルガミと女王を見たか」

「はい、女王はベルガミを抱いていらっしゃいました」

「お前は、『抱く』という言葉をどのように理解しているか」

「女王は両手でそれをなさいました」(仕草をする)

「女王は両手をどこに置かれたのか」

「女王は両手で彼の肩を抱いていらっしゃいました」

「それは腰のことか」

「はい」

「お前は女王陛下が船で入浴されたのを覚えているか」

「はい」

「女王は一回以上入浴なされたか」

「わたしは、二度だけ覚えています」

「誰が女王と入浴したか」

「ベルガミです」

　友人の皆さん、われわれスパイを恐れてください。われわれはいつの時代にも存在しました。われわれは王家の秘密にすら這い込んだのです。


　セント・ジェイムズ宮殿ではたぐいまれな愛人チャールズ二世がはしゃいでいた。彼はスパイを恐れ、スパイを避けて身を隠し、樫の洞《うろ》の中にまで潜んだ。

　フランスのスパイはキャサリンをチャールズ二世に娶らせようと散々努力したが、このフランス女性は彼のハートを征服できなかった(「余には女性のかわりに細い棒が送りつけられた」)。

　そのかわりチャールズは身の回りをスパイ行為や悪巧みにたけた驚くべき情婦たちで固めた。とくにルイーズ・ド・ケロワールが抜群で、ロンドン駐在のフランス大使は彼女について「マドモアゼル・ド・ケロワールの絹の腰はフランスとイギリスを結びつけた」と書いた。

　そのセント・ジェイムズ宮殿ではお祭り騒ぎ、レディのキャスルメインも、元花売りのネル・グインその他の魅惑的な女性たちも、チャールズ自身も光り輝き、チャールズはしばしギターの伴奏で歌うのが好きだった。彼はほかならぬ「アンクル・ローリー」(王宮厩舎の最優秀雄馬の一頭の呼び名)と称されていた。夜、王は女官たちの寝室に押し入り、誰なのという怒声に、いつも「マダム、ほかならぬアンクル・ローリーでござる」と答えた。

　なお、かつてこの辺りではフランスのスパイ、騎士エオン・ド・ボーモンが巧妙に活動していた。彼はロシアのエカテリーナ二世の宮廷における数々の功績で名声を博した有名人で、女装して宮殿に潜入し、次から次へと女官を誘惑した男である。

エオンはイギリスでロバート・ウッド外務次官の文書入り鞄を盗んだし、政府のメンバーが仮面をかぶりどんちゃん騒ぎをやらかす「地獄の火クラブ」ではしゃぐのが好きだった（彼らは今日でもそれが好きだが）。

そこではだまし合い競べや仮装舞踏会が催されたが、哀れなエオンは性チェックされる羽目になったところ、権威ある委員会（イギリスでは当時すでに委員会づくりに熱心だった）はなぜか特定の結論に達しなかった。間もなくエオンはフランスの秘密をイギリスのスパイに売り込んだ。

スパイの本場、イギリス

わたしはフォリン・オフィス（外務省）のある権力体制の最も聖なる地、ダウニング街へ出る。この役所の事務官たちは、どのロシア人をもスパイのように思い（正しい！）、ロシア人を火のように恐れた。しかしわが諜報代表部のボスはこぶしでテーブルを叩き、あそこの貧相な連中を釣り上げて、リクルートすることをわれわれに要求した。

ときどきわたしは憂鬱な気分でそのビルに近づいた……ひょっとしてそこからわたしの火の鳥が飛び出してくるのではないだろうか、と。

あるときわたしはグレーのストライプの服を着た太った男について行った。彼はビヤホールに入り、何日も空きっ腹だったみたいにサンドイッチにかじりついた。わたしは無邪気にと言うか、むしろ絶望的な気分で彼と会話を試みたが、でぶっちょは食事を中断したがらず、よだれをたらし、サンドイッチのかけらをこぼしながら、何かぶつぶつ呟いただけだった。

今度はウェストミンスター寺院の付近だ。ここには多くのスパイがかくまわれていた。独立戦争のときにアメリカ人たちに吊されたジョン・アンドレ少佐も含めて。スパイだけでなく、秘密警察の粘り強い眼に入ったコールリッジとワーズワースの「湖畔派」の詩人たちのようなスパイ活動の犠牲者たちも。

もちろん、博識ゆえに煽動家として名の通っていたコールリッジはまったくそう見られるにふさわしく、当局が彼が体制打倒を呼び掛けたビラを配ったのではないか、彼が地域住民を集会に集め、そこで有害な演説をし、土地の見取り図を描いたのではないかとしつこく問いただしたのも無駄ではなかった。

コールリッジとワーズワースに比べれば、『チャタレー夫人の恋人』の著者D・H・ロレンスと彼の妻、ドイツ人のフリーダが第一次世界大戦の最中、コーンウォルの海辺に住んでいたときの二人に対する監視はもっとすさまじかった。

ロレンスはドイツ人女性のことで疑われたばかりでなく、彼があごひげを生やし、何か書いているということが、住民にとってはすべて異常だった。あるとき、ロレンス夫妻が家へ帰る途中、呼びとめられて、持ち物検査をされた。リュックサックには写真機ではなくて、野菜と塩ひと包みしか発見されなかった。

土地の住民はひとり残らずロレンス夫妻をスパイしていた。フリーダは洗濯物を干せなかった。洗濯に使った水を運び出したり、暖炉を焚くことは、すべてドイツ空軍に対する信号とみなされた。ロレンス夫妻は岩の間に隠した食料と燃料をドイツの潜水艦に補給していると考えられていた。

ロレンス夫妻が海岸の岩に腰をおろしていたときのこと、海の風と太陽で元気になったフリーダが跳び上がって、小道を駆け出した。彼女の首に巻いた白いスカーフが風にはためいた。監視されてノイローゼになっていたロレンスは叫んだ。「止まれ！　ばか者、止まれ！　敵に信号を送っていると思われるぞ！」

結局、不運な夫婦はコーンウォルから追放された。

あ、スパイの詩人、キップリングの墓だ。ソ連では彼を帝国主義の擁護者だとしてそれほど好意的ではなかった。

イギリスでは常にスパイ活動に敬意を払ってきた（シェイクスピアでさえそれに携わっていたという話だ）が、ここに横たわるディズレイリ、ピット、パーマストン、グラッドストン……らの国のますらおたちはスパイ活動抜きの人生を考えたことはなかった。

しかし、わたしはここですべてのスパイの冥福を祈れたわけではない。もうひとり好きなスパイが残っている。彼はここには葬られず、バンヒル・フィールズの墓地に眠っている。

われわれプロは墓地を熱愛する。墓地では魂が安らぐだけではない。束の間の人生や上司の罵声、不首尾に終わった協力者獲得、恥ずべき失敗などからしばし離れはしても、墓地では本当の仕事が進んでいる。すなわち、他人の墓のわきのベンチにちょっと腰をおろすのに便利で、そちらに涙をそそぎながら、エイジェントの到来を待つのに実に都合がよい！

　震え気味の手が、秘密の隠し場所にしておいた墓石の下をまさぐり、不意に誰かのしゃれこうべが指にまつわりついたように感じるときの激しい動悸。

　あるいは、骸骨ががなりたてながらやぶから跳ね出し、「おれはおまえの元上司イワノフ将軍だ」と叫ぶとき。

　バンヒル・フィールズでは『ロビンソン・クルーソー』の作者として歴史に残った有名なスパイ、ダニエル・デフォーが最後の安らぎの場所を見出した。

　だが彼は別の方から始めた。一七〇二年、このロンドン商人のホイッグ党員は『非国教徒に対する最短の制裁法』というパンフレットを発行して、トーリー党の教会派信者を茶化し、そのため牢屋に入った。

　牢屋はそれほど彼の気に入らず、彼は政府に仕えたほうがずっと快適であるという結論に達して、イギリス内外の敵と戦うために包括的なスパイ網を組織するという案を有力なトーリー党員ロバート・ハーディ大臣に提出した。

　彼はまもなくイギリス南東部に活発なスパイ網をつくり上げ、さまざまな他人の姓で全国をめぐり、漁師と話し込んでは漁業に関心を示し、商人にはガラス器製作所や亜麻か羊毛の生産を興すつもりだと語り、牧師たちとは賛美歌の翻訳について検討し、学者には自分は歴史家だと嘘をついた。彼はロバート・ハーディに宛てて、「わたしのスパイたちや、わたしから報酬を受けた人たちは至るところにおります。白状しますが、いちばん簡単な仕事は、ひとを雇って、その友人たちを裏切らせることです」と書いた。

　デフォーの墓からそう遠くないところにスパイ活動の犠牲者、優れた画家で詩人のウィリアム・ブレイクの墓がある。彼は警官に対する返事が気に入られなくて、諜報機関とのいやなかかわりを持つに至った。その警官は、ブレイクが敵に渡すために土地の見取り図（警官は画家の風景画をそう名付けた）を描き続けるならば、捜索し逮捕すると言ってブレイクを脅かした。

　著名なスパイ、アラビアのロレンス大佐の墓詣でをせずにロンドンを去るのは失礼きわまりないことだ。ロレンスの昇進は目覚ましく、第一次世界大戦ではアラビア語が巧みで、あらゆる現地のしきたりを熟知していたので、ファイサル首長の信頼を得た。ファイサルをリクルートし、イギリス軍と共同でオスマン・トルコ帝国に対する戦いにアラブ人を動員した。

　あるときロレンスは捕虜になり、トルコ人に暴行された（彼はその後、ホモなのでとくに抵抗しなかったと陰口を叩かれた）。

イギリスの田舎でオートバイで大怪我をし不名誉な死を遂げた。彼の友人ウィンストン・チャーチルの強い主張でセント・ポール大聖堂に葬られた。

わたしはそこへ行こうと思うが、時計を見ると、ランチに遅れそうなことがわかった。ランチはイギリスでは神聖なもので、もしもイギリス人があなたのせいでランチかティーを逸するようなことにでもなったら、あなたは永遠の敵にされてしまう。


トラファルガー広場に出る。鳩がわたしを取り囲み、頭にも肩にものる。今にも目玉を突っつかれそうだ。

特務機関の長のひとり、サー・ベジル・トムソンは、第一次世界大戦では鳩には近づくのも危険だったと書いている。ある外国人がぐるりに鳩がいたという理由だけで逮捕された。ドイツ人は鳩に小型アンテナをつけて通信を維持しているという説があった。

実際には、イギリス人とその同盟諸国が鳩をしっかりしたエイジェントに変えたのだ。鳩を使ってドイツの要塞を撮影した。後方に潜入したイギリスのエイジェントは籠に鳩を入れて持っていき、茂みに隠した。鳩といっしょに極秘情報も運ばれた。戦争末期にイギリスの鳩は西部戦線だけで六千羽に達した。

これも常備軍だ！

あ、鳩がいきなり痛いほどうなじを突っついた。これは疑いもなく、イギリスの防諜機関に雇われた鳩だ。イギリスは「ペテン師のおっさん、ふざけるんじゃないよ、スパイなんかやらかそうなんて料簡をおこすんじゃないよ」と警告しているのだ。

幸せなことにわたしはすばらしいレストランのある「議会の母」へランチに招かれた。一般大衆はここへは入れないが、ウェストミンスター寺院を見せてもらえるし、討論の傍聴も許される。

入館体制は厳重で、至るところに警備が立ち、わたしは氏名を訊かれ、わたしの訪問はビフテキ卿に伝えられる。

赤ら顔の卿はすぐに現れて、絵を飾った部屋部屋を案内してくれ、礼儀上、討論の傍聴をすすめてくれるので、そうする。

ロシア国会のなぐり合いのけんかやグラスの投げ合いの後では、万事耐えがたいほど退屈だったが、わたしはそこを抜け出さないで、言論の自由を楽しんだ。

卿の執務室、トマトジュースが少な気味の「ブラッディ・マリー」（ジェイムズ・ボンドは有害な脂肪分を運び去る胡椒入りのウオッカの方が好きだったが）、レストランへの通路、微笑、ニュースをめぐる論議、好みの料理に没頭する——ドーヴァーの塩、魚の背骨をかじる音、自分の顎の音。

フィッシュ&チップス万歳！

ついでにイギリス料理について。総じて華やかな料理ではないが、うんとイギリスが好きになると、ヨークシャーのプディングかスコットランドのハギス（臓物をオートミールとタマネギと胡椒で味付けした料理——えーい、畜生！）を無我夢中でむさぼり食べるようになる。

わたしの好みのドーヴァーの塩、それにイギリスほどフィッシュ&チップスをあっさりおいしくつくるところは世界中どこにもない。

少し食べてからハムステッドに戻ってソファで手足を伸ばしたくなるが、クリスはあらかじめ劇場の切符を買っていた。もちろん、それは知的な負荷ではあるが、人はパンのみにて生くるにあらずとやら……。

ミュージカル『レ・ミゼラブル』へ行くのだと聞いて愕然とする。これは世界的ヒットで切符は一年前に売り切れという代物だ。

わたしは『レ・ミゼラブル』（虐げられた者たち）の間で育ち、教育され、生涯、ガヴローシュの精神とジャン・ヴァルジャンの思いやりで貫かれてきた。

ああ、また革命の話だ。もううんざりだ。

パレス・シアターは満員。イギリス人は革命に惚れ込んだようで、配役が変わるたびに熱狂的な拍手を送る。

情熱は高まり、バリケードに血が流れ、パリ・コミューンの仲間は悲劇的なアリアを歌う。わたし自身、突然昔のようにインターナショナルを歌い出したい衝動に駆られ、いやらしい警官ジャベルを銃剣で突き刺したくなる。

わたしたちは中華料理店で夕食をとる。そして、ロンドン在住の中国人哲学者がイギリス人の生活習慣を描写したみたいなオリヴァー・ゴールドスミスの『世界市民』というすばらしい本を思い出す。ゴールドスミスが、いつかレスター・スクエアに中国地区、つまりチャイナ・タウンが出現するだろうなどと言われたら、彼はおそらく椅子から転がり落ちただろう。なお、中華料理店はマクドナルドよりも安くて、ずっとうまい。とくに緑茶をたっぷりかけると、もっとうまい。（ゴールドスミスは「イギリス人は日本人のように口数が少ないが、自負心ではシャムの住民を凌いでいる。プライドは彼らの国民的欠陥と長所を等しくはぐくむ。彼らがいたるところで口にするのは専ら自由についてであり、大勢の人がこの言葉のために生命をすてる用意がある」と書いている)

カール・マルクスの墓

翌朝、高位のソビエト代表団がこれまでけっしてはずすことのなかったキリストの墓のごとき聖地、カール・マルクスの墓地訪問を決める。

クリスは朝食のときに生粋のイギリス人らしく長い時間、黙って新聞を研究している。これは厳粛な行事であり、ばかな質問でもしようものなら、彼はたちまち歯をむき出して噛みつきかねない。健全な思考や寛大さなどイギリス人のあらゆる美点は、瞬時に消え去り、外国人(彼らは外国人をばかだと思っており、われわれはしっぺい返しをする)に対する慇懃な態度は怒りに場所を譲る。

わたしたちは傘を手にハムステッド・ヒースの小道をゆっくり歩く。犬が数匹横を走り抜ける。小路を曲がると間もなくハイゲイト墓地に出る。

カール・マルクスは今日でも結構よい糧を与えてくれている。入場は有料で、ウィークデーでも訪問者は多い(一か月七万五千人)。党代表団らしい詰め襟軍服の中国人の一団が行く。墓の側にはツイードのブレザーに赤いネクタイ姿の真っ黒な髪の男が二人。

ひげを生やした巨大なマルクスの胸像は、横に並ぶと自分がアリみたいに感じるのだが、その周囲にはかつての大英帝国の共産主義のリーダーたちのやや小さめの墓がある。

あるリーダーの墓の近くで立ち止まる。わたしはずいぶん昔、モスクワのソ連共産党中央委員会のホテルで彼に本国での秘密連絡の仕方について有益な助言をし、どこでわれわれから金を受け取るかを教えたことがある。

マルクスから百メートルほどのところに、イギリスの哲学者スペンサーが眠っている。それで、まさにこの二人が有名なデパート〔マークス&スペンサー〕を創設したと考えている者が多い。

プロレタリアの首領訪問でわたしは党の政治学習、ゼミナール、『資本論』の要約(結局はマスターできなかったが)などを思い出して、しばらくげんなりしていた。

昼食後、わたしたちは中心街を散歩した。

バーリントン・アーケードには美しい店が並ぶ。ピカデリー付近でクリスが行きつけのネクタイ屋にちょっと立ち寄る。

「やあ、会えて嬉しいよ」

「お会いできて幸せです」

これは魅了されるほどのことではないし、丁寧を好意と受け止めることもない。

クリスはネクタイについて真剣な哲学的会話をしている。彼は相手から眼を逸らさずに趣味や感覚について句切りながら話す（もしあなたがその横にいて、突然叫びだしたとしても、イギリス人は会話が終わるまで依然としてあなたの方に顔を向けないだろう）。

まじめな会話の後で店員が長いあいだわたしのネクタイを選んでくれる。彼は純イギリス式にわたしの希望も否定しない。わたしの趣味について感嘆しては、「もっとよい」（そしてなぜかもっと高い）ネクタイをすすめる。それからわたしのワイシャツを探し始めると、親切な店員は理論を展開し、襟は首にぴったりではなく、指二本入るほどでなければいけないと言う。鏡で自分を見ると、わたしの首は白鳥の首みたいに襟からぶざまに突き出ている。

ジェントルマンの親切はわたしを感動させ、わたしは通りでこのイギリスの国民性の特徴に対する賞賛の気持ちをクリスに述べる。

「彼はトルコ人だよ！　まさか気がつかなかったのかい」とクリスが驚く。


わたしたちはバークリー・スクエア（わたしが好んでスパイしていたアメリカ大使館の近く）の立派な古本屋に寄り、店員の前で世界文学に関する自分の蘊蓄《うんちく》を傾け、自分の知性を楽しんだあげく英知の宝庫をあとにする。

エイジェントと会うのに便利な場所だ。書棚のわきで静かに話したり、本に指令を挿むことも可能だ。

セント・ジェイムズ・ストリートでわたしたちはイギリス一有名な靴店にとびこむ。この店にはネルソン提督の長靴が展示され、モロッコ革の表紙の分厚いアルバムには偉大なイギリス人たちの足の裏の輪郭が綴じ込んである。

クリスはずるそうに笑いながら、キム・フィルビーの同志でソビエトのスパイ、ガイ・バージェスの足の裏を見つけだす。バージェスは浪費家で、めかし屋で、俗物紳士だったが、それはソビエトのエイジェントとしての彼の功績をいささかも低からしめるものではない。

並びにロンドンで最上等のワインの店「ベリー&ラッド・ブラザーズ」があり、安いワインも選り抜きのワインも売っている。値段はロシアよりも当然はるかに安く、水気もはるかに少ない。

その先では絶品の絵画などありとあらゆるものがある有名なオークション「クリスティーズ」と「サザビーズ」

に立ち寄ったり、商業センター「トロカデロ」を歩いたり、わたしの好きな男性専門店「オースティン・リード」をのぞいたり、印象派で埋め尽くされているウォーレスとコンノートの美術コレクションを鑑賞したりする。

クリスは夕食に今度はイギリス人の夫婦を一組、どこあろう老舗の「リッツ」に招待した。

威儀を正して入る。クリスはジェインという名のひ弱そうなイギリス女性と彼女の夫ヘンリーにわたしを紹介する。

わたしには「リッツ」に複雑な思い出がある。かつてわたしはあるイギリスのロード〔卿〕と知り合いになった。その人物はサッカレーもかつてあざ笑ったキザの権化であった。彼はとびきり好き嫌いが激しく、果てしなくウェイターと相談し、満足できなくてコックを呼びつけてサラダとつけ合わせの材料について検討するなど、気の遠くなるほど時間をかけて料理を注文した。

料理の注文の後で最も恐ろしい瞬間が到来した。まさにこのしゃれた「リッツ」でワインを注文するのだ。わたしのロードはウェイターに少なくとも十本ほど栓を抜かせ、試飲のたびに顔をしかめ、いんちきだと訴え、彼に四八年ものの「マソン」のかわりに五八年ものの「マソン」を出したと怒り、ついに支配人を呼んでスキャンダルを起こした。

わたしは平凡なソビエトの人間としてきまりが悪く、こんな悪さをすればモスクワなら自分は張り飛ばされ、栓を抜いた瓶は全部持ち帰らせられるだろうと思った。

「皆様、ご注文は？」、目の前に太ったイギリス人（イタリア人かも）が瓶の林立した盆をワゴンに載せて立っている。

やおらクリスは彼と食事の問題について長い会話を始める。

「皆さん、いかがでしょう、カンパリを一杯ずつ飲むのはどうでしょう？」

「ソーダ、オレンジジュース、ジン（それからまだ十ほどの種類）で割りますか」

「むしろ、ウィスキーの方が……」

「ぜひ上等のモルトをおすすめします。当店評判の」

「ワインはあとにしましょう。それともチャンポンにしない方が？」

ディスカッションは各人が満足するまで十分ほど続く。

クリスが大切な問題に取り組んでいる間に、わたしは夫婦と親密度を深める。

以前ＫＧＢで働いていて、保守党員をリクルートしようとしたことを率直に話す。秘密は何ひとつなく、秘密事項はすべて明らかになってイギリスの新聞に載ったことだった。

「なんて面白いんでしょう。保守党員とお付き合いなさってたんですの？」奥さんが感心した。

「まったく、そのとおりです」

「でも、どうしてそんなことなさったんですの？」

「わたしたちはマーガレット・サッチャーのような政治家に関心があったんです」、わたしはわかり易く説明しようとつとめる。

「わたしあのばか女が嫌いだわ」、ジェインはいきり立つ。

夫は不満気に黙っている。

「いいですか、わたしは前にＫＧＢに勤めていたんで……職務上……」、わたしは説明しようとするが、奥さんは信じない。

「あなたは素晴らしいユーモア感覚の持ち主でいらっしゃいますのね。まるでイギリス人みたいですわ！」

これは、「英語がお上手ですね！（もごもご言っているだけでも）」と同じような最高のほめことばなのだ。

それからジェインはわたしをユーモア感覚にあふれた男だと思う。

「それであなたはＫＧＢで何をなさってらしたんですの」、このテーマはジェインを苦しめる。

「いろいろですよ」、わたしはもう絶望的だ。「えー、例えば、二〇年代にはイギリスのスパイ、シドニー・レイリーをつかまえて尋問し、それから森へ連れて行って背中に弾を数発撃ち込みました。彼は射殺されるとは思わず、笑って、いい天気だと喜んでいました」

彼女は涙の出るほど笑いこける。

「イギリスではそれをブラック・ユーモアと言うんですのよ。で、あなたはイギリス女性はお好きですか」

夫は不機嫌そうに黙っている。

「いいえ、わたしはロシア人が好きです」（わたしは実際ロシア人と自分自身も好きで、このことを残念には思わない）。

「なぜですの」、彼女は驚く。

「ロシアの娘たちは最高です。アネクドートがあります。フランスとイギリスとロシアの男たちが女性の美点をあげています。『僕のメリーは馬に乗ると、両足が地面に着くんだ。だけどそれは馬の背が低いからじゃない。イギリス女性は世界一足が長いというだけのことなのさ』とイギリス人が言います。『僕はニコルと踊るとき、僕の両肘が触れ合うような気がするんだ。だけどそれはフランス男は手が長いためじゃない。フランス女性は世界一腰が細いからなのさ』とフランス人が言います。『うん、そうだ』、ロシア人が言います。『僕は仕事へ出がけにマーシャのお尻を叩くんだ。家へ帰ってみると、マーシャはまだ震えているんだ。しかしそれはロシア女性のお尻がどでかいからじゃない。ロシアは世界一労働時間が短いということなのさ』」

ジェインは大笑いしているが、わたしは彼女がまたもや話をKGBにもどすのではと気が気ではない。

しかし、料理が運ばれてきた！ 運んでくる！（わが国の大食の習慣と比べて乏しい料理だが！）純イギリス風にローストビーフで前菜を食べる。じきにウェイターが二人、銀の蓋をした銀の鍋（中には魚の王様）を持って現れる。二人は兵士のように横隊になって行進し、わたしたち各人の背後で立ち止まると、互いに目配せし、同時に、号令一下みたいに蓋を持ち上げる（不思議に、その際拍車の音は響かない）。

皿の上に白い蒸気が花火のように立ち上がり、お酌係が駆けつけて白ワインを注ぐ……素敵だ！

冷戦時代の刑事はどれほど食欲を失わせてくれたことか。彼らはわたしをつけ回し、まわりのテーブルについて、耳をそばだてていた。

親愛な刑事諸君、とくにロンドンの範囲外に出るときなどいつも尾行していた諸君は今どこにいるんだ。あるときわたしが道に迷って、どうしてもホテルが見つからず、我慢しきれなくなって、立ち止まり、君たちに助けてくれと言ったのを覚えていますか。君たちは助けてくれて、先に立ってわたしをホテルまで案内し、そこで泊まり、わたしといっしょにビールまで飲んで、わたしは秘密の会談のためにホテルを抜け出さないと約束した……。

そして抜け出さなかった。われわれスパイもやはりジェントルマンなのだ。

諸君は今どこにいるんだ。年金生活に入ったか。今は楽しいテーブルを囲んで過ぎし日々を懐かしもうじゃないか。君たちはわたしのばかげたところや失敗を話してくれ、わたしもたぶん話すことがいろいろあるだろう。

「リッツ」から懐かしのハムステッドへ向かい、葉巻をくゆらす。

クリスは、わたしが「ハロッズ」で苦しみ抜いたあげくに買ったズボン（帰ってみたらサイズが小さめだった）を選び直すのを助けてくれることになった。

衣類の買い方

クリスは、彼のいるハムステッドにはとびきり上等の店がある、概してここは地上で最も素晴らしいところなのだと信じている。

わたしたちはまずフランス菓子の店へ飛んでいく(「あんたはフランス女性か、それともそのふりをしているだけなのかい」、これはひょうきんなクリス)、それから店主がインド人の小店にぶらっと入る。

おいしいランチとすてきなアルコールの後では服選びはなめらかに進む。そのほか、わたしはちょうどいいズボンを探すのだが、チェックのツイードのブレザーにも熱中する。

クリスがいなければわたしにはけっして克服できない唯一の災難が生じた。ズボンはわずかに縮めなければならず、店の主人はすぐさま寸法をとりだした。

わたしはブレザー代を払い、それは店に置いておき、翌日ズボンといっしょに持ち帰ることにする。

「明日四時においでください。ただ保証金を置いていってください」、ヒンドゥー教徒は丁寧に頭を下げた。

カラムジンが思い浮かぶ。「ある者が『あなたが郵便船からおりたとき、わたしはあなたに手をさしのべてあげたので、一シリングください』と言った。もうひとりは『あなたがハンカチを地面に落としたとき、拾ってあげたので一シリングください』と言った」

わたしは「いくらですか」と訊く。

「一五〇ポンドでございます」

「失礼」、クリスが割って入った。「それはブレザーとズボンの値段じゃないか。それにブレザーはここへ置いていくんだぜ。おかしな話じゃないか」

「わたしどもではそうなんでございます」

「どこがわたしどもだ。どこかの移民がイギリス人に生き方を教えてるよ」

「わたしどもの店のことです」、ヒンドゥー教徒は頑張る。

「俺はもう金輪際あんたの店には来ないぞ」、クリスは腹を立てる。

「ありがとうございます」、ヒンドゥー教徒は微笑む。

わたしにとってズボンはプライドや偉大な原則より大切だ。わたしはズボンなしではいられないし、それが重要なのだ。

クリスは通りでいきまく。

「マイケル、明日ズボンを取りにいけよ。だけどブレザーはやめろよ。あの悪党は君を水がめだと思っているんだ（翻訳不能だが、意味はわかる）」

水がめなら水がめ、ズボンの方が大切だ。

「君はハムステッドじゅうの店員の気分をこわしてるんだぞ。だけど男らしくズボンは明日寸法だけでもとるといい。しかし試着しないで受け取っちゃだめだよ。奴のは何でもできそこないなんだ」、クリスはぶつぶつ言った。

「クリス、僕はまだジョギングシューズの『リーボック』を買わなきゃ」、とわたし。

クリスはおもむろに他の店に入るが、そこの「リーボック」はおそろしく高い。店の主人は雉狩り以外のひまなときは小さな店で商いをしている貴族に似ていた。

「ナス色のズボンがご入り用なのではありませんか」と彼が訊いた。

「いいえ、違います」、わたしは急いでさえぎった。

「用心したまえ。どこもぺてん師が商売をしているんだから」、彼は別れ際に言った。

クリスの顔には言いようのない苦悩が浮かんでいる。ハムステッドのことをこんな風にいうなど、冗談じゃないだろうか。

「『あおい奴』にぶつかったんだ。ナス色だ！」、彼が通りでわたしに囁く。

「クリス、僕はドルをポンドに替えなきゃ」

「イギリスじゃその点、問題はないよ」、クリスはミッドランド・バンクに入りながら言う。

そこでは思いもかけずわたしはアンケート用紙への記入と、パスポートの提示を求められた。パスポートは持ってきていなかった。

人権擁護の闘士が再びバリケードに立った。

「おかしいね。ハムステッドじゃどこでも金を替えるし、何も訊かないよ」

「わたしどもではこうなんです」、行員は説明する。

「ばかげた規則だ」、クリスは我慢できない。「ここのファックスは何番かね。わたしはここから預金を引き上げる。きみたちと関係を持ったなんて、まったく愚かだったよ」

「当方にファックスはございません」、行員は微笑の陰にクリスに対する激しい憎しみを隠して嘘をつく。

わたしたちは憤然として表に出て、隣の銀行で何事もなくドルを替えた。

「官僚主義者どもめ、尻の黒い畜生め、犬畜生め！　ハムステッドじゅうにはびこって、汚しやがった。行こう、マイケル、帰ろう」

朝、ロンドンのわたしの平穏な暮らしを変えるのに都合のいいことが起きた。クリスが急に地方へ行くことになった。

彼は本当のイギリス人らしく、わたしに彼の家に残るように勧めてくれたが、内心の声は、だめだよと言っている。このことではよいことは何もない。思い出すが、君自身このことでどれほど友人を失ったことか、どれほど妻君がため息をつき、家中が不潔なごみためになり、銀のスプーンさえ消えてしまったと叫んだことか。

クリスはわたしの不屈の意志を見て、わたしに適当なクラスの「女王親衛隊員」ホテルに移るよう勧めてくれる。

あそこには素晴らしいものが山とある。国防省とホワイトホール全体が隣だし、並びにはわたしが逃げも隠れもできないスコットランド・ヤードがある。そこにはイギリスの退役将軍たちが好んで滞在している。わたしは間接的にせよ彼らに関与しなかったとは言えない。

ジャガーで所定地へ引っ越す。

「女王親衛隊員」ホテルは大きな金の額縁に入った偉い人たちの肖像画やスマートなヨットの版画などを飾り付け、一気にイギリス贔屓のもやの中に包み込む。白い大理石の暖炉の音楽的なはぜる音が心を落ち着かせる。赤革の肘掛け椅子とソファ、新聞を手にした女王の親衛隊員、無線電話を持ったビジネスマン、レディやドゥミ・モンド（高級娼婦界）のすこぶる実務的な婦人たち。

娼婦たちの魅力について

わたしが六〇年代にロンドンで美辞麗句を並べていたころ、イギリスは、写真のモデルをしていて偶然わが国の海軍武官補エヴゲーニイ・イワノフと接触したクリスティーヌ・キラーという娼婦に関連したスパイ問題でひっくり返らんばかりだった。

ロンドンの娼婦たち（そして彼女たちだけ）は誤解を生みやすい。イワノフはよく彼女をわが国の大使館のレセプションに招いた。彼女は素晴らしくファッショナブルだったので、われわれは皆、彼女はおそらく女王の友人ではないかと目をみはっていた。

当時ソ連では、西側の娼婦はすべてぼろ屑をまとって街角に立ち、通行人の袖を引っ張るのだと考えていた。クリスティーヌは大立物で、自分の網にイギリスのジョン・プロヒューモ軍事相を取り込んでいた。

ああ、どれほどマスコミが荒れ狂ったことか。キラーがどれほど暴露したことか。

彼女は、ベッドでプロヒューモから西ドイツのミサイルがイギリスに納入される日付を聞き出していたことを仄めかした(「ジョン、あなた、今日は調子が悪いのね……西ドイツのミサイルのことを考えているんでしょう」)。それから秘密がイワノフ(「あたしのロシアのこぐまチャン」)に流れていったと思われた。

スキャンダルの結末として、プロヒューモも立派な保守党員のハロルド・マクミラン首相も辞職し、クリスティーヌはこつこつ財産を作り、労働党は選挙で勝った……。

「女王親衛隊員」ホテルの小説のような雰囲気の中でわたしはサッカレーかフィールディングの人物、老治安判事、蜂起したスパイを見事に多数射殺し、黒や黄色の召使を蹴っ飛ばしたヘルメット姿の元植民地支配者になったように感じる。男性のサービス係はやたらにうやうやしく、わたしにはほかならぬ「大佐」と呼び掛ける。「すみません、大佐殿、クルトン(スープなどに入れるバタートーストでおあげたトーストパン)になさいますか、オートミールになさいますか」

突然わたしは劣等感に襲われる。いったい、わたしは自分の外見でこの古いムードのホテルに溶けこめるだろうか。わたしはお粗末な姿ではないだろうか。その反対に、派手すぎないだろうか。

土地に溶けこみ、群衆に混じるというのは諜報員の掟である。ストライプの服で労働者街の薄汚れたパブに行くのは落第を意味する。

ビヤホールや小食堂もあるが、外国人があまり行かないので、コートの型や、帽子のブランド、仕種やジェスチュアで簡単にわかってしまう。明るいジャケットも、挑戦的な配色のネクタイも、イタリアやフランスで人気の幅広ネクタイも注意をひく。

イギリスでは黒っぽいグレー系統が主で、ブラウン系の服装はジェントルマン向きではない。ロンドンにはギリシアと同じように何でもあるが、イギリス人は派手、鮮やか、けばけばしい色調は好まない。

暗赤色のブレザーなどはホモだと思われてしまう。

平日はいい服、とくにネズミ色やストライプがよいが、休日にはイギリス人は貧乏人みたいな恰好をする。ひげも剃らず、穴のあいたジーンズ(またはベルベットのズボン)とセーターで、首にマフラー、無帽、そして寒さに震えている。

これはよい色合だ。

しばらくパニックの後わたしは落ち着く。フランネルのズボンをやっと買ったし(愚か者の幸せ)、ツイードのブレザーも、ぶつぶつのある「チャーチズ」のブランドのクラシックなパンプスも手に入った。これを全部調和のとれたセットにまとめると最も自然なものになり、わたしは有頂天になって女王の親衛隊員全員と一体になるのだ。

買いたての服を着て、上のポケットから花模様のハンカチを半円形にのぞかせ、確信をもってランチにおりて行く。

すると何やらロシア語でぺちゃぺちゃ言う声がきこえ、驚いた。わたしは何のことか理解もできない。ぺちゃぺちゃは続き、頭を向けて見ると、黒髪で、さらに黒いドレスに身を包んだ、みなりのよいレディが眼に入った。彼女は三十の真っ盛りで、顔はややわがままそうで、それゆえに美しく、片手に子どもを抱いている。これはロシアの母親の特徴で、彼女たちは、いつも子どもをしっかりくるみ、甘やかし、支配下におき、腹いっぱい食べさせ、それから、子どもが親のくびきを脱して後、新陳代謝の不調に苦しみ、インフルエンザに必ずかかるのを見て驚くのだ。

ここにもロシア人がいる！　体制の心臓部のここにまでいる！

じきに、ポータベロで稼いでいた大佐がギターを抱えてやって来た。

なんというパラドックスだろう。大帝国だったときには、たいていおんぼろホテルか、大使館か、大使館付属の共同アパートにひしめき、よそから来た同国人はおのの群れといった様子で簡単にわかった。その群れでは皆がKGBのリーダーから立ち遅れたり、陰険な特務機関の犠牲になることを恐れて互いにしがみつき合っていた。豊かなショウウィンドウを珍しそうに眺める途方に暮れたような顔つきや、わずかな金を悲しそうに数えている様子や、うらやましそうな目付きでわかった。

それに海外の化石である彼らにはめったに出会わなかった。ところが今では、どこへ行ってもそこらじゅうロシア人がおり、われわれの言語は最も思いがけない場所でまで朗々と響き渡り、すでに一部のレストランのメニューはロシア語に翻訳されているし、キエフ風カツレツもずいぶん前からスーパーマーケットで売っている。モルドバのワインも。国外へ出かけようとしているロシア人は、賤民の同国人が住んでいるホテルには泊めてくれるなと頼んでいる。

それによく知られていることだが、ロシア人が足を踏み入れたところはすべてが、とくにサービスが一変する。サービスは突然極端に悪くなり、莫大なチップを要求し、その額を見て相手を軽蔑するようになる。エレベーターが壊れ、焼いたビフテキは煮てあったり、部屋の片付けは遅れるし、タオルは消える。研究者が書くに足りる恐るべき現象だ。

散歩のときにチャリング・クロス駅の横でロシア人たちに出会う。軽い卑猥なことばを混ぜた対話が聞こえる。それは興味をそそられるもので（それにしてもニュー・リッチたちは何を話しているのだろう。もし話をしているとすればだが）、なるべくそばについていようとするが、気付かれるのも心配だ。わたしも傍から見ればロシア人だ。それでも会話を聞き取ろうと、彼らの背後についていく。

「最初は一見して万事素晴らしいように思えるんだ」、ジーンズをはいた足の長い男が明らかに最近ロンドンに着いたばかりの若い夫婦に教えている。「実際はねえ……例えば、彼らのテレビに途方もない金を払う。ところがそれはわが国のと比べればまったくのがらくたじゃないか。近いうちにわれわれの『お皿』（パラボラアンテナ）をつけるつもりなんだ」

愛国的高揚にわたしは感動する。

イギリス人を怒らせるな

ストランドを下って、ＢＢＣとサミュエル・ジョンソン博士の像（イギリスでは彼を十八世紀の愉快な子ども、酔っぱらい、楽天的な人物として尊敬している）を通ってシティやタワーへ向かう。素晴らしいコースだ。

パブ「チェシア・チーズ」をのぞくのも悪くない。ここではサミュエル・ジョンソン博士が宴会を催したし、中庭には博士を記念した銘板のついた小さな家が建っている。

このパブではイギリス一のすぐれた知性たちが酔っぱらい、わたしのいたころにはジャーナリストが好んで集まった。しかし、シティでは間もなく賃貸料が上がり、編集部は古巣からフリート・ストリートへ飛んでいってしまった。

一度に三人のロシア人にぶつかった。左右に体を振る歩き方（両手はズボンに）や、高価なショウウィンドウをながめるときの無関心、無頓着ぶりでわかる。

おお、これはすごく裕福な連中だ。ビジネス界の王たちなのだ。

商品に値札を下げるのははしたないと考えられている

ボンド・ストリートで買った一流のファッション、すばらしい靴、イタリアのシルクのネクタイ、ある男などは竹の柄がついた超イギリス的な長い傘を持っている。

しかし、年金生活の諜報部員の眼を免れることはできない。

この仮装のぎんぎらぎんの下には、党活動家で現在は私営化された工場の社長、それに老年になって突然つきがまわってきたかなり年配の会計係の顔がのぞいて見える。しかし手に入れ墨をしたこの自信に満ちた身のこなしの三番目の若い男は何だろう。おそらく、労働キャンプの元囚人だ。

彼らは、イギリス人は金をつくることのできない、法律の前で永久に震えている貧乏人で間抜けだと思っている。数か月か数日のうちに大富豪になった彼らは、資産とは何世紀にもわたって誠実な方法で築きあげられるものだということがわからないだけでなく、金を愛するが、使い方を知らない。彼らはきれいな娘も、最高級のデラックスも、どこかの伯爵の酒蔵や伯爵自身のシャンパンや伯爵の城のシャンパンも買えるということにもう退屈している。

彼らはイギリス人の勤勉さを笑っている。

それではイギリス人とは実際どんな人たちなのだろう。

ある論文に次のように書いてあった。「あるイギリス人の頭蓋開口でまず目に入ったのは女王陛下の艦隊の戦艦であり、次にわたしが発見したのはレインコート、王冠、カップ一杯の濃い紅茶、大英帝国の属領、警官、クラブの規約、冷静、ウィスキー一瓶、聖書、クリケットのボール、霧、太陽がけっしてその上では沈まない土地の一片、そして百年も経た芝生を張った最も秘密の脳の奥底では七つ編みのお下げで、黒いストッキングをはいた小学生の女の子が見つかった」

しかし、この頭蓋骨は十九世紀のもので、その中から現代に移り住んでいるのはおそらくウィスキーと紅茶と芝生ぐらいのものだろう。

属領は脱して自由へ走り、濃霧は特別装置で追い払われ、女王は軽んじられ、教会はとくに大事にもされず、黒いストッキングの小学生はシャーロット・ブロンテの小説の中でしか苦しんでいない。

イギリス人は依然としてわたしに向かって進んでくる。その人物が、太っていようと貧相だろうと、赤ら顔だろうが頬がこけていようが、わたしはその片足を踏んづける。彼は憎々しげにわたしを見て、「ごめんなさい」と言う。

彼はわたしの鼻づらをなぐるかもしれない、まさにイギリス人は必要とあれば攻撃的で、勇ましい。ドイツ人のエンゲルスでさえイギリス歩兵の勇敢さと粘り強さを讃えている。

しかしイギリス人は我慢強く、同情や怒りに駆られて感情に走ることはない。

カラムジンがあるときフランス人の友人に出会った。「そしてわれわれは兄弟のように抱き合った。一方、けっして抱き合わないイギリス人たちは驚いてわれわれを見ていた。彼らには二人の男はキスをしに学術会議に来たのではないかと不思議に思われた」

この伝統は維持され、イギリスの婦人たちも心を開き、今では別れ際にあまりよく知らない男性にもキスをする。

イギリス人は物事を大袈裟に脚色せず、逆にそれを小さく見せようとする（「あのう、奥様のおみ足が冷たいのですが」、つまり「彼女は五時間前に亡くなりました」という意味で）、どんな非常状態になっても冷静さを保てる。

「わたしは、イギリス人のように自分の感情をあれほど自然に、屈託なく隠せる人種、少なくともそんな白人種を知らない」と、ボリシェヴィキと積極的に闘い、そのために投獄までされた有名なイギリスのスパイ、ブルース・ロッカートは書いている。

ロッカート自身は実際モスクワで陰謀に加担していただけでなく、のんきで奔放な生活を送っていたので、彼には文字どおりどんな金言も必要ない。

しかし大多数のイギリス人は通りであなたの裸の姿を見ても驚きの表情を浮かべないだろうか（試してごらんなさい！）、また、イギリス人は誰でも残らずボタンをかけた服を着、山高帽をかぶり、暑さも訴えずにサハラ砂漠を歩けるだろうか。

わたしのイギリス人は率直さを容認できない。彼は絶対に「それは嘘だ！」などと叫んだりしない。彼が口に出すのは「それは本当でしょうか」ということばだ。

イギリス人は忍耐強く、よくしつけられており、反応が速く、冗談で自分の真意を言い表せる。イギリス人は愛国者である。常に自分の政府に不満ではあるが（では誰が満足しているか）。イギリス人は金の価値を知っており、商いができ、交渉ができる（必要なら、だますこともできる）。イギリス人は世故にたけており、健全な考えを持ち、妥協する気がある。

イギリス人は抽象的な会話は好まず、常に理論よりも実践に強く、そのことでイリイッチ〔レーニン〕から容赦なくこきおろされた。今でも、イギリス人は本来「フェアプレー」の国民だという考えがあるが、見知らぬイギリス人の胸には頭を載せない方がいい、噛み切られるかも知れない。

偽善的？　そうだ！　しかしわれわれの中で偽善ぶらない者がいるだろうか。イギリス人はただそれをデリケートにもっとうまくやるだけで、われわれはねたんでいるのだ。

イギリス人の尻尾を襲う（怒らせる）のはよくない（足ならー回踏んでもいいが）、彼らの自由を制限してはならない。彼らには自由のない生活など考えられないのだ。

イギリス人はけっして断定的ではない。生粋のイギリス人は「二×二は四」とは言わず、「二×二は、おそらく四だろう」と言う。

「わが家はわたしの砦」という格言は純粋にイギリスの格言だが、イギリス人は酒や食べ物に特別の意義は持たせずに互いに行き交い、客に招き合うのを好む。

ロシアなら主婦が血と涙にまみれ、まる一日サラダと子豚に取り組む。イギリス人はまったく簡単で、ウィスキーをひと口、焼きたてのフライドチキン、コーヒー、これで一同幸せいっぱい。

イギリスのユーモアはわれわれにはわからない。わかったとしてもやっとこさなので、わたしは普通イギリス人が笑うときに笑い、それがわたしにも彼らにも満足をもたらす。

わたしはフリート・ストリートを進み、美人のイギリス女性にお目にかかれないかとたえず期待している。美人には出くわすが、ごくまれだ。彼女たちは美しい女スパイで、高圧的な奥方かもしれない。とくに彼女たちが女王になると恐ろしい。彼女たちはエリザベスがやったように首を斬ったり、逆にエリザベスの母親アン・ブーリンの首を斬ったりした。

イギリスの男性は特別熱狂的なことはないと言われている。彼らの思考はあまりにも健全に発達してしまっている。

イギリス史上の顕著な例では、アメリカの女性と結婚するために王位を放棄したエドワード八世がいる。大胆なエドワードはアメリカ女性を妻とすべく献身的努力をしたが、教会も、議会も、政府も、家族も猛反対した。しかし彼は愛人を裏切らず、王位など気にもせずに放棄して、その女性とフランスへ去り、結婚して、国王の労苦に煩わされることなくフランスで気楽に暮らした。

セント・ポール大聖堂に寄り、一八五四―五六年のクリミア戦争の戦死者の墓碑銘を見、ロレンス大佐の遺骸に額ずく。

オルガンが鳴っている。

外へ出て、イギリス人を眺める（またもやカラムジンじいさん――「イギリス人も見たが、彼らの顔は三種類に分類できる。不機嫌そうな顔、温厚な顔、残忍な顔の三種類に」）。通りは狭く、そこから河岸通りへ抜ける道がいくつもある。

カラスが多くの貴顕の死体をついばんだタワーもごく近くにあり、喜んで拷問博物館に立ち寄る。

諜報部員の本性はこういう博物館を見て健康を回復する。この博物館では蠟人形が互いに相手の喉に水を注いでいる。四つ裂きの刑、石の重し責め、爪抜きがあり、そして優しく首を斬っている。

ときどき誰かが横で鈍く唸ったり、血だらけの骸骨が光ったり、ショックを受けた見学の女性が意識を失って倒れる。

それでも過去には善も存在した。死刑囚をラドゲイトから絞首台が心地好く配置されたハイド・パークまでの長い道を連れていき、途中ではより陽気に吊られるようにパブでたっぷり飲ませた。そのうえ、市民は男女を問わず誰でも犠牲者と結婚を希望すれば死刑囚を解放することができた。

処刑の運命にあったイギリス女性が、見物の群衆の中の男から受けた申し込みを、あんな出来損ないと二人きりの生活よりも絞首台を選ぶわと言って拒絶したというケースが有名である。

テムズ川とロシアの潜水艦

歴史はもうたくさんだ。何にでも程度というものがある。そろそろ腰をおろして、「ギネス」の一パイントに燃える唇をつける時間だ。

おおテムズ、波騒ぐな、わたしが歌いおわるまで。
おおテムズ、波騒ぐな、わたしの歌を聞くのもそう長くはあるまい……
わたしの背後で唸る風の中に
骨の鳴る音やわたしをあざ笑う声が聞こえる。

わたしはもうタワーからウェストミンスターへ向かう小舟に乗っている。両岸を見まわしながら、偉大なT・S・エリオットの『荒地』のこの数行を思い出す。と言うのは、わたしはあるときこの詩人に惚れこんでいるある人物を、まさにこの数行のお蔭で自分にひきつけることができたので。スパイはその実利主義的行動で無慈悲だ。陶器の小瓶に詰めた世界最良のイギリスの「スティルトン」チーズに対する共通の愛着を通じても協力者を得ることができる。

進め、わたしの丸木船　波のまにまに！

あ、もう岸に上がった。

「イギリスにただ一隻しかないロシア潜水艦。その謎に包まれた不気味な世界を垣間見る珍しい機会です。興奮しおののく船旅、ご家族お揃いでどうぞ！　Ｉ―四七五号は一九九四年四月一日までロシアのバルチック艦隊に所属していました。そして二十七年間にわたり諜報活動を行いながら世界の海洋を股にかけていました。暗黒の海の中を静かに、密かに航行しておりましたが、この脅威は誰も見たこともなく、暴くこともできませんでした。この潜水艦はリガの基地から一九九四年七月にロンドンに着きました」

わたしの心臓は不意の痛みに締めつけられ、そばだてた両耳からは火花が飛び出す。どうしてこんなことができたのか。

八ポンドを惜しまず切符を買って乗船し、テムズ川を有名なグリニッチ天文台のある南の方向へ下る。

潜水艦は陰気な感じだが、観光客は大勢で、とくに子ども連れが多い。皆、はしゃいで潜望鏡をのぞいている。年間十万人が乗り、ロシア・サブマリン・カンパニーは明らかに大繁盛。

潜水艦は二五〇ポンドでカクテルつきの夜のパーティに貸切になる。五〇〇ポンド出せば「ライヴ」スタイルで飲んで踊って午前二時までＯＫ。強烈な感覚の好きな向きは一時間八五ポンドで前部魚雷室を借りる。司令塔には早くも鳩がすみつき、夜は甲板を狐が走りまわるそうだ。

熾烈な第二次世界大戦で誰が勝ったのかなどと悩むのはもう愚かなことだ。倒された敵もいるし、ひざまずかされたロシア人もいる。

誰もわれわれを倒さなかった。ばか者どもが自分でばらばらに崩壊し、万事自分の手で行い、自分自身を処刑し、自分で赦してもいるのだ。

ああ、この潜水艦にしても。スウェーデン人は毎年これらの潜水艦を自国の海岸水域に発見し、われわれをスパイのかどで非難し、恐怖におののいた。ブレジネフは「何たる醜態だ。なぜわたしの平和愛好政策をぶちこわすのだ」と怒り、わが国の軍人は頭を抱えたが、誰がそこでスパイしているのか理解できなかった。

現在明らかになったが、これはすべてスウェーデン人のはったりと思いつきだった。もっとも宇宙人説もあるが……。

それでもわたしには、ロシアの潜水艦が捕虜になったみたいに停泊しているのはいまいましい。

「冷戦」は勝利の凱旋行進ではなくて、好奇心の強い群衆が金を払って通過する回転式エントランスの音で終結したのだ。

パブで酔ってはいけないか

帝国は崩壊した。友よ、パブで酔ってはいけないだろうか。

なぜなら、イギリスでは酔っぱらう人はめったにいないので、酔いにくい。パブというユニークなところもあって、そこではダーツでも、ビリヤードでも遊べるし、軽い食事も悪くないし、コーヒーが飲めるところもあるというのに。

そこではイタリアかフランスのカフェのようにウェイターが駆けつけたり、テーブルに案内したりしないし、うるさく注文を訊いたりしない。そこではあなたは自由な狙撃兵である。世界中どこにもイギリスのパブのような自由はない。

スパイにとってこれ以上すばらしい場所は探せない。いつでも隅に身をひそめて、すばやくエイジェントにすっかり用件を伝え、必要ならいっしょにトイレに行って大事な指令のメモや金の入った財布を渡せる。

足はひとりでにわたしをベイカー・ストリートにあるシャーロック・ホームズのパブへ連れていく。そこには酒を飲む観光客を喜ばせるために、ホームズとドクター・ワトソンという二人の親友同士が蠟人形姿で待ち受けている一室がある。

ワイングラスを一、二杯ひっかけて、自分をシャーロック・ホームズに見立てたり、ついでにドクターに変身してもよかろう。

……あのころはウィスキーに慣れるのがひどく大変だった。われわれの大使館では農村消費組合がスコッチではなくて、まずいカナディアン・クラブやアメリカのバーボンを安売りしていた。

スコットランドのウィスキーは、リヒャルト・シュトラウスやアンドレイ・プラトーノフの心を会得するように忍耐が必要だが、いったんスコッチにはまりこみ、何年か持ちこたえると、新しい世界が開かれる（「友と二人で腰をおろし、スコットランドの並みのウィスキーを飲むすばらしさ！」）。最初は通常のジョニー・ウォーカーとグランツ、次に十二年もののバランタイン、それにジョニー・ウォーカー、ただし黒ラベルの、そしてシーヴァス・リーガルにどっぷり浸る。シーヴァス・リーガルは首相や諜報機関のキャップの飲み物（あるときエリゼ宮でそれを一五ルーブルで買ったことがあるが、何という歴史の気まぐれか、食料品の店「ブダペスト」でどこかの実験コルホーズ菜園から持ってきたカキ（牡蠣）が一個一五コペイカだった。それをペンチでこじ開け、好きなだけ呑み込んだ）。

時は橋の下を流れ、やがてこの世に澄み切った泉の水と世界最高の大麦、それに快適な山の空気でつくられた高雅なグレンの一族（モルト）が輝かしく登場する。大麦の麦芽を原料に醸造したグレンリヴェット、グレンフィディック、グレンモーレンジ。この麦芽は燃え盛る泥炭と無煙炭の上で乾燥したもの。

「グレン」はその源をスチュアートに発し、メアリー（ジンを愛好したエリザベスが首を斬ったスチュアートその人）の腰のようにスマートなボトルに詰め、ボトルが女王の馬車から運び出されるときとか、パラシュートの跳躍のときなどに落下した場合に備えて頑丈そのものの円筒状のボール紙の箱に包装される。近年、テロの増加に伴いこの箱はスチールか装甲板で作られるようになり、表に中世の城や白鳥の浮かぶ池、アーデンケイプル・オン・クライドでスコットランドの親衛隊員に旗を手渡すルイーズ王女が画いてある。真のウィスキー通はけっして田舎者のヤンキーみたいにソーダ割りなどしない。それはニシンをつまみにシャンパンを飲むようなもので、スコッチはきれいな水、できれば泉の水で割り、氷を入れてもよい。上流社会ではモルトに氷を入れるなど論外。「グレン」はすべて水割りだけ、起立して、シルクハットは脱いで。

ウィスキーはすばらしいが、油断は禁物。飲みやすく、軽やかで、まるでラ・ロシュフーコーのウィットが舌に乗り移ったみたいで、アイディアが頭骨（まだ盃にはなっていない）から噴水のようにわき出る。へたばったスパイはふとキリスト迎接祭の祝いの料理のテーブルについているような気持ちになる。その祭りの席では、ひとの話は聞かないでめいめい勝手にもごもごしゃべり、ポータブル蓄音機は「行かないで。もう少しだけいっしょにいてちょうだい」と喧騒の中に割り込んでくる。

だが、スパイの仕事でいちばん恐ろしいのは、ベルモットではなくて、氷とレモンの入ったカクテル、「ドライ・マルティーニ」である。

ジェイムズ・ボンドの好きなこの飲み物は、盗賊のように背後から忍び寄り不意に足払いをかける。突然、舌の感覚が麻痺し、動作が緩慢になり、公的な接触の進展に悪影響する(とくに堅物や高慢な連中の間では)。しかし、ときにはその逆に、同じような舌の麻痺は一瞬思想的に正反対な者同士を近づける。

ロンドンのパブの数は人々の数よりちょっと少ないくらいだが、「剃刀とめんどり」、「太股《ふともも》と七つ星」、「灌木」、「青イノシシ」などなかなか気のきいた名前が揃っている。全部覚えるのは大変だ。頭がおかしくなってしまう。

運命的な六〇年代、わたしはロンドンにスパイ網を張りめぐらし、身震いするほどの成功に有頂天になっていたあるとき、いわくありげなイギリス人とケンジントン・ハイ・ストリート近くのパブ(店の名前はあげない。死後そこにはわたしの記念碑ができるか、その店が「マイケル&長靴」のような名になるかもしれないから)に入り、それぞれ水割りのウィスキーを注文した。それはわれわれが尊敬できない外国人、とくに、イギリスをたっぷりいじめたばかりか、英語を台無しにしたヤンキーと勘違いされないためである。

パブは心をなごませ、疲れを取り、穏やかな会話の気分にさせてくれた。わたしたちはこの友人が、これは上等のスコッチを相当量飲めばまったく自然なのだが、イギリス風に言ってちょっと手を洗いに座を立つまで親しくしゃべっていた。

わたしは眼を閉じ、幸せな気分で葉巻をくゆらせ、静寂を楽しんだ。スコッチも優しく腹の中でささやいていた。わたしは最近覚えたてのT・S・エリオットの詩「なめらかな指のための練習」の数行を胸の中で繰り返していた(スパイも時には自分をだまして、ひよわなインテリぶる必要がある)。

風の和音がさまよい、さすらい、
緑のラッセル・スクエアの幻の地で、
そのすすり鳴きはボタイジュの葉にはりつき
おぼろげな脳髄にはりつき、神経の叫び声にはりつく……

そのとき不意にわたしは煙にむせた。わたしの両脇に頑丈そうな男が二人座っていた。ひとりは不精ひげで、片方からは焼き魚の臭いがした。

彼らはひとの首ねっこを押さえたのだ。

「あんた、スパイとしては落第だな。あんたのキャリアもおしまいだ。這い出る道はひとつ……われわれに協力することさ」

わたしの尻は恐怖で椅子に張りついてしまったが、跳びあがって、さっと手を振り、エドガー・ポーのカラスのように「けっして！」と叫ぶために何とか力をふりしぼった。

そのあとで当局はわたしをペルソナ・ノン・グラータ（好ましからざる人物）と宣言してイギリスから追い出した。

ああ、スパイだったころのわたしはどれほど厳しく、面白く生きていたことか。

今は退役のわたしに誰もこの仕事を頼んでこないのは、いかにも残念だ。

頼めば、頼めたのに……（ウィスキーのヘイグがもう四杯目だ）。

興味深いのは、あの輝かしい時代に比べてわたしの心の中では何が変わったのかということだ。

もちろん、むしろ恐れていた、多くのことを。激しいイギリス女性の誘惑も怖かった（とくにホテルでは震えていた。ドアはしっかり閉めたが、それでも窓からベッドに飛び込んでくるのではないか心配だった）。反ソ的連中も怖かった（誰にも疑われないように、彼らとは即座にイデオロギー論争を始めた）。どんなプレゼントも断ったし（今はせめてごろつきでもいいから何かくれないかなあ）、当然、どのような怪しげな話も断った。

どのイギリス人のなかにもエイジェントの影を疑い、同国人に対しても少し疑ってかかっていた。きたない奴らが多くて、密告する可能性があった。現に、わたしがカラフルな水玉模様のコーヒー・テーブルを買い、抽象主義を批判したマネージ広場でのフルシチョフの演説が載っていた新聞紙でそれを梱包したということがモスクワに報告されていた。

うーん（もうモルトのグレンフィディックに移った）、今では自国の人間も、あなた方の国の人々も怖くはない、まったくその逆だ。イギリス在住のわが国の連中はわたしに会いたがらない。彼らはイギリス人に見つかって、傑出したスパイ（それはとっくに秘密ではないし、わたしは誰に対しても恐ろしい者ではないし、誰にも必要のない人間だ）のエイジェントとしてあとで追い出されることを恐れている。

イギリス人もそれほど熱心にわたしと関係を持ちたがっているわけではない。何度も著名な諜報または防諜の活動家にインタビューを申し込んだ。みな拒絶。

彼らは本当にわたしを尾行していないのだろうか。ひルで、どい侮辱だ（今度はブレンドのシーヴァス・リーガル。この方がマイルド）。

そんなことはない。おそらく尾行している。目を離さないだろう。わたしが気がつかないだけだ。ネズミの捕り方を忘れてしまったのだ……。

自分がリクルートされそうになったあのパブへ即直行。せめてひと目、過去のかけらを見たい。

「シャーロック」を飛び出し、顔に色を塗りたくった青年の群れの中に入る。

「チェルシー！」という叫び。サッカーへ行くファンだとわかる。

ひとりが図々しくわたしの鼻を赤く塗り、大笑いする。ろくでなし。手もつけられない悪党ども。野放図な連中。

（「……彼らの冷めた性格はまったく気にいらない。あれは氷に覆われた火山なんだ」、あるフランスの移民が笑いながら言っていた。「それでもわたしは立って、見ているが、情熱の炎は見えない。寒気がする」、これはわがカラムジンのせりふだ）

「タクシー！」わたしは怒りで足を踏み鳴らす。

わたしはのんきにライム・ワイクーレの小唄を口ずさむ。「せかせか行くよあたしゃ通りをピカデリー　あんたが愛してくれてたころは　あたしゃこんなじゃなかったわ……」

いいぞ！　あれっ、わたしはどこにいるんだろう。

場所が全然違う、パブも全然違う、このパブはちょっと見は「マイケル&長靴」のようだが、実際は「ネズミとオウム」じゃないか。

震える手で地図をめくり（いつもポケットに入れてある。これはレインコートと短刀みたいにプロの性《さが》で）、まったく見当違いのところ、正確には、シティの見覚えのある一部だが最近完全に文化のオアシスに変身した地区へ来てしまったのだ。

文化と下劣さ

ここはバービカン・センターだ。その壮大さに一度に酔いもさめ、犬のように隅々を嗅ぎはじめる。

ワンダフル！

彼らは思う存分掘り返したが、セント・ジャイルズ教会や古い町の壁の残りはきちんと保存し、大きな人造湖をふたつつくり、煉瓦の家々を配し、建物のひとつひとつにデフォー、バイロン、スウィフトらの名をつけた。

なぜ住宅があるのだろう。六時を過ぎるとシティはビジネスマンに見捨てられて無人になり、魅惑的な喧騒が消え、美しい屍になってしまった。

ところが今は住民が犬を連れてそぞろ歩き、観光客は劇場、コンサートホール、コンセルヴァトワール、図書館などが待ち受けるバービカンに足を運ぶ。

入場無料(お休み、哀れなわたしのハート)。ホールの革の肘掛椅子に腰かけて、生粋のイギリス人よろしくミルクティーを味わいながらバイオリン四重奏に耳を傾ける。

イギリスでは人々を愛し、すべてが人間のためになされる(妻《ワイフ》のスカート用に肘掛椅子の革を一枚切り取ってはいけないだろうか)。

イギリス人はたいしたもんだ。パリでさえしょっちゅう冷たい階段か河岸の花崗岩に腰をおろす羽目になるし、ヴェネツィアでは腰掛けて休む場所は最小限に切り詰められ、目に見えないマフィアがくたびれた観光客を小さなレストランのテーブルに追いこむ。その店では法外な値でコーヒーか食えたものではないピザを押しつける。

「いとしい、善良なイギリスよ!」、わたしはさわやかな気持ちで思う。

そこへ無表情のご婦人が貯金箱みたいな小さな隙間のある鉄の箱を持って現れる。わたしの心臓はきゅーっと締めつけられる、慈善事業なのだ。金はコンサート代として取った方がいいではないか。おびき寄せておいて、ちぇっ。

しかし、苦痛ながら一ポンド投げ入れる。

さらにはてしない不運つづき。「マイケル&長靴」のパブ探しはさておいて、じかにベンチに掛けて、自分を人類の一部のように感じながらマトン入りのジャンボ・サンドイッチ(安くて、すごい)にかぶりつこうと、レスター・スクエアへ行く。しかし、スクエアは閉鎖されていて、スープの列に並ぶ失業者の映画のシーンを思い浮かべながら立ち食いの始末。

次のパンチ。夜になると公衆トイレも全部閉鎖される。当局がホモと犯罪を取り締まるためなのだ。

デモクラシーの成果に喜んだのも束の間、たちまちの幻滅。

両足はすでにずきずき痛み、座骨神経が顔を出す(生涯であまりにも功績が多くて)。グッドバイ、レスター・スクエア。「女王親衛隊員」ホテルに戻り、念のために諜報部員らしく、毛布の下にプラスチック爆弾かスマートな娼婦が潜んでいないか調べてから、精根尽きてベッドに倒れ込む。

ほとんど同時に電話が鳴る。「もうお帰りですか、大佐殿。われわれは即刻そちらへ参上いたしましょうか」

心臓が凍りつく。誰だろう。「われわれ」とは誰なんだ。何で参上すると言うんだ。間違いか？　いいや。大佐とはわたしのことだ。いったい何だろう。何のことだろう。

はね起きて、ワーテルローのナポレオンみたいに神経質に部屋の中を歩き回る。広いひたいをさすり、記憶を集中させ、メモ帳を見る……。

「われわれ」とは？

ああ、どうしてわたしはすぐに考えつかなかったのか。もちろん、イギリスの防諜部だ。わたしの一挙一動をつけてまわり、いないふりをしていて、待ち構え（辛抱強いこと！）、今や罠をパタンとしめるときが来たのだ。

わたしとしたことが、ばか者め、すっかりふやけて、警戒心をなくし、ごたくを並べているだけで、危険のことを忘れていたのだ。フェリクス・エドムンドヴィチ（ジェルジンスキー初代KGB長官）はわれわれに何と教えてくれたのか。すべてを冷静に考えること。リクルートに来ることは明らかだ。パニックにならずに、山羊のように部屋の中を駆けずりまわることはするな、だ。

わたしの不名誉になるような資料がありうるだろうか。最近数年間の自分の罪をすっかりチェックしてみるが、多すぎてわからない。

もちろん、それは全部祖国でのことで——国では何でもあった——、イギリスでは威厳をもって行動し、道律にははずれなかったし、ハシシュや兵器は運んでないし、ロンドンでは策略を弄さなかったし、秘密を嗅ぎまわるようなことはしていなかったし、不思議なことに、誰ともベッドを共にしたことすらない。

しっかりしろ、じいさん、力を振りしぼれ、共産党員（うっかりしていた、元共産党員）にふさわしく堂々と敵を迎えよう。

敵が手を締め上げようとしたら、キャンディレブラム（大燭台）を窓に投げつける。人々が駆けつけるだろう。紳士的に振る舞うとすれば、彼らがどんな下劣なことをわたしから探ろうとしているのか、まず狐のように嗅ぎ出してやろう。

そしてもしも君が
君になじみのものを
残らず机の上にぶちまけ
手に入れたものを惜しまず
そっくり手放して
新規まき直しができるなら……

これは最近イギリス人に最も愛される詩になったキップリングの詩「もしも」の引用である。

急いで身なりを整え、お気に入りのオーデコロンBOSS（妻の贈り物、宿命的瞬間に彼女のことも思う）を体に振り掛け、念入りに薄い髪を梳き、胸ポケットから白いハンカチをのぞかせる。

赤っぽいブレザーに鮮やかなサクランボ柄のネクタイ（友人の羨望と敵の反感を呼ぶ）をしめ、グレーのフランネルのズボン、その裾からやはりサクランボ色の靴をのぞかせ、挑発者に反撃する用意のできた英雄のようないでたち。

パーヴェル・コルチャーギンやパーヴェル・モロゾフなど物の数ではない。カドチニコフやシュチルリツら二人のスパイの功績も何のその。

しっかりしろ。死ぬのは一回限りだ。

ドアにノックが響く。わたしは毅然とした顔つきをし、もう一度鏡を見る（頬の硬化症的斑点が目に入る）。司令官のような身振りで、記念像みたいに威厳に満ちて、入口へ行く。

ドアには黒人のフロント係が立ち、紙を載せた銀の盆を捧げている。彼はお辞儀をして急いで立ち去る（わたしは興奮のあまり、彼がチップを期待してわたしを見つめなかったことを喜ぶひまさえなかった）。それはクリスからの電報で、出先で何日か長引くとのことだった。

何たることだ。なぜわたしは彼の家に残らなかったのか。「親衛隊員」はひどく高くつく。あと一日、二日はいいとしても、どっちみちもっと安いホテルを探さなければならない。

これが現実だ。KGBの大佐たちは市場経済にうまくとけこめず、全体主義下の方がずっと快適だと感じている。

こんな重い考えを抱きながら、あとは服を脱ぎ、もう一度ネクタイのサクランボを悲しい気持ちで鑑賞し、夕刊に目を通し、寝るしかない（寂しい、湯たんぽでもかまわない）。

「霧の朝、灰色の朝」、これはツルゲーネフの言葉。「女王親衛隊員」ホテルの窓にはイギリスの太陽が喜ばしげに輝き、霧の気配もない。天気は申し分なく上々で、陰気なアルビオン（カラムジンの言葉。「まず第一に、わたしは、のようだ〈イギリス〉ではなく、妙なるイタリア湿った陰気な悲しい気候のために自分の生涯をイギリスで過ごしたくはない……誰かがここから、太陽によろしく伝えてほしいとナポリの友人に書いた」）

このホテルを出るのは残念だ。植民地の大佐から雑階級の止宿人に変わってしまうのは残念だ。

ひげを剃り、ホテルの小さな石鹸、シャンプー、ジェル、香油、ローション、洗髪用のビニールのキャップも一切トランクに放り込む。

わたしはちりとりか？　そうだ、ちりとりだ！　それがどうした？

おしゃれホテルでの最後の朝食はまるで人生最後の朝食さながら。住宅管理人にまで格下げされ、ぼろ小屋へ移された王の苦痛もかくやとばかり。

トースト、クルトン、ジュース、オートミールその他のミール、炒めたベーコンの透明なかけら、目玉焼きつきのささやかな儀式！　ガラスのフラスコにコーヒーを入れて持ってくるウェイターにちょっと会釈するため一瞬目をはなすときに味わう至福、オレンジの外皮のほろ苦いジャムを丹念にトーストにぬるときの至福！　この幸せはゲーテの『ファウスト』より強い。

「ママ、わたしたちは何をしましょうか？」、リボンをつけた少女が純粋のロシア語で訊いている。わたしは身震いする。あれはやはりあの黒髪の婦人だが、今日はドレスが違う。彼女はまるで全生涯を娘とムイチシチ（モスクワ州の都市）ではなくて、「女王親衛隊員」ホテルで暮らしてきたみたいに自信たっぷりの様子。

「パパは二階建てバスからロンドンを見せてあげるって約束したわ」

パパが約束したとは結構なことだが、パパはどうやらそれほどロンドンを知らないようだ。愚かだが金持ちのパパは観光ポスターを真に受けている。わたしには彼が気の毒だし、バスから市内見物をするすべての人たちが気の毒だ。たとえ二階建てバスから眺めようと、「メルセデス」の窓からだろうと、ウィスキーの代わりにオーデコロンを飲むのと同じで、彼ら不幸なひとたちには同情を禁じえない。

町を知り、町を愛するには散歩をおいて他にない。

この首都には徒歩の市内散策コースが多数あり（地下鉄駅付近に集合）、実にすてきなイギリス人がガイドをつとめる。「ロンドンの売春宿と修道士」または「テムズ河畔のパブ」などテーマも興味津々。本当の話、わたしはこうした散策でロシア人を見たことがない。思い出すが、あるときわたしはごく少人数の観光客のグループといっしょになった。一行はその日の遠足にすっかり盛り上がり、ソーホーのナイトクラブでお開きとなった（この地区にはご用心。以前、ここでは娼婦たちが鍵をかちゃつかせながらしつこく呼び込みをしていたが、今では彼女たちのパレスにずた袋のように引きずり込むのですぞ）。

さすらい人はどこに憩いの場を求めればよいか。

有色人種の地区ではわがままなアメリカ人と間違えられて、絞め殺されかねないし、そこはひどく古びている。アールス・コート地区はよいところで便利だ。ホテルあり、ペンションありで、好みも多様である。

おや、あなたは何をふさぎ込んでいるのですか。食べそこなったマトンやオレンジの外皮のほろ苦いジャムのことを悲しんでいるのですか。

あなたのカラムジン先生は貴族の旦那の身でありながら、一時はパブのひと部屋にどこかのペテン師と暮らしていた。その男は黒いシルクの乗馬ズボンをはき、年じゅうギターに熱中し、トランプをやっていた。だいたいカラムジンはロンドンでついていなかった。彼はたえずゆすりにだまされたり、リッチモンド・パークの浮浪者たち（そこは今は鹿やゴルファーの方が多い）に危うく身ぐるみ剝がされそうになったり、床屋には切れない剃刀で頬を傷だらけにされ、頭にポマードではなくラードかヘットをつけられたうえ、メリケン粉で化粧させられた。

抗議すると浮浪者たちはいろいろの言語で答え、床屋は簡潔に「わかりません」と答えた。

誰かさんは最悪の状況下にもあったことがあると考えると、いつも勇気が出るもので、カラムジンは結局女性が三人住んでいる下宿（彼の手紙のこのくだりはいささか婉曲な感がある）に引っ越したことを思い出し、わたしも住まい探しに出かける。

わたしも「思いがけない毒舌でご婦人方の注意を喚起する」こともあるかもしれない。

この地で言うところの「チューブ」、つまり地下鉄に降り、安らかに座席に腰をおろして、心配事を忘れる。

地下鉄の次の駅で、ラグラン型のグリーンのコートを着、折り畳み傘を手にした白髪のうぶ毛頭のジェントルマンが乗ってくる。わたしを見るといんぎんに挨拶する。わたしは自動的に優しい微笑でこたえる。知らない人と挨拶していけないことがあろうか。偉大な民間治療師イワノフは、はだしで歩くこと、冷たい水で鍛えること、そして誰とでも挨拶することを勧めている。

いったい、だれだっけ。頭が推理でいっぱいになる。もしかしてあれは以前、影のようにわたしの後を歩き、年金生活に入った探偵ではないだろうか。そうでないはずはない。きっと、腰をおろして、いったいどこでわたしを見かけたのか思い出しているのだろう（まるで二人の刑事犯罪人、監獄仲間みたいだ）。

近づいて訊いてみたらどうだ。「ご老人、いかがですか。いくらもらってますか。捜査活動が懐かしいですか」

いや駄目だ。ホテルで防諜員との対決を待つだけで十分だ。さもないと――ロンドンで言うところの夢遊病者の憩いの場――ベドラム入りだ。

アールス・コート地区で小さなホテルをつぎつぎに渡り歩く。それは寄宿舎風で、万事共同使用のかわりに、たった二〇ポンドから三〇ポンドで安い。一〇ポンドもあるが、シルクの乗馬ズボンのギタリストが怖い。

そのなかの一軒で女管理人の説明を待つために少し時間がかかった。彼女は電話で話中なのだが、きれいなロシア語で見事な話しっぷり。

わたしの方を見さえしない。

完全にロシア式だ。

待っている間に、チャールズとかいう者と彼女のいっぷう変わった関係の全容がわかる。その男はならず者で、金は山とあるが、彼からエイズをうつされないように結婚はしない（そこで予防方法が詳細に語られる）。

そんな話の後では、ロシア語で話すわけにはいかないので、口ごもりながら、帯気音をつけたオックスフォード風の発音で空き部屋の有無をたずねる。

マダムは不親切な、すこぶるロシア的な否定的返事をする。

さらに孤独なさすらいの半時間。

今日はエリオットから離れられない。

しかし隣のペンション「巣」ではわたしはついている。貧相な部屋、狭い鉄の寝台と吊り下げ式の手洗い器。窓だってある。その窓辺では座ってため息をつき、叫んだり、唸ったりしてひとを呼ぶこともできる。

「女王親衛隊員」ホテルからの引っ越しは人目をひかないように行われる。ミニ・バーは不思議なことに無人ではないが、わたしが故国の習慣で電球をはずしたって誰も調べはしない。

どうやら外へ出る。無造作にスーツをキャスターに載せたものすごくすてきな堂々たるポーターが飛んでくる。「失礼します、サー」。けれどもわたしはきまりの悪い視線をそらしもしない。だいぶ前から気づいていたが、イギリス人は無駄金はつかわず、荷物はむしろ自分で引きずっていく。

貧乏は恥ではない

「巣」では長い間身のまわりを整理し、じきに慣れる。これがロシア人の天性なのだ。

自分で持ち歩いているフォーク、ナイフ、たわし、大切な栓抜き、携帯電熱器、浣腸は忘れなかったし……ええ？　スパイが初めて出張に出たわけじゃあるまいに。

ゆっくり日が暮れていく。そろそろ食事を考えなくちゃ。幸い近くには夜の店もたくさんある。

ペンションを出る。女性の守衛はわたしに無関心、どうやらわたしは殺人者や強盗には似ていない、むしろ休息中の年寄りみたいなのだろう。

「諜報部員、うまく変身できたな」

小さな店でイワシの缶詰を二缶（ひとつは朝用に）、プロセスチーズ数個、リンゴ二個、それから（部屋で自分のベルトで首を吊らないために）高くないワインを二瓶買う。

ブレジネフ時代にスローガンに書かれていたように、「経済は経済的でなければならない」。

灰色の小さな袋を手にするとよけい自分が貧しく、さらに醜く（うら寂しい老人のにおいが体から発散しているみたいだ）、あらゆる病気を背負い込んだ完全な病人のように感じる。

「巣」では折り畳み式ナイフの栓抜きを引っ張り出そうとして爪を傷める。

「飲もう！　生きている間はいくらでも災厄があるだろう。惑星の配列は一度ならず人々を心配させてきた。死んだら、われわれの骨を煉瓦にして、誰かがそれで豪邸を建てるだろう」

ひと飲みすると陰気な部屋はバラ色になり、甘い思い出が一度に頭に突入してくる。ふんぞりかえってピカデリーを歩いたこと、いつかどこかで誰かに熱烈にキスしたこと、カーナビ・ストリートでチェックのマフラーを買ったこと、オスカー・ワイルドもバーナード・ショウも背筋を正したカフェ・ロイヤルでウズラのソースをかけたキジのローストを食いちぎりながら頑張ったことなど。わたしがそこで処世訓を垂れたのは彼らに対してではなかったか。

すばらしい。すてきだ。結構！

プラウダ紙（短靴をくるんであった）の上に買いたてのご馳走を並べる。いつもひげそり用のカップでワインをちびちびやっている身としては、それは新鮮で壮観だ。プロセスチーズは祖国、青春時代、栄光、恋を強烈に思い出させる。

まさに場所と時間に合わせたように電話が鳴り、媚びるような女性の声が英語で挨拶し、わたしの気分に関心を寄せる。わたしは優しい男で、会話に浸りたいが、その声は実務的で、たくさんお喋りするつもりはない。電話は正確にポンドを計算している。

全部で一〇〇ポンド＋アルファ……。

おや、ワインはもう二瓶目もなくなってしまった。いかがいたそうか。

じっと考えてみる。栄えある過去にこんなような電話が鳴ったらどれほどの恐怖にとらわれたことだろう。

たぶんわたしは「挑発はやめたまえ！」と電話器にありったけの声で叫び、それからドアに耳を押しつけ、カメラのシャッターを切りながら部屋に乱入しようとしている挑発者たちの微かな音を聞き取ろうとするだろう……ああ、恐ろしい。

純粋な精神に基づきわたしはおそらく機関に報告し、ボスはこう言うだろう。「ところで彼女はなぜとくに君に電話をかけたんだと思うかね。わたしがイギリスのホテルにいても誰もかけてこないぜ」

問題は党委員会にも達し、道徳的政治的活動に関する報告に組み込まれて、「特務機関と結びついている娼婦の側から、個々の道徳的に不安定な職員に対する接近が見られる」となる。

空気を吸い、ヨーグルトを買い、途中で考えなくちゃ、人生は一度しかないではないか。

夜中に外出し、深い底無しの深淵のような思いにふけって明かりの少ない小道を行く。

いきなり隅から酔っぱらいが飛び出し、ふいに猿のようにわたしの真似をする。酔っぱらいの仕草では、わたしはひっくり返した植木鉢みたいな顔をし、腹を突き出して歩く横柄な俗物紳士さながらである。

「今にもかかってくるだろう。今夜にふさわしい幕切れだ」とはかなく思う。

残念なことに、スパイ学校で教わったサンボの技はすっかり忘れてしまったが、まあ、さっと急所に一発蹴りを入れてやればいいだろう。

しかしそいつは笑って手を差しのべてきた。急いで握手をする。驚いたキリンみたいにヨーグルトを買いに素早く店に飛び込むが、ワインを一瓶買ってしまう（潜在意識！）。

わたしの「巣」は早くも騒々しい宮殿に変わってしまった。大理石の階段はきしみ、クリスタルのシャンデリアは目もくらむばかり、広間は宴たけなわ。ご婦人方はクリノリン・スカート、紳士方は燕尾服。

「このおいぼれ山羊に注目！」、レディがひとりきれいなロシア語で言う。

わたしは驚いて身がすくむ。「シャープ」のラジオが狂ったようにがんがん響く。同国人の諸君、君たちは何人ぐらいいるんだ。一目で大勢いることも、とくに男の羽振りのいいこともわかる。

わたしはイギリス人（きっちり着込んだ衣装でサハラ砂漠をさまよう連中）のように無表情な顔で、静かに自室に行く。

庭も陽気だ、「さすらい人、運命《さだめ》を呪いて」（ロシア民謡「バイカル湖」の一節）、わたしはこのモチーフを口ずさみさえする。やはり「国の連中は比類ないのだ」、ひとに退屈な思いをさせない、これはうんざりさせられるアングロサクソンとは違う。

「わたしはロシアを愛する、ただし奇妙な愛で」

彼らのところへ出ていって、ひとふざけするか？　だめだ。彼らが自分でやって来るだろう、来ないではいられないのだ。大切なのは忍耐だ、そう教わらなかったか。

赤茶けたフランネルのズボンをはき寝台に横になり、脇にワインを置く。

「さすらい人、運命を呪いて……」。これがわれわれロシアの運命ではないだろか。

猫の夢を見る。猫はドアを引っ掻き、それからどうやら赤いラッカーを塗った爪でノックしているみたいだ。

「ごめんなさい、サー」、彼女はやっと英語でもぐもぐ言い、耳まで口を開けて微笑み、やたらに煙草を吸う。「明日まで……、今日中……、夕方まで、五〇ポンドございません？」

わたしはがっくりして、イギリス風に途方に暮れたしかめっ面をし、何もわからなかったふりをする。

「クシューシャ、奴をよく見ろよ」、男の声がロシア語でしゃべる。「つらにけちん坊と書いてあるじゃないか。典型的ないやなイギリス野郎だ」

「ごめんなさい、ミス」わたしは怒りで頬が震えるのを恐れ、オックスフォード風に帯気音つきの発音でしゃべる。「残念ですが、わたしにはクレジットカードしかなくって……」

「それなら下に自動引き出し機が……」、と彼女が遮った。「ほんのすぐ近くに……今まだ三時だし……」

「へん、そんな野郎なんか引っ込んじまえ」、男は彼女を説得し、すごく凝ったせりふをいくつか付け加える。

わたしは服を脱ぎ、ワインを飲み干す。

「さすらい人、運命を呪いて……」

そして突然（なぜ突然か？）、感情にとらえられ、出ていき、抱擁し、身の上を明かし、呼び掛け、死に、眠り込みたくなる。みんな、ロシアよ、われわれの巡洋艦「ヴァリャーグ」よ、敵に降伏はしないぞ……

全然眠りたくない。ロンドンは消えた。わたしはすべてが岐路に立っている国に戻った。そしてまったく眠りたくない。

すでに夜が明け、服を着て、通りへ出る。もう、気もそぞろの通行人が職場に急いでいる、新聞売り子が叫び、自動車が唸り声を立てている。

地下鉄におりる。朝の顔は一様に不満気だ。皆、静かに揺れながら、それぞれ考えごとをしている。

グリーン・パークでピカデリーに出る。

それにしても巨大な帝国も、空想的とはいえ神聖な理想ももはやないのが残念だし、わたしももういつでも戦闘に赴ける兵士ではない。

リッツ・ホテルの横を歩き、女王の芸術アカデミーの傍らを過ぎ、いたずらっぽいエロスのついた脚柱の近くを通り、コベントリー・ストリートを進む。この通りでは広告の消えることがなく、微風が顔に心地よい。

それでも残念だ。

頭の中で相変わらずあの小唄が聞こえている――「せかせか行くよ　あたしゃ通りをピカデリー　あんたが愛してくれてたころは　あたしゃこんなじゃなかったわ」

一瞬、ロンドンが再びわたしのものになったように思える。

ベルリン

БЕРЛИН

筆者の横顔

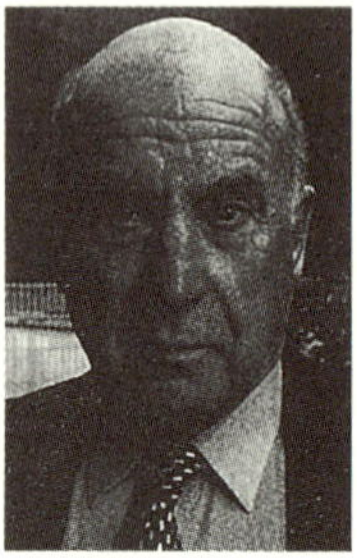

KGB個人ファイル

№ [redacted]

氏名	ヴャチェスラフ・イワノヴィチ・ケヴォルコフ
生年月日	1923年7月21日
学歴と専門	軍事大学
外国語	ドイツ語、英語
学位	なし
軍の階級	少将
勤務した国	ドイツ、ベルギー
家庭	既婚
スポーツ	ボートレース
好きな飲物	トマトジュース
好きなたばこ	褐色タバコ
趣味	友人たちの名言の収集

ミュンヘンから首都へ

殿様方も君に教えを乞うた。
君はシュプレー河畔にアテナイを建てた。
ジョルジュ・シムノン

あなたがドイツ観光旅行に出かける幸せな人たちのひとりだったとしましょう。そんなときには、あなたにはガイドブックが、本書のようないっぷう変わった案内書がどうしても必要になるでしょう。

手始めにコースを考え、乗り物を決めてください。ドイツ人は自動車を選びます。おいてきぼりにならないよう、彼らの習慣についていくことをお勧めします。そのために、出発前には必ず蹄鉄を買って、車のラジエーターのフロント・グリルの前にぶら下げてください。ロシアと同じにドイツでも蹄鉄は守護天使のように信じられています。ドイツ人は、蹄鉄は多くの不愉快なことから守ってくれると考えています。ただし、事故、自動車泥棒、道路警察のレーダー監視、罰金、税金等々は別ですが。どんなことがあっても、針金で囲った緑の牧場で放牧中の馬をつかまえて蹄鉄を手に入れようなどと考えてはいけません。この幸せのシンボルはどこの日用品店でもみやげ物店でも売っているからです。

車でドイツ旅行に出発するときには、つい習慣でトランクに予備のガソリンを入れた缶を二個入れるとか、客席にボイルドチキンや卵、カツレツなどを持ち込もうなんて考えないでください。高速道路では三四キロメートルごとにレストランつきのガソリンスタンドがドライバーを待ちかまえています。それで、ガス欠や空腹状態のままという危険はゼロなのです。

旅行はいちばん南の州のバイエルンから始め、少しずつ北上するのが最もよいでしょう。これには地理的だけでなく、歴史的論理もあります。われわれは最近までサンクト・ペテルブルグをレニングラード、「革命の揺籃の地」などと呼んでいましたが、バイエルンの州都ミュンヘンは完全に「国家社会主義の揺籃の地」と言えるでしょう。ドイツのファシズムはここで発生し、ドイツの最近代史はこの地で始まるのです。

リヒャルト・ワーグナーはドイツの愛国主義的自覚を促したオペラをミュンヘンで書きました。ヒトラーは彼の才能を神とあがめ、ワーグナーの義理の娘ウィニフレッドはヒトラーを神格化しました。伝記文学から明らかなように、独裁者は肉を食べず、ビールも飲みませんでしたが、一揆を準備するために仲間をビヤホールの「ビュルガーブロイケラー」に集めることにしました。それで「ビール」一揆の名で歴史に残りました。

一九二三年十一月八日にこの「夕食」がなかったら、ドイツ、それにヨーロッパ全体の歴史も異なったものになったでしょう。ヒトラーは四年間要塞に閉じ込められることもなく、牢獄の孤独の中で『マイン・カンプ（わが闘争）』を書くこともなかったかもしれません。今日では、ロシアの多数の本屋がこの本の露店販売の売り上げで家族を養い、子孫の教育費を賄っています。

ドイツではこのようなものは誰もあえて出版も販売もしようとはしません。ナチズムの宣伝はそれが象徴的な形式であろうとも法律で罰せられるからで、ここの法律は厳しく、公正であるばかりか、厳格に守られるのです。

他面、国家社会主義誕生の歴史に結びついた場所を訪れることは自由です。しかし、それが当時どのように発生したかをはっきり知りたいと思っても、必ずしも市内の長い遠足に出かけたり、レジデンツ通りをイーザル川まで下り、それをルートヴィヒ橋で渡って、さっきのビール酒屋を探す必要はありません。

ドイツ民族は他のあらゆる民族よりもすぐれているという悪魔のような思想は、ビヤホールでではなく、人々の頭の中で生まれました。この思想は「ビュルガーブロイケラー」でビールを飲み、十分酔っぱらったヒトラーの仲間の一隊に吹き込まれたのです。彼らはその十一月の夜、ヒトラーに率いられてそこから町の中央へ向かい、オデオン広場近くで警察の射撃を受けました。

この一揆の模様は、十九世紀末に建った有名なビヤホール「ホーフブロイハウス」に寄ってみても追体験できるでしょう。ここはインテリアにせよ、そこにみなぎる強いバイエルン気質にせよ、当時の「ビュルガーブロイケラー」にひけをとりませんでした。

その建物にはホールがいくつかあり、石の柱が天井を支えています。どのホールにも広い中庭への出口があり、中は大きなテーブルにはベンチ、小さなテーブルには椅子がついています。同志に囲まれたヒトラーがここに座っていた様子が容易に想像できます。壁はおそらく彼らが何を話していたか覚えているでしょう……。

それ以来、バイエルンでは大量のビールが流れましたが、世界はそのときヒトラーのちんぴらどもが企てていたことを今日まで忘れてはいません。

ビヤホールの広いホールにはスタンドがたくさんあります。ビールは悪いビール以外は何でもあります。中央ホールの真ん中にあるそれほど高くないステージにオーケストラ、全員バイエルンの民族服を着た男女五人が、これも民族メロディを専門に奏でたり歌ったりします。メロディはときどき「ヨーデル」に移ります。ヨーデルは、リフレインの代わりに、声帯からではなく胃の近くにある器官を使って音を出す、オーストリアとバイエルン独特の歌い方です。

ミュンヘンは南ドイツの州都ですが、この地方の美しさをもっと身近に感じたければ、もう少し南下してオーストリアとの国境まで行くとよいでしょう。そこからは天国が始まります。アルプスの鮮やかな緑の牧場、ビロードのような山並み、小さな町や村をちりばめた美しい谷。谷間の家々は白い二、三階建ての木組み式で、バルコニーには彫刻模様を施し、壁には聖書のモチーフが描かれています。そしてもちろん、小さな村の中央には白いとんがり屋根の教会。

目を楽しませてくれる風景、行き届いた手入れ、裕福さ、山の空気——それ自体全部が健康のもと。しかし、人々の健康にとっていちばん大きな価値があるのは、ここではほとんどどの石の下からも湧き出している無数の温泉です。

いちばん大切なことはと言うと、ここの水は本当にいろいろな効きめがあるということです。ある水は神経過敏の人の気持ちをほぐし、別の水はその反対に救い難いほど無気力な人に活力を与えます。疲れやすい人はちゃんと治り、太った人は痩せられます。

ドイツ人は以前から薬効のある温泉の特効性を信じ、温泉には無数のサナトリウム、保養所、小規模なペンションをつくってきました。

多くの人が、フリードリヒ一世が十七世紀に自分の座右の銘として選んだ「各人に独自性を」という賢明なことばの原作者を名乗ってきました。わたしたちにとって大切なのは著作権ではなくて、この命題の正しさです。ドイツの医師は、どの人もその人に役立つ温泉に行きあたるように気を配ってきました。

バイエルン・アルプスの「感化エイジェント」

一九六〇年代末から七〇年代初頭にかけてソ連国家保安委員会では、いわゆる「感化エイジェント」と称される者を海外へ派遣するムードがまだ残っていました。彼らの当初の任務は、世界中に蔓延したロシアの移民センターを潰すことでした。このようなセンターは自滅してしまいましたが、その後「感化エイジェント」の活動は宣伝的色彩が濃くなり、その影響の対象はロシア移民の枠をはるかに越えてしまいました。

彼らは事実上、海外諸国の政治、行政の有力者との接触を確立するよう指示されました。その人たちを通じてその国内にソ連に友好的な雰囲気をつくるためです。発案者たち自身がその実現をどのように考えていたかはよくわかりません。ただ、その役割に選ばれたのは宣伝とイデオロギーの分野で働いていた人たちだったということだけはわかっています。彼らは少しも強制されることなく、ときには競争相手を肘で押しのけてまでもその仕事を遂行することに同意しました。というのは、その仕事は当時エリートにしか考えられなかった外国行きと結びついていたからです。

わたしはそういう幸せ者のひとりを実際に観察する機会がありました。ウラジーミル・ペトロヴィチ・ヴェルトという人がモスクワで教育を受け、修士論文も通り、モスクワのある大学で社会科学の講義をしていました。ちょっと腹が出ていて、とても痩せているというほどではないが、やや痩せ気味の中年男性。無闇に早く禿げ上がった頭を左から右へ梳いたひとつかみの髪でカバーしていました。しかしそれだけでは、彼に母方の叔父さんがいなかったならば、当時外国へ出るのには明らかに不十分だったでしょう。叔父さんは戦後ドイツにいたバルト系ドイツ人で、短期間に一介のレポーターから目のくらむような出世を遂げて、ドイツのある行政組織に働く世界的水準の肩書を持つ政治家になりました。

旧西ドイツが「敵」や「報復主義者」から突然、ソ連の同盟国に変身した七〇年代、ヴェルトをドイツに派遣して、有名な親戚との「偶然の」出会いを仕組み、その後……という考えが生まれました。簡単に言えば、モスクワの甥は叔父さんをすっかりでなくても「改造」し、最低でもせめてソビエトに好意を抱かせるという算段でした。

そのころモスクワは、本来飲み道楽、食い道楽なその叔父さんが太りすぎに苦しみ、本人のことばによると「燃えかすから解放される」目的で、毎年バイエルンの「鉱泉」に出かけるということがわかっていました。

ヴェルトは外国へ出たのは初めて。彼はドイツ語は辞書があっても話せず、彼が美しいバイエルン・アルプスの谷間にある小さな保養地まで行くことと、叔父さんが「燃えかす」になっているサナトリウムを探すのをわたしが手伝うことになりました。

アエロフロートの飛行機便がそのころミュンヘンまでは不定期だったためか、他の理由だったか、彼はなぜか保養地に近いバイエルンの州都には直行せず、サナトリウムから四〇〇キロメートルほどのフランクフルト・アム・マインに着きました。

ドイツにはフランクフルトが二つあります。ひとつはドイツとポーランドの国境のオーデル川にあります。このことについては、今でも政治家と歴史家が盛んに議論しています。もうひとつはマイン川にあります。この川はどこの国をも分けるのではなく、むしろ両岸をヨーロッパ最大の金融取引所に提供しています。この都市は文化の中心地というよりも、巨額の金の中心地です。

町の中央にはオペラ座が再建されたのも事実ですが、四方八方から中央へ押し寄せる銀行の四十階建ての高層ビルが日増しにオペラ座の日射しを遮っています。ここは、ニューヨークの「石のジャングル」にいるアメリカ人の生活を撮影するのに好適地でしょう。

いくつもの金の保管所には、フランクフルトの見本市の建物がすてきに共存しています。その中央入口の前には昼も夜も巨大な鍛冶屋の黒いシルエットがハンマーで鉄敷《かなしき》を打ち、誰かの幸せを鍛えています。

毎年秋にはここで国際書籍市が開かれ、世界中からベストセラーが持ち込まれます。

フランクフルト空港は全世界からヨーロッパへ来る人や貨物の乗り換え、積み替え地点です。空港の建物は数キロメートルにわたり、無数の通路で必要な人を捜すのはきわめて困難です。それでもわたしたちはそこで会えました。

到着する人に関してわたしに与えられた人物描写はごく一般的なものだったので、わたしはモスクワから飛んできた旅客の流れを眺めて、二人に一人はてっきりその人物だと思ってしまうのでした。すごく驚いたことに、迎えの群衆の中から彼自身がわたしを見つけました。彼は名乗ってから、神経質そうに左目をウィンクしたので、わたしは返事不要の符牒だと思ってしまいました。

秘密保持の配慮か、彼にのしかかった初めての感覚のためか、ヴェルトは途中ほとんど口をつぐんでいました。高速自動車道をはずれ、オーストリアとの国境間際で心地よくたたずんでいる小さな保養町オーバーシュタウフェンのある谷間へのつづら道を下りだしたときに、初めて彼は叫びました。

「なんという美しさ！」

わたしもそれに異論はありませんでした。

二軒に一軒はホテルで、三軒に一軒は「皆様、当ホテルでドクトル・シュロットの療法を」という看板を出しています。ドイツでは学者の名前と結びついた治療法の宣伝がとても多いので、わたしはその方法がほかの治療法より優れているかなどと究明するのはやめてしまいました。

わたしは、なるべく早くモスクワの大切な人物をドクトル・シュロットの頼もしい手に引き渡し、それほど遠くないウルム市へ行って土地の人たちと第二次世界大戦の英雄、ドイツのロンメル元帥の最後の日々について話し合うという計画を立てました。元帥の悲劇的運命は今も私を魅了してやまないのです。

最初はすべてうまく進みました。サナトリウムには、わたしの道連れが来るということをあらかじめ知らせてありました。そこでは、広いベッド、木製家具、それに現代のヨーロッパのホテルにある設備万端整った小さい部屋のキーを黙って渡してくれました。

わたしの保護下の人物が、幸せな表情でホテルの整理ダンスの引き出しに身のまわり品を突っ込んでいる間に、わたしはウルムへ電話して、自分のホテルを予約しました。

すぐに医師が現れました。医師は彼に腰まで脱ぐように言い、血圧を計り、背中をとんとんとやり、まだ未記入のサナトリウムのカードをちらっと見、そこに「支払済」とあるのを発見して、「治療可」と認めました。ドイツの医者は金を払えば完全な健康人も治療してくれる用意があります。

快適な環境、ヴェルトが体験したこともない医師の好意的な態度、重大な課題を遂行することだけでなく、ちょっと治療もしてもらえるという見通しがたち、ヴェルトは陽気になりました。

わたしは機会《おり》をみて、自分のホテルの電話番号と、受話器をとって告げなければならないドイツ語の数字の読み方を彼に残し、心から別れを言い、ヴェルトと親戚との温かい出会いを祈りました。

谷間はもう闇に包まれていました。森と丘陵が暗いかたまりに溶け合っていました。対向車はヘッドライトをつけて走っています。空はどんどん色褪せ、いちばん高い山の峰々だけがまだ沈みゆく太陽の輝きに浸かっていました。その湿っぽいような光は驚嘆すべき純白で、峰々はまるで雪をかぶっているみたいでした。道はときどき山寄りに急カーブし、エンジンはあえぎ、放心したようなドライバーにもっとタイムリーに低ギアに移らなかったことを責めました。身体は気持ちよく座席の背もたれに沈み、峠の頂上に着いた車はもはや地上に戻らずに、空中を走り続けるのではないかという気持ちになりました。

ホテルは静かでした。わたしは部屋に上がり、シャワーを浴び、セットしたてのベッドに倒れ込みました。かたわらのサイドボードにはお定まりのように聖書が置いてあります。わたしはあてずっぽうにそれを開き、何行か読み、いつものことながら、完全に現代的男性をめぐる、けっして単純ではないテーマが簡潔に書かれていることに感心し、機械的にテレビ番組を切り換えながらまどろみました。

シュロット博士式治療

わたしは電話のベルで不本意ながら早く目が覚めました。時計はきっかり午前七時でした。スイッチを切ってなかったテレビはガリガリ音をたて、白黒の走査線が流れていました。

受話器を取りました。相手の声はどう聞いても、ロシア語の単語を発音していますが、理解できませんでした。緊張した話しぶりでしたが、不明瞭です。疑いありません。昨日の知人がかけているのです。

「お願いです。すぐに来てください」、かろうじて単語がいくつかわかりました。「とんでもないことになっているんです！」

「どんなことですか」、わたしは聞きたいと思いました。

「電話じゃ話せません」、彼はモスクワのインテリと犯罪社会に典型的な文句で遮りました。どちらも自分たちの話したこと全体が疑問の余地なく当局の関心事だということを疑っていません。

「外で待ってますから」、相手は反論を許さない調子で続けました。

最後の言葉の調子でわたしは急ぐことにしました。

彼は本当に外で、ホテルの前を神経質に行ったり来たりしながら待っていました。

「あなた、どうしたんですか」、わたしは安心させるように優しく切り出しました。

「わたしは彼らに包囲されたんです。モスクワで予告されたことが全部現実になった……」

「ちょっと待ってくださいよ。『彼ら』って誰ですか」

　彼はまるで男女の解剖学的相違を質問されたみたいにわたしを見ました。

「誰ですって？　モスクワでは、ドイツにはアメリカ、イギリス、フランスなど世界のあらゆる諜報機関が盛んに活動していると話してくれました。昨日わたしはそれを全部自分で体験しました。あなたにはあの医者が特務機関の職員だということが目に入らなかったんですか」

「あなたそう確信しているんですか」

「絶対に！　あなたは、彼が血圧を計ろうとしてわたしにベルトをはめたのに注目しませんでしたか。両足を上にして！　どうして聴診器を胸に押しつけたんです？　胸じゃなくて、壁みたいに！　隣の部屋では鼓動じゃなくて、会話を聞いているんですぞ！」

　そのとき、どこか山から一陣の風が吹いてきて、頭で分けてあった彼の髪を左の耳のわきでほとんど肩まで垂らしてしまいました。ヴェルトは手慣れた様子で巧みに髪の房を元の位置に収めました。

　彼の語りは長く、要するに次のようなことでした。

　わたしたちが別れるやいなや、誰かがドアをノックして、夕食に来るようにということでした。彼には話が通じないことがわかり、熟練したパントマイムのジェスチャーで、見えないスプーンを空中でつかみ、それを口へ持っていきました。それから二人は下へ降り、ヴェルトは隅のテーブルへ案内されましたが、そのテーブルにはすでに入念に髪をセットした元気そうな、歳に似ずいたずらっぽい目をした、六十をはるかに越えた老婦人が座っていました。

「もしフラウ〔ご婦人〕がお差し支えなければ、同席になられる新人をご紹介いたします」、職員が丁寧に始めました。

「嬉しいですわ。わたし、ひとりでとても退屈でしたの。ゲルトルートと申します」、老婦人は手を差し延べました。

「すみません、フラウ。こちらは外国の方で、ドイツ語はほとんどお話しになりません……」

「まあ、外国の方ですって！　魅力的だわ。この方がドイツ語をお話しにならなくても、心配無用ですよ。わたしたち、共通の言葉を見つけますから」

職員は自分の仲介の使命が成功したことに満足して離れましたが、ヴェルトはなぜか自分の若かったころを思い出しました。彼が転校したとき、やはり今のように新しいクラスに紹介され、何やらいやな女の子の横の席に座らされたのでした。

「あなたは、どちらの民族でいらっしゃいますの。スペイン人、フランス人、ポルトガル人……えっ、ロシア人ですって。素晴らしい！　わたしの曾祖母はサンクト・ペテルブルグ生まれでしたのよ」

ヴェルトは自分でもびっくりしたそうですが、言葉はわからないながら、話されたこととの全体の内容は何とかつかんだと言っていました。

「わたし、外国の殿方といくらかお付き合いの経験があるんですのよ」、ゲルトルートは一秒たりとも切らさずに続けました。「ですから、あなたはお国の言葉でお話しあそばせ。わたしは自分の言葉で続けますわ。さあ、これでわたしたち何か共通の……そう、エスペラントみたいな言葉に行き着きましたわね」

「あなたはどう思いますか。わたしは初めからわかりましたよ。この婦人は特別にわたしにつけられたのです。もちろん、彼女はわたしたち並みにロシア語がわかるのに、とぼけちゃって……」

それから、ヴェルトによると、事態はドラマチックな展開を遂げました。夕食には分厚く切って煮たビートの盛りつけ、ふかしたニンジン数切れ、さらに得体の知れないどろどろしたものが出ました。それに粗碾《あらび》きの黒パン二切れ、白の辛口ワイン一人一本ずつです。

「どうです。経験豊かな諜報員でさえ立ち往生する完全な循環三角形〔絶体絶命〕ですよ。ワイン、女、金……彼女は金の話はしませんでしたが、それは第二段階だと確信します。食事については、生涯あれほどまずいものは食ったこともありません。わたしは監獄で、当局側スタッフに講義をしたことがあります。囚人のためにつくる監獄のバラーンダ〔ごく薄い水っぽいスープ〕の方がうまそうでしたよ」

わたしは黙って聞いていました。

夕食がすむとゲルトルートは新しい知人の手をつかんで、ディスコになっている隣のホールへ引っ張っていきました。薄闇、大音響の音楽、またもや同じ辛口ワインが際限なく入っているスタンド。彼女が説明して言うには、ワインはディスコと同様に無料、つまり保養費に入っているのです。それはどちらも治療コースの重要部分だからなのです。

「わかりますか。わたしはここで完全な馬鹿扱いなんです。すきっ腹にワインをいくらでも注がれて、その後で薄暗い息苦しい部屋で耳を聾せんばかりの音楽を伴奏に女性と無理やり踊らされて、あげくの果てに、これは健康になるために必要だからみたいに言って、全部料金に入ってるんです」

自分がディスコにいるのに気がついたヴェルトは、相手の女性に、自分は踊れないし、踊るつもりもないとはっきり言いました。ところが彼女は容赦なく、ヴェルトの手を押さえたまま踊りのただなかへ引きずり込みました。

ゲルトルートはある音楽の短い休止のときに、ワインをたくさん飲んじゃったから、ほんのちょっとトイレに行ってこなくちゃならなくなっちゃったの、とすごく恥知らずなせりふを吐きました。

ヴェルトにかすかな救いの望みが見えてきました。彼は好機逸すべからずと、ゲルトルートの背中が廊下に消えるや一目散に二階へ突進して自室に転がり込み、厳重に鍵をかけ、神経を鎮めようとソファに身を沈めました。

至福のときはそれほど続きませんでした。ゲルトルートがワインに入れた薬が、あらかじめ考えられていたビートとの組み合わせで効きめを発揮したのです。彼はトイレに飛び込み、かなり長く入ったきりでした。電話が何回か鳴りましたが、ヴェルトは行こうと思ったとしても、行けませんでした。ついにすっかり静かになりました。ゲルトルートは彼女の悪だくみがうまくいったことを確信して、満足しました。

疑いもなく閉所恐怖症に悩むヴェルトは閉鎖空間で二時間過ごした後、やっとの思いでベッドに辿り着き、着替えもそこそこに眠りこみました。

しかし眠りは長くは続きませんでした。まだ夜が明けないうちに、厳重に鍵をかけたはずのドアがすーっと開き、白衣の屈強な背高のっぽが二人部屋に入ってきました。そのうちの一人は不作法にも寝ている者から毛布を剝ぎ取り、断固たる抗議にもかかわらず、彼に熱い厚手の蒸したシーツを投げかけましたので、それはたちまちまるで拘束服みたいになりました。もう一人がやはり黙ったまま、哀れな男の両手を身体に沿って伸ばし、今度は二人してその身体を持ち上げ、赤ん坊を扱うみたいに巧みにその濡れたシーツでくるみました。シーツの端は頭の上にフードの形でかぶさり、顔には窒息しないように小さな隙間が残されました。

それからいちばん恐ろしいことが起きました。生け贄は、明らかに抜け出せないように、シーツの上から洗濯物の太いロープでぐるぐる巻かれて繭にされ、腹の上でセーラー結びをきつく締められました。ヴェルトが残された隙間から声を出して抗議を始めると、筋骨逞しい若者のひとりが笑って広がった唇に皮肉っぽく太い指をあて、助けを呼ぶのは無意味だということをわからせようとしました。

手先のひとりは立ち去る前にヴェルトの顔をじろっと眺めました。ヴェルトはこの機会を逃がさず、モスクワで教わったとおりに、直ちにソビエト大使か領事を呼ぶことを要求しました。

意味不明のロシア語の組み合わせの中の「コンスル」(領事)という単語にラテン語の語根を聞き取った屈強な若者は身をかがめて、あざけるように繭をポンと叩き、彼らはまた戻ってくるとジェスチャーでわからせました。

手足を縛られた者の脳裏に最も暗い考えが浮かびました。あの二人が今にも戻ってきて、彼を箱か、おそらく、直接本物の棺に入れて、どこかダッハウかザクセンハウゼンのような強制収容所へ運んでいくのです。そしてこの火葬場で生きたまま焼却するのです。

彼はうなじから踵まで汗びっしょりになったように感じ、冷汗が数滴、額から流れ両目にしみこみ始めました。しかし彼は目を拭くことさえできません。自分がとてもかわいそうだ、なぜか他の男のところへ行ってしまった妻すら非常にかわいそうだという気持ちにとらわれました。叔父さんのことはどうすればいいんだ。叔父さんはここで偉い人なんだ。叔父さんは自分をたずねて来た親戚について何か知ることがあるだろうか。

ヴェルトは厚いシーツをかじりはじめました。やっと糸が何本か嚙み切れたと思ったら、歯が一本ぐらぐらになり、抜けそうな気配です。前歯が二本ともセメントで止めたさし歯だったことを思い出しました。「ママがいつも言ってたじゃないか。坊や、歯を大事にするんだよ。歯磨きを怠けるんじゃないよって」

恐れと悲しさで水分の分泌は強まり、熱も上がっているようでした。もう汗はかいてなくて、彼の身体で温められた自分自身の液体の中に浸っていました。

市庁舎の時計が五時を打ちました。それから五時半。六時。彼はずっと身動きもせず、天井を見つめたまま横たわっていました。

七時十五分前、廊下に足音がしました。

「これでおしまいだ!」、そう思うと全身汗びっしょりの身体がこわばりました。

夜明けの体刑執行人たちが小机を押してドアロに現れました。二人とも暗い気分になっていました。何かうまくいかなかったのでしょう。二人は無言で、決然と、許し難いほど激しく腹の上の結び目を解き、ロープを放り投げ、繭を開けました……二人が汗のしたたるシーツからヴェルトを引き出して、シャワーの下へ連れていったときに、彼からは結露した液体が滝のように流れ落ちました。

わたしは話を聞くことに、彼は話すことに夢中になり、いつのまにか町のはずれに出てしまったことすら気づきませんでした。

そこには庭と果樹園のある小さな農家が二軒あり、その間に小庭つきの軽食堂のようなものがありました。

「あそこへ入りましょうか。わたしはこのひと晩で精も根も尽きはてました。ただ、できたら、外じゃなくて中で、あそこじゃ見られてしまうかも……そうなるとサナトリウムで療養中の患者というわたしの『伝説』はすっかり崩れてしまうでしょう……」

わたしは賛成しました。

二人は窓から離れた日当たりのよいところの小テーブルに着きました。まだ早い時間なのでわたしはコーヒーを注文しようかと思いました。そのとき台所からのドアが開いて、巨大な盆に皿やコーヒーポットやコーヒーカップを満載した女性が部屋に入ってきました。彼女の後からは、炒めたソーセージ、クリーム、コーヒー、焼きたてのパンの混じった匂いがたなびき、渦巻いてついてきました。

わたしの向かいの人の鼻孔は、狩りの角笛が鳴ったときのボルゾイ犬のように広がり、両目はベールでもかけたように霞みました……彼はほとんど失神寸前でしたが、力を振り絞って、祈るように言いました。「わたしに何か食べるものを注文してください。そうでないと、あそこへ行けば、また……『シュロット』が！」

ウェイトレスが目玉焼きには卵をいくつ入れるか確かめたとき、ヴェルトはドイツ語の驚くべき知識を発揮しました。明らかに遺伝子が緊急事態で姿を表したのです。彼は「フュンフ（五つ）！」と叫びました。五本の指を広げて見せ、さらに「ミット・シンケン！（ハムもいっしょに！）」と追加しました。

まもなくわたしたちのテーブルに、煤で真っ黒になった大きな鉄のフライパンが運ばれ、中には白身をバックに五つの黄身が大きなびっくり目で並び、ところどころ真っ赤なハムが下から覗いていました。目玉焼きはしゃれた料理とはいえませんが、それを平らげたヴェルトは、生まれてこの方これほどうまいものは食べたことがないと白状しました。

満腹は哲学的思考を起こさせます。

「今日、彼らがわたしに企てていることを最後までやらせないためにはどうすればいいと思いますか。彼らの計画は何か変わったみたいです」、彼の目がずるそうに光りました。「朝、同じ連中が来ましたが、全然態度が違うんです。それに様子も何か落ち込んでいるようで」

質問にはなかなか答えられませんでした。わたしは返事ができず、ヴェルトをひとり他人の間に残した軽率さに良心がうずきました。

決着をつけるべきだ。わたしは自分の計画の中でロンメル元帥に当てた時間の一部を犠牲にしてヴェルトに回すことにしました。

「どこへ消えていたんですか」、わたしたちがロビーに顔を出すと、当直の女性はかろうじて怒りを抑えていました。「すぐに朝の検診に医者のところへ行ってください。ドクターはそこらじゅうあなたを探しまわっていますよ」

わたしは、患者のドイツ語の知識が不十分なので、検診に立ち会う許可を求めました。彼女は手をひと振りしました。

医師は新入りの患者の身長、体重を計り、驚嘆の気持ちを隠しませんでした。

「あなたは治療の最初のひと夜でぜい肉から二キロ二〇〇グラムも解放されましたよ！」、医師は入院初日の体重と今得られたばかりのデータを比較するためにノートを見ながら、意気揚々と伝えました。医師は、患者の背が二センチ低くなったという事実にはなぜか注意を向けませんでした。

「これからもこんなぐあいに進めば、あなたはここの模範患者になりますよ！」

……その後の二日間にヴェルトはひどく痩せたので、わたしは医師に、せめてくるむのだけはやめてほしいと頼まざるをえなくなりました。

「くるむのは療法の基本です。それ以外は、ここではあの人には何もしてあげられません」、という返事。

わたしは、モスクワで巧みに練られた計画が駄目になるのを恐れて引き退がりました。幸い、じきに待ちに待った叔父さんが現れました。

初めて会ったときに、満面の笑みを浮かべた開けっぴろげの温厚な顔立ちのドイツの巨人は、体重が一四〇キロほどもありました。この意味で叔父さんの到着はその甥の出現よりもずっと理にかなっていました。叔父さんには減らすべきものがあったのです。しかし、痩せ衰えた親戚の姿は叔父さんを悲しませるというより、心底怒りを呼びました。

「どんな馬鹿者がお前をこのサナトリウムへ送り込んだんだ」、彼は激怒して大きなこぶしでテーブルを強くつかんだので、テーブルの上に並んでいたシュロット飲料の瓶が恐怖に打ち震えているみたいでした。しかしわがヒーローは男らしく口をつぐみ、誰をも裏切りませんでした。そもそも、彼はその人たちの名前を知らなかっただけのことで、言うべきことは何もなかったのです。

「うん」、叔父さんは怒り続けました。「君たちロシアには食べるものが何もないんだ。しかし、ここじゃ、みんな太りすぎに苦しんでいる」。叔父さんは自分のお腹をポンと叩きました。

結局、叔父さんは医師たちと話をつけ、今後甥には別の処方をし、当然、おくるみはなしにしました。

ヴェルトにとってもうひとつよいことは、叔父さんはそこにいても彼に気持ちの負担をかけないことでした。二人はひとつ屋根の下にいながら、滞在期間全体を通じてたった一回しか会わなかったし、それもおかしなきっかけでした。

「わしがこの世で誰よりも憎んでいるのは誰だと思う?」、叔父は呼ばれてやって来たヴェルトに訊きました。

叔父がひどく気分を害していることや、部屋じゅうに散らかされた新聞から判断して、話は政治的なものと思われました。モスクワではあらかじめ、ロシア出身者の大部分はソビエト政権に否定的態度をとっていると聞かされていました。

「もし今、わが国、いやもっと悪いことに、そのリーダーの一人が非難攻撃されたらどうしよう」、ヴェルトの頭の中で一瞬そんな考えが閃きました。「立ち上がって出ていくか。でも、それじゃ、この甘い生活も終わりだ！」

「叔父さんは誰を憎んでるんですか」、ヴェルトはそれでも静かにたずねました。

「誰をだと?」、驚くような答えが返ってきました。「あのシュロットのいんちき野郎だ。奴は毎年わしの気分をこわすんだ。うん、大人にきつくおしめを当てたいなら、健康のためなら、当てろ。しかし、食事は人間らしく食わせろ。わしはこのまずいむかつくもんに六千マルクも払ってるんじゃないか！」

数日後、甥はサナトリウムに別れを告げました。盛大な見送りとはいえませんでしたが。叔父さんはロビーに降りてきて、甥に寄付金を入れた封筒を渡しました。

「大変だったら、手紙を書くか、電話をくれ。名刺が封筒に入ってるから。わしはなんとかしてお前に送るから。まだ生きている親戚のみんなによろしく伝えてくれ。それに亡くなった人たちにもな」

それから叔父さんはぱっと親族の頬にキスをすると、精力的にわたしの手を握りました。そしてわたしたちは出発しました。

アウトバーンを行く

道路は町をはずれると、急な坂道になりました。わたしは最高地点まで登りつめて車を停め、ふたりは黙って小さな広場に出ました。下にはえもいえぬ美しい景色が展開しました。緩やかな山々の斜面に囲まれたなだらかな、しかし奥深い盆地が豊かにさまざまに色どられています。明るい緑の牧場は軟玉色の黒ずんだ小さな林で区切られ、遠くには風に研がれて丸くなり、禿げ上がって久しい、石の多いアルプスの峰々。その山裾はまるで男性の頭に載った植物の冠で縁取られているみたいです。さらに遠く目の届く限り、常緑の牧場の緩やかな斜面。

真下には、たった今わたしたちが出てきた保養の町オーバーシュタウフェンが精巧につくられた建築模型さながら。目が痛くなるほど白い壁、楽しげな瓦屋根のホテルやペンションの低い建物は、両側に鉄道を伴い、あんな屋根の下には不幸な人が住んでいるはずはないという気持ちにさせてくれます。もちろん、その人たちの中からは今しがた置いてきてしまった叔父さんは除くべきです。叔父さんはこの天国で四週間の「おくるみ」の運命にあるのです。

山道の後の高速道路は、非情な風が無数の車の流れを反対方向に物凄い速度で追い立てる吹き抜けパイプさながらです。

アウトバーン、遮られることのない自動車幹線道路、これはドイツ人の民族的誇りです。一般的に、特別の標識のある限られた区間を除き、走行速度は制限されていません。しかしあまりにも理想的な舗装が道路表面の滑らかな移動を保証してくれるので、ドライバーはしばしばスピード計の針を見忘れがちで、前方の走行中か停止中の物体に衝突してはじめてスピード計の針のことを思い出す始末です。高速にもかかわらず、ドイツの道路では一日の死亡者数が大変少ないのも事実です。ときにはこのような「死のレース」に一度に百台もの車が参加することもあり、そのときにはこの数字は急増します。

しかし、あなたは運がよくて、ここでは美しいフランス語で「カランブイヤージュ（撞球《たまつき》）」と言っている壊れた車の山の中から生きて連れ出されたとしましょう。病院にいるのがわかっても、生き残ったことを喜び急がないでください。あなたが生命の兆候を見せるやいなや、あなたの前には即座に支払うべき請求書の束が迫ってきます。あなたは請求書から、どれほどの人数があなたの救命に加わったかわかるし、また、あなたが救われたときの状況も再現してみることができるでしょう。

あなたが衝撃で意識を失った途端、近くの草むらから飛び出したみたいに、救急車が二台やって来ました。それはそれぞれ九八〇ドイツマルクの二枚の請求書が示しています。救急車といっしょに医師が各車一名、八二〇マルクの請求。それから消防車が二台やって来ました。燃えていないことがわかると、二台は呼び出しにつき各九一二マルクの請求書を二枚置いて戻っていきます。病院では主任医師があなたを診ました。その医師はあなたが人事不省の間、ひと晩じゅうあなたのベッドにつきっきりでした。当然、あなたには破傷風その他の病気の注射を打ち、点滴もしています。これはしめて六八〇マルクです。請求書を眺めても、総額までは見ないでください。さもないと、あなたは運命が提供してくれた選択肢を選ばずに、あの世へ旅立たなかったことを残念がることになるでしょう。

あなたが事故を避けられた場合は、スピードを楽しまずに、先へ進むことをお勧めします。率直に言って、両側から低い柵で線引きした、ほとんど理想的に滑らかなアスファルト道路を走りながらスピードメーターの走行キロ数を増やすだけというのは、借金を数え直すのと同じくらい退屈な話ですが。

叔父さまの話をしていたんでしたね。彼との短い付き合いの経験を通じてわたしたち二人は、叔父さんはモスクワが興味を持っているロシア移民にまったく無関係だという結論に達しました。ほとんど半世紀前に国を棄てた彼は、国に関連した一切を苦もなく忘れてしまいました。裕福なドイツ女性と結婚できた結果、急速に訪れた幸福もおおいにそれに拍車をかけました。

わたしは、わたしたちの推理が紙の上の報告ではどうなるか興味がありました。

「何とでも」、彼は少しも慌てません。「わたしは毎年ありとあらゆる社会科学の報告演説や講義を数十本書いています。だから、おわかりのように、報告書をもう一本くらい、どーってこたあありませんよ」

彼は、わが国では紙の生産に一定の困難が存在するが、存在する紙は、書かれたものは万能という基本的性質を今日に至るも失っていないということを認めました。
わたしはフランクフルト空港で別れ際に、このいいかげんな書き屋〔ボルゾイ犬〕に仕事の成功を祈りました。

ボンのクラブ「マテルヌス」

ボン、このライン河畔のあまり大きくない保養都市は、ほとんど半世紀にわたりドイツ連邦共和国の首都だったことで有名です。天才ベートーヴェンはここで生まれ、間もなくウィーンへ移り、生涯そこに住み、創作しました。

ベートーヴェンの両親の家はマーケット広場のすぐ近くにあります。ここには彼のデスマスクと、すでに聴力を失った天才の最後の音楽作品を響かせたピアノが保存してあります。

市場の商店街からほぼ同じくらいの距離に、市のもうひとつの名所になっている、正面と階段がロココ式の旧市庁舎があります。この階段はライーザ・マクシーモヴナ・ゴルバチョーワがご主人と登り、また降りたことで今日有名です。数え切れないドイツ人の群衆が、二つのドイツの統合を可能にした最初にして最後のソ連大統領の寛大と気前のよさに対して、彼をここで熱狂的に歓迎しました。

政治情報の収集を自分のホビーに選んだ者にとって大きな関心があるのは、ボンそのものではなくて、諸外国の代表部のあるボンの「郊外地帯」バート・ゴーデスベルクです。ホテル「ドレスデン」がその名所の中心です。

ホテル「ドレスデン」は水際に建ち、直接間接の意味で本質的に汚点のついた評判をとったにもかかわらず、市の最も格式の高いホテルのひとつという名声を保っています。三〇年代末、ヒトラーはこのホテルでイギリスのチェンバレン首相と会いました。チェンバレンは非常におかしな方法で、つまり総統に対する譲歩によって総統に領土要求を納得させようとしました。

ホテルの評判のもうひとつの面は政治ではなく、自然と結びついています。ときどき、古い異教徒的なライン川はいろいろな理由で怒り、岸から出て、ホテルの下の方の階を水浸しにして、高価な寄木細工の床を台無しにし、古いゴブラン織りを危険にさらします。そしてホテルはその度に再度修理され、それまでどおりに営業を続けます。ここには世界中の錚々《そうそう》たる客人が宿泊します。あなたが支払う「ドレスデン」の宿泊費は、彼らと接触をもつ可能性に十分見合っています。

エリートの頂点の政治家と知己になるためには、バート・ゴーデスベルクにもっとよい場所があります。植樹のほとんどが熱帯樹の美しい市営公園に向き合ったローベル通りに、目立たない整然とした家々に挟まれて、ほっそりした四階建ての独立家屋が窮屈そうに建っています。下の階にはやはり外からは目立たない「マテルヌス」というレストラン・クラブがあります。

もしそこで首尾よくテーブルをひとつ予約でき、さらに女主人のフラウ・リーエの信頼を得ることができれば、あなたはある夕べ必ず一度に数人のドイツの政治「スター」と近づきになれるでしょう。隣のテーブルには魅力的なフォン・ラムスドルフ伯爵夫人が夫の元ドイツ自由民主党党首オットー・フォン・ラムスドルフと座っていることもあり得ます。娘のような姿のとても若く見えるこの女性は、時間を止めることもできましたし、ロシア・ドイツ協会を主宰したこともある婦人です。この協会のメンバーはロシアで起きていること（これはわれわれロシア人自身にもよくわからないままのことがありますが）を理解しようと努めています。

あっちでは、かつてのドイツ外相のハンス＝ディートリヒ・ゲンシャー氏が「自分の」テーブルで暇をつぶしています。彼は服で簡単に見分けられます。やはり自由民主党の伝統的な色に合わせた青いスーツに黄色のセーターというでたち。ゲンシャー氏は最大級の秘密を含め、多くの秘密の「保管者」です。彼はヘルムート・コール首相がどのような催眠術的手法でミハイル・ゴルバチョフ大統領を説得し、あれほどドイツ人に有利な両ドイツ統合条件を飲み込ませるのに成功したか知っています。

多くのひとは、この場合、決定的な役割を演じたのは首相の体重が重量級で勝っていたことだと考えています。しかし、世事に疎いひとでも、問題はリング上ではなく、大衆から遠く離れたところで、ゴルバチョフの生家で行われたことを知っています。生家では運動選手が言うように「壁も助けてくれる（自分の土俵の上で）」なのですが、そのときは、壁は耳が聞こえませんでした。

ゲンシャー氏がこの秘密をあなたに明かしたくなるかどうかは、あなたの腕しだいです。

かつてモスクワでドイツ工業家協会の会長としてよく知られていたオットー・フォン・アメロンゲン氏も「マテルヌス」の常客です。ブレジネフ時代、彼は、まだ「ガスパイプ」の名称で記憶の方もあるでしょうが、ドイツとソ連の間の「世紀の取引」の立役者の一人でした。しかし、同氏と知己になっても、彼が回想記に書いたコメントを忘れてはなりません。彼はすべての秘密情報収集愛好家に真剣に警告しています。それは、彼は第二次世界大戦中に世界の多くの国々の諜報機関の代表と接触する相当な経験を積んだがゆえに、彼とは特別の用心深さと高度の職業的技能を発揮して話をするべきだ、というものです。

……周囲で起きていることを少し観察してごらんなさい。メニューから何か注文してください。それはおそらく何やら特別ドイツ的なものでしょう。塩漬けにしてない五月のニシンのフィレに青いインゲンマメとジャガイモの付け合わせ、それに脂をとった後の豚のカリカリの肉にパセリをたっぷり振りかけた料理。あるいはジャガイモ団子とリンゴ・ムースつきの「ライン風」焼き豚。その後は注文しなくてもウオッカ二〇グラムを注いだグラスが銀の小皿に載って運ばれます。飲むなら飲みましょう！

夕食の間じゅう、「マテルヌス」の雰囲気の源はいったい何だろうという疑問が一度ならずあなたの頭をよぎるでしょう。ことさら「ビーダーマイヤー」様式〔十九世紀前半のドイツに行われた極端に簡素と実用、無趣味を特色とする美術様式および当時の風潮〕で貫かれた環境か、または、頑丈な古いドイツの家具か、団欒の主な要素として巧みに取り揃えた照明か、素敵なキッチンか。

その答えはとても早く見つかるでしょう。すべてが「マテルヌス」の女主人フラウ・リーエ・アイルゼンその人にあるのです。彼女の年齢を知りたいなどと思う人は誰もいません。第二次大戦が終わったとき、隣のケルンの根っからの住民だった彼女と母親は、首都がボンに移ることを知り、この空腹の時代に政府の役人には、おいしく優雅に食事をし、共に付き合える場所がどこかに必要だという現実的気配りを発揮すべきだと純ドイツ的敏捷さとひらめきで考えました。当時は今のドイツの自動車万能時代など考えられもしませんでしたから、営業熱心な二人のご婦人は郊外の駅の近くに家を買い、下の二階をレストランに、上の二階を自分たちの居住用にとっておきました。

戦後の荒廃のこの時期、高給の料理人をイタリアかフランスから招くなどまったく問題にもなりませんでした。そのうえ、飢えたドイツの役人には洗練された食事など全然不必要でした。黒パンとみじん切りのタマネギをそえたニシン、その後でジャガイモ団子入りの濃い牛《ぎゅう》のブイヨン、必要だったのはこれでした。

狂信者の戦争で腹をすかしきった人たちにとって「マテルヌス」はじきに、政治から新趣向の料理への象徴になりました。そして今日に至ったわけですが、それにはここのメニューがほとんど五十年間変わっていないということも少なからず寄与しているのです。

有名な経済ブームはかなり経ってから、六〇年代に始まり、当時ドイツへは手堅いマルクと引き換えに、あらゆるものが、あらゆるところから持ち込まれました。商店の棚はアルゼンチンの肉、フランスのワインやペースト、イタリアのチーズ、スペインの干し肉、ロシアのキャビアでしなりました。「マテルヌス」はドイツ料理を裏切ることなく、頑張りとおしました。そしてフラウ・リーエ「クラブ」の常連も彼女を裏切りませんでした。今日、十分食べ飽きたイタリア料理や中国料理の後で、堅実なドイツの食事はまたもやボンのしっかりした社会で人気の波頭にあります。

五十年の間に大人になった大臣たち、政党や国会諸会派のリーダーたちは、夕方になると、自分たちの共通の青春時代以来ほとんど変わらないフラウ・アイルゼンのところへ喜んで集まってくるのです。客たちは帰り際に、彼女が彼らの心を温めてくれたあたたかさに対して、彼らに贈られた麗しき過去への旅に対して、「フラウ・マテルヌス」に感謝の言葉を述べていきます。ですから、この目立たない家のそばに、屋根に「特別信号灯」をつけた黒い窓ガラスのリムジンが、国会の不格好なのっぽの建物の前よりもたくさん停まっているのを見かけても驚かないでください。

ついでですが、いつもフラッシュを携えたカメラマンが目につく国会と異なり、「マテルヌス」に入ると、ここでは誰といっしょに来ようともカメラマンからの解放感に浸れることを、誰もが確信しています。そのような客は、開店当初からこの有名なレストランの掟となった隔離性を、素敵なキッチンとほとんど同じくらい大切に思っているのです。

ベルリンの「秘密チャンネル」

ドイツの若い世代にとってベルリンは、政治家の思いつきでつくられた新しいドイツの首都です。ロシアの古い世代にとっては、自分の人生における恐ろしい段階の総括です。一九四五年の春、赤軍部隊の到着後にベルリンを見たわたしにとって、ベルリンは以前の街路や建物の輪郭を推定するのも大変ないちめんの広大な廃墟でした。もと住んでいたところを探そうと廃墟の中に見え隠れするドイツ人は幽霊みたいでした。

しかしすべてが急速に回復し始めました。そのころの流行でネッカチーフを額で結んだドイツ女性たちは長い列になって手早く瓦礫を片付け、男性といっしょに家を建て直していました。十五年後、政治的野心が壁で町を東西二つの部分に分けてしまいました。その瞬間からベルリンは、一つの町の中に二つの相対立する社会体制が共存するというユニークな実験場に一変しました。この考えの愚かさかげんは最初から明らかでした。それにもかかわらず、それは現実の政治に具体化され、四分の一世紀以上にわたり、戦争瀬戸際までとは言わないまでも世界を緊張状態に保ちました。

その期間に人類は、人々を分け隔てる壁はその構築に一昼夜もかからなくても、その取り壊しには何十年もかかるということを理解しました。

わたしは図らずもこのナンセンスな物体の解体に力相応に参加することになりました。なぜナンセンスかというと、この壁は西ドイツとソ連の長期の対立にピントを合わせ、そのシンボルみたいになったからです。

一九六九年から一九八一年までわたしは、一方で初めはブラント、次にシュミット、他方でブレジネフ・ソ連共産党書記長という、二人の連邦宰相の仲介者の役割を果たすことになりました。「秘密チャンネル」、またはアメリカ人が“back（つまり“black”）channel”と呼ぶものが設けられました。その意味は両国首脳に直接、そっくり官僚制度抜きで、話し合える可能性を与えることにありました。

ブラント首相はドイツ側から閣僚のエゴン・バール氏をこの任に抜擢し、ソビエト側からはジャーナリストのワレリイ・レドネフとわたしがこの仕事につきました。わたしたちの接触の結果は当時の国家保安委員会の長アンドローポフが直接ブレジネフ書記長に報告しました。

秘密保持の目的で、いちばん最初に決まったことは、文書には最低限の信用をおき、対話は最大限に信じるということでした。会合の主な場所には、わたしたちが匿名で誰にも書類を見せないで入れる西ベルリンが選ばれました。

閣僚のエゴン・バール氏は当時ドイツ連邦共和国の西ベルリン担当全権も兼任していて、ピュクラー通り十四番地に公邸があり、そこでわたしたちの会合が行われました。

かつてヒトラーは、ヨーロッパ諸国をひとつひとつ第三帝国に組み込んでいた最中に、「スイスは中立のままにしておこう。そうでないと、スパイたちの会うところがなくなってしまうだろう」と冗談を言いました。

戦後、この役割はベルリンがもっとうまく引き受けました。ベルリンで互いにスパイしあわなかったのはひどい怠け者だけでした。しかしそんな怠け者はあまり多くありませんでした。

わたしたちの頻繁な西ベルリン訪問にアメリカの特務機関もイギリスの特務機関も非常な関心を示しました。アメリカ人は例によって、自分の生活を煩雑にしたり、凝った連携プレーを組んだりしないで、ずばりわたしたちに大尾行網を張りました。

昼も夜も東地区からの電波を傍受していたわたしたちの無線のエキスパートが、アメリカ特務機関のドイツ人スタッフもわたしたちを尾《つ》けていると伝えてきました。

わたしたちは驚いたというより、ひとを馬鹿にしきった、彼らのぞんざいな仕事ぶりに腹が立ちました。彼らはあまりわたしたちの目障りにならないように努力するなどということはほとんどしませんでした。何日か、何か月か経ちましたが、彼らの顔ぶれは、ときどきナンバープレートを取り替える自動車並みに、わずかの例外を除いて従来どおりでした。

人間は長時間磁場にいると疲れます。わたしたちも半年後には不断の監視にくたびれてしまいました。そこで、わたしたちを「見張って」いる車のナンバーと車種を全部書き、追跡者の人相描写といっしょに覚書にしてバール氏に渡し、口頭でコメントもつけました。バール氏はわたしたちの一件書類を研究し、直接アメリカ人のところへ向かいました。彼が自分たちに最も近い同盟国の人たちと何を話したかはわかりませんが、翌日、尾行はなくなりました。

不思議なことに、人間は不愉快なことにも慣れるものです。ある晩、わたしたちは気に入りのあまり高くない小さなレストランに行きましたが、驚いたことに店内には誰もいませんでした。こんなことはこれまでありませんでした。たいていわたしたちの後からすぐ男女の若者が二人入ってきて、ほんの少し離れたテーブルについて、ときどきわたしたちに感謝の念に満ちた眼差しを投げかけるのでした。長い張り込みの後で、飲み物もないパサパサの車内食にくたびれた彼らに、わたしたちは、公金でしかるべく食事をする可能性を与えてあげました。これは小雨の降る、とくに湿っぽい霧のベルリンの夜には運命の贈り物〔思いがけない幸運〕でした。わたしたちは、自分たちをも、彼らをもまずい立場におかないように、一度も彼らに話しかけるようなことはしませんでした。

今、誰もいない状態になって、長期の無言の付き合いがわたしたちを近い人間にしたことがわかりました。やるせない虚脱感で誠実な友レドネフは思いをもっと先に馳せました。

「連中のことであんな悪口を上司に出してまずかったなあ。彼らはわれわれの後ろについてきて、監視していたが、結局は彼らもわれわれも仕事なんだよな。今ごろ、彼らはたぶん仕事もなくして、われわれの密告で食事をする場所もないいんだ。ほら、あの顔のでかい男にはおそらく子どもが二、三人いて。われわれも馬鹿みたいに二人っきりで誰もいないレストランで……食事も喉を通りゃしない」

食事は喉を通りましたが、それには一杯飲まなければなりませんでした。良心の呵責は概してその立派な口実になります。わたしたちは内心の炸裂を抑えるのをやめました。夕食の終わるころには気持ちもほんの少しだけ高揚しました。その晩、わたしたちは同級生のことを先生にうんと言いつけてしまった小学生の気分で眠りにつきました。

時が経ち、西ベルリンの電波を監視していたソ連の専門家が、イギリス人がわたしたちをチェックしていると伝えてきました。どこの特務機関にもその国民的心理があります。わたしとワレリイが西ベルリンに現れて、いつもいっしょに時間を過ごしていたため、オスカー・ワイルドの時代から同性愛の合法化問題をまじめに検討してきたイギリス人は英国民に特徴的なきわめてエキゾチックな仮説を立てて、自分たちの推定の裏付けを探しにかかりました。

そのころには誰もわたしたちを通りやレストランで追ってきませんでしたが、そのかわりどんなホテルに泊まろうと必ず、ロビーとか、最も頻繁には直接同じ階で、こざっぱりした、頬と唇がかすかに赤らんだエレガントな二人の青年に出会いました。偶然が重なって規則的になったとき、彼らは出会うと挨拶をするようになりました。彼らもいつも二人きりで、彼らの意見では、それがわたしたちと彼らを親しくしたということでした。わたしの相棒はまれにみる異性愛の崇拝者でして、何のことかわかるとひどく腹を立て、あるとき問題をひとりで、根本的に解決してしまいました。

当時、ソ連市民がどこかへ移動する場合、例えば、モスクワからベルリンへはソビエトの航空会社「アエロフロート」しかありませんでした。アエロフロートの便はさまざまな理由で自社作成の運航表と一致したことがほとんどありませんでした。その日、わたしは朝の予定が夜遅くベルリンに着陸し、ただちにレドネフがもう二日間もわたしを待っている「動物園前」ホテルへ向かいました。

レドネフの部屋へ近づいたとき、廊下に大きな声が聞こえてきました。彼は最高に社交的で、しかも孤独には耐えられない人間として有名だったので、わたしは全然驚きませんでした。しかし、ドアを開けて、唖然としました。

部屋の中ほどの床いっぱいに子どもの電気鉄道が組み立ててありました。点滅する信号機、転轍手の待機小屋、弓形に大きく湾曲した橋もついています。旅客列車と貨物列車が二本の同心円の上を根気よく走り、中央には絢爛豪華にレドネフ自身が聳え立っているではありませんか。少し右手の鉄道の路床の外側に、腕木式信号機から相当離れて「わたしたちの」赤ら顔の知人が二人座り、手にビールのジョッキをおとなしく握っていました。レドネフの脇にはだいぶ前から始まっていたウオッカの一リットル入りボトルが立っていましたが、わたしは最初それは鉄道セットの給水塔かと思いました。

テーブルにはもう一本「給水塔」が載っていましたが、もう空っぽでした。グリヴェル・レドネフはときどきボトルを取っては、客たちのビールのジョッキにウオッカを注いで、「飲みなよ、息子、ウオッカは業病を予防し、ホモやら他の悪癖を治す」と言葉をかけていました。それから彼は、教え子たちがジョッキを飲み干す様子を目で追いながら、貴族的な手つきで自分にも注ぎました。二人はおとなしく先輩の手本に従いました。わたしが入って間もなく、客のひとりが気分が悪くなりました。それに気がついた部屋の主は列車の動きを止め、本日の倒錯対策療法は終了しましたと大声で宣言しました。次いでゆっくり床から立ち上がり、鉄道の堤防を楽に越えて受話器を取り、当直のポーターに部屋まで上がってくるように頼みました。

金ボタンに金モールつきの緑の制服を着たもう若くはない丈の高い元気なポーターが、手荷物用のカートを押して即座に現れました。経験豊かなポーターは、「蒸気機関車」ごっこに疲れた客人を一階下の彼らの部屋までストレッチャーで運んでほしいという部屋の主の頼みに少しも驚きませんでした。ポーターを驚かせたのは二〇マルク紙幣というご褒美でしたが、その額はありふれたサービスにしては明らかに高額だったのでしょう。でも、彼は断ろうとはせず、客人たちをカートに積むと、霊柩車さながらにエレベーターの方へ静々と押していきました。

一方、レドネフは息子のお土産に買った鉄道模型を巧みにはずして箱に収め、棚に鍵をかけ、夕食に行こうと言いました。二人が部屋を出ようとしたとき、誰かがドアをノックしました。敷居にわたしたちの客室係が立っていて、人差し指を動かして部屋から出るように言いました。

「皆さん、用心してくださいよ。あの二人の『ホモ野郎』は『あそこから』あなた方へ特別に派遣されてきているんですよ、わたしはちゃんと知っています」、彼は、明らかに何かきわめて俗界のことを念頭において、意味深に空を指しました。

イギリス人に考えを変えさせ、わたしたちの名声を救うのにほとんどまる一年かかりました。そしてやはり真実が勝利しました。それが明らかになったのは、若者のかわりに魅力的な娘が二人廊下に姿を見せ始めたときです。ひとりは真っ黒な髪。もうひとりはすごいブロンド。いろどりを豊かにしてみてもわたしたちには事実上何の気まぐれも起こさせませんでした。わたしは自分の外見に幻想を抱いたことはまったくなく、五十を過ぎたら完全に幻想に別れを告げていました。それで微笑やウィンク、それにエレベーターでの短い会話などの形で愛くるしい女性からほのかなサインを送られると、わたしたちと親しくなるように誰かに頼まれているのだなと思うのでした。誰かさんは、わたしたちがこれほど何年もかけて集中的に西ドイツの人たちと検討している問題について、せめておおまかな輪郭をつかみたいと願っていたのでしょう。

人間のいかなるコンプレックスも一切持ちあわせていないわたしの相棒は、反対の意見でした。彼は、われわれは若いアラン・ドロンでないとすれば、年配のジャン・ギャバンに相当するんだと確信していました。わたしは鏡を証人にしました。このジャブに対して彼は「どの季節にもその美点がある」、「男の力は外見にあらず」という二つの陳腐な句で答えました。

おかしいかもしれませんが、ホテルのスタッフがわたしたちに結論を下させてくれました。あるとき、遅くホテルへ戻りました。通りにはみぞれが降っていましたので、暖かいロビーはいっそう気持ちよく思えました。わたしたちが現れると、深いソファで退屈していた例の娘たちが元気づきました。その晩、フロントのデスクには馴染みの客室係が立っていました。

「なんで女の子を外からホテルへ入れるんだい。お宅は堅気《かたぎ》なホテルじゃないか」

「あれは全然外からじゃありません」

「じゃ、どっからだい」

彼はすまなさそうに目を伏せました。わたしは彼の当惑を五〇マルクと踏み、札をフロントに置きました。札の音が彼の心の中で楽しいメロディとなって打ち返されたのが聞こえたような気がしました。
「若僧たちと同じところからです」、彼は目を伏せたまま報告しました。

新ロシア人《ニューリッチ》にアドバイス

ベルリンはもう「新ロシア人」に馴れっこになりました。彼らの数はおびただしく、わたしたちは苦もなくその中に溶け込んでしまえます。ひとつ「新ロシア人」スタイルになってみませんか。完璧にするためにアドバイスを若干。

額《ひたい》がほとんど見えなくなるようなヘアスタイルにしましょう。自信に満ちているということを立派に示す特徴的な歩き方をしてください。服装は必ず高価なものを、ただし新しい趣向は入念に避けること。例えば、ワインレッドのくずれたフラノのパンツ（スカート）と「ベージュ」のカシミヤのコートが似合います。連れの女性は最大限派手でなければなりません。彼女の両手は必ずサイズも重さも無制限のいくつもの宝石入りの金の指輪で飾りたてられているべきです。イアリングに注意！　両の耳たぶにはそれぞれ一個だけです！　両の耳の縁を全部今流行のようにダイヤモンド（イミテーションの）で飾りたてる誘惑に負けないでください。これはあまり評判がよくありません。手始めにベルリンの高級宝石店を数軒回ってください。これであなたに関する評判だけでなく、あなたの連れとの関係も強まるでしょう。ショウウィンドウに「当店ではロシア語を話します」と大きく書いてある店を選びましょう。これはロシア人の店で、すべて「新ロシア人」用の品です。しかし、どんな場合でも、値段に興味を持つ誘惑に負けてはいけません。それはあなたのイメージにとって破滅的です。重要なのは取引の対象物であって、価格ではありません。

宝石店からは毛皮店へ移ってください。今の流行はオオヤマネコの婦人コートです。このため不幸なヤマネコは最近十年間にほとんど完全に撃ち取られてしまいました。ですからその値段は買い手が尊敬されることを請け合っています。あなたの連れは毛皮のコートを鏡の前で着てみるはずですが、それを着て外出させないでください。ドアのところで、動物の生存権擁護の人たちが見張っています。その人たちは極度に起伏の激しい精神状態なので、あなたのために罪なくして殺された動物の毛皮を鋭利な剃刀で滅多切りにし、あなたの連れ合いの皮膚も傷つけかねません。

ベルリンの商業地域を歩くときは警戒心をなくさないでください。店を間違えると、たまたま書店に入ってしまうこともあります。そこではすぐにあなた方を見破るでしょう。「新ロシア人」は書店を一生懸命避けて通ります。博物館、図書館その他あらゆる文化センターがこのカテゴリーに入ります。

もちろん、皆さんは「星」でホテルを選びますね。あなたを出迎えて飛んでくるフロントに三部屋か四部屋続きの「家族ルーム」、すなわちトイレが二つ以下ではないルームを見せてほしいと、さりげなく言いなさい。これは何よりもあなたのスケールの大きさを際立たせます。ドイツ人はホテルの続き部屋の多いルームには常に豪華な家具をしつらえます。それでも渋い顔で、もっとよいルームはないかと言うのはいっこうにかまいません。ルームで「サムソナイト」社のスーツケースの中身を広げたら、レストランへ行きましょう。

最も有名で高い料理は通俗的なロシア・キャビアです。しかしそれがもう喉を通らないのならば、フランスのアルザスの豚が地面から掘り出したトリュフつきフォアグラを注文してください。それから、オックステイルのスープを頼みましょう。

かつてフルシチョフが犯した過ちは繰り返さないでください。フルシチョフはこのスープの入った皿を前にして怒りました。彼はスープを脇へずらして、ぶつぶつ言いました、「つまり、彼らは自分らで肉を食っちゃったんで、原子力大国の頭《かしら》のこの俺には尻尾だけ残したというわけか」

このご馳走は断らないようお勧めします。しかし、スープをすっかり食べ、その質を評価しても、おかわりはしないように申し上げておきます。ここではそういうことはしないのです。ドイツのレストランでは尻尾のほかに他の肉の種類もあり、大きな六〇〇グラムほどもある非常に柔らかい牛の最上肉も出ます。このレシピにはその創始者、偉大なフランスの夢想家にしてグルメの詩人フランソワ・ルネ・シャトーブリアン子爵の名がついています。

皆さんは義務感から、食卓に供せられたものは全部食べなくてはなどと考える必要はありません。シャトーブリアンは、凝った夕食が美しいご婦人と同席でなくても許されるなどとは考えもしませんでした。詩人だった彼は、歴史に残った料理を二人のためにつくったのでした。

肉には当然赤ワインが出るでしょう。強情を張らないでお飲みなさい。赤ワインは血液中のストロンチウムの濃度を低めます。デザートには多くの種類のチーズを載せた二段式のカートがテーブルに来ます。カートの上段は硬質チーズ、下段は軟質チーズ、半醸成チーズです。「それぞれ」三切れか四切れずつ頼むとよいでしょう。でも、もらう最中に疑い深げに明らかに相席とわかる人たちの方を見ないでください。匂いはあなたの皿から出ているのです。

遅く部屋へ帰ったら、身体の力を抜いてください。ロシアの新聞――ドイツの匂いはしません――を出してテーブルの上に広げ、スーツケースから折り畳み式ナイフを取り出し、あらかじめ用意してきた燻製の生ソーセージの「棒」を容赦なく大切りにしてください。切り終わったら、「コッフェル」から「スタリーチナヤ」ウオッカを一本引っ張り出し、古いロシア人も、「新しい」ロシア人もやる飲み方で一気に飲み、切っておいたソーセージをかじり、それから歯を磨かずに暖かい羽毛ぶとんにもぐり込み、もう何も考えないでください。

ユリアン・セミョーノフのベルリン

わたしの記憶の中のベルリンは、ソビエトとドイツの指導部の間の仲介の仕事や、ロシア軍の撤退、「新ロシア人」の出現などと結びついているだけではありません。ベルリンはわたしの誠実な友、かつて国内で最も読まれた作家ユリアン・セミョーノフの思い出とも結びついています。

セミョーノフはたいそう才能豊かな、驚くべき強力なエネルギーと空想の源泉と、信じられないほどの労働能力を備えた人でした。彼はKGBの活動の中から実際にあった事実を自分の作品の根底に据えようと努めました。公文書館や、彼が簡単に共通の言葉を見出せたそこの職員たちがなくてはならない情報源になりました。

ソビエト社会での知識人、とくに作家の大きな役割を理解していたユーリイ・アンドローポフは、セミョーノフを自分に近づけようとしました。わたしは可能な限りその手伝いをしました。

あるときアンドローポフは、悲劇的な結末を迎えたばかりのスパイ事件の資料を、作家が使用することに同意しました。アメリカ諜報機関のために働いていたこの話の「ヒーロー」は、自分を逮捕にきたKGB職員の眼前で自殺を遂げました。アンドローポフは、その本は最大限実際の事件に沿って書いてほしいという頼みをわたしを通じて作家に伝えました。まもなく、二週間と少し経ったころ、セミョーノフがわたしの執務室に入ってきて、書きあがった原稿をデスクに置いたときにはすごく驚きました。わたしが表題を読み終えるひまもなく、彼はもうアンドローポフの電話番号を回していて、アンドローポフが受話器をとるや大声で、ご依頼の仕事は完了しましたと報告していました。

十八日間で書きあげられた長編小説は『タス、全権を委任されて発表……』でした。

「何日でだって?」、報告を聞いたアンドローポフは聞き返しました。

著者は誇らしげに数字を繰り返しました。普段は的確に瞬時に反応するアンドローポフがしばらく黙ってしまいました。少し我慢してからまた質問しました。

「そんなに速く仕上げて、質は大丈夫でしょうな」

セミョーノフは隠された非難には耳をかしませんでした。そして万事それまでどおりに迅速に働き続けました。

彼は、「残り時間はそう多くないよ、急げ急げ」と囁いて彼にスピードアップを促している内部の時計のようなものに合わせて、生き急ごうとしていました。

ベルリンでの出会いにはいつも特別のムードがありました。他の実在が他の形をかりて二人の意識を規定したというのではなく、むしろ、わたしたちの現実の主な出来事から遠く離れた場所にいるということが、国で起きていることを哲学的に思考する可能性を与えてくれたのです。正直のところ、この客観的視点は私たちを有頂天にさせることはありませんでしたが、二人は意気消沈することもありませんでした。

ベルリンは謎の町です。ベルリンが皆さんに自分の秘密を開いて見せる前に、十分勉強する必要があります。この町をもっとよく理解するために、わたしとセミョーノフは徒歩で町の中を移動することに努めました。あるときユリアンは、場所ごとに異なるベルリンの雰囲気は気分だけでなく、わたしたちの間の関係にさえ影響すると言いました。彼はそれが好い方へか悪い方へかは、はっきり言わなかったのも事実ですが。

暖かい日にはよく国会議事堂の向かいの緑の野原を散歩しました。百年前に建てられたこの建物は今もペディメントに「ドイツ国民に」という銘を堂々と掲げています。もっとも議事堂の内外で起こったことは、必ずしもそれを建てた国民のためにはならなかったのですが。

それから必ずブランデンブルク門へ行きました。わたしたちは何度もこの門を東ベルリン側からも、西ベルリン側からも眺めました。門の上の四頭立ての二輪馬車が宿命のようにわたしたちの方を向いているか、尻を向けているか、鼻面を向けているかということを除けば、どちら側からも見た目にはほとんど違いはありませんでした。全体として、人々が歩くか乗るかして通過するためにつくられたあらゆる門と同じようなこの門は、今やぴったり塞がれて、どちら側からも同じように愚かしげに見えました。

西側にいた場合、わたしたちの散歩はそれからたいていティーアガルテン公園へ続きました。

当時そこはまったくいかがわしい出会いの場所でした。木の間を逍遥したり、池のほとりで立ち止まると、思わせぶりな眼差しで、退屈そうにしている大胆なみなりの娘たちの姿が苦もなくわかりました。彼女たちはとても大きなバッグを肩にかけていました。バッグの中にはピクニック程度のことがすぐそこの草の上でできるのに必要なあらゆる物が詰めてあります。ときにはこの森の、正確には公園のニンフたちは、若い娘から変身して、年齢を深い経験でカバーするおまけつきの相当年配の婦人になりました。

モーパッサンの栄光はわたしの友の心を騒がせ、彼はベルリンの淫売婦の小説を、彼女たちの口から聞く筋書きで書く意欲に燃えました。しかしその試みは有名なソビエト作家の、創作上の最初の深刻な敗北になってしまいました。

何でもござれのご婦人方は腹蔵ない話し合いにはほとんど乗ってきませんでした。ただひとりだけ比較的年配の女性が、約束どおり二〇〇西ドイツ・マルクで自分の運命を手短に話すことに同意しました。しかし、話し終えると、不意に泣き出しました、「皆の言うとおりだわ。わたしの歳じゃ、昔話しか役に立たないんだ。あんなに楽しいときもあったのに……」

ティーアガルテンからは、ブダペスト通りから有名なベルリンの動物園《ツォー》までゆっくり歩きました。実際のスパイ業では、動物園はプロの仕事に理想的な場所として知られています。動物園では、動物の驚いた目で見守られながら諜報代表部のチーフが諜報員たちと落ち合い、撮影済みのマイクロフィルムが手渡され、次回の手はずが決められます。動物園では、檻に囲まれた中でアジトの資料を置いたり回収したりする場所を見つけ出すのは簡単です。動物園に長時間いることについては、わかりやすく説明できます。人間が動物に対して抱く周知の遺伝学的に本質的な愛情からです。

動物園と同名の駅に通じる門を出て、カント通りを横切り、クーアフュルステンダムに行きます。さらに少し行って左折し、不透明の黄色いガラスの張り出し窓とドイツ料理専門の小さなレストランがいっぱいある三本の通りのひとつに出ます。

セミョーノフは、どこの国も胃袋を通じていちばんよくわかると確信しており、だから外国人はその土地の住民と同じ物を食べるべきだということを疑いませんでした。

長い散歩の後でそのようなクナイペ〔酒屋〕の一軒に入り、マリネードに漬けてから皮がパリパリになるほど焼き上げた伝統的なアイスバイン（豚の脛《すね》）を注文しました。これには決まって蒸し煮の酸っぱいキャベツと大量のビールがつきました。作家はビールには極めて懐疑的で、もうちょっと強いアルコール飲料を好みました。わたしたちは時折、グリルか、沸き立つ油の中で紅色の皮がしなやかな固さになった分厚いボクヴルストというこれも劣らず伝統的なソーセージだけをとりました。付け合わせは炒めたジャガイモです。このソーセージは用心してかかる必要があります。ちょっと触っただけでも、油でごく薄くなった皮が破れ、ぐらぐら沸いた香りのよい油が四方に飛び散るおそれがあります。疑いもなく、このふたつの純ドイツ料理は肝臓の薬と考えるわけにはいきませんが、理性を失わせるようなみごとなこの肉料理の匂いはしばし健康について忘れさせ、この世のものとも思われない快楽に没頭させせられるのでした。

あるときわたしたちはベルリンの西地区で会う約束をしました。セミョーノフはパリから飛んできました。彼はパリで家族の問題を片付け、ついでに、知り合いのフランス人医師のところで、わたしたちが言うところの「ジスパンセリザーツィヤ」〔専門診療所による医療体制〕を受けていました。医師はそのうえ、生命と創作のためにかなりの時間の塊を彼に「気前よく与えて」くれました。すべてがうまくいき、素晴らしい気分でした。セミョーノフは心の広い人で、気分のよいことはそれ自体、友とクーアフュルステンダムの高級レストラン「ケンピンスキイ」で夕食をする十分な理由だということを疑いませんでした。

春になったばかりでした。アペリティフには、砕いた氷を詰めた巨大な銀の櫃《ひつ》が運ばれてきました。溶けやすい氷の上には去りゆく寒い季節最後の、これまた巨大なオランダの「王様」カキが貝殻ごと載っています。透きとおるようなカキの身は、斜めにテーブルに射す夕日と、すでに点灯した電球の光の下で驚くべき螺鈿《らでん》の微妙なニュアンスを帯びています。半分に切ったレモンは水中花のように、溶けた水の中を銀の縁沿いに漂っています。

仕事熱心なウェイターたちはプロの勘で、作家は「何でも払う」商売繁盛の商人だろうと見当をつけました。

テーブルに優雅な燭台が運ばれ、すぐにろうそくも灯されました。三番目の光源は余計に感じられましたが、誰も異議は唱えませんでした。無数の洋銀の食器、糊の利いたナプキン、何でもお役に立ちましょうと前屈みになっているウェイターの背中などが無力感と快適な気分に浸らせるのでした。

ユリアンは「シャブリ」ワインで乾杯し、またカキに手を伸ばし、彼が会長だった国際推理小説作家協会の大会の模様を面白く話し始めました。

カキのヨードをたらふく食べ、辛ロワインで味つけした後では胃の中に無重力感覚が生じ、身体全体が至福の境地に至ります。メイン・ディッシュに頼んだサフランのフレンチソースをかけたクロライチョウは少し待たされました。そのときわたしたちのテーブルの前に年配のドイツ人が現れました。

その人は背が低く痩せていましたが、洗練されたエレガントな服装でいっそうスマートに見えました。グレーのオーダーメイドのスーツ、青みがかったグレーのワイシャツにワインレッドの蝶ネクタイ、同色の胸ポケットのハンカチ。つやのある紳士靴がそのポートレートを締めくくっていました。近づきのマナーには帝国式の傲慢な響きは全然ありませんでした。

彼は明らかにとうの昔に忘れたロシア語で話し出しましたが、すぐにむなしい努力は放棄して、ドイツ語に切り換えました。

「お邪魔して申し訳ありませんが、あなたが作家のユリアン・セミョーノフさんだということがわかりましたので。映画『春の十七の瞬間』のシナリオの執筆者ですね。わたしはあなたがお書きになったものは何も読んだことはありません。わたしのロシア語は貧弱すぎますので。それでもわたしはあの映画を見て以来、あなたの崇拝者だと名乗らせていただきたいのです」

この映画は、戦争勃発前にゲシュタポの内偵のために投入されたソビエトのスパイを描いたもので、実際セミョーノフを有名にしました。彼はあいまいに頷き、その年配の人に席を勧めましたが、その人はきっぱり断りました。

「ドイツ民主共和国のテレビはしょっちゅうこの映画を放映しています」、見知らぬ人は立ったまま続けました。「それで、わたしはシリーズを一回も欠かさず見ています。つまり、戦時中わたしは国防軍最高司令部の軍事諜報部外国諜報局の将校で、ゲシュタポと緊密に接触しながら働いていました。あそこで支配的だった空気をよく知っていました。しかし、どこからあなたはあの空気があれほど詳しくわかっていたんですか。これはわたしにとって最大の謎なのです！」

セミョーノフは控えめに目を伏せました。

「あなたをお茶にお招きしたいのですが、例えば明日か、ご都合のよい日にでも。この近くの、元ポツダム広場に住んでいます。わたしのところには写真や面白いメモがたくさんあり、本物の文書すらいくつか残っています。物書きのあなたにはこんなものをちょっとご覧になるのもかなり面白いのではないでしょうか。あなたはそれで当時の概念を広げられると思います。お差し支えなければ、明日十六時にお待ちします。ご都合が悪ければ、電話してください」

彼は悪びれずに名刺を出してテーブルに置き、お辞儀をして立ち去りました。

わたしはドイツに長い間いましたが、ドイツ人がヒトラー時代のドイツ諜報機関に所属していたことをこれほど公然と語るのは一度も聞いたことがありませんでした。

国防軍最高司令部外国諜報局将校との出会い

翌日、わたしたちは示された住所へ行きました。その家はポツダム広場の本当にすぐ近くにありました。家の主人は、今回はくすんだ青のスーツという以外は、やはり洗練されたエレガントな姿でわたしたちを出迎えました。部屋は大きく広々として、二面仕上げスタイルの彫り物のある家具を配してありました。申し分のない清潔さにもかかわらず、彼は独身の年寄りで、また、コーヒーを出してくれた年配の清楚な女性はハウスキーパーかパトロンにすぎないということが間違いなく推察されました。

話を切り出す言葉は必要ありませんでした。彼はすぐさま古いアルバムを数冊持ち出して、わたしたちの前のテーブルに置きました。わたしは、人生のきわめて多様な瞬間を印画紙に永久に残そうとするドイツ人の情熱には戦時中も驚嘆したものでした。ドイツ国防軍のほとんどどの戦死者も捕虜になった将兵も写真の束を持っていました。以前の平和な家庭生活の写真が二、三枚で、大部分が戦線の写真か占領した国々で写したものでした。キリスト教のモラルから見て到底非の打ちどころがないとは言えない状況下で撮られていた写真も一部ありました。

主人は写真が厳密に年代順に並んでいる分厚い二冊のアルバムから始めることを勧めました。

平服の彼、軍服の彼、ＳＳ〔ナチス親衛隊〕将校に囲まれた彼。彼の写真説明はとても鮮やかで面白かったので、セミョーノフはときどき頭を抱え、椅子の上で身体を揺すりながら、「あなたの話はどれもわたしの本の新しい章になります」と言いました。

客もてなしのよいここの主人はあまり不運ではなく、ユーモア豊かで、自分の過去を皮肉っぽく見ている人物だということがはっきりしました。彼はわたしたちの好奇心を満足させると、自分の好奇心も満たす権利があると考えていました。

「セミョーノフさん、しつこくて申し訳ないんですが、昨日『ケンピンスキイ』でちょっと触れたテーマにもう一度戻りたいんです。SS、ゲシュタポ、国防軍最高司令部外国諜報局は全部閉ざされたエリートのカーストで、そのいずれかの内部で起きたことはドイツ人でさえはっきりとは知りませんでした。しかし、あなたは……小さな誤りを除いては……ええ、例えば、あなたの書いておられるゲシュタポのリーダーたちの部屋には水を入れた水差しがあったことになっていますが、そんなものはありませんでした。われわれはもっぱら小さなガス・ボンベつきのサイフォンしか使いませんでした。まあ、これはどれも些細なことで……むしろ、あなたの不思議な現象を説明してください。あなたは実際あそこに漲っていた空気をどうやって伝えることができたんですか」

セミョーノフはあまり長く待たせずに答えました。

「わたしは書くときには、水差しではなく、自分の経験を出発点にしています。同じような状態にある人たちは、少し修正を施した程度でだいたい同じように行動します。もしどこか痛ければ、顔をしかめるでしょう。とても痛ければ泣きます。我慢できないほど痛ければ叫びます」

「ご覧なさい」、セミョーノフは指でアルバムのページを指しました。「これはSS隊員、これはゲシュタポ、こちらは軍人。制服に関係なく、彼らは皆人間です」

「もちろん、軍服を着ているのは、これはわたしなのですが……」、主人が口をはさみました。

「素晴らしい、しかしそれはあなたがこのグループ全体の中で最優秀ということは意味していません。たぶん、このSS隊員があなた方の中でいちばんまともだったんでしょう」

主人は驚いてちょっと腰を浮かしたほどでした。

「あなたは危険人物です。セミョーノフ。これは実際素晴らしい将校でした。彼はポーランドで爆撃の後、家の瓦礫の下から友人を引き出そうとして死にました」

「わたしが書くときの出発点は、肯定的な人間でも否定的人間でも登場人物はすべて人間だということです。ですから、彼らは人間的行為がとれるのです。このことに、あなたの言われるわたしの不思議な現象があるのです」

ふたつの世代の対話は常に面白いものですが、際限なく伸びてはいけません。わたしが対話の相手に、戦後は何をしていたのか尋ねたころには、外はすでに薄暗くなっていました。

非ナチ化はさしたる困難もなく行われました。彼はアメリカ人の許可を得て、ベルリンに弁護士事務所を開きました。仕事は悪くなかったのですが、市が不和の種になり、壁ができると、妻は驚いてラテンアメリカの親戚のところへ行き、まもなくそこで死亡しました。年金生活に入り、戦争中広大な荒れ地と化した有名なポツダム広場に面した家を買いました。

「毎日眺めるために選んだ月面のようなこの光景に驚かないでください。ここには戦前のベルリンで最も美しい広場があったんです」

わたしたちは窓辺に行きました。彼が左のカーテンをさっと開けると、わたしたちの眼前に大きな写真が現れました。今世紀初頭のポツダム広場が画架に載って。

「屋根に広告のある建物の右手に家が見えます。そこの部屋でわたしは子ども時代を過ごしました。あの街頭の時計は広場の飾りでした。ママは毎朝七時十五分前にわたしを起こしました。わたしは服を着て、朝食を食べながらたえず窓のところへ駆けていき、学校に遅れないよう時計を見ました。ときどきはうまくいきました」

わたしたちはしばらくの間黙ってぼんやり荒れ地を見下ろしていました。

「何時間も、広場の砂漠と写真を見比べて窓辺に座っていることがあります。ときどきは積木のおもちゃで遊ぶように、昔の街路、建物、連結した市電、名物の時計などを写真から元の場所へ移すのです。ときには一度に広場全体を復活させることもできます。そうしてわたしは自分の少年時代に戻るのです……」。彼の声は震えましたが、すぐに冷静さを取り戻しました。「ドイツ人には、自分の手で作り出した物を大切にするという美点がありま す。わたしは広場が最後の一本の木まで復旧されるまで、ここで生活することに決めました」

「どうやらその作業はもう始まっていますね。建設クレーンも立ったし」、セミョーノフは彼を慰めることにしました。

それは薄笑いを誘っただけでした。返事のかわりに「ツァイス」の大きな野外双眼鏡が渡されました。

荒れ地の反対側に立てられたクレーンの周りに人々が集まっています。ときどき誰かが群衆から離れます。その人に何か馬具のようなものを着せ、いちばん先端まで持ち上げて、両足を伸縮性のあるロープで縛り、それから身体が下へ向かって飛びました。あわや地面に激突かと思われる最後の瞬間にロープがすくい取り、彼を逆に引っ張り上げました。この種の激しい感触の愛好者はいつでも大勢いるものです。このアトラクション〔バンジー・ジャンプ〕が収入をもたらしているのは疑いありませんでした。

わたしは何も言わずに双眼鏡を主人に返しました。

黄昏はほとんど闇に近くなり、わたしたちは帰りの挨拶を始めました。

「今度また当地に見えたら、独り身の老人を訪ねてくださると約束してください。わたしにはあなた方とのお付き合いがとても大事なんです。それが続けば、皆さん自身でわけがおわかりになるでしょう」

わたしたちは約束しました。そしてそれを守りました。ベルリンでセミョーノフと会うたびに必ず荒れ地に面した家に行きました。回を重ねるごとに主人はますます面白い話し手のように思えるのでした。わたしたちはあっさり「君、俺」の間柄になり、互いに名前でクルト、ユリアン、スラーヴァと呼び合うようになりました。今や彼はすっかりのびのびと話し、自分の話にますます興味深い詳細な描写を加えるのでした。ロシア語を彼はスラヴ語と呼びました。どうやら、ユーゴスラビアとブルガリアでの戦争にはまりこみ、ロシアまでは行かなかったためのようでした。

セミョーノフは彼の話を聞くといやがうえにも感心し、新しいテーマの長編小説を書くか、または『十七の……』の続編を書く方がよいかなどと考え始めていました。

「『二十の瞬間』というテーマがいいよ。それなら、聞いたことが全部入るぜ」、わたしとクルトは冗談を浴びせました。

あるとき、クルトの誕生日にわたしとセミョーノフは彼にキャビアを一瓶贈りました。クルトは買い置きの中から高い辛口ワインを一瓶出してくると、キャビアをパンに薄く薄く、一粒もつぶさないように丹念に時間をかけて塗りました。彼の認めるところによると、彼が最後にキャビアを食べたのは、四三年にパリでだったそうですが、半世紀の間にキャビアの味は少しも変わっていないと断言しました。

その後、わたしたちは長い間会うことがありませんでした。八〇年代と九〇年代は東ヨーロッパとそこに住む人たちの生活に劇的な衝撃をもたらしました。ベルリンの壁は地響きを立てて崩れました。東ドイツは「古いドイツ」の「新しい土地」に変わりました。ロシアでは、社会主義体制が資本主義的なものに交代しました。セミョーノフが死亡しました。

わたしがベルリンに行けたのはやっと九二年のことでした。とても心配しながらクルトに電話をかけ、老けて覚束ないながら彼の声、まさに彼の声が聞こえて嬉しくなりました。彼は大分長く黙っていましたが、ついに、やっとのことで言いました。

「わたしは、君たちはもう生きてはいないと思っていたんだよ！」

わたしがひとりで彼のところへ入っていくと、彼は無言ですべてを理解し、目に涙を浮かべてわたしを見つめて言いました。

「わたしがユリアンより長生きしてしまうなんて！」

わたしはドイツに移り住み、ベルリンに行く度に必ず彼のところへ寄りました。あるとき彼が打ちひしがれているところへ行きあわせました。彼はわたしを画架へ連れていきました。画架には古い写真のかわりに、新しいポツダム広場のプロジェクトの測量図が載っていました。

「ご覧のとおりだ。建築コスモポリタリニズムの激発という奴さ。冷たいセメント・プラスチック・ガラスの構成、地下の二階建て歩道！　たいしたもんだ！　全体の中心にセメントの巨大物が聳えて、それに日本の『ソニー』のどでかい広告がつくんだ。わたしはこのメガ建築物を見せて説明してくれた若い建築家に尋ねた」

――諸君はなぜドイツにアメリカを建設するんだ。アメリカはもう海の向こうに出来上がっているじゃないか。ドイツはドイツ人に残しておいてくれる方がいいんだ。

若者は反論しなかった。

――わたしが自分で建設するなら、そうしたでしょうよ。

それからその男は自分に腹を立てて、付け加えた。

――あなたの時代にはあなたも、たぶん、自分では別のことを考え、することは命令されたことをやったんでしょう。今は独裁者ではなくて、金が世界を支配しているんです。金もその所有者たちに必要なことを命令しているんです。

クルトは疲れて椅子に座りこみました。

二週間ほどするとわたしに電話がかかり、女性の声が、「スラーヴァさんですか」と訊きました。わたしは驚きました。ドイツの知人に気の毒だったので、いつもわたしの発音しにくい名字を口にしないで済むように、わたしは名前だけで呼んでほしいと頼んでいたのです。しかし、それは聞き覚えのない声でした。

「クルトさんが」、彼女は彼の名字を言いました。「今朝九時半に亡くなりました。彼はあなたに封筒を残しています。ご都合のよいときに取りにおいでください。今日なら電話はいりません。わたしは一日中おりますから」

いつもコーヒーを出してくれた女性がドアを開けました。室内はすべてこれまでどおりでしたが、いたるところにクルトの写真が置いてありました。どのフレームにも上の隅に黒いリボンがきっちり結んでありました。女性は封筒が並んでいるテーブルに行き、「スラーヴァ」と上書きのある封筒を取ってわたしに渡してくれました。

わたしはベルリンから五〇キロほど離れたところで高速道路から普通の道に下り、森に入り、草に腰をおろして封筒を出しました。

「親愛なるスラーヴァ！　わたしの忠実な友フラウ……が、わたしの亡き後、君にこれを渡すだろう。わたしは運命がユリアンと君との友情を贈ってくれたことに感謝している。これはわたしが自分の良心に同意するのを助けてくれた。率直に言ってこれはいつもうまくいくとは限らなかったのだ。わたしは長い間考えあぐねてきたことを最終的に理解した。つまり、ドイツでのわたしの世代、ロシアにおける君たちの世代はどちらも似たような、信じられないような苦しい道を歩んできたのだということを。こんな運命はわれわれをゆがめずにはいなかった。しかし、ユリアンが正しく言っていたように、『われわれはそれでも人間のままだった』。これについても彼にどうもありがとうを言う。和解がこんなに遅くやってきたのは残念だ。

わたしは何よりもドイツとその人々を愛した。しかし人類最大の発明である金は恐ろしいウイルスに生まれ変わり、人々の脳を麻痺させてしまった。人生は困難な試練に変わった。わたしは何の悔恨もなく、しかしこの世の全快を期待しつつこの世を去る。君が力ある限りできるだけ長生きすることを祈る。わたしは力尽きた。永遠に君の友クルト。

ＰＳ　思い出に君に時計を置いていく。高い時計じゃないが、精確だ。わたしからユリアンの墓に花を供えてほしい。ベルリンにて」

今、わたしはあまりベルリンへ行きません。どうしても行かざるをえない場合は、現在のポツダム広場からなるべく遠くにいることにしています。どれほど建築上、建設上の傑作がそこに建てられようとも、わたしにとっては永久に無縁の物なのです。ドイツ人にとってもあの広場は、アメリカからパリの郊外に持ってこられたディズニーランドのコピーのように、高い観光アトラクションのようなものになってしまうのだろうと思います。

人は絶えざる変転に疲れます。何か永遠なもの、慣れ親しんできたもの、極端な場合には、知り合いがほしい。

わたしは、照りつける太陽光線とか、執拗な雨の流れを避けて、うっそうとした樹冠に隠れて、古いベルリンの通りを群衆とともにさまよいます。

ベルリンは完全な権利を有するヨーロッパの一首都となる準備をしているので、世界のあらゆる言語で話をしようと努めています。ときにはドイツの言葉が聞こえてきます。それは菓子店のバニラの匂いのように楽しいものです。

セミョーノフの有名な映画のヒーローは、相手に語られた最後の言葉こそ、最もよく相手の記憶に残ると言っています。クルトは最後の手紙で世界の全快に期待を表明しました。彼の死に際の楽天主義はわたしのなかに長く残るでしょう。人々の間の関係改善に対する希望がなければ、人生はその意義を失うのです。

ワシントン

ВАШИНГТОН

筆者の横顔

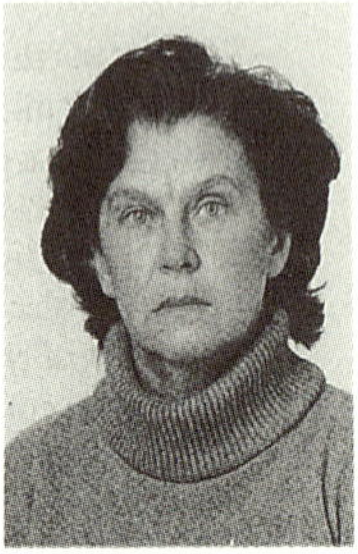

KGB個人ファイル

№ [redacted]

氏名	イリーナ・アレクセーエヴナ・ヤクーシキナ
生年月日	1925年8月12日
学歴と専門	大学　文学部　通訳
外国語	英語、フランス語
学位	——
軍の階級	——
勤務した国	アメリカ合衆国、イギリス、オーストラリア
家庭	未亡人
スポーツ	水泳、体操
好きな飲物	——
好きなたばこ	サーレム・ライツ
趣味	チェス

И. Якушкина

ワシントンは偉大な首都であると同時に
皆が皆を知っている小さな地方の町である。
そうだ、これは町でもない、村の屋敷である。
ジョルジュ・シムノン

諜報機関チーフの妻の目で

皆様、ご搭乗の飛行機はまもなく草原のただなかへ着陸いたします、ご用意ください。この時間、モスクワではもう眠りについているころですが、こちらは真っ昼間。やる気が湧いてきます。

機外は目もくらむような太陽の光。ここはまさに南国です。しかしそれはまだ本格的には肌で感じられません。飛行機からクーラーのきいた小型車へ、小型車から旅券審査や税関などアメリカのお役所特有の無菌の王国へ。

それから、空港ロビーを通ってガラス張りの自動ドアへ、そして、奈落の蒸し暑さへ。暑さが一気に全身を襲い、深呼吸しますが、息を吐くことはもう不可能みたいです。空気は心地よいガソリンの匂いで満ちています。

巨大な静かな車で空港からガラガラの道を現地の環状高速路ベルトウェイへ。これは片道四本の走行車線ですが、それほど長くは走りません。二番目か三番目の出口で自然の天地へ。

森の草地の刈りたての草の香り、芝刈機のカタカタいう音、乗り捨ての自転車。白い板で囲まれた家々の格子戸。人っこひとりいません。

部屋数の多いマンションのガレージに近づくと、パネルで門を上げます。車は下へ潜りこみます。エレベーターの中にはバックミュージック。上の一隅に鏡。「13」という数字のない透明なボタンの列。

室内はよどんだ空気。キッチンの流し台に飲み残しのコーヒーカップ。ひと月半前の分厚い新聞の束。バルコニーの窓を開けなければ。湿気がどっと押し寄せる。夜間、雷のもよう。

テレビの夜のニュース、スタジオのすごく明るい色彩。今にもブラウン管から家の中に這い出してくるみたいな司会者のクローズアップ。土地の殺人。係争中の裁判。明日の大試合を前にした「レッドスキン」チームのトレーニング。砂浜の天気予報、水温。

どうして世界はこれほど違うんでしょう。ここはワシントンです。

当地で雪が降ると、不思議な落ち着かない気持ちになります。何かが侵されている。そんなはずがない。お前は、二つの世界の狭間《はざま》にいるのだ。

しかし間違いなく何かが自然をアメリカに引き寄せています。フロリダは暴風に襲われ、サンフランシスコは火山の上のようなところに生活し、トルネード〔大竜巻〕は穀倉地帯のいくつもの州を突進します。

夏、竜巻はワシントンで樹齢百年の大木を根こそぎ倒してしまいます。冬、いったん雪が降るとワンシーズン分の降雪量が町に落ちてきます。これは事件であり、娯楽でもあります。翌日、新聞に写真。誰がどこで進めなくなり、職場に行き着けなかったかというルポルタージュ。生活は軌道をはずれ、多くの人が自分の休日にしてしまいます。

今でも覚えていますが、そんなある日の朝、夫が大使館へ出かける前に、君は今日の午後忙しくなるよ、と言いました。わたしたちはとてもよくお互いがわかっていましたから、それ以上何も説明はいりませんでした。

昼食後、夫が家へ電話してきて、空いている車と知り合いの運転手が揃っているのでショッピングに行けるよ、と言ってわたしを「喜ばせました」。わたしたちの会話を聴いていた人には、当たり前の話と聞こえたでしょう。ニューヨークと違い、ワシントンの大きな店は全部郊外にあるのです。大小の店をまとめている「タイソンズコーナー」、「ホワイト・フリント」などの華やかなアーケード街は、都心から車で二十分から三十分。

運転手の車はわたしの車について来ました。通りは雪だまりで車同士擦れ違うのも大変です。何台かは道に真横になっています。道端では車を掘り出している人もいました。わたしたちはのろのろ進み、いらいらしてしまいました。

しばらく市内を回ってから、美しい森のあるロック・クリーク公園のひとけのない、雪に埋もれた並木道のひとつに入りました。この公園は北からくさびのように市とつに食い込んでいます。夏の休日にはここへ大勢ピクニックに来ますが、女性ひとりでぶらつけるような公園ではありません。

急に停車しました。それからはすべてサイレント映画のようでした。運転手が黙って車を降り、大使館の「オーズモビル」の大きなトランクを開けました。

中から人が這い出し、落ち着きはらって車の前の席に座りました。わたしは、冬景色を見ているふりをしました。発進して、完全な静寂の中を最寄りのバス停までその新しい乗客を乗せていきました。

彼はわたしたちのトランクの中で凍え切ってしまったようでしたが、他の方法がなかったのです。

何時間か前、その人物は十六番街にあるソビエト大使館のドアをノックしたのです。未来の多くのアメリカのエイジェントはそうやって、役に立ちたいと願ってやって来ました。彼らはだいたいが経験者だったので、大使館が監視下にあるということを知らないわけはありませんでした。FBIは訪問者全員の写真入りのカードを保管していました。数年後、その写真と被捜査者の特徴の記載内容を照合し、エイジェントが割り出せました。

建物のそばに二度姿を見せるのは危険でした。その段階でわたしたちの乗客は在米諜報代表部にとって貴重な収穫だということがわかったので、気付かれないように大使館から運び出すことになったのです。古い大使館の建物には地下のガレージはなかったので、わたしには、どうやって彼をトランクに詰めこめたのかわかりません。

その後、わたしたちの乗客はにせのエイジェントだったことがわかりました。その反対もありました。本物ならば、彼は、必ず今後十年か十五年、その人生を文書の複写、秘密の隠し場所の設置、KGB職員との秘密の会合、金や指令を受け取るために静かなヨーロッパ諸国へ飛行機で往復することなどに捧げることになったでしょう。それは誰かのしくじりか裏切りで嫌疑がかかるまで、または、彼の妻がFBIに出頭して、洗いざらい話すまで続くのです。

海軍士官ジョン・ウォーカーはそれで失敗しました。彼は十八年間、アメリカ艦隊の移動や艦隊で使用する暗号通信のコードに関するデータなどをソビエト側に提供していました。彼の夫人はFBIへ二度も出頭しなければばなりませんでした。最初は信用されませんでした。彼女は単に彼に対する恨みでもはらしているのだろうと思われたのです。

アンドローポフとの会話

わたしの夫ドミートリイ・イワノヴィッチ・ヤクーシキンをワシントン駐在ソビエト課報代表部の責任者に任命したのは、当時ＫＧＢ議長だったアンドローポフでした。

アンドローポフは新年の前夜、夫に会いました。ウラジオストック郊外ではブレジネフとフォードが会い、次回のソ米「サミット」は、夏に、今度はアメリカ領内で行われる予定でした。

アメリカでは「裾の広い」ジーンズ〔パンタロン〕がはやっていました。男女とも頭は薬品で縮らせたアフロヘアをしていました。

第二次世界大戦のときのように、わたしたちはまたアメリカ人と仲良くしていました。モスクワへ大物の上院議員が何人も来ましたし、わたしたちの有名な心臓病専門医はアメリカへ飛びました。両国対抗戦にはボクシングと陸上競技の花形が出場し、宇宙では「ソユーズ」と「アポロ」のドッキングの準備が進み、エリザベス・テイラーは共同制作映画「青い鳥」に出演しました。わたしたちはアメリカの援助でノヴォロシースクに溢れた「ペプシ」を飲み、ソ連はそれと交換にアメリカで「ストリーチナヤ」ウオッカを売りました。世界は二極となり安定しているように見えました。

新聞が書き立てていた、二者択一のない、あの「デタント」という言葉がまだはやっていました。しかしいずれの側も宣伝戦では、すでにこの言葉について各自独自の解釈を主張して戦っていました。アメリカ人の好きなテーゼは、これは「一方通行道路」で、しかもソ連に有利ではない、というものでした。わたしたちは人権やソ連からの自由出国問題を指摘されて寒けがしていました。

事実上、関係は悪化しつつありました。冷戦の短い休止は終わろうとしていました。

ワシントンの右派がホワイトハウスに圧力をかけていました。右派の隊列は増加していました。フォード大統領は選挙の準備をし、再選を熱望していました。モスクワとの接近は彼の評判を新たに補うものではありませんでした。アメリカ議会はわたしたちとの関係で「タカ」派と「ハト」派に分かれ、厳しい調子が勢いづく一方でした。立法者が会議をしているキャピトル・ヒルの近くには「タカとハト」というレストランがありました。食事のときに隣の席から聞こえてくるいくつかの話は大袈裟な公式文書よりもためになることがありました。

諜報機関はこのような対立状態の下で一日二十四時間、工作活動を進めました。

アンドローポフと夫の大筋の話し合いは、KGB議長がいつものように入院治療しているクレムリン病院の一室で行われました。特務機関のスタッフは自分たちの間では、アンドローポフに尊敬の気持ちを表したいときは、彼をイニシャルで「ユー・ヴェー」と呼んでいました。

たぶん、アンドローポフにとってもそれはお決まりの会見だったのでしょう。彼が重要な職務に任命される士官を個人的な対話に招くのは初めてではありませんでした。しかし、「クレムリン病院」での謁見の性格は夫に特別な印象を与えました。そのとき彼はアメリカ問題から離れていて、イギリスとスカンジナビア方面の諜報に責任を負っていました。その任務を任されたのはそれほど前のことではなく、ロンドンで働いていたKGB職員リャーリンのセンセーショナルな裏切りの後でした。

新しい海外派遣の思いがけなさ、手続きの性急さ、赴任地として選ばれた場所は夫に、自分は極度に責任重大な使命を遂行しているのだという強い内心の確信を与えました。

わたしたちはこの意識でワシントンでの七年間を働きとおしました。

体制の都市

ワシントンはは一目には都会ではなくて、政府の公的所在地のように思われました。

わたしたちはかつて、ある程度の自由に慣れることのできたニューヨークのマンハッタンに数年住んでいました。夫は国連機関で働き、国際公務員とみなされていました。これは、ニューヨーク周辺二五マイルの範囲外に出たいと思うたびに米国務省の許可の照会に要するうんざりするような手続きからわたしたちを解放してくれました。それで、当時わたしたちはアメリカと厳しい相互制限体制の下に暮らしていましたが、それでもよくニューヨークを出て、あちこちへ旅行しました。

ワシントンではすべてがもっと厳しくなりました。車の外交官ナンバーはひと目につきました。二五マイル規制はここでも守られていました。そのうえ、近くにCIA本部のあるラングレーをはじめとする近郊がありましたが、諜報代表部のスタッフはスキャンダラスな目にあわないように、そういう辺りは迂回することにしていました。

チェサピーク湾経由で大使館の別荘へ行く途中、許可された道をそれてワシントンに最も近い町のひとつ、海軍大学があることで有名なアナポリスへは行ってはなりませんでした。

それに反して、ニューヨークでは国連での身分に対して外交特権を与えてはくれませんでした。何か問題が起きた場合、夫は逮捕されないという保証はありませんでした。そのためわたしはたえず緊張していました。夕方彼は国連から家へ電話をかけてきて、今から出るので夕食をつくっておいてと言いました。これは、自分は仕事に手間取り、おそらく時間がかかるだろうという正反対の意味でした。ときどき、何も知らない知人が電話してきて、しきりに夫と話したがりましたが、彼はもうとっくに職場を出たけれど、家には戻っていないということに驚いていました。わたしはじっと待っていました。その後、ワシントンで諜報代表部のチーフの任にあった夫は、今度は自分がわたしと同じように、任務で町へ出た人たちの身を案じていました。

ニューヨークには友人が何人か残っていました。そのなかにはアメリカ人やほかの外国人もいて、その人たちはたいてい仕事の性質上、国連と関係がありましたが、それだけではありませんでした。明らかに、多くの人にはもうひとつの職域がありました。何年かして、細かく記憶をたどってみると、思い当たる節がありました。けれどもそのころのわたしは、誰が夫のことをよく知っているか、いないかなどは、とくに考えませんでしたし、それは表向きわたしたちの関係には影響しませんでした。

その数年間、わたしたちとアメリカ人は多くの点で鏡の反射のような関係でした。わたしたちはごく当たり障りのない状況下でのいやがらせには慣れていました。アメリカ人は外国にいるどのソビエト人にも頭からスパイの疑いをかけていました。このことでよく冗談を言いましたが、アメリカ人が抱いた疑いは晴れませんでした。わたしたちが他の人と交際すればするほど、不信がつのりました。彼らは彼らなりに正しかったのです。そして、おそらく、ニューヨークでわたしたちと接触した人はいずれも、KGBの職員と付き合っているとみなされても当然でした。もしもその人がそれを意に介さないようだと、かならずそのことを指摘されたはずです。

ニューヨークでのわたしたちの知人であった、国連事務局職員のオーストラリアのM女史の場合もそうでした。

彼女はワシントンでわたしたちを探していました。そのころMさんはとっくに以前の立派な仕事をやめ、医師の夫と離婚し、サウス・カロライナ沿岸近くの小島にあるコッテージ村〔しゃれた戸建ち住宅の村〕で掃除婦として雇われていました。

運命はMさんを甘やかしてはくれませんでした。彼女は、滞在客が冷蔵庫に食べ残しを入れておいてくれて助かったことがよくあったと話していました。

わたしたちはMさんと会えて喜びましたが、何年も接触がなかった後で彼女と再会したことは偶然ではなかったのです。

わたしたちとの再会を心掛けたのは彼女ではなくて、FBIでした。これは結局Mさん自身が認めました。彼女にはグリーンカード〔永住ビザ〕が必要で、一方、FBIはソビエト諜報代表部のチーフがよく知っている人物を通じてチーフに接触する必要がありました。Mさんを通じて伝えられたFBIの提案の本質はお定まりの、アメリカに残らないかという話でした。

彼らはとてもよい結果をあてにしていました。

ワシントンの中心部のコネティカット通りにある高級レストランでMさんと食事をしているときに、われわれの諜報代表部の運転手が来て、レストランは特務機関の車で包囲されていると夫に言いました。わたしたちは食べ終わって、別れました。それ以後わたしたちは二度と彼女と会うことはありませんでした。

ニューヨークでは自由に歩きまわれました。それでニューヨークはヨーロッパを思い出させました。ニューヨークにはそれなりの制限がありましたが、我慢できるものでした。

ワシントンはアメリカの伝統に忠実です。ワシントンでは市内の移動は、当時の政治的規制だけでなく、距離的にも車でしか移動できず、車がないと快適とは言えませんでした。地下鉄とバスは車の代わりにはなりません。ワシントンのタクシー料金はメーターではなく、運転手にしか境界がわからない市内の「ゾーン制」でした。

諜報代表部のスタッフはニューヨークの地下鉄の迷路の中で苦もなく姿を消せました。ニューヨークの地下には二つ目の都会がありました。ワシントンとなると、七〇年代中ごろには地下鉄の最初の三本が開通したばかりで、秘密工作のプロは皆の目に曝《さら》されているように感じていました。

ワシントンでは撃ち合いが多発し、犯罪統計は国内で上位のひとつを占め続けました。大使館では強盗の手にかかって経理部長が死にました。彼が昼間ソビエトの建物からごく近くの食料品店へ出かけたところ、店内に武装強盗が乱入し、買い物客に財布を出すよう命じました。どうやら、わたしたちの大使館員は不用心な動きをしたようです。彼は片手を上着の内ポケットへ入れました。強盗たちはそこに武器があるものと思い、発射しました。

ホワイトハウスの周辺

ワシントンの中心部分はいくつかの官庁街を除き、本質的に間断のない黒人のゲットーです。それはホワイトハウスから数街区のところから始まります。毎朝、この大統領官邸の前には参観希望者の行列ができます。

ワシントンへ初めて来た人にはホワイトハウスはもちろん見逃せません。後でわたしもあそこへ行ったと言えるように。しかし、エモーショナルな感動はわきません。美しいし、手入れもよく行き届き、コンパクトで、おおむね禁欲的です。ともかくアメリカ的規模です。

見学者のために数時間開放されている大統領官邸内の散策自体はそれほど長くはなく、ガイドもつきません。ホワイトハウスの塀沿いのスピーカーからあらかじめ見学者に注目すべきものについて説明があります。会議やレセプション用のルームがいくつか見られます。大統領とその家族が暮らしている二階は入れません。彼の執務室である楕円形の間は見てはいけないのが残念です。

大統領個人のアパートメントは常に、大統領よりは彼の妻の趣味に合わせて模様替えされます。彼女は前任者の女主人の空気を一掃しようとします。壁紙やカーテンの色は決定的に変えられ、家具はそっくりお蔵入りになり、備品室から別の家具一式が運びこまれます。

ワシントンの上流生活はいつも新しい大統領府のスタイルを真似ます。もちろん、大統領府にスタイルがあればの話ですが。

アメリカ歴代大統領の官邸と黒人のゲットーの間には事実上どのような「緩衝」地帯も存在しませんでした。わたしは、ワシントンでは執行権力の正面入口がのんきにスラム街と隣り合わせになっていることにいつも驚いていました。この点に独特の正直さが発揮されています。祝祭日にも、外国高官の到来のときにも、甚だしい貧困を隠そうとはしません。モスクワではニクソン大統領の最初の訪問までに数区域が撤去され、建物の正面は飾り立てられました。

かつてジョン・ケネディは、大統領就任式の後でペンシルヴェニア・アベニューの恒例のコースを通行中に、アベニューの北側、すなわち、官庁街の反対側が、アメリカの首都にはまったくふさわしくないことに気付きました。彼はホワイトハウスに入ると早速その一区域の再建に関する政府委員会をつくりました。何かしら実際に塗り直されたり、取り壊されたりしましたが、前列の家々の裏には極端にみすぼらしい情景が残りました。六〇年代末の黒人の騒乱による破壊の跡が長い間そのままでした。

午後六時以後、首都は急速に人影がなくなります。政治家、官吏、ジャーナリストは仲よく首都のコロンビア区を去って、裕福なことでアメリカじゅうに名高いアーリントン、アレキサンドリア、チェヴィ・チェイス、ベセスダなどのワシントン郊外の町へ向かいます。ベセスダにはアメリカの大統領が医療検診を受ける海軍病院があります。

あのころは夜の町を歩くことなど論外でした。第一に、どこも歩くところがなく、第二に、何もあてがないからです。

もちろん、朝には陽気になりました。緑に埋もれたワシントンは自然といい、政治史的状況といい、常にアメリカ南部への門とみなされてきました。

わたしたちは倉庫やインターチェンジや工業地帯の近くは避けて、奥深くに金持《アッパーミドル・クラス》ちの植民地スタイルの家が点在している、アメリカ人にとって神聖な草地に沿って大使館へ出勤しました。

中心部に近いほどアメリカ全土からの観光客、小学生のグループ、ありとあらゆる会議のまともとは言えない代議員、そしてもちろん、官公庁や国会議員やロビイストの協力者など政権に近いワシントン独特の大衆が歩道に現れます。

ファッションも変わりましたが、重要な仕事に携わっている若い成功した専門家のトレイドマーク——白いワイシャツ——は価値が変わりません。昼、天気のよい日には、これらの白いワイシャツはサンドイッチを手に広場の草の上へ繰り出して、腰をおろし、昼食です。

十六番街の邸宅

諜報代表部は文字どおり大使館の屋根の下にありました。窮屈でした。建物は古く、夫は常に火事の心配をしていました。

ホワイトハウスからわずか三街区のところ、当時十六番街一一二五番の建物の中にあった大使館の写真は、ワシントンでのKGBの仕事に関する新聞記事といっしょに必ず掲載されました。写真の下には「スパイの巣窟」というお定まりの説明。これは住民の気持ちに影響しました。住民にとってそれは魔窟でした。おそらく多くの人が、なぜあれは大統領公邸にあんなに近いんだろうと、理解に苦しんだことでしょう。両側から大きな建物に押し潰されたような、あまり大きくない四階建ての家の屋上には、実際、恐ろしげな通信アンテナの林立している様子が見えました。アメリカ人は屋内の会話を聴き、タイプライターの音でテキストを読み取るために、隣の屋根からその建物に電磁パルスを浴びせているのだろうと言われていました。さらにわたしたち自身の防御アンテナも稼働していました。大統領公邸の執務室は当然、その周囲で電磁界が作用している部屋の中の部屋でした。おそらく、健康上、それはまったく安全とは言えなかったと思いますが……。

十六番街の大使館の建物は建築記念物だとみなされていました。その中では市内で最初の電気式エレベーターのひとつが動いていました。スミソニアン工学博物館がそれをコレクション用に買いたいと言ってきたことがありました。

建物自体は一九一一年にシカゴの鉄道王プルマンの未亡人の注文で建てられました。設計者は有名な建築家ネイサン・ホワイトです。彼はホワイトハウスの楕円形の執務室をはじめ市内のいくつかの建物も設計しました。

一九一三年、帝政政府がこの建物を買い取りました。ツァーリの最後のワシントン駐在大使は職業外交官バフメチエフでした。二月革命の後、彼は自分が職務を解かれたという知らせを受けると、アメリカ人の妻とパリへ行きました。バフメチエフはインテリアのユニークな調度の一部を持ち去ったと、アメリカ人自身も考えています。

ロシアの十月革命後、その建物は一九三三年まで空き家でした。ルーズベルトはロシアと外交関係を結び、しばらくして、十六番街の家にワシントン駐在の初代ソビエト大使アレクサンドル・トロヤノフスキーが入りました。

十九世紀、ロシアの歴代大使は、当時ヨーロッパ諸国の首都の華麗さとは比べものにならなかったワシントンの上流生活に活気をもたらしました。彼らは豊かな暮らしをし、高級住宅を借りていました。大使付きのコサックたちはセンセーションを巻き起こしました。

トロヤノフスキーはともかく赴任当初の数年はこの評判を維持しました。彼は従来の紋切り型を否定しました。

十六番街の家は彼の出現で生き返りました。大使館のレセプションやコンサートは異常なほどの評判になりました。アメリカ人は招待を受けるためには、どんな可能性でも利用しました。

トロヤノフスキーがモスクワへ召還されると、大使館の生活に低落が訪れました。スターリンはドイツと条約を締結し、大使館のレセプションは公然と排斥されました。ホールを埋めるために、ニューヨークからソ連通商代表部のスタッフを呼ばなければならなくなりました。

その後、戦時中と大トロイカ会談〔米英ソ首脳会談〕の開始とともに大使館は再びワシントンで目立つ存在になりました。それから以後は成功したりしなかったりの状況が続きましたが、すべて政治関係の状況と大使の個性しだいでした。

ごみコンテナの中のFBI用情報

十八世紀末に隣接するメリーランドとヴァージニア両州からアメリカの首都として分け与えられたコロンビア地区は面積的にはそれほど広くはなく、一〇平方マイルを占めているにすぎません。しかし、世界のどの首都でも、人口一人当たりと、公開情報、秘密情報、半分秘密の情報、明らかな偽情報などあらゆる種類の情報がある点で、これほど政治情報の密度が高いところはほかにありません。これは諜報機関員やジャーナリストにとり麻薬のような作用をします。

『ワシントン・ポスト』のオブザーヴァー、ジャック・アンダーセン氏は大物高官の執務室に自由に出入りできる身で、土地の習慣を熟知している人物ですが、氏の評判のコラムも「ワシントンのメリーゴーランド」という表題でした。市の半分は舞台裏でひそひそ話をし、さまざまな情報を流し、陰謀を企んでいました。残りの半分はこれを全部追跡し、盗み聴きし、コメントをつけていました。

低俗新聞『ワシントン・インクワイラー』の記者の一人がセンセーショナルなネタ探しで、今世紀最大の上流人士のひとりヘンリー・キッシンジャー国務長官の家の前に毎朝出されるごみ袋の中身までチェックすることにしました。そのため彼は秘密機関に逮捕されましたが、じきに釈放されました。そのジャーナリストはあらかじめ法律家と相談してありました。歩道にあるごみはもはや個人の所有物ではなかったのです。

ついでですが、ワシントンは弁護士の数でアメリカの首位にあります。ここで二番目に多い職業は精神科医です。次が当然、外交官、ジャーナリスト、国際公務員の順です。市内にはレンタルの長くて黒いリムジンの運転手も少なくありません。彼らは主要な通りに列をなして駐車し、世界の問題の解決に当たっている乗客を待っています。

ひとのごみ溜めを掘り返すという考えは独創的なものではありません。ジャック・アンダーセン氏自身もかつてそんなことをやっていました。彼の好奇心の対象はアメリカ史上最も暗い人物のひとり、全能のエドガー・フーバーFBI長官でした。フーバーは事実上FBIを創設し、ほとんど半世紀その長を務めました。一五〇年前に開店した十八番街の高級レストラン「Y・ハーヴィ」はフーバーのためにいつも定席をとっておきました。今日、レストラン「Y・ハーヴィ」はクルマエビの専門店です。

フーバーの機関はソビエトのごみも研究しました。大使館員やジャーナリストがよくお互いに近くに座って仕事をしていたことが、FBIのエイジェントにとって実用面からもごみ集めに好都合でした。大使館員は自分たちのポリエチレンの袋を近隣のコンテナへ運び、ごみはそこからFBIの資金で賄われている特別のトラックが定期的に回収していきました。

ニューヨークには依然として目の回るような内部のエネルギーで心を引きつけられました。しかし、そこは人、車、轟音、雑踏が多すぎるように思われました。ワシントンは静かで、むしろ実際の「中部」アメリカに似ていました。そこでは楽に息ができ、草地は安らぎを放ち、素晴らしく鮮やかな羽の鳥が飛び、近郊の家々の持ち主はアライグマに餌をやっていました。ニューヨークでは客に行くのが面白くなり、ワシントンでは生活するのが面白くなりました。

わたしたちはめったにワシントンを長く離れたり、遠くへ行ったりしませんでした。諜報代表部の責任者は立場上、「純」外交官にとっては通常の、国を代表するというような役を演じることを許されませんでした。それに、「ワシントン域内」のすべての事件に対する主な責任者が持ち場にいないときに意地悪く緊急事態が発生することがありえたからです。

思いがけないラスベガス旅行がその例外のひとつになりました。土曜日と日曜日にラスベガスへ飛んでいく誘惑に打ち勝てるわけがあるでしょうか。当時そのようなことは一生に一度しかありませんでした。現在、ラスベガスには数千のロシア人観光客がいます。しかし、そのころネヴァダ州の賭博の都は実際上ソビエト人の未開拓の領域でした。核実験場に取り巻かれたラスベガスはアメリカの絶対閉鎖都市のカテゴリーに入っていました。そこへはロシア人のボクサーが定期的に試合に行っただけでした。当時のアナトーリイ・ドブルイニン大使が、このような対米団体戦のひとつにモスクワ代表としてちょっとだけ顔を出してほしいと夫に頼んできました。ところが夫はその旅行のことを中央〔モスクワ〕に伝えていなかったため、あるテレビのルポルタージュで彼の顔がちらっと出たとき、モスクワはいささか驚いたようです。

その年、ソ連のチームは文字どおり六対四で勝ちました。試合のときの熱気は、アメリカが皮膚の黒いチームを出したということ以外は、「ロッキー4」で再現された雰囲気のとおりでした。

ダレス空港から
スーパーマーケット「ミコヤン」へ

ワシントン郊外の繁栄した雰囲気をかもし出しているのはたくさんのプールです。湿っぽいワシントンの気候の下での六月、七月、八月は最もつらい月で、プールはまことに所を得たものでした。わたしたちが住んだ家の屋上にもプールがつくってありました。

ジョン・フォスター・ダレス（「冷戦」が熾烈だったときのアメリカ国務長官のひとり）を記念して命名されたワシントン国際空港へ向かうソビエトのパイロットたちは、これらのプールの上を飛ぶことで、自分たちの乗客がまもなくアメリカの現実に遭遇して受けるショックを和らげるための、社会的経済的入門旅行を特別に用意したような具合でした。ときどきこのショックは現実にも起こりました。わたしは、アメリカのスーパーマーケットで初めて棚の列を見た人たちが正真正銘気分が悪くなった例をいくつか知っています。

有名なチェーン「セイフウェイ」に属しているワシントン郊外ロックヴィルのマーケットは「ミコヤン」というあだ名をもらいました。ミコヤンはケネディの葬儀の後にできた暇な時間にそこへ案内されました。言い伝えによると、ミコヤンはその店内を見てまわってからたいそう考え深げに出てきて言いました。「わがソビエト連邦でもこうなるだろう」、そして少し黙ってから「いつの日にか」と付け足しました。

一般にそのころはまだ、大洋を越えて飛ぶことはよその世界へ飛び移るようなもので、ワシントンの「ダレス」空港もこの印象をつのらせるだけでした。同空港は新しいアメリカの巨大空港に比べても優雅さを失っていませんでした。

ニューヨークの「ケネディ」空港のごちゃごちゃに比べると、ワシントンの空港は田舎の駅のように見えましたが、ひたすら豪華でした。

その搭乗ロビーと到着ロビーはほとんどいつも閑散としていました。乗客の主要な流れは、ワシントンで二番目の「ナショナル」空港が引き受けていました。「ナショナル」はホワイトハウスと隣り合っていて、国内線を扱う空港です。飛行機は市の中心地でも広々とした感触を得ていました。

一方、国際線の「ダレス」空港は、不思議なことに、その名に反して国際的十字路になりませんでした。活気づくのは決まって「アエロフロート」のモスクワ便でした。機体にソビエトのシンボルをつけた飛行機がワシントンのもやの中から「ダレス」空港の着陸ゾーンの上空に現れると、それは敵の陣営への出撃のように思われました。

「アエロフロート」の便の到着は式典みたいでした。着陸のたびにロシア人だけでなく、関心を持つアメリカ人も空港へやって来ました。「ダレス」空港には群衆がいたためしがなく、彼らは簡単に見分けがつきました。

アメリカ人にとっては、誰が誰を迎えに来て誰と抱き合ったかを見れば、ソビエト・コロニーの「誰が誰であるよ」かを再チェックでき、それぞれのランクを調べるよい機会でした。また、そのころは特務機関同士の対決で常に予想される状況がよく起きました。突然、搭乗前の最後の瞬間にソビエト人の誰かが震えだし、何か不明の理由で大袈裟なことを言ってから、搭乗を拒絶するのです。このチャンスを逸するのは耐え難かったのでしょう。

当時のワシントンでの生活は、皆、虫眼鏡の下で生きているようなものでした。ロマンスが気付かれないことはありませんでした。金に結びついた何らかの取引に巻き込まれる場合もありました。妻たちは子どもを連れて大使館員の夫から去り、その後で、アメリカに永久に残ろうと夫たちの説得にかかるのでした。誰か酔っぱらってひと晩戻らなかったことがあると、その者に対する恐喝が始まりました。諜報代表部のある人が単に理性を失っただけで、急遽モスクワへ送り返されたこともありました。

わたしには、わたしと夫が初めて「ダレス」空港に到着したときも、休暇から戻ったときも、その筋のアメリカのスタッフの出迎えを受けていたことがわかっていました。わたしたちは最後の最後まで、どこかへ出かけるたびに規則正しくアメリカのスタッフの見送りを受けました。それは立派でした。あの人たちも、わたしたちも仕事だったのです。

特務機関員の侵入

わたしはまた、部外者が定期的にわたしたちの部屋に通ってきていることも知っていました。

わたしたちが住んでいた格式の高いマンションは裕福なワシントン郊外のチェヴィ・チェイスにあり、ホワイトハウスからウィスコンシン・アベニュー沿いに二十分のところでした。そのマンションの名は「アイリーン」で、わたしの名前が英語でそのようにそっくり書かれ、発音もされるので、わたしは気に入っていました。「アイリーン」マンション全体が国の中の国でした。テレビカメラとドアマンが入口で警護に当たっていました。犬、猫、子どものいる住人には部屋を貸しませんでした。住民は下の階の人たちにうるさくないように、部屋の四分の三はカーペットを敷くことになっていました。住民の過失はすべて個別のカードに記録され、スペアキーの束といっしょに管理人室に保管してありました。あるとき、下の階の人たちが、わたしがバルコニーから餌をやっていた鳥たちが一階下の彼らの窓をよごしたと、管理人に苦情を言いました。わたしは注意を受け、名字がカードのファイルに入りました。

しかしこの厳格な秩序も、特務機関員がわたしたちの住まいにいつでも侵入できる妨げにはなりませんでした。

わたしたちの留守の間につけられた他人の旺盛な知識欲の跡は、灰皿に残された吸殻、いつもの場所から動かされた品物、カーペットのしみなどきわめて散文的でした。あるとき、わたしは部屋へ入りながら、空中に漂っている葉巻の青い煙の筋に気がつきました。訪問者が立ち去ったばかりだということが歴然としていました。わたしはマンションの管理人が自分の目で無秩序を確認できるように来てもらいました。管理人は当然途方に暮れていました。この公開説明はそれなりの効果があり、管理人との会話以後は誰も葉巻の煙を残さなくなりました。

わたしは周囲のワシントン人を一般的に二つのカテゴリーに分けました。

例のマンションの管理人をはじめ、ドアマン、環境衛生設備係、掃除婦、売店の売り子、美容師、警官など、一言で言うと、日常生活でかかわりのある人たちがひとつのカテゴリーです。彼らは、わたしたちがソビエト大使館員であることを知っていますが、この事実に驚くほど穏やかで敵意のない態度でした。ワシントンに住んだ数年間に、関係先鋭化とか、わたしたちの大使館前での恒常的な反ソデモとか、下水のマンホールへ「ストリーチナヤ」ウオッカを見せしめに流し込む（こんなこともあったのです）とか、「アエロフロート」のアメリカへの飛行禁止とか等々にもかかわらず、わたしは一度もこの人たちから「人間的」憎しみを見せつけられたことはありませんでした。

アメリカ人のこの第一のカテゴリーと並んでもうひとつのカテゴリーがありました。夫の職業の特殊性からわたしも日常、この第二のカテゴリーの存在を感じていました。この人たちはわたしたちの周囲に傍目《はため》にはそれとわからない独特の繭をつくっていました。わたしたちの留守中に灰皿に吸殻を残していったのはこの人たちです。今では冷静にものが見えます。当時わたしたちは神経戦の状態にあったのです。ちょっとした手抜かりも大きな代償を払うことになりかねませんでした。

家を出て、何か忘れ物に気付いたとしても、有視監視を刺激しないために、引き返さない方が望ましいのでした。彼らは、わざとそうしているのだろうと思いかねませんから。

超厳重警戒のマンションの地下ガレージに置いたわたしたちの車はよくトランクがこじ開けられていました。わたしたちの居住区を担当している分署の警官に困惑の気持ちを示すほかありませんでした。トランクは開いていましたが、何も盗られていませんでした。

あるとき、わたしたちの郵便受けに、そのころはすでに故人だったリチャード・ヘルムズＣＩＡ長官宛ての手紙が数通入っていました。この遅れた配達から、彼がわたしたちの前に同じ部屋に住んでいたことが明らかになりました。

単なる一致などということはほとんどありえませんでした。わたしたちの部屋は、「アイリーン」マンションの数百の部屋の中から、新任のソビエトの諜報代表部の責任者に貸すためにあらかじめ用意されていたのです。おそらく、その部屋にはすでに装置がつけてあったので、節約家のアメリカ人たちは設置済みの器械を活用することにしたのでしょう。

ヘルムズがニクソンの下でＣＩＡに勤めた後でイラン駐在のアメリカ大使に任命されたことが、彼がウォーターゲートのスキャンダルに関与していたことと併せて、おそらくＣＩＡが彼に特別の関心を寄せた理由だったのでしょう。

アーリントン墓地と議事堂

ワシントンはあまり高くない建物からなる都市です。それで、ビジネス街の「ダウンタウン」の摩天楼を好むアメリカにとっては、典型的な町とは言えません。

一定レベル以上の高い建物は建てないというアイディアそのものは、やはりアメリカ最初の理論家トマス・ジェファソンの発想です。彼自身はパリの例に啓発されました。

二十世紀初頭、アメリカ議会はジェファソンの希望にそって法律をつくり、議事堂のドームより高くなるような建物の建設を禁止しました。この法律の例外は、ほぼ二倍も高いジョージ・ワシントンの記念塔です。

フランスの影響はワシントンの別のところでも感じられます。首都がアメリカの他の諸都市に似ていない点は、町の様式がかなり厳しく統一されていることにあります。最初の都市建設計画の起草者はフランス人ピエール・ランファンでした。アメリカの首都の広い大通り《アベニュー》は彼のお蔭です。アベニューは、円形広場が交点となって結ばれています。円形広場には後世建てられた内戦と第一次世界大戦の軍司令官の記念碑があります。これはワシントンを馬上ゆたかに戦場へ疾駆する無数の将軍たちの町にしています。皆さんもいずれ彼らを顔で見分けられるようになるでしょう。

フランス人ランファンは自分のプロジェクトの根底に偉大思想を据え、多くの開かれた空間を子孫に残しました。その空間は二百年間誰も侵そうとはしませんでした。ワシントンの中心は飛行機の離着陸用の原っぱを思わせる、本当に巨大な空き地です。観光シーズンにそこは、明るいショートパンツのピクニック姿の子連れの群衆であふれます。彼らはそこで国家体制の息吹に触れようとしてやってくるのですが、ワシントンでそれは容易です。ワシントンは建築の新古典主義のお蔭で四季を通じて壮麗な都市です。ワシントンを帝国の中心地として眺めるのも悪くありませんが、アメリカは形式的にはその歴史上この段階は素通りしてしまいました。

市の略図はいくつもの長方形と正方形からなっています。それは数本の対角線で切り分けられています。対角線には最初にアメリカを形作っていたコネティカット、マサチューセッツ、ペンシルヴェニア、ロード・アイランド、ヴァーモント、ヴァージニア、ニューヨーク、ニューハンプシャーなどの諸州の名がついています。

合理的なランファンは、北から南へ走る通りには番号をつけ、西から東へ引いた通りにはアルファベットの文字の名をつけました。

ソビエト諜報機関のスタッフにとって、厳格なワシントンの設計はそれなりに不便でした。ＦＢＩの車にとっては平行した通りに沿ってわたしたちを尾行するのに便利でした。

ランファンは実際、時代の先を行った無名のヒーローでした。彼の精神的に高尚な図面は特定の人たちの現実的プランとは食い違っていました。彼は美しい眺望に配慮しましたが、人びとはどこに個人の家が建つかに関心を寄せました。結果的にフランス人は仕事からはずされ、無名のまま貧困のうちに死亡しました。百年後、ランファンのことが思い出され、正当に評価されて、遺骨はアーリントン墓地の、町を見おろす丘の上に埋葬し直され、ワシントン市の図面が墓石に刻み込まれました。

アーリントン墓地はアメリカで最も有名な墓地です。これはワシントンの野外パンテオンです。軍人のほか職務遂行中に倒れた政治家も葬られています。

ここには無名戦士の墓とアメリカ海兵隊員の見事な記念碑があります。これはＡＰ通信社の記者ジョー・ローゼンタールの実際の写真からつくられたものです。ローゼンタールはこの写真によってジャーナリストの最高の賞であるピュリッツァー賞を受賞しました。――一九四五年二月、日本の硫黄島で六人の兵士が山頂に旗をうちたてている写真です。台座にはニミッツ提督の献詞「普通ではない英雄的行為は彼らの普通の特質であった」が彫ってあります。

ベトナム戦争に捧げられた記念碑は教訓的です。アメリカ人は、人工の窪地に半分埋もれた、戦死者全員の氏名を彫った長い黒い壁をここではなく、リンカーン館の隣に置きました。壁の建造はベトナム戦争に対する解釈の違いから論議を呼び、その結果、記念碑は墓地の敷地の外に移されたのでした。

アーリントン墓地はさらにジョンとロバートのケネディ兄弟二人の有名な墓で不朽のものになりました。ケイプ・コッドから運んできたごろ石がジョン・ケネディの埋葬地に向かって敷いてあります。ケイプ・コッドは彼の家があった、ボストン郊外の海岸の名門貴族の町です。少し横に簡素な白い十字架が、一九六八年の選挙戦の最中ロス・アンゼルスで射殺された、彼の弟ロバート・ケネディ上院議員の墓に立っています。ケネディ兄の墓の上には永遠の火が燃え、その火は夜、遠くから、ポトマック川を越えてアーリントン墓地へ通じる橋の上から見えることもあります。

　アーリントン墓地から真っ直ぐ直線を引いてモールを越えたところにワシントンとアメリカ全体のもうひとつの政治のシンボル、議会が開かれる議事堂のドームが町の上に聳え立っています。この権力の殿堂への白い階段でアメリカのテレビ・スターたちがルポルタージュを始めます。ここではいつも誰かのインタビューをとっています。ここは記念撮影に恰好の場所です。

　この階段には四年ごとに大統領の就任式の演壇が設けられます。大統領はここで宣誓し、演説し、車でペンシルヴェニア・アベニューをホワイトハウスへと向かいます。庶民的なジミー・カーターは従来の慣習を破り、ワシントンの政治スノッブたちへの面当てに家族と一・五マイルの道のりを歩きとおしました。彼は大衆迎合的なジェスチャーが好きでしたが、たくさんのことを真面目にやったようでした。結局、それは彼に大きな成功はもたらしませんでした。ワシントンは彼を受け入れず、共通の意識として彼はむしろ弱い大統領という思い出を残しました。カーターと交代したレーガンは、服装やレセプションに豪華スタイルのムードを取り戻して、ポトマック河畔にハリウッドをつくったと言われました。

　ジョージタウンにあるフレンチ・レストラン、「子豚の足元で《オ・ピエ・デュ・コション》」は、元ＫＧＢ職員のヴィターリイ・ユルチェンコが絶賛していました。彼の経歴には今もってわからないことがたくさんあります。八〇年代中ごろ、ユルチェンコはローマでの任務を遂行した後、消えてしまい、アメリカ人の手中にあることがわかりました。数か月の尋問の後、アメリカ特務機関の二人のエイジェントが彼をこのジョージタウンのレストランへ食事に連れてきました。彼はトイレへ行かせてもらい、レストランの裏口を飛び出してソビエト大使館の居住地区へたどり着きました……。

　ジョージタウンでは、わたしたちが出発する少し前にアメリカ人がわたしの夫を再びリクルートしようとしました。

　それは、わたしたちがふだん食料を買っていた行きつけのジョージタウンのスーパーマーケット「セイフウェイ」で、昼休みの時間に、ちょっとついでにというぐあいで起きました。わたしが別の売り場へ離れたとき、夫の横に人が来て、ＦＢＩ職員と名乗りました。そのとき夫はキャベツを選んでいました。夫はキャベツを棚に置いて、身分証明書の提示を求めました。その人物はそれを見せました。その人物は金の提案はしませんでした。もっとも、後にＫＧＢに関する本で数人の執筆者が数百万という数字を挙げていますが、それはもちろん、悪い気はしませんが、事実に反します。FBIのエイジェントは自分の上司と会わないかと言いました。夫は、では、大使館で会いましょうと答えました。それで双方はもうけっして会わないために別れました。

『ワシントン・ポスト』の記事

議会の建物には立ち寄ってみる価値があります。そこでは、静かにという唯一の条件を守るだけで、議会の雰囲気を感じ、部屋部屋をぶらつき、いろいろの委員会の会議を覗くことができます。

アメリカ社会の開放性のお蔭で、わたしたちは政治の分野だけでなく、軍事技術の分野でも有益な情報に接することができました。

市の主要新聞『ワシントン・ポスト』は編集部がソビエト大使館のすぐ裏手にありましたが、その新聞自体も言いようのないほど貴重な情報源でした。同紙の有力な発行者キャサリン・グラハムは巷で「女帝エカテリーナ」と呼ばれていました。

ボブ・ウォドワード、カール・バーンシュタインという同紙の二人の記者が、最初は平凡に思われたものの、その後命取りになった民主党本部への侵入事件を調査したために、この新聞は驚異的な人気の絶頂にまで舞い上がりました。それはポトマック河畔のしゃれた住宅街ウォーターゲートでのことでした。現在、ウォーターゲートでは「新ロシア人」〔ニューリッチ〕が数人部屋を借りています。結果として、ニクソンをけっして粗末にしてこなかった同紙ですが、ニクソンを辞任に追い込みました。そして、メディアとうまくやっていかないとメディアには何ができるかを国の内外に示しました。

ボブ・ウォドワードは賞賛され、有名な政治関係の本を数冊著しました。彼は、わたしたちがワシントンを出発する三か月前に、わたしの夫について『ワシントン・ポスト』に記事を書きました。その記事は「きわめて重要な人物、しかしワシントンで最も知られていない人物が今ワシントンを去ろうとしている。彼の仕事は影の中でしか行われない。しかし、おそらく、アメリカ政府がぜひ手に入れたいと思うような秘密の中の秘密をいくつも握っている人物は合衆国中、他にいないだろう……」という書き出しでした。

ウォドワードは続けて次のように書いていました。

「ワシントン駐在KGB諜報代表部の責任者ドミートリイ・ヤクーシンは、ポケットに電気ショック装置を忍ばせてだぶだぶの服を着た、自分では行動できない既成のタイプのイデオローグではない。彼は穏健な見解の持ち主、均衡のとれた人物で、人権問題や軍備管理の必要性について懸念を表明していたことで知られている。彼の関心は最も多様な分野に及び、経済の学位を持ち、文学を探究し、その他の文化生活上の事柄にも通暁していた」

この記事の裏には何かの意図がありました。ウォドワードの「ニュースソース」にはそれなりの動機があったはずです。

特務機関に普遍的な法則によると、これは諜報員を隠しだてすることに与える打撃を意味しました。他方、この記事はたいそう肯定的な調子で書かれていました。おそらくアメリカ人は、自分たちの口から出たお世辞がモスクワへ帰る将軍〔筆者の夫〕に送る最悪の餞別になり、彼が要注意人物扱いになることを当て込んでいたのでしょう。

しかし、何はともあれ、そのような動機はすっかり現実性を失ってしまいました。あの時代は変わり、別の時代がやって来たのです。

今、夫の写真入りの『ワシントン・ポスト』のこの記事は、ひとつの諜報機関から別の諜報機関に対する彼の功績への紳士的評価のように思われます。

「仕事に取りつかれたヤクーシンは午前八時か九時に大使館に出勤し、午後八時から九時かそれより遅く退勤する。ワシントンでの諜報代表部の責任者だったドミートリイ・ヤクーシンはたぶん、KGBの他のどの職員よりも（アメリカの政府官公庁への重要な潜入工作を含む）ソビエト諜報機関の工作について多くのことを知っている。アメリカでの彼の諜報活動の十二年は、彼にユニークな知識と真面目な評価を下す可能性を与えた」

性的スキャンダルの都市

アメリカ議会はその開かれた扉の政策の中で、どの選挙民も自分の立法者にアクセスできるべきだということを指針にしています。議員には建物の中に応接室があり、市民は誰でも自分の問題をそこへ持ち込めます。もちろん、そこに美しい秘書がいる方が望ましいのですが。

当時アメリカはまだ、美女に向けられた賞賛の眼差しや、まして彼女に対するお世辞が裁判沙汰になりうるような時代ではありませんでした。誰にでも知られていたことですが、マサチューセッツ州出身の上院議員エドワード・ケネディにはすごく美しい秘書が応接室にいて、大勢の訪問者は一目彼女を見るためにわざわざ彼の階へ上がりました。

ある小委員会の議長ウェイン・ヘイズの秘書で豊満な肉体のブロンド女性エリザベス・レイが職務と寝室のお務めを両立させ、それでもタイプライターを打つことも、速記も覚えなかったことが判明したときには、たいへんなスキャンダルとして騒がれました。三十三歳の女性が暴露され、六十五歳の議員が議会を追放されたとき、彼女は直ちにキャピトル・ヒルでの自分の行状について本を書き、『プレイボーイ』に写真が載りました。ワシントンでは、その年のことば「わたしはタイプが駄目」と書いたバッジがはやりました。

今も存在している移民カムキンのロシア語書店ではソビエト図書を売っていました。大使館員は皆そこへ通いました。

カムキンの店にはきれいな売り子が働いていました。彼女はロシア系で、皆、陰では彼女を「フレスカ」と呼んでいましたが、彼女は本当に魅力的でした。ソビエトの海軍武官の補佐官もその店に通いだしました。最初彼は本に興味があったのですが、次にその娘そのものが彼の関心の的になりました。その先は万事月並みの、当時の特徴的なシナリオで進行しました。補佐官は自分の感情にアッピールするものの、立場上有害な写真を見せられました。

もちろん、そういう写真は面倒見のよいアメリカ人たちがつくったのです。その結果、彼は祖国の僻地の守備隊へ移されました。「フレスカ」は自分の売り場に残りましたが、今そこはかなりの危険ゾーンとされています。

ナショナル・ギャラリーからFBI博物館へ

わたしは誰も誘惑しようとはしませんでしたが、アメリカ人はわたしが町へ出かけるときには後ろについてきました。

あるとき、ワシントンのナショナル・ギャラリーの、ひとの真後ろについて回るのが難しい部屋で、わたしの尾行がいなくなりました。このエピソードは、絵の中に偶然の類似性がなかったら注意にも値しなかったでしょう。わたしは、ムーア人がカーテンの陰から美しい婦人を見ているイタリアの巨匠の絵の近くに立っていました。その絵は壁にかけてなくて、部屋の中央の画架に載っていました。ちょうどそのとき、FBIの職員が目でわたしを探しながら、仕切りの後ろから頭を出しました。わたしたちは、各自がなぜ自分がここにいるのかわかりながら、一対一で向き合っていました。

ワシントンのナショナル・ギャラリーは世界的な意義のある美術館です。三〇年代に個人収集家アンドルー・メロンがレニングラードのエルミタージュ美術館から持ってきた絵画がコレクションの基礎になっています。

メロンは財務長官として三代の大統領の下で務めた後、ロンドン駐在大使になりました。彼には、豊富さでは有名なヨーロッパの絵画のコレクションに劣らない美術館をワシントンに設けるという目的がありました。一九三六年、メロンは絵画一一一点、彫刻二一点からなる自分のコレクションを遺言で美術館に寄贈し、美術館の建設資金を出しました。パトロンは、美術館には彼の名をつけないこと、入場は無料であることという二つの条件をつけました。その後、ここのコレクションには個人のコレクションもいくつか追加されました。

ついでですが、ロシア文化の豪華なコレクションが、ごく狭い範囲の人にしか知られていないワシントンのヒルウッドという私有地の美術館にあります。その土地はアメリカの最上流社会の女性のひとりマージョリー・ポストのものでした。彼女の富はアメリカ最大の食品会社ジェネラル・フーズの領地にありました。ポストの死後、彼女の遺言でヒルウッドは一般に公開されました。ひとつだけ念頭に置いておくことは、この美術館は私立で、入場券は高く、観覧グループの人数や規模が制限されていますから、鑑賞希望者はあらかじめ申し込んでおく必要があります。

しかし、その手間は十分に報われます。ヒルウッドはロシア人に大きな感銘を与えます。この私有地を取り巻く世界とのコントラストの点でも。想像してみてください。ワシントンの最も中心部の豪勢な、しかし典型的なこのアメリカ式邸宅に、おそらく海外で一、二を争う豊かなロシア美術のコレクションがあるのです。ここにはブリョーロフとマコフスキーの絵、皇帝一家の食器、皇室陶磁器工場の無数の「帯勲」食器セット、ファベルジェの細工物、クズネツォヴォとガードナー両製陶工場製の最優秀陶磁器、イコン、教会の礼拝用具等々があります。

ポストは一九三七年に三番目の夫のジョゼフ・デイヴィスといっしょにモスクワに来たときに、ロシアの美術品の収集を始めました。デイヴィスがモスクワ駐在アメリカ大使の職務を代行していた間、マージョリー・ポストは、革命後没収された品や、美術館の保管所を倉庫扱いしていたソビエト政府から引き渡された品々を、当時は豊かだった骨董店で買いつけました。マージョリー・ポストはソ連を去った後もアメリカその他の国でのオークションに参加してロシアの美術品収集を続けました。

ワシントンは概して博物館の町です。見学ツアーは、指紋の取り方や職員の射撃の稽古が見られるFBIのようなところから造幣局にいたるまで、最も「閉ざされた」政府機関も訪問します。印刷局では新しいドル札や郵便切手がどのようにつくられるかがわかるでしょう。

ワシントンの主な博物館はすべてワシントンのモール沿いに一列に並んでいます。そこの草地では横になったり、「ホットドッグ」を食べたり、ひと休みすることができます。これは子どもたちにも息抜きになります。

子どもたちが絵に疲れたら、思い切って航空宇宙博物館へ行かせることもできます。これはアメリカ二百年祭にあたってモールに開設された新しいワシントンの博物館のひとつです。初代館長は、仲間が月面に降りている間、月周回軌道で「アポロ十一号」を操縦していたコリンズ宇宙飛行士です。ここには、ライト兄弟の最初の飛行機をはじめ、ドッキングした「ソユーズ」と「アポロ」を含む宇宙船の模型まで、何でもあります。一九六〇年にウラル上空で撃墜されたスパイ飛行機U－2のアメリカ人パイロット、ゲイリー・パワーズの認識番号29をつけたフライトスーツとヘルメットまで展示してあります。パワーズはその後、アメリカで逮捕されたソビエトの諜報員ルドルフ・アベルと交換されました。

帰国

ベルリン郊外で行われた二人の交換は、ソ連映画「死んだ季節」の最終シーンで永久に芸術的形象を与えられました。実際どうだったかは、もうそれほど重大ではありません。現実と入れ替わったフィクションに時代の真実が反映されていたのです。わたしはそれを夫の背後に最初はニューヨークで、次いでワシントンでも感じました。

「死んだ季節」では中立地帯の橋の上で二人が会います。二人は同業者でもあり、競争相手でもあり、敵でもあります。数十年にわたり敵対する二つの陣営が彼らを分け離していました。

ひとつの世界は変わらないままで、もうひとつの世界は根底からくつがえってしまいました。しかし、二つのイデオロギーの争いの結末に関連したこの違いを捨象してみると、両者は多くの点で結びついています。

橋の上の彼らは二人とも家に帰りたいのです。二人は無事に帰国できることを、自分たちが誠実に義務を果したことと結びつけています。

おそらく、同じような状況におかれる運命かもしれない仲間たちが橋の上の二人をそれぞれ待ち受けています。

課報活動は理想的な男たちのクラブではありません。しかし彼らの閉鎖世界では、過ちの代償は通常の生活における過ちよりも客観的に高いのです。

政治、防諜、科学技術などさまざまな筋からひとつ屋根の下に集められたいろいろな性格の人々が数十人、七年の間にワシントンの諜報代表部を通過しました。しかし、多くの人がその時代をプロ生活で最良の年月だったと回顧しています。

夫は退職にあたり気が進まないながら仕事のことを話しました。この職業に忠実な人たちはおおむね多くを語りません。彼らの沈黙は途方もない伝説を生みます。現実生活ではもっと単純なのです。裏切り者は幼稚な動機に左右されます。勝利は偶発的状況が重なり合った結果であることがよくあります。

しかし沈黙はこの世界の鉄則です。余計なひとこと、不用意な暗示は他の人間を脅威にさらすことになります。この数年、そういう例がいくつか起きました。

諜報員の二番目の試練は先輩や同僚など身内から批判されることです。本人にとっては、閉鎖的共同社会にとってもそうですが、これは最も困った問題のひとつです。

諜報活動のかんばしくない面を誰よりも知っていて、多くのことを残念に思っているのに、公衆の面前ではけっして諜報活動について悪く言おうとしない人たちをわたしは知っています。なぜなら、あるとき諜報活動に入り、そこで出世した彼らは、それまでにあったこと全体に責任があり、立派な人たちや、それほど立派でなくても依然として同僚である人たちに対して責任があり、もはや自分の生涯をその仕事から切り離すことはできないからです。

ワシントンの諜報機関が指針としてきた「ゲームの規則」はあいまいな解釈を許しませんでした。「彼ら」は「わたしたち」に対立していました。そしてその逆も。憎しみは感じませんでしたが、いつもまんまとだましてやりたいと思っていました……。

ワシントンでいちばん最後の日、最終的にモスクワへ飛ぶ前に、わたしは美容院でヘアセットすることを思いつきました。わたしはいつもステイトラー・ヒルトン・ホテルの同じ美容師のところへ行っていました。

わたしが行くと、その美容師はわたしを出迎え、よくわからない言外の意味をこめて「調髪だけでよろしいんですか」と質問しました。

「そうです」

サロンの入口前にはテレビカメラが立ち、助手が付き添っていました。わたしは頭を洗ってもらっている間に、彼らはわたしを待ちうけているんだと察しがつきました。

アメリカ人には、飛行機の数時間前に何の下心もなくあっけらかんと美容院に来るなどということは信じられなかったのです。彼らは何か起きるに違いないと決めてかかっていました。そのころは彼らには経験があったのです。アメリカに残った人たちはたいてい最後の瞬間に残ろうと決心し、帰りの便の搭乗手続きに現れませんでした……。

バンコク

БАНГКОК

筆者の横顔

KGB個人ファイル

№ [redacted]

顔写真非公開

氏名	アレクセイ・ポランスキー
生年月日	1945年6月10日
学歴と専門	大学卒　歴史
外国語	英語
学位	歴史学博士候補
軍の階級	大佐
勤務した国	タイ、インド
家庭	既婚
スポーツ	サッカー
好きな飲物	ビール
好きなたばこ	ヤヴァ
趣味	写真

ミューラー「シュティルリッツさん、バンコクには美人が多いというのは本当ですか」
シュティルリッツ「ご質問にお答えするのは難しいですね。バンコクには一度も行ったことがありません」
声　〃シュティルリッツはそれが挑発だということがわかった。ミューラーはかねて彼に監視の「目を光らせて」いたし、世界の多くの都市でソビエト諜報機関の秘密の連絡場所を探っていた。それがいよいよバンコクにまで来たのだ……〃

（映画『春の十七の瞬間』のシナリオから検閲によりカットされたシーン）

神の都

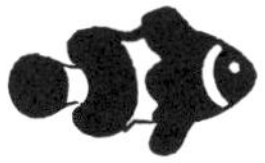

タイの首都は早起きだ。大小の商店や喫茶店が開く。はてしない自動車とオートバイの流れが通りに満ちる。エンジンの騒音を通して街頭の新聞売り子の高い声が聞こえてくる。彼らは車の間を縫って歩き、乗客に最新ニュースを勧める。この時間には自動車はひどくのろのろ進み、ピーク時には市内の主要幹線道路は大渋滞になる。

初めて見るバンコクはこのような状況だった。町の東方のエキゾチズムと西の近代化の異常な結合に驚いた。バンコクは東方の他の諸都市と違って古い歴史を誇れる町ではない。バンコクは十六世紀から存在しているにすぎない。現在のチャクリー王朝の始祖ラーマ一世が、一七六七年にビルマの軍勢に破壊された古代アユタヤからバンコクへ王宮を移して首都としたのは一七八二年のことだった。

バンコクは驚くほど美しい。サナーム・ルアン広場の国立劇場、国立博物館、タマサット大学、伝統的なタイの建築様式の壮大な仏教寺院などの建物群。バンコクの「ウォールストリート」シーロム通り。ここにはガラスとコンクリートの近代的ビルが多く、商社、銀行、保険会社、宝石店、骨董店が入っている。観光の中心地とみなされているバンコク最大のスクンビット大通りには、ネオンまばゆいカフェ、ホテル、レストラン、ナイトクラブがある。バンコクの中国人街、活動的なチャイナタウンには小さな店や工房が多数あり、騒々しく雑然としたサムペーン地区がある。

かつてバンコクにはタイ語でクローンという多数の運河があったので、バンコクは東洋のヴェネツィアと呼ばれた。町の再建に伴い運河の多くは埋め立てられ、残った運河にはヴェネツィアと異なり全然ロマンチックな風情はない。運河付近には町の貧しい民のみじめなあばら屋がひしめき、水上には種々雑多な小舟が浮かび、その腐った舟端は鉄片で補修してある。バンコクのクローンには浮き喫茶店、食堂、雑貨店、食料品店がたくさんある。「水上タクシー」が猛スピードで走る。モーターボートが観光客を乗せてバンコクの水の動脈を案内する。

タイの首都の建築はさまざまな顔を持ち、コスモポリタン的でもある。この都市は外国商社の援助で建設されつつあり、各社とも独自のものをバンコクの顔つきに持ち込んで、世界の他の都市から区別できるような特徴を「神の都《クルンテープ》」から奪い取っている。ここ、アジアの小さな土地で東西が合流し、それが東のエキゾチズムを西の近代化と両立させているこの町の外貌に表している。

わたしはバンコクを徹底的に研究することになっていた。それなしには諜報代表部の工作員の仕事は不可能である。そしてタイの首都は、その住民がこの都市を知っているのとはいささか異なる知り方をする必要があった。諜報員はまったく別の角度から町を見なければならない。諜報員は諜報取り締まり当局の監視を発見できる自動車や徒歩のコースを選び、エイジェントや連絡員との会見の場のための喫茶店やレストランを選定し、秘密工作や諜報資料の瞬間的な引き渡しのための場所を選び出し、市内での工作活動に必要なその他のことをしなければならない。

バンコクにはレストラン、喫茶店、スナック、ありとあらゆる軽食堂が一万軒ほどあるという話だったが、この実数を調べるのは大変だった。市内には事実上ほとんど一歩ごとに「公共食堂」があるものの、諜報活動向きの店はおそらくその五パーセント以内であろう。諜報員が落ち合う場所は一度にいくつかの要件にこたえるものでなければならない。隣の席にこちらの話が聞こえるかもしれないから、店は満席ではいけない。客の少ない店も駄目だ。後から入ってきた者が一目で見つけるだろうし、店員がたえず見ていて、こちらは体がこわばり、会話中いらつくことになるだろう。理想的な店は照明がさほど強くなく、音楽もすごいボリュームでないことだ。それはそれに、会合場所は市の中心にしない方がよい。それは中央部では特務機関が活発に動いているという点に問題があるというより、諜報上の関心対象になっている人物たちに顔を合わさない方がよいからだ。中央のレストランや喫茶店には外交団の連中や内外のジャーナリスト、ビジネスマンがよく来るから、そのなかの誰かがあなただけを知っていて、あなたが会っている相手と顔見知りでなければよいのだが。

わたしはバンコク赴任後まもなく、あるレセプションで日本の外交官と知り合いになり、数日後その人をランチに招待した。そのころわたしの「ズボンの隠しポケット」にはよい場所のストックがまだ少なかったので、都心の「ドゥシ・タニ」ホテルのレストランを選んだ。そこで会っていると日本人が数人ホールに入ってきた。わたしが招いた外交官はその人たちに手を振った。彼は、連中は自分の大使館の職員だと言った。そのなかのひとりは同じレセプションで顔見知りになり、名刺を交換した人だった。手を振った外交官とわたしが接触していることが「感光」〔露見〕した可能性は事実上一〇〇パーセントだったので、それ以来、その日本人に働きかけを続けるのはまずくなった。

逆説的に見えるが、バンコクでは、会う場所の研究に着手したての段階では「工作相手」や「レポ」と会うよりも、エイジェントと会う方が簡単だ。エイジェントは町のはずれで会う必要性を理解している。しかし、諜報活動に引き込まれようとしていることもわからない人にはそれをどう説明すればいいのだろう。それが町をよく知っているタイ人ならずっと簡単だ。場末のこういう店の料理が気に入るでしょうと伝えるだけで、彼は難なくその店を見つけ出す。しかし、それが外国の外交官かジャーナリストかビジネスマンだったらどうか。それはたいてい都心しか知らない人たちだ。

場末のレストラン

あるときわたしの同僚がまったく滑稽な状況に陥った。彼は自宅の隣に住んでいる西側の外交官をマークしていた。その人物を自宅に招くことはできなかった。ソビエト外交官のアパートは入口に座っている番人が四六時中見張っていて、来客はおそらく全員チェックされていただろうし、住居は盗聴されている可能性があった。それでわが諜報員は市外のいくつかのレストランを会う場所に選んだので、外国人は少なからずきりきり舞いをさせられた。彼らは「ラッシュ」の時間、夕方にしか会わなかったため、どのレストランへ行く道も一時間半はかかった。それにそんなレストランを探し出すのはそれほど簡単ではなかった。

ピャタイ通りの「サワトディ」レストランは秘密活動のあらゆる条件にぴったりだった。それは市の実務的部分や外交代表部、それにエリートの居住地域から遠く離れた小さな公園の屋外にあった。テーブルはそれぞれ互いに相当の距離があった。主に海の幸を使ったそこの食事はとてもうまかった。各種の海産物のスープ、煮たり焼いたりしたカニ、ロブスター、クルマエビ、ありとあらゆる魚料理を注文できた。それに値段は中央の高級レストランよりも手頃だった。

客の外交官は、「サワトディ」が気に入ったが、そのレストランを探すのにえらく骨を折ったとわたしの同僚──仮にセルゲイと呼ぼう──に、こぼした。

「あなたは素敵なレストランを見つけますが、どれも全然わたしの知らない場所にあります。今度は車で連れていってくださるでしょうね。隣同士ですもんね」

こんな話はまったく秘密活動の埒外なので、われわれにとってはなんともうまくなかった。車では、われわれは「点検」しながら走るからだ。われわれの諜報員が接近対象と接触しているところを諜報取り締まり機関に特定されないように、周囲を「チェック」しながら走るのである。それが二人して同乗していくというのだ。「特務」に贈るこれ以上のプレゼントはめったにない。

それでセルゲイはその知人に対して、家から車であなたに会いに出かけることはあまりないが、機会があれば、そうしましょうと言った。

次の接触に備えてセルゲイは自宅で車に乗った。エンジンがかからなかった。ボンネットを開けて、バッテリーのコンタクトがゆるんでいるのがわかった。二分後、用意ができて、彼はゆるゆると庭から出ていこうとした。突然、誰かが窓をこつこつ叩いた。件の外交官だった。ドアを開けざるをえなかった。

「窓からあなたが運転なさっているところが見えたんで、飛び出したんですよ。間に合ってよかった」、外交官はセルゲイの横に座って言った。「いっしょに行けますね。わたしは自分でレストランを探す必要がなくなった」

隣人はとても満足していたが、セルゲイはそれどころではなかった。

諜報員の監視チェック・コースはたいてい非論理的である。そのコースでは必ず「特務」がほうぼうで目を光らせているはずなので、最終地点へはけっして近道をとらない。交差点で曲がり、郊外の大通りに出、また戻る。そうしないと、尾行を発見できない。だが、「特務」がしっかりついてきたら、自分が諜報関係者ではないことをうっかり証明してしまわないように、特務に対して自分のチェック・コースをごまかす必要がある。そのためにはいくつかの訪問先を見つけておかなければならない。日中ならそれは官庁かもしれないし、夜間なら大小の商店、アトリエなど。「尾行」が明白なら、コースを降りて、帰宅するか仕事に戻る。

今やセルゲイは外交官の目前で自分のチェック・コースをはぐらかすという問題に直面した。彼は自動車店に二軒立ち寄り、自分のモスクワの車につけるフォグライトを探しているのだと相手に言った。尾行はなかったが、別の問題が発生した。外交官ナンバーをつけた車を会合場所の近くに置いておくわけにはいかなかった。ソビエト大使館の車だということを示すナンバーは通りがかりの特務班に気づかれ、付近のレストランにいる諜報員捜しが始まり、その会っている相手もついでにチェックされるだろう。車は会う場所の一街区か二街区先に駐車し、それからは歩くかタクシーを拾う。近くに映画館があればその横に車を停めるのがよい。「特務」は車に気づいても、持ち主は映画館に入っているのだろうと思って捜そうとはしまい。

レストランから三百メートルほどのところに映画館があったので、セルゲイはそこへ車を横付けすることにした。ただそれを外交官にはどう説明したものやら。

それでも解決策が見つかった。バンコクではよく車を持っていかれるので、車には「隠し錠」を施しておかなければならない。セルゲイの「トヨタ」はそのために給油管に遮断装置がつけてあった。座席の下の秘密のタンブラスイッチをオフにするだけで、四十秒ぐらいするとエンジンが動かなくなる。再びタンブラースイッチをオンにすれば、エンジンがかかる。セルゲイは前方に瞬く映画館の広告を見て、その作業をやってのけた。エンジンは動かなくなり、セルゲイは惰性のまま車を歩道に寄せて停めた。

「またディストリビュータの調子が悪いのはわかっているんですが、今はいじりたくありません。あなたはどうか知りませんが、わたしはすごく空腹なんです。レストランまで歩きましょう。すぐ近くです。車の不調は後ですぐに直します」、セルゲイは相手に言った。

もてなしはうまくすんだ。セルゲイは映画館の方に戻るとボンネットを開け、エンジンをいじくるふりをした。それから気づかれないようにタンブラースイッチをオンにして、車を発進させた。すごく骨の折れる食事も無事に終わった。しかしその後セルゲイは大使館からだけ隣人に会いに出かけるようになった。

バンコクで見張りの特務を発見するのは難しいかという質問に対しては、同じ答えはしにくい。ラッシュ時、それに日中はバンコクの中央の通りは文字どおり自動車に溢れかえり、渋滞だらけになる。ときどき、とくに雨季には長さ一キロメートルの道を走るのに一時間かかる。そんなときには特務はいわゆるバンパーの真後ろにぴったりついている。したがって、車でいっぱいの通りで何度かやっとこさ車線を変えると、同じように進路変更する車がたちどころにわかる。こんなフェイントを二回か三回やれば尾行車がはっきりする。

しかし特務機関はオートバイも使う。バンコクの通りはオートバイがこれも文字どおりひしめいている。オートバイはのろのろ進む車の流れの中を縫って走り、そこから尾行を見つけ出すのは至難の技である。それで都心でチェックするのは勧められない。いったん車の少ない通りがたくさんある郊外へ出る。しかし、隠密の会合はたいてい都心で行ったので、もう一度そこへ戻ることになる。だが、都心へ向かう幹線道路に特務の監視ポストがないという保証はどこにもない。その連中はナンバーで車がわかると、尾行をつけるかもしれない。手短に言えば、チェックはとても時間を食うということだ。

東洋の大多数の都会と同じように、バンコクの道路の動きは雑然かつ無秩序で、ドライバーは法規などまるっきり知らない。交通事故があっても、スキャンダルにはならず、誰も罪を他の人になすりつけるようなことはしない。いきなり端のレーンから別の車線に移りたくなったら、または途中で単にUターンしようと思えば、窓から手を出して二、三回振るだけで十分である。どの車も全部そのドライバーに交通規則違反を許して停車し、近くに立っている警官はたいてい何も言わない。

概して交通警察はやっても無駄なので違反者を取り締まらないで交通整理の機能だけ果たしているという印象を受ける。夜でもほとんどすべての警官が、目もくらむようなヘッドライトの光から目を守るサングラスをかけている。バンコクのドライバーはしばしば、照明のよくきいた通りでもハイビームで走っている。

連絡物の秘密の隠し場所に適したところを探すのにはずいぶん苦労した。住宅地では昼も夜も人がいて、秘密の隠し場所へ物を出し入れする姿が誰にも気づかれないでいられるという保証はなかった。この保証なしに連絡をとることは危険だった。裕福な人々の邸宅のある区域には警備員が大勢いた。彼らが、部外者、とくに「ファラン」〔タイの庶民が英語の「フォリナー」を訛って発音した外国人の意味〕の行動には用心深く目を光らせて、警察や特務機関に協力していることは十分にありえた。

安サラリーマンや労働者の住む多世帯アパートの横には常に人が座り、子どもが遊んでいた。そこに外人の出現など、まして夕暮れどきなど、もってのほかで、よくそこで麻薬の売人摘発をしている警官に気づかれないはずはなかった。映画館、喫茶店、レストランも具合が悪かった。そこではたえず床を掃き、すっかり埃を拭いてしまうので、内緒に置いたものなどはすぐにごみ箱入りするおそれがあった。

バンコクは緑の多い都市のなかには入らない。バンコクの都心にはルンピニー公園と動物園というあまり大きくない緑地帯が二つあるだけだ。日中そこは人が多く、警官がパトロールしている。夜、動物園は閉まっていて、ルンピニー公園には夕闇とともに犯罪分子、麻薬中毒患者、同性愛者らが集まる。これらの場所は、バンコク郊外のその他のいくつかの公園同様、諜報連絡活動には不向きだった。

都心には官庁のビルが多数あり、そこには各種の商社、通信社などが入っていた。そこは自由に出入りできた。ごくたまにエレベーターを待ち切れない人たちが予備の階段を上がったり降りたりしていた。わたし自身何回かそれをして、いつもひとりきりだった。そこには内密に隠すのに好都合の場所がたくさんあった。各階ごとの階段の踊り場は「死角地帯」をつくり出していた。すなわち、踊り場は人が数秒間ひとりきりになり、そこでの行動は、後ろからわずかの距離でついてくる者にも気づかれないという場所である。わたしはそこで秘密工作と瞬間的な文書授受用にいくつかの場所を選んだ。

地面に落ちているものなら何でも、住民、とくに貧しい住民の関心をひきやすいので、「捨て」物を連絡に使うのは東洋諸国ではきわめて難しい。タイにも貧乏な人が多い。だから、未現像のフィルムを入れた煙草の空き箱を地面に捨てれば、煙草がまだ一本ぐらい残っていないかと、乞食がそれを拾う可能性がある。ビールかジュースの缶もそれをコップや灰皿に使おうとする貧乏な人の関心の対象になりうる。

ソビエトの諜報員は「捨て」物方式を使ったが、それは第三者の視界には入らないところだった。例えば、たいていは柱か木でいくつか目印をつくって何かを郊外の丈の高い草むらに放り込む。そんな秘密の物を置くのは簡単だったが、回収するのはすごく不愉快だった。暗闇で草の中を手探りするのはうんざりするうえ、危険でもあった。そこには蛇、サソリ、トカゲその他のいやらしいものが潜んでいた。仲間にはゴム手袋をはめる者もいた。われわれの諜報員の一人はそんな隠し場所がもとで神経が相当傷んでしまった。

郊外で、あるエイジェントがバンコクまでの距離を示す標識の近くで、セロハンにくるんだ文書を詰めた小さな機械油の容器を車から草むらに放り込んだ。工作員が深夜その場所に近づいて車から降りて、草の中を探しはじめた。容器を手にしたとき、彼は突然明るいヘッドライトに照らし出された。振り返ってみると、屋根に点滅ランプをつけた車が路上に見えた。警官が二人やって来た。失敗とかエイジェントの裏切りとか現行犯で捕まろうとしているのでは、と思い浮かんだ。幸いその男は経験豊かな工作員だった。慌てることなく、容器を草むらに残して脇道に出た。

「車がどうかしましたか。お手伝いが必要ですか」、警官のひとりが聞いた。

「犬を連れてたんです。それが車酔いしたんで。少し散歩させようとしたら、どっかへ行ってしまいました」

警官は草むらに懐中電灯を向けた。

「いいですよ」、と諜報員は言った。「余計に驚いてしまいますよ。呼んでみます。じきに戻ってくるでしょう」

警官たちは丁寧に微笑し、立ち去った。

秘密文書のコピーが入っている容器を残していくわけにはいかない。警察の手に入ったらエイジェントはやられてしまう。警察のパトロールは、脇道で不審な行動をしていたソビエトの外交官について上司に報告するだろう。草むらに残した容器は発見されるだろう。さりとてその文書を車で持っていくのも危険だ。何か怪しいと睨んだ警官が車を止めて、われわれ職員の外交官の身体不可侵にもかかわらず車内を捜索するかも知れない。

決定を下さなければならない。警官はいつでも戻ってくるおそれがある。諜報員は素早く容器を草むらから引っ張り出して、トランクに放りこんだ。

途中には警官が大勢いた。しかし外交官専用車は誰も止めようとしなかった。諜報員は大使館の門の中に入って初めてほっと安堵の息をした。警察官が、犬が逃げたという作り話を真に受けたのは明らかだった。

何でもない

タイはまさに微笑の国と呼ばれている。どこでも、商店でも、洋裁店でも、銀行でも、用事で訪れるどの官庁でも微笑みかけられる。通りでうっかり誰かにぶつかっても、相手は微笑むだろうし、こちらが微笑み返せば十分謝罪になる。

概してタイ人はもの静かで、控えめで、親切な国民だ。彼らは会話中にめったに声を高めない。タイ人は忍耐強く、素朴である。彼らの国民的性格には仏教が大きく影響している。あらゆる宗教と同じように仏教は温和と一種の自己慰安を標榜している。マイ・ペン・ライ、何でもないという語句はタイ人の言葉で最も広く用いられている表現のひとつである。タイ人は金がなくなったとき、だまされたとき、重病になったときにこう言う。すべては過ぎ去るのだ、いちばん恐ろしいことは終わった、とタイ人は自分を慰める。仏教は生きとし生けるものに対する愛と慈悲を説き、誰も傷つけないように命じている。

しかし同時にタイ人は非常に誇り高く独立心の強い国民だ。彼らにはへつらい、おべっかは無縁である。おそらくこれは、タイが一度も植民地にならなかったということで説明されよう。ここでは外国人に対する態度は慇懃だが、卑屈ではない。タイ人は常に「ファラン」〔外人〕とは距離をおいている。外人に対しては丁寧で、親切ですらあるが、胸襟を開いているというわけではない。タイ人は外国人のどんな頼みにも否定的な答えはしない。例えば「少し考えなければ」、「それはとても面白いですが、今は何とも申し上げられません」、「この話はまた後でしましょう」などが、あなたの頼みや提案に対する否定的な答えのかわりに聞かれる言葉だ。

初めのころはよくこれで泣かされる羽目になった。タイのいくつかの官庁、とくに外務省の役人は社会主義諸国の代表との接触について報告するよう命じられており、会う場合は上層部の裁可を得たうえでなければならなかった。それに会見は通常役所で行われ、役人は二人でやって来た。当然、その人たちとのその後の工作など思いもよらなかった。

わたしはあるレセプションでタイ外務省の高官と知り合いになり、名刺を交換した。さりげなく、どこかタイのレストランで食事をするのも悪くありませんなと言ってみた。わたしの提案を聞いたその人物は、わたしとの食事は彼の生涯の夢だったかのような幸せそうな顔をした。

「もちろんです、チモフェーエフさん。ぜひお会いしましょう。くつろいだ雰囲気でお話をしたいですね。わたしはタイ料理の素晴らしいレストランを知っています。二日後に電話をください。そのときに決めましょう」、役人は微笑みながら別れの握手をして言った。

彼の同意にわたしは舞い上がった。われわれにとり非常に興味のある対象と確実な連絡がとれる望みができた。たぶん、あのタイ人もわれわれとの接触に関心があるだろうし、われわれの交際は彼をリクルートすることによって成就するだろう。しかし諜報代表部のチーフはわたしの楽天主義に乗ってこなかった。

「いつもの話さ。タイ人は言葉のうえでは何ひとつ断らないが、実際には自分に必要な行動しかとらないんだ」

そのタイ人はわたしの電話にひたすら待ち受けていたというふうな声をあげた。彼はわたしが指定した時間にはちょうど忙しいのでと、非常に残念がった。また電話してほしい、とてもわたしと会いたいと言った。わたしはさらに二度電話をかけたが、結果は同じだった。その役人は、そちらから会う時を指定してほしいというわたしの頼みを巧みにかわし、近いうちにわたしに電話すると言った。しかし電話は鳴らず、それ以来、わたしはタイ人の約束はあまり信用しないようになった。

諜報活動を行うのに最も適した特徴によって民族リストを作成すると、タイ人はたぶんその最後尾の方に位置することになろう。秘密保持に対するタイ人の態度はだいたい約束を守らない。タイ人の大多数は秩序を認めず、約いあいまいで、これもやはりマイ・ペン・ライなのだ。彼らは諜報機関と協力しながらこの言葉でしばしば自分の行動を正当化する。


わたしは会っている最中に〈蓮〉がいらついていて、時計を気にしているのに気づいた。彼は貴重なエイジェントで、前からわれわれに協力し、よく秘密情報を伝えてくれた。〈蓮〉はタイで有名な法律家で、閣僚、将軍、大ビジネスマンらがよく彼の助言を仰いでおり、彼はその人たちを秘密情報の入手に利用していた。しかし規律の点ではけっしてすぐれておらず、よく会うのをすっぽかしたり、すごく遅れてきたり、課題を忘れたりだった。

「あなた、急いでいるんですか」、わたしは〈蓮〉に訊いた。

「いいえ、あなたの仰せのままです。今日の問題を全部調べてみましょう」

そのときレストランに白シャツの裾を出したあまり背

の高くない頭の禿げたタイ人が現れた。その男は明らかに誰かを探して方々見回していた。〈蓮〉を見ると手を振り、われわれのテーブルに近づいてきた。

「わたしの友人のヴィラートです」、〈蓮〉がわたしにそのタイ人を紹介した。

われわれは握手した。

ヴィラートはわたしの名前を訊こうともしなかったので、彼がもう〈蓮〉からわたしのことを何か聞いて知っているという印象を受けた。

〈蓮〉は友人にもうすぐ終わるからと言い、どこかのテーブルで待っているように頼んだ。ヴィラートはわれわれから遠くないところに掛けて、ビールを一瓶注文した。

わたしはどういうことなのかわからなかった。最初は、ヴィラートは偶然レストランで〈蓮〉に出会ったのだろうと思ったが、その後で、そうではないことがわかった。

「あなたはここで友人と会う約束だったんですか」

「ええ、彼は今日緊急にわたしと話をする必要ができたんです。彼も法律家で、ある問題でわたしと相談したがっているのです。わたしは普通あなたと一時間以上は会っていませんから、彼にここで八時を指定したんです。しかしわたし自身三十分遅れたんで、へまをやってしまいました」

「なぜヴィラートさんとここのレストランで会う必要があったんですか。あなたの友人はわたしのことを何か知っているんですか」

〈蓮〉はわたしの質問に対して曖昧に、純タイ風に何も理解できないような返事をした。そしてお決まりのマイ・ペン・ライで説明を締めくくり、優しくわたしに笑いかけた。

しかし彼と違い、チーフもわたしも微笑どころではなかった。〈蓮〉とわれわれの関係が部外者にはっきり知れてしまったのだ。これは「感光」とエイジェントの摘発につながりかねない。わたしと会っていることについて架空の話をヴィラートに伝えるよう、〈蓮〉に急遽指示が与えられた。ヴィラートと特務機関との関係について情報が収集された。幸い、それはなかった。〈蓮〉とは、彼の周辺の状況が正常なことを完全に確信できるまでほとんど半年会わなかった。

アメリカ軍人への関心

当時われわれにとって非常な関心の的だったのはタイにいるアメリカの軍人だった。数千人のアメリカ人がタイ駐留の米軍基地に勤務し、バンコクで休暇やウィークエンドを過ごしていた。そのなかには軍事および軍事技術的性格の文献を持ってこられるような機密所有者がいた。ある者はそれで金を稼げることを理解していて、こっそりわれわれの職員に接触を図ってきた。

大使は、使い走りの者が自分に花籠を届けてきたことを知って少なからず驚いた。その日に関係する祝い事は何もなく、プレゼントをもらういわれもなかった。大使は怪しい籠を調べるようわれわれ諜報代表部の工作技術のプロに頼んだ。

美しいタイの蘭を盛りつけてセロハンに包んだ籠の中には爆発装置はなかった。そのかわり封をした封筒があり、われわれのプロはその中に鍵のような固い物体を見つけた。手紙の主は、自分の郵便私書箱から「重要文書」を取り出して、中身を読んだ後、同じ場所へ五〇〇ドル入れておくように申し入れていた。

未知の人物はわれわれとの連絡方法をうまく考えていた。本人が大使館を訪問することは諜報取り締まり局にチェックされるおそれがあった。それでその者はあえて危険を冒そうとはしなかったのだ。バンコクではどこの花屋でも代金を払えば、小額で相手にそれを届けてもらえた。その場合、依頼者は身元が発覚する危険を冒さないですむ。ただ文書の引き渡し方法がわれわれには都合が悪かった。

郵便私書箱は、出し入れが第三者の目に触れるところで行われるので、あらゆる諜報の規準からして秘密の隠し場所には使えなかった。タイには信書の秘密に関する法律があるものの、警察と特務機関は私書箱の中身を監視することができた。それにわれわれの工作員を現行犯で逮捕するための挑発場所として、市の中央郵便局の私書箱室は実に便利な場所だった。

それでもチーフは中央と合意のうえで、申し出者との工作に乗り出すことを決めた。それはわたしと交替で在外勤務に就く予定だった工作員に任せられた。

中央郵便局は三〇年代初期の建築で、バンコクで最も古い通りのひとつニューロード〔チャルン・クルン通り〕にあり、チャオプラヤー川まで数十メートルのところにあった。灰色の陰気な建物、暗くて埃だらけの大きな部屋がいくつもある。ウラジスラフは――かりにわれわれの工作員をそう呼んでおこう――室内でひどく居心地が悪かった。肝心なことは、自分の行動をごまかせないこと、万一の場合なぜ鍵を使って他人の私書箱を開けているのか説明できないことだった。だが、工作はうまくいった。ウラジスラフはチーフの部屋で小さな封筒からペンタゴン〔アメリカ国防総省〕の秘密指令を数本引き出した。やった！　そして、その私書箱へ現金を入れておくことが決まった。

しかし、匿名のエイジェントと仕事をするのは目をつぶって通りを行くのと同じことで、遅かれ早かれ何かにつまずくか、ぶつかるだろう。要は、ゲームの条件を出しているのが諜報員ではなくて取引を提案してきた者であり、それは素人の場合がよくあり、その者の犯す過ちは修復不可能だということである。個人的にその人物と会って、その人物に関する必要事項をすっかり聞き、秘密工作の規範に則った今後の連絡条件を示す必要があった。それで封筒には、金のほかに三か月前の『ナショナル・ジオグラフィック』と、レストランの名刺を入れた。その名刺には会う日と時間を記入し、「この雑誌を持ってきてください」とメモしておいた。

ウラジスラフは一時間ほどシャム広場のインド・レストラン「ヘイロード」に座っていた。しかし『ナショナル・ジオグラフィック』誌を持った客はついに現れなかった。一日おいて私書箱を改めてみた。そこには文書を入れた封筒があり、活字体で「あなたとは会えません」と上書きしてあった。

諜報代表部は困難な状況にぶつかった。透明人間の行動と彼が寄越した文書の内容を分析した結果、その人間は、特別重要な国家機密に接近できる立場上、単独で外出する権利のない要員ではないということがわかった。そのような制限は主にアメリカのいくつかの在外使節団の暗号担当者に適用されていた。その人物が中央郵便局に行って私書箱を予約できるのなら、われわれに会いに来られるはずだ。つまり、その人物は自分の提案した連絡方法が最も安全だと思って、単にわれわれの前に姿を見せたくなかったのだろう。諜報員との人間的関係抜きの連絡だけが完全に安全を保証するという計算、これは素人の典型的な勘違いだ。

われわれには、その人物がどこでどうやって秘密文書を手に入れるのか、どのようにそれを保管し、私書箱に届けるのか、われわれと取引しているのはひとりなのかグループなのか、皆目わからなかった。この先今までの図式で行動するのは不可能だった。私書箱に金の代わりにメモの入った封筒を入れた。相手には、前に決めた場所で三日間、午後七時から八時半まで待っていると書いた。われわれはこれ以上私書箱は使わないとも述べてあった。もちろん、われわれが貴重な文書情報源を失うというリスクだったが、他の解決策はなかった。

きっぱりした指示だったので相手も動いた。最初の晩にウラジスラフが車からレストランを見ていると、雑誌片手にレストランへ入っていくヨーロッパ人が目に入った。わが工作員はその後についていき、相手がわれわれの送った雑誌を持っているのを確認した。それからウラジスラフは迅速に接触を開始した。

　われわれに接近してきたのはタイ駐留米軍基地の勤務員だった。ひと月ほど前に指揮官から、予定されている基地の閉鎖に伴って文書を焼却するので手伝うように頼まれた。彼はそれで相当の金を稼げると考え、安全な場所に秘密文書を二十点ほど隠した。帰国を前にバンコクで二週間の休暇があり、獲物を売ることにしたのだった。

スクンビット通りのバー

「どこにいても、商店でも、ガソリンスタンドでも、浜辺でも、いついかなるところにいても常に外国人と知り合いになる可能性を逸してはならない。われわれが関心を持つ人物、例えばアメリカの軍人や大使館の技術職員らは、覆面工作中ならば外交官のレセプションなどには顔を出さないので、君は彼らとは公式には知り合いになれない。しかし彼らは町へ出て、バーや商店に入り、海辺で休息する。そのような外国人はソビエトの代表との接触を通じて、われわれの諜報員と協力する気にさせることができるだろう」

　わたしはバンコクに着いた途端、チーフからこんなアドバイスを受けた。それは十分根拠のある内容だった。実際、われわれの仲間の何人かは「自由探索」のときに外国人と接触できた。ある者はこのような近づきで機密保持者のリクルートに成功した。

　バンコクにはアメリカ人がたいそうお気に入りのバーやナイトクラブがあった。バーはたいていそれほど大きくない。高い回転椅子に陣取れるカウンターのほかに、二人用の小さなテーブルがある。しかしそういうテーブルは主に二人連れでバーへ来る連中が占めている。大多数のバー、とくにシーロム、パッポン、スリウォン、スクンビットなどのバンコクの中心街のバーでは世界最古の職業を代表する女性が働いている。ドレスかブラジャーのカップ（ときには「お嬢さんたち」は大胆な水着しか着ていない）にバーの名前とその店の番号を書いたプラスチックの円い札をつけている。これは娼婦がそのバーに属し、そのオーナーが彼女に対して責任を負っていることを示している。

　彼女のサービスを受けたい客は、「バー・ガール」に身ぐるみ剥がれたり、その後強請《ゆす》られたりしないという安心感を持てる。このような店の不文律で、昔の客が彼女の知らない人たちといっしょにいるところを見かけても、その客と知り合いだというふりをしてはならない。

いくつかのバーには小さなステージがあり、夜遅い時間にストリップやいろいろのエロティックなショウを見せる。

バーに入るとたちまちお嬢さんの標的になり、お相手をしましょうと言われる。彼女は横に座って、いちゃつき始め、抱いてキスしてと言いだす。「バー・ガール」は即座に、たいてい何か高価なアルコール飲料を彼女のために注文してほしいとせがむ。しかし、バーテンは彼女にジュース、ファンタまたはコカ・コーラなどアルコール分のないものを注ぐ。お嬢さんは仕事中は素面《しらふ》でなければならない。アルコール飲料の収入は彼女とバーが分け合う。こうして客は「バー・ガール」のお相伴《しょうばん》代と、その店の状況で可能な愛撫とキスに対して金を払う。しばらくすると彼女はもうひとつ飲み物を買ってほしいと言うだろうが、断ると、丁寧に謝って、他の客を探しに行ってしまう。客がお嬢さんをバーから連れ出すこともまれではない。そのためにはなにがしかの金をバーテンに支払い、娼婦には相談ずくの値を払う。

バンコクではバーはすべてマフィアに統制されているということをよく耳にする。最初はびびってしまう。たちまち恐ろしい襲撃、ポグロム、拷問などのギャング・シーンが目に浮かぶ。だが、現実はまったく別だ。おそらく、恐喝かもしれないが、バーはマフィア組織に警護代、秩序維持代を払う。バーは泥棒、不良、強盗、不当なライバルの挑発などから守られている。バーには評判が何より大切で、さもないと収益があがらない。店内で酔っ払った不良にからまれたり、すりが出入りする店に行く客などあるだろうか。バンコクの中心街の百余りのバーなら大丈夫ということで、どのオーナーも自分のところは最高のサービスのほかに、安全度一〇〇パーセントを示したがっている。

ナイトクラブはたいていのビルにある。大ホールにはステージと小テーブルがある。バーのスタンドもある。普通、スタンドは輪形か馬蹄形につくられていて、ホールの中央にある。「うちの連中」は好んでそこに掛けた。そこは「ひとりぼっち」たちの定席だ。一部の客はおそらく、張りつめた仕事に疲れはてたのだろう、思わしげな様子でウィスキーやビールに手を伸ばす。わからないが、そのなかにはアメリカの暗号専門家もいて、自分にどうしても必要な数千ドルがどこかで手に入らないものか思案しているかもしれない。

ナイトクラブではバンドが演奏し、ダンスがある。乙女たちはバーと同じ図式で振る舞う。クラブによっては、ホールの入口手前でガラスのショウウィンドウの向こうに一群の半裸の乙女たちが座っていて、客はひと夜のガールフレンドをゆっくり選べる。

シーロム通りでは「ドゥシ・タニ」ホテル近くにナイトクラブ「トップレス」があった。乙女たちはブラジャーなしのビキニ姿でクラブの中を歩きまわる。客はそれに対して金を払うことになる。「トップレス」の飲み物の値段はよそのナイトクラブの三倍だった。

このような場所でのわれわれの仲間の仕事は奇妙な事件なしにはすまなかった。

われわれは互いに邪魔にならないように、しばらくの間、「ひとさがし」の場所を分けた。最近バンコクに来たばかりのサーシャにはナイトクラブ「69」が一週間割り当てられた。

「もう、あそこへは行かない」、早くも二日後にサーシャは諜報代表部の部屋に入りながら宣言した。

「なぜだ」、工作員のひとりが聞いた。

「あそこの娼婦たちは俺を『ホモ』だと思ったんだ」

皆、どっと笑った。それからサーシャが事の次第を話した。

スタンドで彼の横に乙女が座り、飲み物を買ってほしいと言った。しかしサーシャは隣に掛けているアメリカの海兵隊員を思わせる短い刈り上げの青年の方にもっと興味を持った。サーシャは青年がライターを出そうとポケットに手を入れたのを見て、さっと自分ので火をつけてやった。会話が始まった。新しい知己はフィンランドから来た観光客で、英語はうまくなかった。まもなくフィンランド人は帰っていき、その席は中年の男性が占めた。その男はバーテンとふた言ばかり交わし、発音からサーシャは隣はアメリカ人だということがわかった。しかし乙女はたえずしゃべりまくって、隣人と知り合いになるチャンスを与えようとしなかった。彼女に離れてくれるよう丁寧に頼まなくてはならなかった。彼女はむっとしてスタンドを去った。

サーシャの予想は当たり、隣人はアメリカ人で、タイのある企業で契約で働いている電子工学分野の専門家だった。じきに二人は名刺を交換した。こんな近づきになれたのはわが工作員にとって願ったりかなったりだった。彼は諜報代表部で科学技術諜報を担当していたのだ。

「うちのバンドのフィリピン人があんたと知り合いになりたがってるわよ」

サーシャが振り返って見ると、数分前に遠ざけた乙女が目の前に立っていた。

「ほら、あのドラムよ」、彼女は意地悪そうに続けた。サーシャがバンドの方を一瞥すると、自分に笑いかけている太った醜男が目に入った。

「何で俺があいつと知り合いにならなくっちゃならんのだ」

「だって、あんたとおなじゲイだもん。みんなここへは女性と知り合いになりに来るのに、あんたは男とだけ付き合おうとしているじゃないの」

イギリス人ごっこ

一部のバーには各種の賭事の好きな連中が集まった。スタンドではさいころを投げ、テーブルにはトランプ狂が集まった。ダーツのファンには特別の場所がしつらえてあった。大きな色鮮やかな的が壁にかかり、プレーヤーはプラスチックの羽根のついた小さな矢を的に向かって投げた。

われわれの仲間はトランプやダイスはやらなかった。ダーツはミハイルが熱中していた。彼はある国際機関を隠れ蓑にしていて、流暢に英語を話し、しばしばイギリス人と間違えられた。ミハイルはスクンビットの二十番ソイ（タイ語で小道）によいバーを見つけた。彼は偶然そこを選んだのではなかった。そのバーにはしばしば青ナンバーの車が横付けになっていた。タイは当時主要な政治的パートナーだったアメリカのために例外を設け、外交官だけでなく、アメリカの軍事顧問の事務職員、大使館の技術担当者にも国際機関の官吏と同等の関税法規を適用して無税で車を持ち込むことを許した。それで青ナンバーの車にはわれわれにとって非常に興味深い人々が乗っていた。


ミハイルはダーツをしているときにロジャーという四十がらみの猫背の男性と知り合いになった。ミハイルは酒を賭けて負けてからロジャーをスタンドへ連れていった。ロジャーは喜んでウィスキーのオンザロックのグラスを手元に引き寄せた。話しているうちにロジャーは、自分は電子工学技師で、アメリカ大使館勤務、レーダー回線の保守をしていると言った。これはわれわれにとってすごい関心の的だった。明らかにロジャーは暗号技術に関係があった。しかしこの先、この人物の調査はどのように続けるべきか。この類の専門家は社会主義諸国の人間と接触したということを直ちに報告するはずだ。ロジャーが規則を破ることなど期待できるはずはなかった。しかし彼はわれわれの考えを読んだかのようだった。

「マイケル、仕事はどうですか。たぶん、買い手に不足はないでしょうな」、ロジャーがダーツをしながら訊いた。

ミハイルは何のことだかさっぱりわからなかった。ロジャーに自分のことを話したことはないし、向こうも何も訊かなかった。それが、いきなりビジネスだ、買い手だとは。だがすぐに万事はっきりした。

「マイケル、イギリスのビジネスマン」、ロジャーはバンコクの国際学校で教師をしている自分の同国人にわれわれの諜報員をこう紹介した。

どうやらダーツでたくさん友人がいるうえ、いつもほろ酔いかげんのロジャーは、ミハイルをイギリスのビジネスマンだと思い違いしているようだった。今やミハイルはロジャーに自分のことを話すべきか、それともイギリス人「ごっこ」を続けるべきかを迫られた。最初の問題については目に見えていた。ロジャーはおそらくミハイルを避けだすだろう。自分の恐怖とリスクでイギリス人になるほかなかった。しかしいつまで続くだろうか。二人のところへミハイルの外国人の知り合いの誰かがやって来て、万事はっきりしてしまうかもしれない。

諜報代表部は中央の協力により、照会資料でロジャーが実際にアメリカ国務省の技術職員だということを明らかにすることができた。きっとロジャーは国家安全保障会議から外交機関に派遣されたのだろう。中央は「イギリスの旗」の下にロジャーとの工作を続行することに許可を下した。

まもなくミハイルは、ロジャーはバーが家のすぐ近くなので、バーへ行くのに公用車を使っていないことがわかった。ロジャーには子どもが四人いて、二人は彼といっしょにバンコクにいて、二人はカリフォルニアで学校へ通っている。

あるとき、ロジャーはダーツでミハイルに負けて、言った。

「すまん、ミハイル。金がなくなったのを忘れてた。今度おごるから」

ミハイルはロジャーをスタンドへ引っ張っていき、酒を注文した。ウィスキーを二杯飲むとロジャーは少しぐったりとなり、片手をミハイルの肩に載せて言った。

「僕は一年後に四十歳だ。自分の持ち家もないし、銀行口座もない。給料の半分以上はカリフォルニアの子どもたちに送金している。自分にはいつも飲み代も足りないしまつさ」

「それは取り返しがつくことだね。君は技師だし、僕が見るところ、有能な人物だ」

「僕が誰に必要だって言うんだ」、ロジャーは苦笑した。

「そんなことはないさ。君の専門にはすごいビジネスが関心を持っている」

それを聞いたロジャーは驚いてミハイルを見つめた。

「そのことは今度話そう」、ミハイルはそう言い、ロジャーと別れてバーを出た。

次に会ったときはダーツができなかったので、ミハイルは隣の通りのどこかのバーへ移ることを提案した。

「あっちはここほど蒸し暑くないし、人も少ないし」

二人の話はそれほど長くはなかった。ミハイルは国際的な大会社の名を挙げ、東南アジアでその利益代表をしていると言った。その会社は暗号技術に関心があり、この問題に関する情報にはよい報酬を払うだろう。その際、完全な秘密関係が保証される。

ロジャーは考え込んだ。

「僕は仕事だけじゃなくて、自由を失う危険も冒すわけだから、いい金になるならそうしよう」、ロジャーは長い間をおいてから言った。

「金額は情報の価値次第だ」、ミハイルは答えた。

それから後、二人は秘密の会合を重ねるようになった。ロジャーはわれわれに貴重な資料をたくさんくれた。ミハイルの頼みのいくつかは「国際的大会社」の利害に明らかに対応するものではなかったが、ロジャーはそれも果たした。

数か月してロジャーは、自分の出張は終わりかけており、まもなくタイを出るとミハイルに言った。アメリカで仕事を継続することは拒否した。

「君が資料を持ち出せるなら、われわれはどんな国ででも君に会えるようにするよ」

ロジャーは頭を振った。

「僕はKGBの際限のない可能性については少しも疑ったことはないが、これ以上冒険はしたくない」

「つまり、君はすっかり察しがついていたのかい」

「もちろんだよ。だけどそんなふりはしなかった。イギリス人相手だったからどこか気楽だったよ」

諜報代表部での仕事は緊張の連続で、スタッフはほとんど休息する暇がなかった。それに純粋な形での休息という概念はわれわれには認められなかった。チーフはわれわれに、休息は諜報工作と結び付けられるべきだと吹き込んでいた。ウィークエンドに家族と海岸へ行ったら、興味深い関係をつくるか、秘密工作に備えて恰好の場所を選定する、サッカーかテニスをしたら相手と知り合いになる、ひょっとしてそのなかにわれわれに有益な人たちがいるかもしれない。おそらくそういうアプローチが正しかったことが証明された。多くのスタッフが休暇中に必要な人たちとの「接続」に成功した。

グルメの天国

バンコクには世界中の料理を代表しているようなレストランがたくさんある。タイの民族料理レストランは、たいてい伝統的なタイ様式の建物の中にある。そこには個室はなく、客は舞台つきの大広間に入る。椅子もない。テーブルは床の大きな窪みにあり、客はこの窪みの両脇に座る。舞台にはバンドがあり、その伴奏で民族衣装の娘たちが民族舞踊を踊る。舞台では、戯曲化した古代タイ叙事詩の演出も音楽に合わせて見せることがある。

どのテーブルにも給仕が数人ついている。たちまちご飯を盛った茶碗が現れる。これはタイ人にとって食事のときはパンのかわりになる。それから給仕がテーブルに大きなアルミの鍋を置く。蓋の穴から蒸気とともに香ばしい匂いがしてくる。これは最もポピュラーなタイ人の好きなスープ、トム・ヤムである。トム・ヤムはどんな海産物でも鶏肉でも材料になり、レモングラス、胡椒、ライムの葉、食卓に供する直前にスープの鍋に絞り込んだライム汁などで味付けする。トム・ヤムはとても辛いことがあるので、初めての人は息ができなくなるほどだ。そのときは、タイのレストランにつきものの氷を入れたジャスミン茶で口直しすればよい。

テーブルにはもう新しい皿がいくつか載っている。これはキノコ入りチキンカレーで、他のすべてのタイ料理と同じようにやはりすごく辛い。大皿には透きとおった焼きそばのパン・ウン・セン、その隣は焼いたビーフンのパリパリ揚げのミー・クロープ。いずれも胡椒、ニンニクソース、醤油で味付けしてありとても変わった味だ。

タイ料理は他の東南アジア諸国の料理と同様に中華料理の大きな影響と、中華料理ほどではないがインド料理の影響も受けており、それぞれの民族的特徴も保っている。民族料理の基本的特徴はスパイスと辛いトウガラシを大量に使うことで、タイ料理はたいてい味も匂いも相当スパイシーだ。

じきに給仕が細長い皿に湯気をあげている大きな魚を盛りつけて持ってくる。これはサバの一種のプラ・トゥーだ。プラ・トゥーは各種のハーブを詰めて、塩、胡椒、コリアンダーの根、セロリの葉とともに煮てある。野菜炒めを添えて食べる。

そしてまたスープ。これはキノコと野菜入りの澄んだブイヨンである。これにも香辛料がたくさん入っている。

このスープは気分を爽快にし、大御馳走の後ではとてもうまい。さて、デザートだ。タイの菓子のほかに、小さく切ったパイナップル、パパイヤ、マンゴー、パンの木の実などがつく。

バンコクには屋外のレストランが多い。そういう店の料理はたいてい最もポピュラーなタイ料理と中華料理を合わせたようなものだ。歌手やダンサーの出演のほかに、演《だ》し物風にアレンジされた足蹴りOKのタイ式ボクシングも見せる。しかしレストランのボクサーたちはジャブやキックを相手に浴びせるというよりも、試合のふりをしているだけだ。しかし、どの試合も必ずノックアウトで終わる。

チャオプラヤー河岸のスパイの巣

タイ外国人記者クラブはアジアで最も古くかつ有名なクラブのひとつである。五〇年代末に結成され、当時は外国通信社や新聞社の記者、レポーターなど約三十人が加入していて、パッポン通りのバーのひとつに顔を出していた。クラブのメンバーは徐々に増えていった。メンバーは正会員と準会員に分けられた。正会員になれるのはタイ駐在の外国のジャーナリストに限られた。準会員には職業の制限はなく、主に外交官、内外のビジネスマンからなっていた。一言で言えば、それは交際や面白い出会いに関心のある人たちだった。二つのカテゴリーの違いは、準会員は入会の推薦権や、クラブの幹事役への被選出権がなかったことだけだった。年会費はそのころ六十ドルだった。会員はクラブのバーで酒と酒のさかなを割引で買い、週一回無料で映画の試写会に行き、各種の催し、例えばタイの政府要人や政治家、外国大使、有力ビジネスマン、バンコク訪問中の作家や俳優などとの会見への招待状をもらうことができた。

わたしが着任してクラブに入会したころ、クラブはチャオプラヤー河岸にあるバンコク最古参のホテルのひとつ、美しい「オリエンタル」ホテルの中にあった。クラブはあまり大きくない一室を占め、そこにはバーのスタンドと小テーブルが一ダースあった。クラブの秘書はきれいな若いタイ女性で、部屋の隅の小さな事務局にいた。ソビエト人の誰かがそこへ来ると、彼女はその者に神経を集中して、彼が誰と接触しているのか知ろうと努めた。明らかに彼女は諜報取り締まり局と関係していた。一部のジャーナリストはときどきおおっぴらに自分のクラブを「スパイの巣」と呼んでいた。それには正直に言ってそれなりの根拠があった。クラブのメンバーの中には外国のスパイとエイジェントが少なくなかった。

　こういうところはどこでもそうだが、クラブには常連がいた。そのひとりに西ドイツのグラビア雑誌数誌と提携しているハンス・ヴェンツェルというフリー・カメラマンがいた。ヴェンツェルは当時五十少し過ぎの背高のっぽ、痩せぎすで、鼻が長く、あごが垂れていた。プロ級の道化者で不良としても評判だった。クラブではいつも彼の奇行について持ちきりだった。素面《しらふ》の彼はほとんど見たためしがなかったから、奇行はもちろん酔ったうえでの話だ。彼はたいていいまだ彼の癖《へき》を知らない新人をかつついだが、その冗談は無邪気で悪意がなかったので、腹を立てる者はほとんどいなかった。例えば、誰かの眼鏡か煙草を隠したり、誰かのジンのグラスをそっと普通の水に取り替えたり、まあ、そんな類のことだった。

　ヴェンツェルの運命は尋常ではなかった。東プロシアの小さな田舎町に生まれ、一九四三年にまだ若いのに入隊させられた。一年ほどのポーランド勤務後、ウクライナの実戦部隊に派遣される。実際上、戦闘には加わらず、リヴォフ郊外の緒戦で捕虜になり、ウクライナのラーゲリに収容され、ドニエプロ水力発電所の復旧作業に従事。釈放後ドイツに向かったが、母親と妹を探し出すことはできなかった。二人の運命はいまだにわからない。

　ヴェンツェルは子どものころから写真に興味があった。当時ドイツの雑誌はアジア諸国からの写真ルポルタージュに関心を持ちはじめ、誰かが彼に東南アジア行きを勧めた。まもなく彼はタイに住みつき、タイ女性と結婚し、ドイツの数誌のために写真を撮り、それでけっこう稼いだ。彼は捕虜だったころを思い出すのが好きで、ドイツの捕虜に対する態度は悪くなかったと言っていた。ヴェンツェルはロシア語が少し話せ、ときどき下品な言葉で悪態をついた。かつてラーゲリで覚えた「カチューシャ」、「ブジョンヌイの行進」、「五月のモスクワ」などのソビエトの歌をクラブの訪問者のおなぐさみにほろ酔い気分で歌って聞かせた。概してヴェンツェルは徐々にアルコールで駄目になっていく無害な変人だった。われわれは当然彼に何の興味もなかった。さらにヴェンツェルは非常なスパイ・マニアだった。たぶん彼は自分自身とおそらく自分の妻以外の全員をスパイとみなしていた。ときどき彼が冗談を言っているのか、そうでないのかわかりかねることがあった。例えばあるとき、わたしがアメリカの外交官と話しているのに気がつくと、その後でわたしに近づき、陰謀めいて囁いた。

「アレクセイ、あれはＣＩＡだよ。ちゃんと知ってるんだ。あんたたちにすり寄って、イワンやシードロフと喋ってる。諸君、ご用心あれ」

ヴェンツェルはそう言いながら笑いを噛み殺していた。たぶん、彼は同じようにわれわれをだしにアメリカ人も「おどかし」ていたのだろう。しかしこの場合、ヴェンツェルの言葉は真実に近かった。われわれは実際にそのアメリカ人をCIA関係だと睨んでいた。

「ほら、たいした情報を教えてやったろう」、ヴェンツェルは安煙草を深々と吸い込みながら続けた。「君からはウオッカのダブルだ」

「ハンス、君にウオッカのダブルをおごるし、もっと馬鹿馬鹿しいことをしゃべってくれれば一瓶まるまるおごろう。このクラブには僕の興味をひくようなスパイはいないよ」

ヴェンツェルは笑って、指でわたしをおどかした。それでも彼はわたしから酒をせしめたが、スパイ話はやめなかった。皆といるときに彼はいつもわたしのことをKGBだと仄めかした。それはわたしだけが例外ではなかった。彼は自分が知っているすべてのソビエトのジャーナリストや外交官についても同様に振る舞った。しかしヴェンツェルはじきにわたしに関しては「いわれのないこと」を言わなくなった。

ある晩、クラブの部屋(そのころはもう「プレジデント」ホテルの中だったが)に行ってみると、ひとつのテーブルを囲んですっかりきこしめしたヴェンツェルをはじめとする常連がいた。

「ここへいらっしゃい、同志少佐(当時わたしはまだ大尉だった)。僕の隣に掛けなさい」、彼はわたしにロシア語で叫び、それから飲み仲間を楽しませようとそれを翻訳した。だが、皆、彼の「ウィット」にはうんざりしていたので、笑いさえしなかった。

わたしもうんざりだったので、ヴェンツェルをこけにしてやろうと考えた。その機会は即座に訪れた。ヴェンツェルがロシアの捕虜からドイツへ帰還したときの話をもう何度目かのことか繰り返しはじめた。誰もがそれを暗記するほど知っていて、何の興味も示さずに聞いていた。

「五一年の十月に釈放を言い渡され、そして……。」

「十月でなくて、九月だろ」、わたしが遮った。

全員がじっと、わたしの方を見た。

「なぜ、九月なんだ。どうして知ってるんだ」

「君のラーゲリの一件全四巻をよく研究してきただけのことさ。君が何か忘れているなら、思い出させてあげるよ」

一同楽しそうに笑いだした。あるスイスの記者などはすっかり嬉しくなってわたしに手を差し出した。ヴェンツェルは初め何のことかわからず、目をぱちくりさせ、それから皆といっしょに笑いだした。皆がそれを当然わたしの言い返しのジョークだと思っていた。ヴェンツェルひとりを除いて。

翌週、彼はバーのスタンドでわたしの横に掛けた。ヴェンツェルはいらついていた。何か心配だったのだろう。ウィスキーのダブルを注文して、ほとんど一気に飲み干し、煙草を吸いだした。

「アレクセイ、君、ほんとに僕のラーゲリのこと読んだの？」

「ハンス、君は飲んだり、スパイの記事や本を読む量を減らすべきだよ。もうユーモア感覚がなくなっているし、それに幻覚が始まって、僕が少佐の肩章をつけているように見えるんだ」

「いや、あれは冗談だったよ。君だって僕が皆をあんなふうにからかってるのを知ってるくせに」

「僕も君のことをからかったのがわからなかったのかい」

「最初はそうも思ったが。その後で、釈放を言い渡されたのが実際九月だったのを思い出した。ドイツへ出発したのが十月だった」

「ははあ、図星だったんだ」

それからというもの、わたしはヴェンツェルの口からわたしに対するその種の冗談や仄めかしを聞かなくなった。しかし、彼はそれでも自分のラーゲリ問題でわたしの話をすっかり信じたわけではないようだった。四半世紀が過ぎたのに、明らかに、彼には何か不安を覚える根拠があったのだろう。

人民解放軍の機密

〈ウォン〉はあるとき不意に記者クラブに現れて入会し、半年分だけ会費を払った。それはなにか奇妙だった。〈ウォン〉はバンコクにほとんど三十年近く住んでいたのに、今になってやっとクラブの会員になることにしたのだ。

そのとき彼は六十歳近かった。元国民党軍の将校で、四九年に中国からタイへ逃げた。小さな台湾貿易の会社を開設した。タイが中華人民共和国と外交関係を樹立すると〈ウォン〉のビジネスは駄目になった。台湾の商品は高く課税された。彼はもう商業には多くの時間を割いていないようだった。〈ウォン〉は悲しそうな顔つきで何時間もクラブにいて、ちびちびビールを飲みながら、中国語の新聞を見ていた。あるとき、わたしがクラブの部屋に入ってきたのを見て、自分のテーブルに招き、ビールをおごってくれた。しばらく一般的な話をしていたが、やがてわたしのバンコク生活や、経歴に興味を示しはじめた。わたしはとくに会う場所は指定せず、二人はクラブでだけ付き合っていた。

ある金曜日の夜、〈ウォン〉がいつものテーブルにいた。彼はわたしに最近の中国での出来事を話しはじめたが、何も面白いことはなく、新聞記事の受け売りだった。

「あなたの大使館で中国問題は誰がやってますか」、〈ウォン〉がいきなり訊いた。

その質問はまったく不意だったので、答えたくなかった。それで、「総がかりですよ。でもそれがあなたにどうなんです？」と訊き返した。

「ただ、そういう方にお会いして、皆さんにとってとても重要な問題について話し合いたいなと思っただけです」

「その人間はあなたの目の前にいますよ。どうぞ」

そのとき知り合いのドイツ人記者など数人が部屋に現れた。彼らはわれわれの近くに陣取った。

〈ウォン〉はそれに気づき、わたしを見つめて言った。

「ここは真面目な話にふさわしくありませんね。明晩九時にレストラン『ダオ』でお会いしましょう」

チーフに〈ウォン〉のことを報告するのに手間暇かからなかった。諜報代表部ではこの人物のことを知らなかった。中央に緊急照会をしたが、彼に関する情報が得られる望みは少なかった。チーフはわたしが〈ウォン〉に会うことを許可したが、挑発を避けるために〈ウォン〉から資料を受け取ることを絶対に禁じた。

古い中国レストラン「ダオ」はスクンビット通りにあった。〈ウォン〉はホールで待ち受けていて、ただちにわたしを個室に案内した。そこでは給仕が二人、もうテーブルに皿を並べていた。〈ウォン〉はわたしが興味を持っている話になかなか入らず、二人は食事に取りかかった。ナプキンで口や手を拭き終わると、彼は静かに切り出した。

「わたしには秘密の、極秘とも言える文書があり、あなたに売ってあげられます」

「どんな文書ですか？」、わたしはすごく興奮していると感じながら、たずねた。

「中国人民解放軍参謀本部の文書です」

「それがどこからあなたの手に？」

「関係ないでしょう」

「いや失礼。だが、わたしがこの件で仲間と、つまり関心のある連中とでも言うか、話をするとなると、たちまち同じように質問されるでしょうし、返事をしなければ、誰もこのことではその先わたしと話をしなくなります。まったく平凡なタイのビジネスマンがそんな重要文書を持っているなんて誰もまじめに考えようとしないでしょうから、この話はこれで打ち切り」

〈ウォン〉はしばらく考え込んだ。それから静かに、ゆっくり話しはじめた。国民党軍で昔いっしょに勤務した旧友が台北からバンコクへ数日の予定でやって来た。その男は長期間台湾の軍事諜報部で働いて、大佐まで勤め上げ、あと数か月で退職する。彼は退職前にひと儲けをもくろみ、最近台湾諜報部が入手した動員計画も含む中国軍参謀本部の機密文書を千枚ほど撮影した。それを全部で五万ドルでどうかと言っている。フィルムは現像しておらず、プラスチックの小箱に保管している。危険な場合は、証拠を消すために小箱を開けるだけで十分だ。大佐はこの情報を買うのはロシア人かアメリカ人だけだろうということがわかっている。しかし彼は後者を信用しておらず、自分は彼らの友好的な台湾人に「引き渡される」だろうと疑っている。それに台湾の軍事諜報部はCIAと情報交換をしているから、この文書はアメリカ人も持っているかもしれない。しかし、台湾にはソビエトの代表がいないので、大佐はソビエト人に会いにバンコクへ来て、五千ドルの約束で〈ウォン〉をこの問題に引き入れた。

わたしはこの提案について〈ウォン〉には具体的なことを伝えられなかった。われわれは翌日この問題を検討できるだろうからと言い、今度会う日時と場所を挙げた。〈ウォン〉が自分の申し入れにもう少し別の反応を期待していたのは明らかだった。彼は、大佐の休暇は終わりかけており、三日後には台北にいなければならないと言った。〈ウォン〉はまた、大佐は請求額が全額支払われた後でフィルムを渡すことに同意するだろうと強調した。

「うまく考えたもんだ」、わたしの報告を聞いたチーフが言った。「感光したフィルムを寄越しておいて、後からあのフィルムは失敗だったんだと言うんだろう。われわれはその手は食わない。まず、フィルムの一部を寄越す。現像して、貴重な資料だとわかったら、残りを全部買おう」

「でも、〈ウォン〉の話では、大佐は二日後に出発します」

「そんなに押し詰まった時間を示すのは詐欺師だけで、われわれがペテンを見抜くひまもないのを当てにしているんだ。俺には台湾の大佐なんて存在しなくて、〈ウォン〉はわれわれをだましたいだけのように思えるなあ」

〈ウォン〉の提案があってからまだ何時間も経っていな

かった。わたしはその間ずっと緊張状態にあった。これは挑発には思えなかった。成功すればわたしとチーフはたぶん政府から表彰されるだろう。それに諜報活動全体にとっても大成功だ。これほど貴重な資料はそうちょくちょく手に入るもんじゃない。それでわたしは成功を夢見て、〈ウォン〉との次の会見が待ち遠しく、試しにフィルムを受け取れるだろうと期待していた。

しかし、わたしの期待どおりにはいかなかった。〈ウォン〉は、友人はそれに同意しないだろうと言い、われわれの提案を受け入れなかった。もっとも彼は、例えば、前金で一万ドルと交換で資料の一部を提供するというような譲歩は可能だと言った。わたしは〈ウォン〉のどのような条件も受け入れる権限はなかったので、最初の提案を繰り返した。この件について大佐と話し合い、説得するように頼んだ。〈ウォン〉はやってみようと約束したが、成功は覚束ないと言った。わたしは翌日の土曜日をまた会う日に指定した。しかし〈ウォン〉は現れなかった。夜、わたしは彼の自宅に電話したが、誰も受話器を取らなかった。日曜日にかけても、返事のないままだった。わたしは、たぶん、電話が壊れているんだろうと思った。

月曜の朝、彼のオフィスに電話をかけた。女性の声が、〈ウォン〉の会社はもうそこのビルを借りていないと告げた。〈ウォン〉がどうしたのか知る必要があったので、その住所を訪ねた。番人が、〈ウォン〉は日曜の朝、香港へ永住のために出発したと言った。家族は一週間前に家財道具と香港へ向かった。明らかに、あいつはわれわれが当時中国に抱いていた関心につけ込んで、出発前にわれわれをだまし、空のフィルムを莫大な金で売りつける考えだったのだ。

インド首相の最良の友

「わしは何度彼女に言ったことか。インディラ、末の息子はちゃんと手元に引き止めておいて、放しちゃ駄目だよ、と。だけど、インディラはわしの言うことを聞かなかった。末息子は彼女をすげ替えてしまった。彼女は選挙に負けた」

プレム・シュクラという年配の骨張ったインド人が外国人記者クラブのバーのスタンドで怒りに震えながら吐き出すように言った。

「あなた、インディラ・ガンジーと知り合いなんですか」

シュクラは、わたしが彼に読み書きができるのかと尋ねたみたいに憤怒の表情でわたしを睨んだ。

「知り合いとはどういう意味かね。知り合いどころか、わしと彼女は兄妹みたいなもんだ、いっしょに育ったんだ。彼女の父ジャワハルラル・ネルーは子どもだったわしを膝にのせてくれた。わしがどれほどインディラのためにしてやったことか。あの選挙キャンペーンを支援するためだけでも、わしは彼女の党に五十万ドルも渡した。だが、彼女は自分ののらくら息子のせいでむざむざ選挙に負けてしまった」

わたしはシュクラと数分前に知り合ったばかりだったので、これほど開けっ広げな態度をとったのにいささか驚いた。おそらく、彼は本当に自分の女友達が選挙で喫した敗北にがっかりして、誰とでもこの悲しみを分かち合いたかったのだろう。

彼は自己紹介して、タイ、マレーシア、インドにいくつかの企業を所有する大ビジネスマンだと名乗った。タイにはインド人が多く、資料によると、約五万人はいる。ほとんどが中小のビジネスマンである。

「インディラは大変わしを愛していて、完全に信頼している」、シュクラはブランデーをあおって続けた。「ときどきわしは彼女の頼みでタイ政府へ出向いた。彼女は何でも大使に依頼するわけにはいかんからな」

わたしはインディラ・ガンジーの友人のざっくばらんな態度に興味を持ち、チーフに報告した。わたしは、そのインド人は特務機関と関係があり、自分の交際の広さでわたしの気をひこうとしているのだと思った。

「つまり、月並みのほら吹きだ。アジア人の多くは、とくにインド人は、ときどきヨーロッパ人に自分をすごい金持ちで名士だと見せかけたがるんだ。機会があったら、彼の車の型と、運転手つきで乗っているかどうか見てごらん。いろんなことがわかるよ」

しかしわたしはシュクラの車を見ることはできなかった。すべてが他の状況の下ではっきりした。あるとき、わたしは妻と買い物をしながら、スリウォン通りのブティックに寄った。妻はインド人の裁断師と話しはじめ、差し出されたモード雑誌を見ていた。そのとき工房から年配のインド人が部屋に出てきた。首には巻尺がぶらぶらしていた。それはシュクラ氏だということがわかった。彼ももちろんわたしがわかったが、そんなふりはせず、すぐさま、小さなドアから工房にそっと戻った。そこではミシンの音が響き、縫い娘たちの朗らかな声が聞こえてきた。わたしはブティックから外へ出がけに看板を見た。それには「プレム・シュクラと息子たち　男女服縫製」とあった。

このことがあってからシュクラはクラブに現れなくなり、われわれももはや彼には会わなかった。知り合いのやはりインド人の商人から、プレム・シュクラは代々の仕立屋で、腕のいい裁断師だということがわかった。彼はタイで生まれ育った。だから子どものころに偉大なネルーの膝に乗ったり、ネルーの娘と遊んだりする機会はなかった。どうしようもないことだが、人間は誰でも自分の夢をときには言葉に表して現実に置き換え、誰かがそれを信じるか、万一の場合でも、夢見る邪魔をしないでくれれば満足なのだ。

あんたのロシアってどこにあるの

そのころタイではロシア人はよく思われておらず、恐れられ、警戒されていた。それには多くの理由があった。第一に、第二次世界大戦直後にタイで採択された反共法がある。共産主義イデオロギーと見解をともにする者、または共産主義者と定期的に接触している者は裁判も審理も抜きに一年以下の拘禁に処せられる。当時タイにいたソビエト人は全員共産党員だったので、ソビエト人と接触するタイ人はこの法律の適用下に置かれた。しかしこの法律は外国の共産主義者との接触に関してはめったに発動されなかった。五〇年代末にあるアメリカのラジオ放送局員のタイ人女性がその犠牲になったこともあった。これは彼女があるとき外国人記者クラブでわたしに語ったことである。

当時、記者団がタイの首都から二〇〇キロメートルのサタヒップ・ウタパオ米空軍基地の開設行事に招かれた。ジャーナリストのなかにはタス通信の「純粋」の、すなわち諜報機関員ではない記者もいた。彼は戦時に空軍に勤め、軍用機についてなかなか詳しかった。これが彼にわざわいした。

空港でガイドをしたアメリカ空軍の将校が、ある航空機の技術データを挙げながら、これは同じクラスのソビエト製のものより比較にならないほど優秀だと言った。わが愛国的記者はソビエトの軍事技術に対するそんな差別的発言に我慢ならず、自分の知識を引っ提げてアメリカの将校と討論をはじめた。二人は数分間口論し、罵り合った。それから記者は居合わせたタイの軍用機パイロットたちにアピールしはじめ、アメリカの航空技術はソビエトの足元にも及ばないと指摘した。

三日後、その記者は「ソビエト軍事諜報機関に属し、激越な討論を引き起こしてアメリカ空軍に関する機密情報を引き出そうとした」かどでペルソナ・ノン・グラータ〔好ましからざる人物〕と通告された。現地のプレスはこの事件を評して、彼に空軍大佐の肩書を「与え」た。

そして、アメリカの放送局に勤めていた可哀そうなタイの女性記者は反共法により監獄で八か月過ごした。彼女の罪は、彼女がバスでわが記者の隣の席に座り、会話をしていたということに尽きた。二人はそれまで全然知り合いではなかった。諜報取り締まり機関は、「ソ連軍参謀本部情報総局の大佐がバス内で彼女を組織に引き入れた」という説を出して、彼女にソ連のために働くスパイ行為の罪をなすりつけようと試みた。しかし、これらの不条理な告発にもかかわらず、アメリカ大使館のとりなしでタイ女性はようやく出獄できた。

第二に、当時タイ人はわが国のことを実際何も知らなかった。タイで上映されたわずかなソビエト映画が基本的に革命前または大祖国戦争中の出来事を語ったにすぎない。ソビエト文学はタイでやはり知られていなかった。とくに破壊的長編小説『母』で「国王とタイ国民の敵」と非難されたゴーリキーの本の出版と普及は禁止されていた。

したがって、共産主義の危険でおどかされたタイ人がわが国の生活を北朝鮮かポルポトのカンボジアと同じように恐ろしいと思っていたのも偶然ではない。

「なんてきれいなお嬢さんでしょう」、タイの病院の看護婦が最近お産をしたあるソビエト機関の職員の妻に言った。「彼女はわたしのところに置いていきなさい。わたしには子どもがいません。こんなにきれいな子どもがあなたの国で苦しむことになるなんて、悲しいですわ」

「なぜですか」、よく飲み込めなくて産婦が聞いた。

「わたし知ってますわ。あなたがモスクワへ帰りしだい、お嬢さんは特別な幼稚園に入れられて、それから共産主義を教育する秘密の学校へ入れられるんでしょう。彼女はテロリストにされるんです」

「なんと馬鹿げた話だこと。ソ連にはそんな施設はありません。わたしは子どものときに幼稚園へ、それから学校へも通ったけれど、テロリストになってるかしら」

しかしタイ女性は引っ込まなかった。

「わかります。あなたはそのことを口にしてはいけないというだけの話です。しかしわたしが読んだ、しかも一度ならず読んだんですが、ロシアでは全員が子どものときから軍事訓練を受けさせられ、娘たちは十五歳までに自動小銃を発射し、戦車を操縦し、爆薬を仕掛けられるようになるとか。それにあなた方にはお金がないし、衣食は各自に特別の切符で配給されるんですよね」

あのころはわれわれについてこんな馬鹿げた話が聞けた。ロシアとタイの関係には深い歴史的関係があっただけに、とてもいまいましかった。

一八六三年、ロシア船が初めてシャム（タイは第二次世界大戦までこう呼ばれていた）の沖合に投錨した。クリッパー「ガイダマーク」号とコルベット艦「ノヴィク」号の士官と水兵が初めてのロシア人公賓になった。この航海の指揮官ペシュチュロフ海軍中尉はタイ国民に非常な好意を抱き、「シャム人は勤勉で、強く、同時に極めて善意の人たちだ」と述べている。当時のタイの統治者だった国王ラーマ四世はロシアのことをとてもよく知っていて、ロシアは世界政治で著しい役割を演じるようになろうと見ていた。イギリスとフランスはシャムに不利な不平等条約を無理やり調印させたので、国王は自分の国に対して打算的な関心を持っていない大国の支持を得ようと考えた。十九世紀末、ロシアとシャムの関係は順調に発展していた。バンコク訪問は、ロシアの王位継承者で未来のツァーリ、ニコライ二世が巡洋艦「パーミャチ・アゾフ」号で世界一周旅行をした際の日程に入っていた。両国関係の大きな歴史的段階を画したのは、ロシアの作曲家で指揮者、オペラ「ボグダン・フメリニツキー」の作者のシチュロフスキーが国王の依頼でシャムの国歌のために作曲したという事実であった。

ロシアとシャムの友好関係は、一八九九年のロシア・シャム宣言の調印によってさらに発展を遂げた。シャムを植民地化しようとするイギリスとフランスの計画は挫折した。シャムは軍事分野でもロシアと緊密に協力しはじめた。若いタイの貴族たちがロシアの軍事学校に派遣された。シャム軍ではロシアの軍服にたいそうよく似た軍服が導入された。それは今に至るもタイの王室親衛隊に残っている。

一九一七年十月の後、両国間の関係は中断された。ロシアで皇帝一家が銃殺されたことはシャムでとくに否定的に受けとめられた。タイ人にとって王政は神聖である。外交関係は大戦直前に復活した。しかし友好は戻らなかった。ソ連はタイにとって長い間こわい存在になった。そして一般のタイ人の多くは大陸の六分の一を占める国の存在など知るよしもなかった。

「あんた、どこの国から来たのさ」、バー・ガールがお定まりの質問をした。

「ソ連、またはロシアからだよ」

彼女の顔つきから、わたしは彼女がわたしの祖国のことを聞いたこともないのがわかった。

「えっ、それどこ、あんたのロシアとかって」

「君はどんな国を知っているんだい」

「アメリカ、スウェーデン、フィンランド、ドイツ、日本……」

「ロシアはフィンランドと日本の間にあるんだよ」

その娘は考え込んだ。要するに、彼女は田舎からバーへ来たので、学校へはあまり行かなかったし、地理の勉強もする機会がなかった。

「あたし、そんな国のこと何も聞いたことないから、きっととっても小さな国なんだわ」


他の諸都市で送った年月や仕事にもかかわらず、バンコクはいつもわたしの思い出に刻み込まれている。たぶん、それはわたしの初任地だったからだろう。そこでわたしはいわゆる「青年諜報学校」を過ごした。

わたしは今でも人々との興味深い出会い、危険な工作活動、諜報員の仕事につきもののおかしな事件を思い出す。ネオンの広告に輝くバンコクの通り、快適なレストランやバーが忘れられない。だからわたしは、最近「天使の都」から帰りたての人たちと話す機会を逸することができない。

バンコクでは多くのことが変わった。外国人記者クラブは今、格式高い「ドゥシ・タニ」ホテルの中にある。そこではもうヴェンツェルのジョークの犠牲になる者は誰もいない。彼はとっくに死んだ。そしてクラブにはまったく別の人たちがいるのだろう。すべてが変わっていく。

バンコクも変わった。市内には数百の近代的ビルが出現し、新しいバーやレストランがオープンした。今や、バンコクにやって来るロシア人ビジネスマンや観光客のお蔭で人々はロシアのこともよく知っている。「バー・ガールズ」は流暢とは言えないが、ときどきロシア語で話しさえする。現在バンコクは見まがうほどだという。わからないが、たぶんそうなのだろう。しかし、バンコクを忘れることは不可能だ……。

パ　リ

ПАРИЖ

筆者の横顔

KGB個人ファイル

№ [redacted]

顔写真非公開

氏名	ミハイル・エフスタフィエヴィチ・ブラジェロノフ
生年月日	1937年12月1日
学歴と専門	大学卒　数学者
外国語	フランス語、英語、ヒンドゥー語
学位	なし
軍の階級	少将
勤務した国	フランス、イギリス、インド
家庭	既婚
スポーツ	ボーリング、ゴロトキー〔棒を投げてピンをはじき出すゲーム〕
好きな飲物	ペルツォフカ〔唐辛子ウオッカ〕
好きなたばこ	ドゥィモク、ゴロワーズ
趣味	釣り

「屋根」としての妻

楽しい旅をするためには、
何も追いまわさずに、
途中で出会うものだけを見る決心をすることだ。
ヴャゼムスキー公

雲が都会の眺望を妨げ、ときにはちぎれちぎれに飛行機の下を漂い、ときにはミルクのような靄になってたちこめ、ときには消え去ったあとで、パリが突然離れ業を演じて高みから滑り降り、空と呼ばれるものは下の方で透明な彼方へと変身する。

　壮大にして単調な数ある宮殿の中でひとりエッフェル塔だけが根気よく姿を見せ、ＫＧＢのスパイ学校での厳しい男の隠遁生活とか、たばこの煙のたちこめるホールでの夕べの無駄話がふと頭に浮かんだ。そのとき、われわれの小隊長、「皇帝の召使、兵士たちの父親」がため息まじりに、「エッフェル塔を見て何を考えるかい」と仲間に訊いた。

「セックスですよ」、同僚は涙ながらに調子を合わせた。

「なぜ、セックスなんだ」、小隊長は目を見はって、同僚の腹の少し下をつかみたそうなふりをした。

「自分はいつもそのことを考えてるんですよ」、新米のスパイが白状した。

　山のような特別の規律、サンボ、射撃、監視されながらのはてしない訓練、海外の「エイジェント」（ベテランがその役をやった）との対話訓練も、われわれの目をエッフェル塔から逸らすことはできなかった。

そしてまさに今このエッフェル塔がパリから真っ直ぐわたしの抱擁に向かって跳び上がってくるように思われた。

「絶対オペラへ行きましょうね。一度もグランド・オペラに行かなかったなんて本当に恥ずかしい話よ」、タチヤーナが灰色がかった緑色の目でわたしをすっぽり包み込んで言う。「前世紀にロシアの貴族たちはわざわざグランド・オペラへ来て、そこから抜け出すことはなかったのよ」

「グランド・オペラはわたしの耳には音楽。必ず『a』にアクセントのあるグランド・オペラ、さもないと全然響きがないし、まったく違った風だし、少しもシックなところがなくて、オペラじゃなくてお風呂みたいじゃない？」

タチヤーナはわたしの素晴らしい、そして明らかに最後の妻で、いつものようにロシアの貴族のことも、トイレットのことも正しい、そして彼女は、わたしがグランド・オペラ観劇ではなく、KGBの貴重このうえないエイジェントと密かに会うという重要な諜報任務のためにパリに飛ぶのだということを知らない。

タチヤーナは不幸せなロシア国民全体と同じようにナイーヴで信じやすく、政府声明は言うに及ばず新聞記事やわたしの一言一句を信じるのだ。彼女はいつでも、大統領がまたもや約束を果たさなかったのを見るととても驚く。驚いて、憤慨するが、大統領を信じ続ける。彼女は善を愛し、悪を憎む。こんな女性は尊敬されるが、プロのスパイにとっては最も思いがけない形で、最も思いがけない場所で爆発する時限爆弾みたいなものだ。

彼女をパリへ連れていくかいかないか、われわれがあらゆるプラス・マイナスを想定しながらルビャンカで延々と論じたのを、もしも彼女が知ったら。シェイクスピアのバードルフ（「バードルフと酒蔵へ降りれば、ランプは不要」）みたいなてかてか光る赤鼻のわたしの上司が、彼女の中に呪わしい女性本来のとめどない好奇心とエゴイズムで工作全体を台無しにする恐ろしい障害を見ていたことを（「彼女は君をデパートめぐりに引きずりまわすぞ」、上司は根拠がないでもなくわめいた）、そして結局、妻といっしょの観光旅行はスパイの最高の「奥の手」であり、そんな夫婦旅行に最悪のスパイ取締官だけが見て取るのは最低の馬鹿なスパイだけだという、茶目っ気たっぷりの諜報部副部長のことばに譲歩したことを、もし彼女が知ったら。

かくして魅力的なタチヤーナは取っておきの「奥の手」になり、油断なく目を光らせている敵の疑いをそらす「屋根」になった。わたしの魂なる彼女は自分でもそれと気付かぬまま特別の尊敬の念に包まれていた。なぜなら、彼女はもう祖国、超大国、世界共産主義に奉仕していて、鍋洗いや陰口で過ごしている平凡な妻たちのカテゴリーから厳然と区別されていたからである。

パリのふしだらな空気

美しいパリを月並みの観光客式にぶらつくのは愚かであるばかりか、犯罪である。

このすばらしい都会へ来たのは、バスで市内めぐりをして、疫病に罹った羊よろしくしばしば不愉快きわまりない名所で下車しては、ポン・ヌフ付近のセーヌの川幅や凱旋門のつくられた日付などに関するガイドのうさんくさい話に耳を傾けるためだけだったとすれば、もう、うんざりだ。

それに、もっと堪えがたいのは、太ったアメリカ女性が、テキサスの農場の物悲しい夕べの食卓で物知りげに、シャンゼリゼのプラタナスの本数をつば広帽子とジーンズ姿の友人たちに教えてあげるために、あの必要もない無駄話を緊張に打ち震えながらいっさいがっさい旅行メモ帳にせっせと書き込んでいる姿に直面することだ。

本物のスパイは都市と一体化し、都市の一部になる。そしてそのためにはパリで生活する必要がある。生活に没入し、パリのふしだらな空気を吸い、クレベール大通りの貴族的香りも、テアトル広場のボヘミヤンたちの汗の匂いも、トルコ人やアラブ人が多数混在し、とくにセーヌ川寄りの串焼きの炭が煙っている、種々雑多な民族のいるモンパルナスの羊の匂いも吸い込む必要がある。そこには、正面よりも後ろ美人のあこぎな蓮っ葉娘たちがいて、柔らかな首のところでスリップの紐が皮膚を締めつけており、こちらは真っ赤なボルドーに合わせてウサギをむさぼり食いながら彼女たちにかぶりつき、キスしたくなる。

そして、どうか、何も読まないでほしい。何も覚えようとしないでほしい。赤裸々な感じだけを記憶に残してほしい。良心が苦しまないように、知的な友人たちに何か語るべきものがあれば、グレヴァン博物館へ寄るとよい。そこはベル・エポックのパリの全容を見せてくれる。試験管にかじりついているルイ・パストゥールや、ネモ船長と海洋の底にいるジュール・ベルヌ、ステッキをついて雄弁をふるうヴィクトル・ユゴーも印象派の連中も揃っているし、ミニチュアのエディット・ピアフが「わたしは何も悔やまない」を歌っている。

しかし、スパイのパリは、いちばんきれいなパリ、わたしだけに許されるパリ、これはわたしのパリ、そしてひたすらわたしだけの、秘密のパリ、傍目《はため》には姿の見えないパリなのだ。

観光客には、セーヌ沿いに走る「ハエの小舟《バトー・ムッシュ》」から聖堂や宮殿をぽかんと眺めさせておけばよい、わたしにはあんな陳腐なものはどうでもいいのだ。サン・ルイ島からかすかな風が吹いてくるとわたしの顔はこわばり、まったく得体の知れない人間になる。

アンジュー河岸通りのローザン公爵邸の入口、そこにはかつて優れた風刺家のオノレ・ドーミエやそれに劣らず偉大にして、しかも荘重な詩人シャルル・ボードレール(「闇の中で見るのが好きだ、通りは静まり、窓辺にともしび、空に瞬く星たち」、明らかにここの屋根裏部屋で書かれた)が出入りした屋敷、まさにそこの宿命的な入口でわたしはエイジェントと会うはずだった。それはあらゆる点で都合がよかった。雨なら隣のカフェに逃げ込めたし、長いこと待てたし、出たり戻ったりできたし、サン・ルイ島の河岸通りはどこもはてしない人の流れと瞑想の場なので、当然少しも怪しまれることはなかった。

アダム・ミツケヴィチ博物館やランベール侯爵邸付近をうろついているのは熱心な観光客ではなくて、札付きのスパイだなどと誰が思うだろう。

もちろん、エイジェントは誰もいない辺鄙なところへ連れ出す方が安全だが、彼、正確には彼女はパリをほとんど知らなくて、たった一度通過したことがあるだけだから、ブーローニュの森のカシワの老木の間で(ついでながら、今そこは快適とは言えない、爆音を轟かせて走る車で騒々しい公園で、くたびれたスパイが湖畔のベンチに腰掛けてちょっとの間まどろんでも、愛好家が走らせるリモコン・ボートの高く鋭い音に目をさまされてしまう)、あるいは城、礼拝堂、湖、神秘的な熱帯植物の花咲く公園などのあるヴァンセンヌの森で迷子にでもなったら大変だ。

不貞もどきのスパイ活動

エイジェントと会うこと(厳格な同僚諸氏もお許しのほどを)は、人妻との密会みたいなものだ。短刀か棍棒片手に忍び寄って来る怒りに燃えた亭主の姿がたえず目の前に浮かぶ。その姿は、ピストルや手錠を持って藪の中で待ち伏せている憎々しげな防諜官と少しも変わらない。わたしのことでわめきたてるだろう。

　そして、いたるところで隠密行動の手を打たなければならない。愛人の家から少し遠くで車を乗り捨て、そっと入口に入り、目指す階（十五階！）までのぼる、これはエレベーターを使わない方がよい。エレベーターには永遠の敵である隣人が耳を澄ましていて、ドアをノックする音が聞こえると、廊下へ顔を出す習性がある。ヒーローよ、愛人よ、歩いて行きなさい。息を切らせ、あえぎながら、上へ上へ進みなさい。靴は脱ぎなさい。足音はエレベーターの音に劣らず危険だ。それか、靴の上に分厚いウールのソックスを履かせなさい。

　エイジェントと会うことはこの恐ろしさ全体とどこが違うか。どこも違わない。

　実際、発覚を警戒してわたしには非合法の部屋を割当ててくれなかったので、サン・ルイ島まで足を運び、十七号館辺りをぶらつく羽目になる……。

　しかし今はわたしとタチヤーナはひどく不便なシャルル・ド・ゴール空港でしばらくもがいた後、タクシーを拾って、大パリ南部の街路に面した、街路と同名の「アレジア」ホテルへ向かう。このつつましい小ホテルは目立たないし、尾行をチェックできない賑やかな中央から離れているうえ、そこでは周囲が丸見えで、簡単に通りから小路にすべりこみ、パリを解放したアメリカの将軍のルクレルク通りに真っ直ぐ出られる。

　ドイツ軍はこの将軍を栄えある攻勢のはるか前に置き去りにしていたのだが、将軍は敵の撤退がわかってからも、勇敢な進軍を決意するまで数日間ぐずぐずしていたという憎まれ口も聞かれる。

　パリは本当に小都会で、われわれの「アレジア」からセーヌ川まで三、四十分で簡単に行ける。そこは素晴らしいところ、輝きがあり、詩人アントコリスキーが革命的激情にかられて書いたように、そこには「国際的喧騒、国際的燃えかすがあり、かつては若かりし共和国の旗が浮気女のスカートみたいに風にはためいている。人々は歩き、飲む。熱中し、へどを吐く。博物館に入り込む。エッフェル塔の展望台に昇る。白粉《おしろい》や、ほこりや、『ラ・マルセイエーズ』の灰を吸い込む。世界的レビューの淫乱、外貨と料理のスケール！」

　不幸せな詩人がどれほどここで耐え抜いたか、考えるだに恐ろしい。食べるのは猫のはらわた、飲物は何だ……ソーテルヌ・ワインか。

　ホテルから都心までの距離はたっぷりあり、チェックする（あの、「尾行」どもめを）には都合がいい。わたしは、作戦的にあっぱれなホテルに入れたことが嬉しいし、タチヤーナが早くも隣の靴屋で素敵な靴を手に入れたことに腹を立てもしない。これでKGBが「屋根」に選んだ妻たちの買い物代も払ってくれれば言うことなしだ。

　わたしは、窓が花いっぱいの花壇の静かな庭に面した小さいながらも快適なホテルに落ち着いて、タチヤーナとこれからのパリの楽しみをじっくり噛みしめる一方、どの国でも盗聴に愛用されている電話機を優しく眺めやる。タチヤーナは元気づき、わたしに相槌を打ち、盗聴に打ち込んでいる諜報部は、わたしの魅惑的な「伝説」の主の囁きを直接耳にして、彼女の唯一の望みはパリを楽しむこと以外にないと思うだろう。

　まだ素晴らしいことがある。わたしは、彼女がときにはひとりで町に出てショッピングをすることもあるだろうが、それは女性にとって独特のまたとない意味があるということも、他人の耳のない路上で慎重に仄めかす。

　しかし二人はこの三日間は離れずにいるし、三日間はあげていっときたりとも別々にならず、ひとつの目的で結ばれている。わたしの任務はタチヤーナに内緒で防諜機関の目をごまかし（たぶんわたしは監視されているので）、そのためにはリラックスして、少し力を抜き、何も考えず、どこへも急がず、それで万事うまくいくはずだ。

　今はやっと午後の三時。逃げていく時間に向かって飛んだので、日が止まったのだ。こった足をもみほぐさなくては。早速二人はスポーツシューズを履いて、傘を持ち（天気は目まぐるしく、しかも突然変わる）、ルクレルク通りに入り、退屈なラスパイユ大通りに向かう。この大通りはブロツキーの請け合いどおり全然何の役にも立たなくて、見すぼらしくて、あやまって大通りと呼ばれているにすぎない。その先、同じく大通りならぬサン・ミシェル大通りがあり、そこには文学者たちのモンパルナスの溜まり場ロトンド、クポール、ドームなどのカフェが軒を連ねていた有名なヴァヴァン交差点がある。万事めっぽう高いところだが、われわれは、偉人たちが尻を温めた椅子に触れるために一軒一軒ワインを一杯ずつ梯子する。

　近くのカルチェ・ラタンではかつてアメリカの外国人《エトランジェ》、ヘミングウェイとスコット・フィッツジェラルドが肩を並べて散歩を楽しみ、飲んだ。ヘムはそこに自分のハドリーと貧乏暮らしをしていたが、たいていカフェ・セレクトでひまをつぶし、ときどきただで飲み食いするために退屈きわまりないアメリカの女流詩人ガートルード・スタインのところへ客に行き、彼女の超難解な本が好きですなどと嘘をついた。

　当時はまだ、ひと樽あけるとたっぷり酔えるすごい安物のワインがあったが、書物ではそんなワインは今やすでに高貴なペルノー〔アニスで風味をつけたリキュール〕扱いである。二人のエトランジェはサン・ミシェル大通りのネー元帥の記念碑の真横にあるクロズリー・ド・リラで酔っぱらった。その後このレストランは、エトランジェがそろって高名になると二人の名前を広告に使い、豪華な宮殿に変身してしまった。そこではせいぜいワイン一杯飲むのが懐《ふところ》相応で、わたしも素敵な「屋根」といっしょにテーブル越しにわれわれなど眼中にない厚顔なネー元帥を眺めながら、いただいた次第。

わたしの「屋根」は幸せで、ワインの一杯ごとにエスカルゴを一ダース注文するようなこともないので、節約家の亭主にはすこぶる気持ちがよい。〔彼女が別な仲間といるわたしを見たら、それこそ！〕

胸を引き裂かれるような喧騒の戸外に席をとる。ここではそういう習慣なのだ。パリジャンは、車道ぎりぎりのところに腰掛けて、飛ぶように走る車の方に青白い足を伸ばして、とてもご満悦だ。

それでどんないいことがあると言うのだろう。

時間のせいか、飲んだワインのせいか、サン・ミシェル大通りの青みをおびたオノレ・ド・バルザックの像の前に互いに抱き合ったまま転がり出る。オーギュスト・ロダンの創作は実物のバルザックと同じように肉付きよく、ついでながら、その実物はロシアで巧みにスパイ活動をし、あわせてロシアやポーランドの美女たちのハートを征服した。残念ながら、この記念像はその偉大な身体には小さな穴も、隙間もなくて、秘密の隠し場所に不向きで、工作任務には全然役に立たない。

二人はセーヌ川近くに歩みを移す。そこではマロニエが楽しげに咲き誇り、コーヒーがほろ苦く匂い、突然フランス香水の香りも、悪臭を放つ台所の臭い匂いも押し寄せる。

サン・ジェルマン大通りからは十字型のドームと船型の腕木のついたローマの浴場の廃墟が見える。これはクリュニー美術館の一部である。このような廃墟には石に似せたコンテナに暗号文を入れて置けるように思われるかもしれない。それは駄目なのだ。かつてスパイが〔アテネの〕アクロポリスの廃墟に何かを隠したのだが、廃墟の破片泥棒と間違えられて番人に捕まったことがある。

それからわれわれは哲学者のミシェル・モンテーニュが柵の横におもむろに座っている小さな庭園に向かう。モンテーニュは足を組み、その靴の爪先は挑むようにとんがっている。わたしがタチヤーナに、あんな靴を履いていると、くそ真面目な馬鹿げたことのほかに立派なことなど何も書けないだろうなと言うと、彼女は反論して、あなたが熱くなっているのはボルドーの気違い酒と、脳がだんだん馬鹿になる遅い時間のせいですよと言う。

あとはミシェル・モンテーニュに挨拶して、地下鉄で家路を急ぐだけだ。

アンジュー河岸通りの謎の女エイジェント

……メリー・Y《イグレーク》は、富裕なユダヤ人家庭に生まれ、父親はコミンテルンの一員で、ヒトラーを憎み、三〇年代末から内務人民委員部の活動的なエイジェントになった。内務人民委員部では彼に、非合法活動をするために共産主義運動から完全に離れるよう勧告もした。しかし、家の空気はマルクス主義的なままだったので、娘はたくさん読書し、人類を資本主義の欠陥から救出することを熱望していた。きわめて当然ながら、ソビエト諜報部は二十歳になった彼女を国務省に送り込むことにし、彼女を協力関係に引き入れた。

五年後、不断の試みの後、この問題は解決された。

メリーの価値は物凄かったので、FBIのエイジェントに溢れ返るアメリカであえて彼女に直接会うなどという危険は冒さないで、連絡はメリーが撮影した機密文書のフィルムを入れた秘密の隠し場所を通じて行われた。彼女は、松明のように彼女の一生を照らしていた思想に奉仕していたので、金は受け取らなかった。

ときには直接接触することも必要だった。エイジェントの意欲を感じることもなく、エイジェントの目の輝きや手柄を立てたいという抑えがたい欲望を見ることもなしに工作を続けるのは困難である。

それに目に見えない周囲の暗礁をただ再三想起させるとか、仕事に対する献身ぶりをチェックするとかの必要もある。

しかしそんな場合でも、メリーをアメリカの近隣諸国へ呼び出さずに、国務省すじの業務出張を利用して、非のうちどころのないほどうまく彼女の旅行に調子を合わせた。

彼女は十日の予定でパリへ出かけ、彼女との接触は極度の慎重さで進めるように言われていた。すなわち、わたしとの接触（アンジュー河岸通りの家）に先だって、彼女はパリの随所にある秘密の監視点の中のヴォージュ広場とアンヴァリッドの二か所を通過すること、わたしは人目につかない場所からまずその二か所を見張ることが任務だった。

プロのスラングを説明しよう。「秘密の監視」とは、自分についている「尾行」に対してではなく、他人についている「尾行」、つまりエイジェントが引きずっているかもしれない「尾行」を監視することである。

不審な車か、コートの襟を立てて泥棒猫のようにメリーの後に忍び寄るいやらしい奴が現れた場合には、わたしはノートル・ダムのシャルルマーニュの記念碑近くの街灯柱に赤いチョークでしるしをつけることになっていた。メリーはアンジュー河岸通りへ出る前にその街灯をおもむろに眺め、万一赤いしるしがあれば、急いで戦場から姿を消すのだ。

そうなると、まったく別の連絡手段が発動される。

わたしはさりげなく写真を見た（タチヤーナがそれを見つけて、わたしはパリでも愛人の写真なしにはいられないなどと思いませんように）。グレーの服の小柄なブリュネット、アメリカの新聞を小脇に挟んでいる（目印にはそれで十分だ）。合言葉「済みません、コメディ・フランセーズへはどう行くんでしょうか？」、「わたしはパリはわかりません、わたしはフィラデルフィアに住んでいるので」（このくだらないことばを考えついたのはわたしではなくて、駆けだしのうすばかである）。

しかし、これはすべて明日のこと、今は朝で、ワインはまだ心地よく頭の中に漂っている。タチヤーナはフランスの朝食のすべての魅力をあらかじめ味わいながら異常な勢いで身支度をし、わたしをどやして浴室へ追い込む。わたしは浴室でビデを悲しげに見やりながら、落ち込んだ頬を念入りに剃る。

おお、ビデよ！　ロシア人がそれを便器と間違えたり、わけもわからずケーキの「べゼ」（メレンゲ菓子）のルームサービスをボーイに頼み、ボーイは「ビデ」を引きずってきたなどということでどれほど伝説が生まれたことか。

クロワッサン、クロワッサン……ターニャが優しくつぶやいている。

クロワッサンは彼女の大好物、軽くてもろい夢、彼女はそれに好きな蜜をかける。クロワッサンは素晴らしい（ターニャも）、籠いっぱいのクロワッサン、やや苦みのあるブラックコーヒーも申し分なく、飲み終わったら空に飛び上がり、雄弁なデモステネスか、少なくともそれほど雄弁でもないアメリカの大統領に変身したくなる。

フランスのコーヒーをお飲みなさい。あなたのハートは燃え上がる。

一時間後、二人は、「パリはミサに値する！」というハインリヒ四世の偉大な金言が低く鳴りひびいた場所、ナポレオンを即位させ、ド・ゴール将軍を弔った場所、ノートル・ダムへ飛んでいった。

街灯柱はシャルルマーニュの近くにあるだろうか。ひょっとして赤いしるしがあれば？

レーニンはマルクスと同じように、宗教は人民にとって阿片だと教え、僧侶をシャコのように射殺したことは言うに及ばず、ロシアの教会を盛んに爆破し、取り壊した。彼はフランス革命の狂信者の例にならったのだ。

二〇年代末、革命吟唱詩人マヤコフスキーはノートル・ダムに見惚れ、無理な歌をつくり、彼は一生そうだったのだが、この大聖堂は驚くほど文化コンサート・センターにうってつけだということを発見した。「そうだ、節約だ、弾丸で何も損なわないで。とくに、州庁の襲撃に出かけるならば」

ついでに言うと、それはマヤコフスキーが腐敗したブルジョワを痛罵しながら、「ロトンド」や「ドーム」で楽しむ妨げにはならなかった。

われわれKGB人も素敵なレストランで、もちろん官費で痛罵する方を選ぶ。

わたしはノートル・ダム大聖堂のまわりをうろうろして、ビデオカメラでその壮大なドームや正面、控え壁《バットレス》、カジモドに似た不吉な屋根の怪物などを撮りまくりながら、神経を高ぶらせ、サン・ルイ島の方角へ視線を走らせはじめる。

これから会う場所を早めに見ておかなければならない。もしかして、そこが突然何かの修理作業で掘り返されていないか、通りが閉鎖されていないか、それとも水浸しになっていないか、ボードレールが創作にふけっていた家が消え去ってはいないか。わたしには、エイジェントの秘密の会合場所だったパリ近くのカフェがまったくなくなっていた前例がある。わたしは自分の目が信じられず、すっかり間違えたのだと思った。エイジェントの方はわたしが正しくないアドレスを教えたのだと考えてずらかってしまった。それで、工作が大混乱に陥ったのだった。

「サン・ルイ島の可愛いこと！」、わたしはウグイスのようにターニャの耳に歌いかける。「橋を渡ってあそこへ行こう。あそこはすごくきれいだ……絵みたいだ」、わたしは、やつれてはいるがやさしい頬で彼女の耳に触れる。

しかし、タチヤーナは説得するまでもない。クロワッサンの後で彼女は言うなりで、やさしく、わたしと地の果てまでも行く用意がある。

幸い、取り壊しも爆破もされてないし、柵で囲んでもなかったし、有刺鉄線が張り巡らされてもなかった。

シャブリと鳩

広場にはかつてスパイの頼もしい友だった鳩が歩きまわっている。奥深いドイツの後方戦線から最重要の秘密報告をフランス人に運んできたのは鳩たちではなかったか。それにしてもフランス人はなんという恩知らずなのだ。自分たちの助手を焼いて、最も洗練された料理として供するなどしてよいものだろうか。ところで各国の政府は自分たちのスパイにもっとよくしているだろうか。実際、スパイは生きたまま焼かれはしないが、あっさり棄てられて、ときにはあそこを蹴り上げられる……。

ボーイが飛んできて、ターニャは何か不思議なフランスのオムレツを注文している。彼女は卵に目がなく、これがたいそうわが家の家計強化に役立っている。しかしオムレツはわたしの口には入らない。わたしははたして会えるだろうかと、たえずミス・Yのことを思っている。われわれは罠にかかりはしないだろうか。

タチヤーナはシャブリを半ボトル注文するが、わたしは飲まない。諜報活動の前には少しも飲まない。その後ならとことん飲んでも構わない。だが、今は、一滴たりとも。

「ポンピドゥー・センターに寄りましょうよ。すぐそこよ」、タチヤーナがワインを飲み終わって言う。

わたしは逆らわない。わたしは自分の工作のことで頭がいっぱいで、まるで模範的なアメリカの亭主よろしく従順そのもの。

二人はひどいモダニズムの施設であるセンターで絵画室をぶらつく。わたしは歩きながら眠る。

若いころわたしはモダニズムやアヴァンギャルドをたらふく詰め込んだので、到底見る気が起きない。モネの睡蓮やゴーギャンのタヒチの女はもうどれほど見たことか、カンディンスキーの飾り書き文字やマレーヴィチの四角にどれほど気持ちを悪くさせられることか。

諜報の観点からすると、この芸術の殿堂はチェックに便利だ。ここはエスカレーターや回廊、行き止まり、テラスがとても多いので、尾行がすごく簡単にわかり、レジェの馬鹿げた絵を見ながらとか、人知れずトイレに姿を消すかして、瞬間的に手渡すことも十分可能である。

へとへとの状態で地下鉄に乗り、エトワール広場へ向かう。

粋なシャンゼリゼのベルギー・レストランでこのうえなく優美に食事をする。

監視の尾行が羨望のあまり舌なめずりしているなかで、

一組の夫婦が地獄の炎のように熱いほうろう引きの鍋の中で殻を開いて突き出ているプロヴァンス風のムール貝を厳かに口に運ぶ。

よく見ると、ムール貝は何かを連想させる、貝はセクシーだ、えい、いまいましい！

殻の片側をはずし、それを使って残りの側からきゃしゃな創造物を引き出す。

しかし、秘密は、世界のあらゆるスパイスに満ちた香り豊かなスープの姿で鍋の底に隠れている。押し開いた貝から剝き出しになったムールを抜いてまさにこのスープに浸すべきなのだ。フランス人は棒パン《バゲット》なしには生きていけないし、町中が歩きながら棒パンをかじっているパリジャンで満ち満ちている以上、この傑作なスープに棒パンのかけらを突っ込むのも悪くない。

奇妙なことに、プロヴァンス風ムールに向かっているとわたしは明日の工作のことを忘れてしまう。恐ろしいことだ。フェリクス・ジェルジンスキーは何と言うだろう。

「明日は一日いそがしいよ」、わたしはテレビの人気アナウンサーみたいに微笑みながらタチヤーナに言う。「マレ地区を見よう。そこは以前、悪臭を発していた沼地に王様が屋敷をつくったところなんだ。あるとき王様がそこで舞踏会を催したが、すごく酔っぱらった王様の友人は全員松明《たいまつ》のように燃え出したという話だ」

「なんて面白いんでしょう。わたしたちにもそんな舞踏会があったらいいのにねえ」、彼女はわがKGBその他の友人が底無しの深酒のうえ度はずれの女好きなのがまったく我慢ならないのだ。しかし、彼女に親切にしてくれる者は認める。残念ながら、そういう連中はわたしの気に入らない。

「そこには公園と噴水のあるユニークなヴォージュ広場があって……それからナポレオンの墓へ行こう、その隣がロダン美術館だ。君、ロダンが好きだろ？」（そこは二番目の監視点なのだ）

「今は好みじゃないわ。彼のあの甘ったるい『接吻』！どこもかしこもロダン！」、タチヤーナは顔をしかめる。

「でも、ロダン美術館へ行かないわけにもいかないよねえ……」。わたしは取り入るように言う。「その後は君を一日中『サマリテーヌ』デパートへ行かせてあげるよ。あそこは素敵なデパートで、君の天下だ」

「あら、わたしと一緒に行かないの？」

「僕は店が嫌いなんだ……」

「自分のことなら夢中になるくせに。で、何をするつもり？」、タチヤーナはひかない。

「ウラジーミル（友人で二十年会っていないし、またこれからもそれくらい会わないだろう）に電話するんだ。ひょっとして家にいれば、たぶん僕たちに何か面白いものを見せてくれるかもね」

「そうね、あなたがパリにいるってわかれば家から逃げ出すわ。あんなしわん坊、見たことない。わたしたちが自分のところへ食事に来るって思うに決まってるわ」

たそがれてきた。わたしの心は工作を予期して高ぶる。幸い、わたしとタチヤーナはひどく疲れたし、重要な仕事の前にはひと休みするのも悪くないとでも言うように雨も降り出した。しかし妻は何度でも夜のパリをうろつくことも、傘をさしてうろつくことも、モンマルトルへ駆けのぼることも辞さない構え。彼女を怖がらせるものは何もなく、わたしのうめき声（ぎっくり腰の真似をする羽目になる）だけが彼女に仕方なくホテルへ足を向けさせる。

わたしは彼女をまるめ込むためにサンテミリオンの白ワインを一瓶とカキを一ダース買う。売り子はカキを特殊なやっとこで広げて、氷とスグリの葉をつめた小さな籠（シラカバの籠じゃないかな）に入れてくれる。

故郷のモスクワで毎日カキを食べているみたいに、この小さな木のバケツを軽く振りながら、幸せいっぱいのタチヤーナに伴われて悠然とホテルに入る（「氷に浮いた皿のカキは新鮮な海の匂いを強く漂わせている」）。「ぎっくり腰」に気づかうふりをして、睡眠薬を一錠のむ――そうしないと眠れないのだ。タチヤーナは自分の海の動物をいじくりまわしている（それにしても、このカキの奴らはどこに生息しているんだろう）。わたしはベッドにもぐり込み、あしたの幸運を祈る。孤独、このスパイの永遠の伴侶である孤独は命じる、「口をつぐめ、隠れよ、そして自分の考えも夢も秘めておけ！」と。

夜半、突然激しく鎖の鳴る音が聞こえて目を開ける。狂暴な黒犬が泡を噴きながらわたしに向かって飛んでくるのが見える。夢とわかって目を閉じ、いやな犬を頭の中で追い払う……。

ヘルニアとサン・ルイ島

朝からヘルニアが少しおかしくなりだした。それに神経の状態が胃に響いている。一般的な神経過敏が顕著に現れている。工作中に突発的に起きないかという固定観念だ。仰向けになってヘルニアを鎮め、万一に備えて朝食は食べないことにする。

鉄のような健康と強靭な意志を持った剛直な英雄諜報

貝の輝かしい姿が、ばらばらに砕けようとしている。生涯の伴侶は不幸な病人に薬の山をやさしく差し出してから、自分の好物のクロワッサンへ向かう。Yは来るか来ないか、それが問題だ。

まもなくターニャは幸せそうに、コーヒーで上気して戻ってくる。

「かわいそうな人」、彼女はわざとらしい同情をこめて言う。「あなたにクロワッサンを持ってきたわ」（その形はわたしにひきつけを起こさせる。ああ、この噴門ヘルニアはスパイの厄病だ）。「わたしたち、どこへも出かけないのかしら。近くのお店をぶらついてくるわ。あなたは、休んでらっしゃい……」

「いいや、僕はもうまったく大丈夫だ」。実際、ヘルニアはおさまり、胃けいれんを予想した神経過敏症も、パリはトイレの数より天才の方が何倍もいるモスクワとは違うのだという確実な信念に取って代わられた。

わたしは淡い赤茶のチェックの上着に真紅の絹のネクタイというトップモードで体裁を整える、鏡にはやつれたスポーツマンの顔（なぜか純血種の猟犬を連想する）、ミス・Yはこんなジェントルマンとサン・ルイ島の路地をそぞろ歩き、静かなカフェで軽い食事をすることだってきっと楽しいだろう。

わたしたちは、生涯家庭の幸福に浸り一度だって喧嘩をしたこともないみたいに腕を組んでホテルを出、路地を通って、地下鉄に入る。

途中わたしはちょっとしたトリックを試験的にやってみて、タチヤーナをサン・シュルピス駅で降りさせる（ここにはノートル・ダムに次いで大きい聖堂があり、ドラクロワの絵がある）。彼女には、王様の友人たちが燃えた（わたしの友人も皆、恋人と一緒に燃える）昔のマレまでいちばん近いんだと請け合う。彼女はコースの変更に腹を立てている。わたしはエスカレーターへのろのろ歩む一団の人々を観察するが、彼らはわたしに無関心で、尾行など思いもよらない連中だ。わたしはタチヤーナに、自分は馬鹿で間違っていたと白状する。これは彼女の気持ちをいやがうえにも高ぶらせる。ちょいちょい彼女に対して自分は馬鹿だと自認しなければならない。

フランス人がどれほどのペテン師かは、わたしが買った豪華なガイドブックで判断できる。それは美しい写真満載のかわりに、観光客がおそらく道に迷ったあげくもう少し高くてもう少しましな、当然ながらガイドブックにある記述抜きの地図をもう一枚買い足すようにつくられている。

ガイドブックの略図にこんがらがって、悪態をつきながらヴォージュ広場にたどり着く。

ミス・Yはこの辺りに十二時から十二時十五分の間に現れるはずだ。彼女はサンタントワーヌ通りからアーケードを通ってきて、一分ほどショウウィンドウを眺め、それから物静かに二番目の監視点へと遠ざかっていく予定である。

太陽が輝き、ひたすら幸せ（工作活動も含めて）のために創造された一日。わたしたちはルイ十三世の大理石の騎馬像からあまり遠くないベンチに場所を占める。四角い広場は、広場をつくった国王も、リシュリュー枢機卿も、博物館をまるまるひとつもらったヴィクトル・ユゴーさえも住んでいた邸宅群に囲まれている。

正午。わたしはおののくようにタチヤーナの肩を抱き、目は片時も店とアーケードから放さない。自分がスーパー・ジェイムズ・ボンドみたいに感じる。

ジーンズをはいたどこかのシラミだらけの少年が通った。しかし、あれは明らかにわたしの大切な女エイジェントではない。よぼよぼのカップルが店の横で立ち止まった……。

十二時十五分。誰もいない。念のためにさらに十分待つ。何かしくじったのかも知れない。諜報にはありがちなことだ。女エイジェントが一時十五分から一時三十分の間に姿を見せることになっているアンヴァリッド脇の第二の監視点へさりげなく移動する時間だ。何が起きたのだろう。遅れたのか。予期せぬ状況になったのか。尾行を発見したのか。尾行がいるので、むざむざ「露顕」しないようにコースをはずれたのか。

「ターニャちゃん。アンヴァリッドへ行って、ロダン美術館に入ってみよう。歩きまわるのはもううんざりだ……」。わたしたちは腰をおろしていたのだが、「タクシーで行こうか」と言ってみる。

ターニャは疑わしそうにわたしを見ている。それも根拠のないことではない。昨日、彼女が足を擦りむかんばかりだったときでさえ、わたしはけちって、彼女に地下鉄に乗ることを強要したのだ。彼女にタクシー代は国庫から出るなどと説明する必要はないだろう。

「昨日、僕はちょっとけちってしまった……」。わたしは心から自分の過ちを認める。そして二人はもう愉快にアンヴァリッドへ乗っていく。愉快だろうか？　なぜ、メリーは現れなかったのか。場所を間違えたのかも。

メリーが二度目に現れるまで五十分ほどあったので、もちろん、アンヴァリッドの付近でお喋りをしたり、ナポレオンの墓を訪れる（大理石の碑のまわりを歩くのに二人で三〇ドル、もちろん、自分持ちで。ＫＧＢの経理が入場券の代金を払ってくれたことは一度もない）ことも可能だが、二人はロダン美術館へ直行する。ロダンは捏《こ》ねに捏ね、塑像をつくりにつくり、フランス全体と全世界を自作の彫像で埋め尽くした。カレーの市民たちはおそらくすべてのヨーロッパの首都で鍵束をがちゃつかせていることだろう。

　ターニャは緑をバックにした像がにわかに気に入る。それらの像は凍りついた巨人みたいで、どの茂みの後ろからも身を乗り出している。サン・ミシェル広場にあって、大洋の底の海草の中で発見されたボトルを思わせるような色をした太ったバルザックすら、ここでは血色がよくなり、体重を減らしているように見える。

　わたしは時計を見る。運命的な時が近づいている。

「じゃ、僕は出かけるよ。どっちみち君は美術館の後でサマリテーヌへ行くんだろう」。フランスの防諜局やKGBの人事部を合わせたよりもしげしげとわたしを研究しているタチヤーナは、即座にわたしのわざとらしいぼんやりした様子に疑いの念を起こした。

「なぜいきなり急ぎはじめたの？」

「ヴォロージャと会うんだよ」

「ヴォロージャとですって。いつそんなことを決められたの」

　これにはもう経験豊かな取調官が感じられる。

「今朝だよ……」

「なんでそれをわたしに話さなかったの」

　なぜ隠していたのかという、この最後の文句は最も恐ろしく、家庭の幸福は破壊の脅威にさらされている。なぜこの秘密を打ち明けなかったのか。妻に対して心を開かないという恥ずかしいことはどう説明すればいいのか。わたしは自分が被告席に座っているように感じ、なだめるようにタチヤーナの可愛い頬にくちづけし、ゆったりした足取りでアンヴァリッドへ向かい、そこで鉄柵のそばのベンチに腰をおろした。

精神異常になるには

　一時十五分。少しも暑くないのにわたしの手はじっとりしている。メリーが今にも姿を現すはずの交差点が柵の向こうに見える。なぜ彼女は来ないのだろう。神様、彼女を来させてください、必ず通りがからせてください、彼女が現れるようにしてください、と祈る……。

　一時三十分。わたしは心配で吐き気がしてきた（モスクワに着きしだいKGBの診療所で自分が精神異常なのか検査を受けなければ。これはあらゆるスパイの宿命なのだ)。おまけにさっと小雨が降りだし、ベンチで雨に打たれているのは、サハラ砂漠で日光浴をするのと同じぐらい馬鹿げていた。姿を消すことにしよう。

二つの場合がありうる。メリーには何か危ないことがあり、彼女は会いにこないことにした。または、仕事に関連したこともありうるが、何らかの原因で監視点に来られなかった。いずれにせよ、女エイジェントが二時十五分に出現するはずのアンジュー河岸通りへ移動しなければならない。

周囲は静かでひっそりしているが、わたしは警戒心をゆるめず、地下鉄で尾行のないことを確認し、シテに出て、街灯柱(危険な場合、わたしがそこに赤いチョークでしるしをつけることになっている)の横を通過し、路地をぐるぐる回り、ボードレールの隠れ家の近くに立つ。

何かあったんだ、なんてついてないんだろう。つまり、三日後の予備日だって、期待するだけ無駄だ、いまいましい。

すると突然、濃いドレスに新聞を小脇に抱えたブルネットが目に入った。二時十五分。あれは彼女だ! 可愛い、大切な、比類ないメリー・Y、君が来てくれたなんて何という幸せ! わたしの愛、わたしの喜び!

メリーはボードレールの家の記念板のところにちょっと立ち止まっただけで、通り過ぎた。明らかに彼女は、尾行のないことを確かめるためにもうひと回りするつもりなのだ。監視点に出られなかったのなら、とても健全なやり方だ……。

彼女はもうすぐ河岸通りに現れるだろう、しかし誰もいない。何があったのか。

わたしは河岸通りを走り、右に曲がるとメリーの背中が見えた。なぜ彼女は遠ざかるのか、なぜ会う場所へ引き返さないのか。彼女を引き止めなければ。まわりは静かだし、フランスの「監視」は飛行機で飛びはしないし、空から追跡しているわけでもないし。警戒心は脇へ置いて、前へ前へ、大至急彼女と接触しなければ。わたしはメリーの方へ走る、走って息を切らせ、友人がつい最近トロリーバスに突進して扉の直前で死んで倒れたことを思い出す。

しかし、突然タクシーがブレーキをかけ、メリーは身軽にさっと乗り込み、急発進、右折、そして車は消えてしまった。

もしかして、あれはメリーじゃなかったのかな。いいや、背丈も、ドレスも、顔も(ぼんやりした写真でもそっくりだったようだが)、小脇に抱えた新聞も、分厚い、明らかにアメリカの新聞だ。

わたしはアンジュー河岸通りに戻る。もしかしてメリーはもう一度確認のためにタクシーに乗ったのだろうか。ひょっとしてわれわれのランデヴーの場所に戻るのではないか。

二時三十分。誰もいない。

二時四十分。アラブ風の少年が二人通った。

二時五十分。無愛想な老人が家のそばを歩くが、記念板には目もくれない。

これ以上とどまるのは危険だ。住民の誰かが思い設けぬ用心深さを発揮して、フードつきの明るい夏のコートを着た痩せた小男がぶらぶらしていると警察に通報するかもしれない。

アデュー、アンジュー河岸通り！　メリーのあまめ！もしも彼女に「監視」がついていたとしたら、なぜあの場所にのこのこやって来たのか。万事順調でスムーズにいっていたとしたら、なぜあんなに急いで逃げる必要があったのか。彼女に何があったのか。食わせ者かな。敵側の女、とっくにわかっていたんだ。あの服なんか牛にのせた鞍みたいじゃないか。たぶん、遠くから見たせいか、死んだ魚みたいに目の突き出たあの面《つら》も感じが悪いし。

わたしは傍目《はため》にはどう見えるんだろう。


スパイの仕事は個人に刻印を捺す。スパイにはおもねるような歩き方が身につき、セイウチみたいな面《つら》がまえになる。目はきょろきょろと敵を探す。健康も害するし、それに応じて性格も悪くなる。規則正しい食事をしないで神経を使うことに身を削っていれば、今日みたいにさしこみがくることや、胃カタル、痔……などの原因も理解できる。

卒中や梗塞に十分な気苦労、静かに眠りたまえ、親愛な友よ！

女性も不断のスパイ活動でやはり下劣な顔つきになる。鼻が伸び、耳が分厚くなり、笑顔もキツネっぽくなり、下品なしなをつくる。

かりにわたしが、タチヤーナはよその諜報のために働いているということを知ったとしたら……恐らく首を締めただろう、タオルを取って首を締めたことだろう！（挑発的な乳房を震わせる素っ裸のタチヤーナと、大きなバスタオルを持った狂暴で痩せた自分を想像する）

暗い気持ちでホテルへ向かう。

途中で赤ワインを一瓶買う。

さて、ホテルだ。あのがめついフランス人がホテルに無料の新聞を置いているのは驚くべきことだ。

しかし、タチヤーナは素敵だ。今まで町を歩きまわり、おそらくもう「サマリテーヌ」百貨店をそっくり買い占めてしまっただろう。なんと馬鹿げたことか、わたしは彼女を一人で行かせ、そのうえ金まで渡したのだ。馬鹿者め！　女は抑えつけておかなければいけない。善意は彼女らを駄目にする。ニーチェは女には鞭をもってのぞめと勧めている。

ところでワインは素晴らしい。カベルネ・ワインが十フランだ。

フランス人にはいらいらさせられる。まず第一に、ほとんど英語を話さない（ロシア語は想像外だ）、おまけにそれを国民的尊厳のように誇りさえしている。第二に、群衆の中では彼らは堪えがたい存在だ。スズメの群れのようにがやがや騒がしい、そして無意味に駆け回る。最後に、名だたるフランス料理はどこにあると言うのだ。これは棒パンじゃないか。有名な魚のスープ、ブイヤベースを食べるためにはマルセーユまで飛んでいかなければならないし、ルーアン風の鴨を味わうにはルーアンに行くしかない。今のところモスクワでキエフ風カツレツが食べられるのは結構なことだ。

パリには娼婦以外に何か特別パリ的なものはあるだろうか。もっとも娼婦はすでに半分が外国人だが……。

フランス人は素敵な恋人だと言われている。どんな馬鹿らしいことが頭に忍び込むのか、わたしはかなり頭がいかれているようだ。

われわれの頭は固定観念に満ちている。曰く、アメリカの男性はよい亭主で（そんなのんびりした生活なんてむかつくよ）、アメリカ女性は気難しい細君で（喧嘩っ早い女！）、イギリス人は冷たい（は、は、は）、ロシア人には概してセックスがなく、なぜなら彼らはソビエトの学校でそのしつけを受けなかったので（猫並みに交わっているが）、ドイツ人はユーモアのセンスがない（首を吊りたくなる）、フランス人は善良で衝動的（けちんぼ！）である。

ワインは鎮静作用を及ぼし、わたしのふさぎの虫は去っていく。そのとき初めてわたしはこれは全部呪わしいメリーのせいだということを悟った。

ああ、もしも彼女が会いに現れたら……わたしは彼女に足の先から頭のてっぺんまでキスの雨を降り注いだだろう……わたしは彼女を神と崇めたことだろう、おお、メリー、メリー！

「で、ヴォロージャはどうだったの」、タチヤーナが反撃に移った。

「ヴォロージャって?」、わたしはびっくりした。わたしは、自分を上等なカフェへ連れて行ってくれたり、ロブスターをおごってくれかねなかった最良の友のことをまったく忘れていた。

「あなた彼に会わなかったと言うの? あのけちんぼに会わなかったの?」

「いや、電話したんだけど、何か用事だと言うんで、また今度会うことにしたんだ……」。わたしは狼の子どものようにせかせか歩き回り、まるで一日じゅう女学生をたらしこんでいたみたいに恥ずかしさに赤くなった。

「あなたの顔にごめんなさいと書いてあるわよ。いいわ、わたしもう前からあなたにはスパイ活動のほかには何も必要じゃないってこと知ってるのよ」、タチヤーナは断固言い切り、わたしは自分にはもはや何も必要ではないことに驚いて、もっと赤くなった。

「ぼくは赤くなんかならなかったよ……たぶん、ワインのせいだ……」。そしてその証拠にわたしは夕日のように真っ赤になっているのを感じながら、ボトルをあけた。

ワインは荒れ狂うタチヤーナに追われているようにパニック状態で食道を駆け下る。

尋問の声をかき消すように不安ながらテレビをつけ、アナウンサーの言葉に聞き入る。退屈なフランスのテレビとこの日のあらゆるごたごたで眠くなる。

かすむ頭の中でメリーのことを考え、ビデに唾をはき(ローマ人はもっと悪いことをした)、静かに寝入る……。

アメリカで友人と会いたかったら、到着をファックスで知らせて、招待を待ちなさい。おそらく、招待が来るだろう。イタリアではチップをけちらず、またどんな場合でも自分のスーツケースを自分で運んではいけない。知人のご婦人方の手にはなるべく大胆にキスしなさい。知人のところではまず彼らの子どもや両親の健康をたずね、それから知人自身の健康をたずねなさい。ポルトガルでは誰にも午前十一時前に電話をかけない。そして第三者の前でご婦人にお世辞を言わない。服はぼろでもかまわないが、靴は光っていなければならない。フランスでは電話をかけないで友人の家に押し入ってはならない。とくに泥酔状態や午前四時には禁物である。アメリカにいるのでなければ、会うたびに握手はしない。食卓では皿の中身を全部平らげてはならない。チュニジアでは挨拶のときには、お辞儀をし、右手を額にあて、それから唇にあて、それから太陽に向けなさい。その意味は、「わたしはあなたのことを考えています、わたしはあなたのことを話しています、わたしはあなたを尊敬します」ということだ。家の主には子どもたちについて詳しくたずねなさい、しかしけっして奥さんの健康に関心を寄せてはならない！

ルーヴル美術館をみるときにはこういうくだらないことがどっとわたしの頭に忍び込む。防弾ガラスで守られた偉大なレオナルド・ダ・ヴィンチの野暮なモナ・リザには、プロレタリアの道具である道路の丸石を投げつけてガラスの強度を試してみたいという欲求のほかは何の感興も湧かない。

ミロのヴィーナスはその反対に心を温めてくれるが、頭には崇高な気持ちではなく、「ミロのヴィーナスに両腕があれば、わが国の政府なら盗み出したかもしれない」などという俗世間的な考えが浮かぶ。

正直に言って、優雅なルーヴルの館内では呼吸も楽にでき、ナポレオン・ホールやガラスのピラミッドを長いあいだ見学でき（自分をナポレオンと感じながら）、スフィンクスの間ではエジプトで盗まれたスフィンクスに感嘆し（自分を謎に満ちたスフィンクスと感じながら）、ルーヴルの納骨堂では骨をかたかたいわせ、調馬の間では牡馬に変身したくなる――そうだ、わたしはあのパリの牝馬たちをあっと言わせたいものだ。

自分の名前の寝椅子に横たわる有名な愛人レカミエ《レカミエ》の肖像〔ダヴィッド画〕の前では立ちすくむ。

「わたしはレカミエ夫人のところへ行きました。可愛い、愛想のよいおばあちゃんでした」。これはヴャゼムスキーの手紙の一節である（われわれは皆、美男子も美女も、しわだらけの、いやな臭いのする、骸骨みたいなものになってしまう）。

ドラクロワの名作「民衆を導く自由の女神」の中に収まりたい。そこでは銃と旗を手にした半裸の女性が、空に向かってピストルをぶっ放しているチョッキ姿の無遠慮なガヴローシュや、前庇の固い帽子をかぶりサーベルを持ったいやらしいインテリとか、インテリ風の手に銃を握っているシルクハットとタキシード姿のほおひげを生やした変わり者たちから離れて、バリケードを去ろうとしているみたいだ。

激情のオーギュスト・バルビエのことば。――「自由は、ひ弱な伯爵令嬢とか、黒く染めた眉、真紅に塗った唇、悩ましげな弱々しい膝のサン・ジェルマンの気取り屋ではなく、これは豊満な胸の大女で、その声は粗野で、情欲は強く……」

気性の激しい女！

わたしはアメリカ人ではないとしても、KGBのどのスパイとも同じようにものすごく教養があるので、どこの美術館でも一時間後には自分が臓物を抜かれたニワトりになったみたいな感じで、酸素不足に喘ぎ、冷たいビールを渇望し、一服吸いたくなり、ベンチで足を伸ばしたくなり、キャンバスに描かれた青白い姿ではなく、躍動する可愛い創造物を眺めて楽しみたくなる……。

わたしたちは疲労困憊して観光客でいっぱいの広場に這い出す。気ぜわしくビデオカメラや写真機が光り、飽食の鳩が日なたぼっこをしている。鳩は軽く炒めて食べてしまいたい（ところで、パリではそんな料理はどこにも見つけられない、話だけなのだ）。ボヘミアン風の小柄な老人がトイレから出て、丹念にズボンの前ボタンをかけている（われわれの敵は、この仕種《しぐさ》でソ連のスパイを識別できると断言している）。

人かずの少ないテュイルリー公園をゆっくり歩き、直接コンコルド広場に出る。わがマヤコフスキーは「もしもわたしがヴァンドームの記念柱だったらコンコルド広場と結婚しただろうに」と書いた。

わたしは、この巨大な薄汚いマダムとはけっして結婚しないだろう。自分がヴァンドームの記念柱であっても交わりさえしないだろう。エッフェル塔には触ろうともしないだろう。これはあまりにも高すぎて、届かない……。

そのかわり、アレクサンドル三世橋は完成された建造物であり……そうだ、橋は男性形〔文法上の〕だ。

コンコルド広場のバスと自動車はあらゆる方向からもぐり込む。せかせか落ち着かない気分で、気がめいり、この広場にはルイ十六世をその妃マリー・アントワネットもろとも先祖のところへ送り出したギロチン（おお、尊敬する医師ムッシュー・ギヨタン、ジャコバン派のリーダーたちの偶像！）が立っていたということも慰めにはならない。

なぜ愛人たちを殺すのか？（ターニャにはこの考えを発展させせない方がよい）

驚くべきことに、ダントンもロベスピエールも生前自分の名字の前にあえて“de”をつけたが、人類は驚くほど見栄が強い。ついでながら、わたしも「同志」とか、「ガスパジン」〔ミスター〕などという没個性的な呼び掛けではなく、「将軍」と呼び掛けられる方が好きだ。

メフメトとかいう人物からルイ＝フィリップ王に贈られたことになっている（実際はルクソールの神殿からこっそり持ってきた）エジプトのオベリスクを迂回して、ルーヴルの芸術やギロチンの思い出にやや疲れた裕福なブルジョワ気分でシャンゼリゼをそぞろ歩く。

飲んで一服したいところだが、この光まばゆいばかりの通りの価格は目の玉の飛び出るような値段で、一方、将軍のポケットは出張費も限度いっぱい、悠然と店々の前を通りすぎるほかなく、タチヤーナには、スーパーマーケットは十分の一の値段で、しかもうまい、ホテルの部屋なら世界一居心地がいいと説得する。

さまよう、さまよう、さまよいまわる……ロワイヤル通りのレストラン「マクシム」のショウウィンドウを好奇心でのぞく（メニューは、いまいましい奴らめ、出してない。ここは予約でないと入れてもらえないという話だ。だいたい、とても高くて。階級的憎悪で歯ぎしりする。共産主義万歳だ！）。回れ右をすると突如、右手に旗を持ち馬に乗ったくすんだ金メッキの女性の近くに出る。ああ、ジャンヌ・ダルクだ。

騎馬の像はどれもこれも驚くほど互いによく似ている。これもヴィクトワール広場のとっつきにくいルイ十四世像とほとんど変わらない。

「ああ、お前たち馬よ、わたしの馬たちよ、気難しい馬たちよ！」

二人とも猛烈にくたびれ、やっとの思いで美しいサンテティエンヌ・デュ・モン教会へのろのろ進む。教会ではオルガンが響き、二人は敬虔な面もちで椅子に崩れ込み、バッハのとどろくようなフーガの音に引き込まれて居眠りしそうになる。

ホテルへは疲れ切ってたどり着く。わたしのメリーはどうしたかな。次の工作まであと二日だ……。

ホテルではパンツ一枚になり、『インターナショナル・ヘラルド・トリビューン』をわしづかみにする（もしかして第三次世界大戦が始まったら、どうやってシャンゼリゼから逃げ出せばいいか）。長い間眼鏡を探し、赤ワインのボトルをがぶ飲みし、浴室のタチヤーナにわたしの眼鏡を見なかったか、去年わたしのガレージの鍵をしまい込んだように眼鏡をどこかへしまったんじゃないかと怒鳴る。彼女は永遠の眠りについた（ついにわたしは自由の身だ！）みたいに黙っている。ドアをノックする。荒々しく叩く。絶望的に叩く。彼女は行ってしまえと言うだけで、ドアはあけない。眼鏡はどこだ、畜生！

わたしはテーブルの下やベッドの下を這いずりまわり、思いがけず使用済みのコンドーム（他人の）に出くわす。ろくに掃除もしてないんだ！　眼鏡はどこだ！

そこでひと騒動始まった。真っ赤になったタチヤーナがタオル地のガウンをまとって現れた。彼女はすでに激怒の頂点に達している。

眼鏡はわたしの鼻にのっていることが発見される。だんまりの瞬間。涙のコメディ。タチヤーナはもうたっぷり飲んだわたしを馬鹿者呼ばわりするチャンスを逃さない。

家庭争議、醜悪な事態、憎しみのことば、下品な悪罵。さらに一瓶飲み、力なくベッドに倒れる。夜半、また錆びた鎖が鳴り、黒犬がわたしの後を追ってくる。もうつかまる、今にも噛みつかれる……。

女エイジェント、オルセー美術館に登場

目がさめる。タチヤーナが横にいない。防諜部の挑発か。盗みか。スキャンダルはあったが、それがどうしたというんだ。

捜索をしているみたいに部屋を見てまわるが、誰もいない。タチヤーナの毛布も、枕すらない。タオルにくるまって、部屋を出ると、木の階段で寝ている哀れな自分の妻を発見した。大変だ。われとわが身を呪いながら、恐怖のうちに彼女を起こす。ところがオープンサンドの法則（物事はとかく裏目に出がちなもの）でドアはがちゃんと鍵がしまり、キーがなければ戻れなくなった。タチヤーナはドアを引っ掻き、憎しみのあまり泣き始める。わたしはエレベーターに乗り、トーガ（昔のローマ市民のゆるやかな服）姿の誇り高きローマ市民気取りで玄関番のおばさんのところへ降りていく。彼女は当惑気味にタオルを眺めるが、スペアキーを寄越した。きっと、これは全部夢だったんだろう。

朝、わたしがそう思っていると、おばさんがドアをノックして、キーを返してほしいと言っている。

昨日は二人とも歩きまわってものすごく疲れたので、つまらないことでスキャンダルになった。わたしはこの考えを老練なスパイがするように目ざめかけたタチヤーナにソフトに吹き込み、即座に罪を自分にかぶせ、有名なオルセー美術館へ行き、それからいちばん上等な高級レストランで食事をしないかと誘う。これ以上どうやって自分の罪のゆるしを乞えるだろうか。

わたしの妻は意地悪な性格ではない（ときどきはそうだが）、コーヒーとクロワッサンが彼女を再び涅槃の境地に導き、わたしはすべてを許され、わたしにもっとファッショナブルな新しい眼鏡（これは気付かない方が難しい代物）を買うという考えさえ言ってくれた。

ターニャはソチ育ちで、温暖を好み、それを求めて寒いモスクワからパリへ来た。ターニャは、子ども時代を珍しい亜熱帯植物に囲まれ、花に埋もれた贅沢な屋敷で過ごしたので、ほとんど爪の先まで貴族である。それは色あせたサン・ミシェルでも、野原のないシャンゼリゼどころではない。この超ブルジョワ的生活現象は、ター

ニャのパパがスターリンのソチの別荘の警備隊長だったことで説明がつくし、そのゆえに桃源郷の姿をした社会主義はそこで広く盛大に花開いたのである。

こんな話がある。ある夏、ヨシフ・ヴィッサリオーノヴィチ〔スターリン〕がターニャのパパと自分の海水浴場を歩いているとき（彼が海で泳いだことがあったのかどうかはわからないままだが、どうあろうと彼は、明らかに裸姿の自分は神様ではなくて普通の人間と思われるのを恐れて、警備員のいるところでは裸にならなかった）、ターニャのパパは日焼けした巻き毛のわが子を主人に見せた。伝説によると、首領はターニャの頬を軽く叩き、どこから現れたわからないバラを一輪とって彼女に贈り、「美人になるぞ」というお告げを口にされた。

そしてターニャは美人になり、それ以来、はてしなく美しくなり、とどまるところを知らない。彼女が子どものときから摂取してきたはずの諜報員のあらゆる素質（警戒心に等しい嫉妬心を除き）の欠如をこれに加えるなら、われわれは最高に素晴らしいカップルなのである。

しかし今日、われわれには昔の豪勢な駅だったオルセー美術館が控えている。

オルセー美術館は印象派その他わたしがもうひきつけをおこしている諸派に埋め尽くされているし、メリーの状況不明がまだ頭にしこっている。

幸い美術館ではフランスの大企業主クレゾー一家の展示会が開催されていて、おびただしい写真の中から尊大と富でふくれあがった彼の親族が全員顔を見せている。その写真は見事な蒸気機関車の模型に取り巻かれ、壁には憎しみに燃えた労働者たちがスコップで石炭を火室に放り込んでいる絵がかかっている。

そしてわたしは突然メリーを見た。革のソファに座ったクレゾーの家族の一員の絵の傍らにいる彼女を見た。

わたしはメリーを見る。心臓は冷たくなっていく。どうしたらいいだろう。一瞬を利用すべきだろうか。なぜ彼女はあのときタクシーに飛び乗ってわたしから去ったのか。彼女は明後日、ボードレールの家のところへ会いに出てくるだろうか。しかしわたしはつけられているとしたら。万事休すだ！　完全な失敗。しかしわたしは何を迷っているんだ、馬鹿め、運命が手を貸してくれているというのに。駆け寄って、急いで明日会う話をつけるんだ。チャンスを逃すな。引き延ばすことがあろうか。あれはメリーだろうか。もちろん、メリーだ、まさにアンジュー河岸通りでちょっぴり手間取らせてくれたあのマダムだ。

わたしは放心したように彼女に近づく。もしつけられていたら、これはもうどうしようもない。にわかにわたしは好きなビュッフェの展示室がどこか知りたくなる。

「メリー、一昨日はボードレールの家のところであなたを待っていたんですよ。明日の二時にモンマルトルの有名なラパン・アジール《跳ねうさぎ》の店で会えませんか」

彼女は驚いたスフィンクスみたいに一瞬すくんだ。軽い疑念が彼女の顔を横切る。彼女はわたしを眺める。まじまじと見つめる（それほどブスでもないな、ついでながら）。

「けっこう。行きますわ」

わたしは熱いフライパンから離れるように彼女から跳びのく。わたしの行動は正しかった。諜報活動で最も恐ろしいのはためらい、あいまいさである。

彼女が明後日の予備の日に会いにくるという確信はあっただろうか。女エイジェントという連中は不幸なことにあくまでも女であり、本質的に工作活動とは無縁で、彼女らは何でもごちゃまぜにして、カモシカのように秘密の場所に飛んでいかなければならないときに鏡の前でいつまでもおめかししているのだ。それに加えて、わたしはもうアンジュー河岸通りでたっぷり顔を見られているし、この世にはのらくら者や、ひがな一日陣取って四方八方眺め回しているよぼよぼの年金生活者がどれくらいいるかわかったものじゃない。彼らは犯罪者を捕まえるのが何より好きで、通りをぶらつく怪しげな奴を見掛けしだい際限なく警察に電話する。そんなおいぼれのひとりが河岸通りをあたふた駆けまわっているわたしの姿を見なかったという保証はどこにあるだろう。

「あなた、何であのいやな女につきまとっていたの？」

これは老けもせず、永遠に美しい巻き毛の子ども、攻撃的にわたしを見据え、視線でわたしを焼き尽くさんばかり。この子は蟹座の下に生まれたのであり、その人たちにある血の中の攻撃性（彼女はパリへ出発する前に、隣家の犬が小便をひっかけた階段にバケツ一杯の水をもろにぶちまけた。隣人たちには水たまりをぴちゃぴちゃ歩かせて、物事の次第をわからせればよいのだ）、それに気持ちの激変と飽食志向が天使の性格の中で先行している。

「僕は絵の題名を知りたかっただけさ。フランス語で何と書いてあるのかわからなかったんだ……」、わたしは哀れな羊のようにメエメエ鳴く。

「あなたが何に興味を持ったかわかってます」、タチヤーナの鼻孔がふくらむ。「わたしがショッピングしている間、あなたが女たちにくっついていた様子が目に浮かぶようだわ。せめて素敵な人たちを選べばいいのに、必ず足曲がりの女性を見つけるんだから」

おお、わが愛しのたぐいまれなレディ、わたしは君をとっくり研究した、わたしは君のいつまでもほとばしり出ずる激情が一日の終わりまで鎮まらないだろうことを知っている。

でも、わたしは温厚で、寛容で、機転がきく。メリーに偶然出会えたなんて、何という幸運。「人生でわれわれに必要なことはいかに僅かなことだろう。君にとっても、わたしにとっても。最も小さな発見でもとても嬉しい」

明日は隠密の出会いだ。これは重要なことで、これは成功で、成功とはこの世で最高のことだ。僕は君が好きだよ、ターニャ！

「わー、君は今日なんてきれいなんだ。君が気に入ったあの帽子はぜひ買いたまえ。今日、サン・ジェルマン・デ・プレで食事をしないって法はないね」

途中ガイドブックで読んだ壮麗な教会をもつこの古い修道院に関する情報でわたしはいちだんと冴えていた。この教会はフランス革命のときに硝石の生産工場に変えられた（わが国で、救世主教会がじゃがいも加工工場に変えられたみたいに）。

サン・ジェルマン・デ・プレで

わたしはけちらずに、タクシーをつかまえる（タチヤーナは一度でなだめなければならない。暖まった蒸気機関車はもはや押し止めることは難しい）、そしてわたしたちは早くもテラスのある快適なカフェが待ち構えている古い建物に囲まれている。そこには文学出版社も、骨董屋も、アングラキャバレーもある。

やあ、パリ左岸のインテリ諸君！　ここでは耽美主義者ポール・ヴァレリーと熱狂的な社会主義者レオン・ブリュムが論争し、サルトルがシモーヌ・ド・ボーヴォワールと腰掛けていた。この二人はカフェ・ド・フロールとレ・ドゥ・マーゴを好んだ。しかしわたしたちには作家同盟の友人でホモのアンドレ・ジッドの憩いの場所、ビヤホール「リップ」がよい。

偉人のなかの誰がどこで、いつ、がつがつ食らい、酔っぱらったのか、もちろん完全なたわごとだが、彼らはいつも酔って酒場から酒場へパリ中をはしごして回ったとか、今じゃどこのレストランの店主も自慢げに彼らの名前を口にする。

歴史がわれわれスパイを大目に見てくれないのは実に

残念だ。そうでなければ、パリ、ニューヨーク、ウィーンのすべての高級レストランにはわたしの名前を書いた記念板が輝いているはずなのに……。

ビヤホールはひどく高く（ああ、子爵の財布よ！）、それほどうまくもないが、その日は素晴らしい日だったので、いつものようにしみったれることはない。リラックスして、少し早めにベッドにもぐり込み、明日一日、タチヤーナから離れているためのお話を考えなくては。

おお、天使メリー！

夜、感傷的な雰囲気で（今夜もホテルへはカキを入れた編み籠と比類ないピュイ・フュメの白ワインを買って帰った）次のような対話が交わされた。

わたし（まるで人類の運命を決定するかのようにいささかためらいがちに）――パリにいて、ペール・ラシェーズへ墓参に行かないのは具合が悪い……。

タチヤーナ（唇を突き出してレモンをかけたカキの汁を殻から吸う。カキ汁は心地よく舌を冷やす。舌はその後で金色のピュイ・フュメの白ワインにもひたすことになるのだが）――あなたそこでどうするの。コミューンの人たちの遺骨に礼拝したいの？　あの人たちを殺したのは正しかったのね。わたしたちの国の連中も時を失せずに殺していれば、スターリンは現れなかったでしょうに！

わたし（考えついた非難をこめて）。なぜコミューンだけなんだ。あそこにはモリエールも、ユゴーの全家族も、オスカー・ワイルドも、バルザックも、ショパンも、エディット・ピアフも……。

タチヤーナ（ピュイ・フュメが怒りを助長する役に立たないので、いささか軽蔑気味に）。あなたはモンパルナス墓地へ行っただけじゃ不足なのね！

わたし（もはや攻勢に出る）。僕はモンマルトル墓地にも行くつもりさ。あそこにはゾラ、スタンダール、ハインリヒ・ハイネも、それからパッシー墓地も、そこはエドワール・マネ、ドビュッシーだ。それからブーニンも、ザイツェフも、われわれロシアの移民たちが全部眠っているサント・ジュヌヴィエーヴ・ド・ボワへも行こうじゃないか。

タチヤーナ（すっかりピアニッシモに）。わたしは死人には吐き気がするわ（わたしの方は食欲が湧いてくるのだが）。行きたいなら、ひとりでいらっしゃい。わたしはパリを散歩するわ。

わたしの哀れなスパイの心は小躍りして喜ぶ。輝やかしい挑発のすえ、目に見えない勝利が収められたのだ。

よく敵を（妻を）研究し、そのあらゆる弱点を知るとはどのようなことだろう！

わたしは、タチヤーナが墓地を嫌うことをよく知っている。とくに雨のときは彼女はまるで何日も吐きつづけたみたいに青ざめ、両目は太陽やその他の生命のしるしを探し求めてうつろにさまよう。彼女は永遠に若く、美しいからだ！

美酒は悪い酒と違って最高の気分をもたらし、わたしは大切なピュイのグラスを握りしめてベッドにもぐり込む。

ゆっくり寝入り、眠り込む。

朝からわたしは恐怖感に襲われ、メリーのことが念頭を去らない。頭から追い払っても追い払っても戻って来て苦しめる。

彼女は機密文書を持ってくるだろうか。とても重要な問題だ。この一事でモスクワでのわたしの権威は天の高みにまで高まるかも知れない。呪わしい神経症。またもや胃の状態に響いてきた……畜生め！　今朝も朝食には、悪魔のクロワッサンには行かない。朝食は部屋代に入っているので、もちろん残念だが……

便所のドラマ

わたしは文化的なパリを信じていた。もう最初の日にわたしは通りすがりの老人にトイレットはどこかたずねた。老人は微笑みながら、「どこのカフェへでも行ってごらんなされ」と答えた。

ははーん、じいさんには何でもない話なんだろうが、わたしにとっては収穫だった。わたしはムスタングのようにただカフェへ寄るだけでいいんだ。すると給仕長がメニューを捧げて走りより、にこにこして、ミミズみたいに体を曲げ、愛嬌をふりまき、テーブルを脇へずらし、ギャルソンを呼んだ……。

いや、違うんだ。彼はわたしがトイレを訊いたとき何も言わなかったが、しぶい、さげすむような顔つきになり、わたしは自身が哀れな貧乏人、人間の屑のような気持ちになった。

ときどきわたしは駆け込んで、コーヒーを一杯とる。すると劣等感は消え、わたしは心静かに、コーヒーを飲んでふとトイレを思い出したかのように、ゆったりとトイレに向かう。わたしは普通コーヒーは朝しか飲まないのだが、今は憎しみをこめて飲み込むのみだ。

幸い、パリの一部の通りには金属製で円形の、おそらく防弾式のトイレまである。そこで二フラン入れるとドアが自動的に開き、戻るときも同じような荘重さで出る。パリの街頭トイレはボタンやレバーがたくさんあり、宇宙船を思わせ、外へ出たくなくなる。最も感動的なのは、使用者が立ち去った後、ファンタスチックな便器が鉄の床といっしょに徐々にいずこかの地獄へ姿を消し、そこで低く唸る洗浄器がなめるようにきれいにする……。

あるときわたしとタチヤーナは愉快な気持ちで、そんな装置に二人でさっと滑り込んだ。余計な二フランを使いたくなかったので。

「だが、もしかしてドアが開かなくなって、二人を外に出してくれなかったら」とわたしは考え、自分が（タチヤーナとともに）パリ中の汚物の臭い沼につかり、巨大な物すごく臭いブラシで顔を磨かれる様子を思い浮かべた。しかし、うまくいった。開け、ゴマだ！

わたしはひげを剃り、予感におののく。

トルコのサルタンが自分の大ハーレムを眺めて、誰かを当座に選ぼうとしながら言ったように、問題、問題、もう一度問題だ。それでクロワッサンどころでも、コーヒーどころでもないが、危急に備えてコインは必ず用意しておかなければならない。

タチヤーナはまだ浴室で新しく手に入れた芳香塩の魅力を試して、うっとりしているが、わたしは自分の墓地の用事で忙しい。

もちろん、まず、地下鉄で、それからバスで、次にまた地下鉄で、精力的にチェックする。

それでもやはり時間がたっぷり残った。メリーと会うまでまるまる三時間はある。どうやって時間をつぶすか。ムフタール通り横の気持ちのよい小さなコントルスカルプ広場に寄る。わたしの頭上には、ヘミングウェイの時代には庶民が好んで食事をした小さな酒場「愉快な黒人」がある。うわさによると、庶民はかなり前にパリから郊外へ追い出され、御者が夜食をとり八百屋が酒盛りをした酒場も消えてしまった。君たちパリの辻馬車はどこにいるんだ。君たちは、もも肉や血のしたたる屠殺体が吊され、ゾラが賛美した「パリの腹」もろとも蒸発してしまったのか。それはとっくにフランス庭園や広大な広場に蹂躙されてしまった。

周囲は森閑としていて、足は真っ直ぐ巨大なパンテオンに向かう。ここは薄暗がりの中をフランスの歴史に浸りきって逍遥できる。サント・ジュヌヴィエーヴ修道院の旧小礼拝堂、ここにはヴォルテール、ルソー、ミラボーが眠り、自分もこの廟入りを果たしたくなる。

わたしはパンテオンをさまよい、KGBを使って全世界に自由を与え、不幸なプロレタリアに善行を施すことを夢見ていた若いボリシェヴィキの自分を思い出す。

わたしはフランス革命に畏敬の念を抱き、フランス革命の血の匂いを吸い込み、鼻孔は広がり、賛嘆のあまり張り裂けんばかりだった。

癇癪持ちのオーギュスト・バルビエが書いている——「君たちは散弾の飛び交うときどこにいたのか。君たちは恐ろしいサーベルの切り合いの日々、偉大な烏合の衆と不滅の聖なる下層階級が共に扉を粉砕していた日々、沈黙してどこに隠れていたのか」

わたし自身聖なる下層階級であった。

キエフ・ルーシの公たちはパリをさげすんだ。アンリ一世に嫁いだヤロスラフ賢公の娘は父親に断腸の思いの手紙を書き、彼女をこの片田舎から、壮大華麗なキエフの足元にも及ばないこの汚らしい村から引き取ってほしいと懇願した。

アレクサンドル一世は、ロシアの大砲がすでに砲撃を開始していたモンマルトルを遥かにうっとり眺め、口髭をかみながら、おそらく、パリ占領を夢見ていたのだろうが、帝国の胃袋が彼に合わないことを恐れた。ナポレオンを打破したロシアの貴族たちはパリに魅せられ、コサックは全ヨーロッパを通過してパリに進み、そのとき、ビストロが出現した。ビストロとは、急いで〈ブイストロ〉がつがつ食らい、飲んだという意味である。

レーニンは、全世界のプロレタリアは団結しつつあったので、パリは遅かれ早かれ赤くなると信じていた。スターリンは、力づくでヨーロッパ全体を占領するか、共産党員が平和な議会方式でヨーロッパ全体を占拠するまで待つか思案した。戦後、フランス共産党は最も党員数が多く、最もよく組織されており、入閣さえした。KGBはこれほど親ソ派の多いフランスでは常に勝利者気分だった。パリにある諜報代表部はヨーロッパの女帝とみなされ、あらゆるところに諜報員が浸透していた。スキャンダルも少なく、いちばんの大物はNATOの広報担当のパーク事件である。パークはKGBにフランスの秘密を伝えていたが、それはただこの立派な機関がフランス情勢を正しく評価し、アバンチュールに割り込ませないためであった。何の悪いことがあろうか。

かりにソビエト軍がさらに前進して、パリを占領したらどんなことになっただろう。おそらく、わたしはそこで占領当局（または傀儡共産政府）の高位の諜報のボスとして働いていただろう。そしてわれわれはKGBの匂いひとつしない文化美術省とか命名されたことだろう。

わたしもドガやモディリアニみたいな連中（モディリアニはリュクサンブール庭園の椅子一脚代分のフランすらなく、女流詩人アフマートワとはベンチで交際せざるをえなかった）のようにモンマルトルやモンパルナスの屋根裏部屋に隠れ住んだりせずに、凱旋門のエトワール広場から扇形にのびる洒落た通りのひとつにある豪邸に引っ越せたのになあ。

うん、ベルサイユ宮殿はどうかな、親愛な友よ。駄目なはずはないよな《プルクワ・パ?》。

パンテオンの墓地の冷気は脳を爽快にし、ついでのことに、ここの骸骨、地下納骨堂、石碑を残らず拝んでまわる間に尾行をチェックするのに便利だ。

さようなら《オー・ルヴォワール》、パンテオン、グッドバイ、友よ、地下鉄に紛れ込み、発車間際に車両からぱっと飛び降りて二回乗り換えた。もちろん乱暴なやり方だが、工作の運命がかかっているときには、尾行がもしもついていて俺に泥を吐かせようとするだろうなどということは心配しなくてもよい、今はそれどころではないのだ、大切なことは敵の諜報取り締まりを引きずっていかないこと、大切なのはメリー、おお、エンジェル・メリーなのだ。

モンマルトルの酔いどれ天才たち

ボンジュール、観光バスで埋まる喧騒のモンマルトルの下町！ ああ、なんという人の群れ！ もちろん、わたしが指定した場所は静かなモンマルトルの山の手にある他とは離れた「アジール・ラパン（跳ねウサギ）」だったが、最良の場所ではなかった。

嫌悪の面もちでムーラン・ルージュを見る。日中それは紅《べに》をすっかり拭き取ったみたいに醜悪でしかない。有名な製粉場は薄ぼけて、乱行に誘うこともない。

かつてモンマルトルという僻村は真のくつろぎと豊かな天の恵みに満ちていたが、その後、あの絵描きたち、あの酔っぱらいども、あの淫蕩な連中がそろって押しかけてきた。トゥールーズ＝ロートレックは自分の情婦だった娼婦ラ・グーリュをたくさん描いた。彼のさえない歌手アリスティド・ブリュアンは首に赤いマフラーを巻き、黒の長靴をはき、グーリュを膝にのせ、やはり朝まで肖像画のモデルのポーズをとり、この醜悪なボヘミアンの姿全体を同じ赤貧のボヘミアンが賛美し、互いに口をきわめて相手をほめそやし、二人して歴史に名を残した。そしてたえずまわりを汚しながら、悪評をあげた。

現在モンマルトルの下町は地獄さながら、汚い市場の通りのように、エンジンを切らないで駐車中のバスがガソリンの匂いを発散させている。

わたしがあまり考えもしないでメリーにこの沸き立つ場所で会おうと言わなかったのは正解だった。やはりわたしは賢明で、経験も豊かで、悪魔は静かな淵で会うのがふさわしいということを知っているのだ。

絵を描いた酒場の壁から跳ねウサギが愉快そうに笑っている。ランデヴーまで余すところ十五分、辺りは静かだ（またはそう思えるだけなのかも）。子どもたちが仲良く遊んでいる（覚えているが、あるときあの連中はわたしの外交官専用車を見て警察に知らせた。映画の見すぎだ、餓鬼どもめ！）。ノートとガイドブックを持った観光客が一組、かつて旧モンマルトル村が誇っていたブドウ畑の名残をぼんやり見ている。

すると、そこへ……ああ！

いいや、「尾行」の幽霊でもないし、手錠を持った警官でもないし、カメラマンでもない。

腹だ、この呪われた腹だ！　しかもあらゆる安全措置を講じたあげく、朝食も完全に口にしなかったというのに！　いまいましい腹、腐りきった腹！　もちろん、この腹は祖国と党のためにいかれちゃったんだが、それでもこれはなまやさしいことではない。

痛みに頭を地面にぶつけんばかりに体を折り曲げる。見ると、遠くにトイレットのスチール製の円柱がある。そこへ飛んでいく。ああ、嬉しい、空いている！

身もだえしながら、震える手で投入口に二フラン入れる。ドアはゆっくりくりずれはじめるが、すっかり開ききらない。

今は細かいことに構ってはいられない、便器にとびつく、ひたいには汗が流れ、地下の地獄できれいに洗われた床にしたたり落ちる。

ドアは最後まで閉まらなかった。メキシコ風のつばの広い帽子をかぶった婦人が広い隙間から面白そうにわたしを見ている。誰か落ち着きのないムッシューが横で凍りついている。やはり我慢できないのだ。

会うまであと五分。ドアは動かない。わたしは隙間から抜け出そうとするが、腹が邪魔になる。わたしは魚が氷にはねるみたいにドアに当たる、開きはしないかと飛び跳ねる。もう床が下へ落ちるばかりだ。呪わしいパリのクローゼット！

両手でドアを開けようと試みる、絶望的に蹴っ飛ばす、例の落ち着きのない人物が加勢してくれて、二人がかりで力のかぎり押してみる、そしてわたしはやっと外に出られた。なんという幸せ！

「闘牛士よ、雄々しくいざ闘いへ……」の口笛を高らかに吹く。

「アジール・ラパン」でのランデヴー

もう遠くから「アジール・ラパン」の横にいるメリーの小さな姿が見えた。たいした成功だ。現実は常に成功と災難の均衡を図っている。メリーが現れた。そしてこれはクローゼットでのわたしのあらゆる苦しみに対する代償なのだ。

わたしはメリーに近づき、彼女は愛想よく微笑んでいる。

「こんにちは。時間を無駄にしないで、すぐ隣のレストランへ行きましょう。機密文書を持っていたら、別れ際に渡してください（諜報の鉄則。文書は会見の最後までその所有者の手中になければならない。いきなり不意打ちを食うかもしれないので）。あなたはチェックして、尾行をお供に連れてこなかったでしょね」、わたしは早口に言い、自分のことばになるべく多くの意味を含ませようと努める。

わたしがたくさんしゃべるほど、メリーの眉は吊り上がり、彼女の顔全体に困惑の影が広がる。

突然彼女は奇妙に頭を震わせ、わたしから遠ざかり、細いかかとが規則正しくアスファルトに（そしてわたしの心臓にも）音を刻んでいく。メリーはわたしから去っていく、わたしは彼女の後を追う、しかし彼女は手を振って「ノー、ノー」と言う。

するとまたもやタクシーが飛んできて、あっというまに彼女を赤れんがの屋根の低い家並みの方へ運び去る。

何が起きたのか。彼女は尾行を見たんだろうか。これは夢じゃないか。しかしそうだとするとあの唸りながら迫ってきた黒犬はどこだ。

しかしメリーは消えてしまった。これは現実だ。

わたしは大きな石の階段伝いにモンマルトルの下町へ下りる。この世にわたしより不幸な人間はいない。いったい、どうなったんだ。

にわかに思いあたった。そうだ、わたしは彼女に合言葉をかけ忘れたのだ。馬鹿め、お前なんか諜報機関で働く資格なんかないんだ。どうして忘れたのか。どうしようもない。彼女はどこで探せばいいのか。実際はわれわれはちょいちょい合言葉を忘れるのだが、スパイはスパイを遠くからでも何か目に見えない特徴や身振り、顔の表情（ぎゅっと結んだ唇、しわを寄せたひたい、意志の強そうなあご）などで直ちにお互いが識別できる。もちろん、彼女の行動は正しかった。

しかし、彼女はもしかして馬鹿げた性格の形式主義者なのか。

わたしは憂鬱になり、階段から飛び降りるか、ロープを買い、ラードを塗って、くびに巻き、煙突に縛りたくなる、その先は――静寂……。

地下鉄でがっちりした酔っ払いのごろつきが二人、わたしにからんできた。二人はしわくちゃのフェルトの帽子をかぶり、両手に一本ずつ安物のワインの瓶をにぎり、ラッパ飲みし、ひどく臭く（自分はがぶ飲みしたことがないみたいだ）、そして金をよこせと言った。

論拠はいたって簡単だ。わたしには金があり、彼らにはないが、彼らも飲んだり愛したりしたいし、その他もろもろあるだろう、従ってわたしは自分が善人なら、ひたすら彼らに自分の富を分け与えなければならない。二人は身振り手振りでわたしに迫り、やって来た地下鉄に乗らせまいとする。ひとりはもうわたしの上着をつかんだ……わたしは振り切って電車に飛び乗る。彼らはわたしに向かってこぶしで脅し、大笑いしている。

そのときわたしは考えた。あれは「尾行」なんだ！　自分はずっとつけられていたんだ。あの二人はわたしの反応を試そうとしていたんだ。落ち着いて、落ち着いて。俺はホテルで逮捕される。

君、落ち着いて、落ち着いて。逮捕はされない。そのためにはちゃんとした根拠が必要だ。しかし、不名誉のかどで追放することは、畜生、できる。だから？　まさかそれでわたしがＫＧＢを追放ということに？　ＫＧＢなんて糞食らえだ。俺は乞食になって生きてやるぞ！　俺は賢いし、正直者だ。

ホテルで年配のフロントが、ガストンとかいう方からお電話がありましたと荘重に伝えてくれた。この知らせに思わず身がすくむ。これはＫＧＢパリ課報代表部員との緊急打ち合わせの符号で、不可抗力の場合のためにモスクワで取り決めておいたものである。

わたしは約一時間後、凱旋門によく似たサン・ドニ門の付近で、大統領のレセプションにでも行くような身なりの横柄な男と握手をする。その気取った姿だけでもわたしは嫌悪の念に駆られる。わたしは、工作活動のことはとっくに忘れて何十年も方々の大使館や国際機関に入り浸り、金をため、猫の缶詰を食べて節約し、モスクワ郊外に別荘を建て、自分や自分の子ども、家族に豪華マンションをもらい受けているこの種の人種をよく知っている。

彼らは、水に対しても高く払わなければならないパリでは、トイレで一日一度しか水を流さない。

金属が触れ合ったみたいに素っ気なく合言葉が交わされる。

同じように感じているな、諜報員の身体全体でそれを感じる。

「モスクワから暗号電報がきた。あなたは至急帰国を命じられている。あなたのエイジェントのパリ旅行は彼女によるものではない状況でとりやめになった」

歴戦のつわものも辛うじて立っていられるほどだ。雷がわたしを打つ。パンドラの謎だ、アフロディーテの秘密だ。空から異星人がメリーの姿をかりて降りてきたのか、それかもっと単純に、特務機関が一件をそっくりぶちこわして、メリーの代わりに特別に選び出した女を実物に似せてよこしたのか。しかしそれなら彼女はなぜわたしから逃げていったのだろう。

いやらしい気取り屋は愛想笑いを浮かべ、満足げにキャピュシーヌ大通りの方角へ遠ざかる。そこでゆったりと店から店へ渡り歩き、同時に洗濯物にアイロンをかけ、扇風機とジューサーにもなる最新流行の掃除機を大幅値引きで買うのだろう。

いったい、アンジュー河岸通りにやって来たのは誰なのか。あるいは何かの偶然の一致だろうか。悪魔のいたずらか。なぜ見ず知らずの女性が「ラパン・アジール」でのわたしとのランデヴーに同意したのか。おそらく、わたしが単に彼女の気に入ったためだろうか（自分が比類ないものに思えて、店のショウウィンドウで髪をなでつける、しかし、本当はもうなでつける目的もないのに）。かのカラムジンもちょっとフランス女性とことばを交わし、二人は燃え上がった。「おお、もしわたしが再びいずこかで美人に会うとしたなら、シャンゼリゼか、ブーローニュの森か、わたしは彼女を盗賊どもから助け出し、あるいはセーヌから引き上げ、あるいは炎の中から救い出すだろう」

頭はさまざまな疑問で割れんばかり。

わたしはビストロへ寄り、ペルノーのダブルに少し水を足してあおる。ペルノーは白くなり、赤ん坊になった年老いた馬鹿者のために特別に牛乳に変わる。

ペルノーの効き目はあらたかで、問題の厳しさはやわらぎ、勇気さえ湧いてくる。結局わたしは誰も駄目にしていないし、万事順調で、メリーはアメリカで静かにわれわれのために働いている。しかし、あの女は何者だろう。あのやせぎすの女は？　ギャルソン、アニス・リキュール（ウイキョウ酒）のダブル！　これもアニス（セリ科の植物、転じてアニス・ウオッカ）を育てたミルクの神々のお飲み物だ。

ネー元帥との会話

……まず、エスカルゴを各自一ダースとるのも悪くない(つまり、わたしたちはもうパリとはお別れ)、唯一純粋のパリのうまい物——オニオン・スープ、プーシキンが書いた〝フランス料理の花形、それに、ランブールの生チーズと黄金のパイナップルのはざまで不朽のストラスブールのパイ〟、有名な骨つき仔羊のカツ、ソースはいらない、これはやわらかくて素敵だ、一キロでも口に入る。今日はワインだけにする。フランスのブドウ園はすべて二人の手中にある。

タチヤーナは普通の信頼できるラベル「ヴーヴ・クリコ」の正真正銘本物のシャンパンに浸り、幸せいっぱい、至福の頂点にある。わたしも幸せに張ち切れんばかりで、情緒が胸にみなぎり、仔羊のカツをもう一人分注文する。飢えた犬のように骨つきにかぶりつき、仕事を台無しにしてくれた見知らぬ小柄な女の鼻面にこの骨を投げつけてやりたい気持ちになる。

おお、メリー。またワイン、魔除けに二瓶でもいい。まばゆいパリのたそがれが私たちをその抱擁に包み込み、空気を裂いて悪魔の車は翔ぶ。あらゆるものがさざめき、まばたく。わたしたちは火の中に沈む。タチヤーナはわたしの腕を支える。二人は子どものように楽しい。

わたしは、高みから眺めている台座の上の傲岸なネー元帥の像を見る。

彼のところまでよじのぼって、あの醜い顔にレストランから摑んできたパンのかけらを貼りつけてやろうとする(しばらく落ちないように。代金は済んでいる)、必要な粘着力をつけるために、あらかじめ嚙んで、つばをつけておく。

わたしはネーによじ登ろうとする。タチヤーナはわたしを引き下ろそうとする。ふとっちょのフランス女が数人、この光景を面白そうに見ている。

ネーの畜生、よくもロシア遠征に出かけられたもんだな。お前は間抜けの薄ノロだ、われわれの〔ロシアの〕厳寒《マローズ》のことを耳にしたことはなかったのか。ロシア軍と秘密警察が無敵なことがわからなかったのか。そしてお前は戦争全体をしてしまったんだ、あほう!

ついに間抜けな鼻に貼りつけてやった。ウラー!

フランス女たちは嬉しそうに拍手喝采。

タチヤーナは打ちひしがれた元帥からわたしを引き離す。

「ねえ、あなた、どうしたの。何かあったの？　目に涙を浮かべてる。こんなあなたは見たことがないわ……」

　わたしたちは悲しい気持ちでのろのろとセーヌの方へ歩く。

「わたしはパリを焼いてしまいたい！」、とわたしは口にする。

　そしてパリは焼け、狂いうろたえる炎で人をひきつける、そして痛みも、くやしさも去り、すべてが去っていく。

カイロ

КАИР

筆者の横顔

KGB個人ファイル

№ [redacted]

氏名	レフ・アレクセーエヴィチ・バウシン
生年月日	1929年5月22日
学歴と専門	大学卒　冶金技師
外国語	アラビア語
学位	なし
軍の階級	大佐
勤務した国	エジプト、レバノン
家庭	既婚
スポーツ	旅行
好きな飲物	マーテル（コニャック）
好きなたばこ	ロマンス
趣味	古銭学、「銀の時代」の詩

過ぎこし方を見つめ、
キャラバンが砂地に叩き込んだ
あらゆる跡を見る
ヴァレリイ・ブリュソフ

ピラミッドに登る

旧第一総局の中央室で一年働き、その間、公用文書が上へ行き、また下に降りてくる様子をじっくり眺め、文書に署名をもらってまわり、「荒っぽくて薄い皮むき」のフィルターにかけられた後で、わたしはカイロ駐在ソ連大使館付の専門担当官という名目でエジプトへ派遣され、そこでＰＲ（政治諜報機関）の仕事を五年以上務めることになった。

デビューは困難であると同時に印象的だった。興味深い町、面白い人たち、興奮させられる政治的事件。しかし最も貴重なことはそこで得た経験だった。運命は、オリエントで言うように、（全知全能の）アラーの意志であらかじめ定まっていた。

アエロフロート機Iℓ－18はカイロ、すなわちアラブでもありアフリカでもある国の首都カイロに着陸した。

早朝だが空気はすでに乾き、熱い。陰鬱な冬から明るい太陽と雲ひとつない青空への思いがけない急転換が気に入り、勇気が湧いてきた。一時間後、新任の諜報代表部員はチーフの話を聞いていた。

「日常生活の準備に三日」、チーフは小さな熊のような目でじっと新入りを見つめて言った。「細君は後から着くって？　結構！　通達によると、細君たちはわれわれを勇躍献身的行為に赴かせる戦友であるべきなのだが、なぜかこのことをたちまち忘れてしまうんだ。アラビア語には『店ブラ』というしたたかな表現がある。買う目的で店に行くのではなく、まさにぶらつくのだ。カイロには大小の店がごまんとある。しかし、ロシア女性はどこにでも顔を出していいというわけではない、まして言葉も知らないで。

疲れた？　じゃ、うちの連中のいる君の庵《いおり》へ行きたまえ。連中にコーヒーをおごらせるんだ。それからまた話を続けよう。俺は電報をつくってるから」

職員全員用の大きな共同部屋で（庵だなんてとんでもない）、わたしの昔なじみがトゥールカ（細首の銅製のコーヒーポット）をレンジに載せ、非常に細かくひいたブラックコーヒーをひとすくい入れると、いったん冷ましてから香ばしいスパイスを加えて、数回沸騰させた。コーヒーはすごく熱く、気分が爽快になった。この国にはコーヒー信仰があるのだと悟った気持ち。

しばらくしてから、チーフが話の続きをはじめた。

「基本的な戒律を言っておきたい。なんなら命令と思ってもかまわない。われわれ両国の良好な国家関係に損害を与えるようなことは絶対にしてはいけないし、しゃべってもいけない。

エジプト人と話しているときには、大統領に対するいかなる批判もしてはならない。まず第一に、それは即刻当局にわかってしまう。第二に、アラブ人は、男も女も批判は我慢できない。そして、絶対に自己批判を期待してはならない。批判、自己批判はエジプト社会の原動力ではない。

君には車はないし、当分ないだろう。むしろその方がいい。町は歩いて研究するべきだ。仕事の後、散歩をしたまえ。『尾行』が出てくる様子を観察しなさい。人々をよく見て、新しい状況に溶け込んで、潜入できる施設を調査して、秘密の打ち合わせの場所を選び、当地の新聞やそこで働いている三文記者たちを研究しなさい。

どこでも、どんなときでも、けっして誰のこともとことん信じてはいけない。ときには自分自身も信じないことだ。この大きな濁った池では各人ができる範囲内で、能力の範囲で魚をとっている。忍耐と正しい選択が成功をもたらす！」

その後わかったが、チーフは熱狂的な釣り好きで、仕事上の話でも本人は適確な引用だと信じているが、部下にとってはおかしな専門用語をよく使った。

しかし、わたしは翌日すぐには日常生活の準備に入らなかった。コーヒーをいれるプロがピラミッドの頂上で日の出を迎えようと言った……ロマンチックで魅力的だ！　わたしは、ロシア文学のあるヒーローの言葉を借りれば、常に「土地のあらゆる種類の知識」に興味を持っていたので、即座に賛成した。ピラミッドを最初に訪問するのは公的地位や年齢に関係なくエジプトのすべての外国人客の伝統である。

まだ暗いうちに出かけた。半時間後、舗装道路は急に登りはじめ、われわれは巨大な石の塊——有名なギザの三つのピラミッド中、最大のピラミッド——の麓で車を停めた。

「僕は君がずっと黙っていたんで満足だよ。つまり、君は人間の手の創造物の偉大さに打たれていて、おそらく、時間やこの巨大なものに比べて人間などはとるに足りないものだという思いにふけっていたんだ」、わたしの最初のガイドが哲学的にのたまわった。ピラミッドは誰にでも強烈な印象を与えるわけではない。ある人たちは、これは大きな多数のキュービックでつくられた、単純な幾何学的な形の四面体にすぎないと思う。フランスの作家シャトーブリアンはカイロ滞在中に、ピラミッドをちらっと見ることとすら望まなかったし、ナポレオンは明らかに背が低いために頂上に登るのを拒否した。ナポレオンはピラミッドの麓に立って、ピラミッドのブロックでフランスの国境沿いに高さ三メートル以上、厚さ三〇センチメートルの壁がつくれるだろうと計算した。

昇る太陽の斜めの光の中でピラミッドの面は明るい黄土色のむらのない色合いを帯び、砂の風景と調和していた。遠くには広く浅い谷間と青みがかった靄のなかにカイロが色とりどりのともしびにきらめいていた。

「クフ王のピラミッドは、紀元前二六九〇年につくられた」、友人は本物のガイドよろしく続けた。

「これは第四王朝の最も強大だったファラオのひとりの廟だ。最初その高さは一四六メートルあったが、地震と風化作用で頂上の一部が壊れ、今は一三七メートルである。ピラミッドの建設には重さ一個二トンを超える切り石が二〇〇万個以上使われた。想像力を駆使して、切り石の切り出しや運搬、正確な積み上げなど、その作業量全体を考えてみたまえ。クフ王の時代にはピラミッドの四面は磨きあげた細粒砂岩の板が張ってあった。しかしその後、この上張りは剥がされて、マムルークのサルタンの宮殿建造や、カイロの建物の建設に使われた。観光客やら、商人やら……それに警官も来て騒々しくならないうちに頂上へ登ろう」

「しかし、なぜここに警官が？　われわれは別に『ブロック』を記念に持っていこうというのでもないのに」

「つまり、頂上に登るのは公式に禁止されているんだ。『ピラミッド登頂者』がバランスを失って転落し、瀕死の重傷を負う不幸な事件がいっぱいあって。学者が、ピラミッドは死を相手にした武器だと言っているのにね。怖くなった？」

「いいや、僕はカフカース山脈を歩きまわったことがあるから」

「前進、いや、上へ！　呼吸に気をつけて！」

疲労、足の震え、息切れのうちにまもなくピラミッドの平らな頂上に出た。三六〇度のパノラマ。ミナレット〔イスラム寺院の塔〕の並ぶカイロも、魅力的な遥かな砂漠も、緑の野も、椰子の茂みも、すべてが賛嘆と安らぎ。

「ひと息ついた？　われに帰った？　ご覧よ。近くにピラミッドがまだ二つある。近い方のはクフの子カフラーがつくった。カフラーは父にひけをとるまいと、高さを一三六・五メートルにした。あのピラミッドはここより高い場所に立っているので、クフのピラミッドより少し高いような印象を受ける。

ギザのピラミッド群の中でいちばん小さいのはクフの孫メンカウラーのピラミッドだ。高さ六五メートル。他のピラミッドより保存状態が悪い。石の少なからぬ部分がカイロの要塞建設に用いられた。そこから南へ一列に小さなピラミッドが三基つくられた。その一つはメンカウラーの奥方のものだと言われている。

ついでに言うと、ギザのピラミッドは南から、砂漠の方から見る方がよい。建築アンサンブルの集大成という印象を受ける。もちろん、きっとピラミッドの後で、エジプト古代の展示品が十万点以上あるカイロ博物館に行くだろうけど。行ったら、クフ王の二つの像をよく見てほしい。一つはバラ色のアラバスター製、もう一つは黒い閃緑岩製。閃緑岩のカフラーは大きな椅子にどっかと座り、顔は冷静かつ堂々としている。ヘロドトスは、エジプト人は第四王朝の最初の二代の王をエジプトの歴史全体を通じて最も苛酷な支配者だとみなしていると書いている。

クフの孫メンカウラーは等身大の像で、その顔はまるく優しい。同じヘロドトスによると、メンカウラーはクフとカフラーが制定した苛烈な秩序を緩和し、古代寺院を再開し、ピラミッド建設の労働条件を軽減した。

いや、序論はもうたくさんだ。もっと知りたかったら、『ピラミッド研究家』の論文を読みたまえ。降りよう、太陽も高いし」

登山と同じで降りは登りよりも大変だったが、無事に降り着いた。ただ今度は足だけでなく、手も痛み出した。

二人は冷たい地ビール「ステラ」で元気になり、もう一つの名所であるスフィンクスを見に広い坂道を下っていった。スフィンクスの周囲にはすでに観光客が大勢いた。映写機や写真機が絶えずシャッターを切り、ラクダに乗っている人もいた。

その後わたしは、同国人をピラミッドへ案内して頂上へ「上がる」ことを説得するときには自分自身、一種のガイドになった。警察の登頂禁止は袖の下(一エジプト・ポンド)と「ピラミッド登頂者」の安全に対する全責任はわたしが負うという誓いのことばで解消した。袖の下であらゆる法律、決定、禁止を回避するという国際的な伝統はエジプトでも広く普及していた。

四千年のほこり

普通、永遠の都はローマだと考えられている。アラビア語の教師で、「アズハル」イスラム大学の半盲の高僧は、カイロもそのように呼ばれる完全な権利があると断言していた。

「この町の現在の呼称が初めて世に現れたのは一千年前です。しかし当時のカイロの地域にはその前にフスタート、運営都市《ミスル》、バビロンなどという他の名前の都市がありました。そうです、バビロンです! オリエントにはバビロンが二つありました。だが、それ以前にも国王たちの先祖、諸王朝の国王たち自身、ローマの軍団、ギリシア人、ペルシア人、それからアラブのカリフの戦士たちが住んだり、滞在したことのある要塞や居住地がありました。ある者は建設し、生活し、死に、別の者が来て破壊し、その後でまた建設し、同じく死んでいきました。考古学者たちは、カイロの年齢は実際四千年以上だという結論に達しました。世界のどんな近代都市がこのような長寿を誇れるでしょう。皆さんがカイロの町を歩くと、靴に四千年のほこりが積もるのです」

高僧は教養人で、内政外交に明るく、魂の不滅とアラーの全知全能を信じていたが、わたしをイスラムに帰依させようとする試みはまったくしなかった。

半盲の高僧はわたしに、世界で最も古く、有名なイスラム寺院のひとつ「アズハル」寺院は十世紀末に建設されたと語った。キリスト教の最初の数世紀に教会が信者だけをひきつける中心ではなかったように、オリエントにおいてもイスラム寺院は当初は祈禱と旅人の安らぎの場所だったが、その後は市民の施設(学校、病院、図書館その他）の中心になった。

イスラム寺院の図書館には数万巻の書籍や古文書が保存されている。大学ではエジプト人だけでなく他の国々のイスラム教徒も学んだし、学んでいる。これは構内にギリシアかローマの柱頭をつけた大理石、斑岩または花崗岩の円柱三八〇本を擁する、イスラム芸術の建築記念物であり、またイスラム活動家の幹部を養成する現代の鍛冶屋でもある。

カイロは、底無しの紺碧の空に向かって真っ直ぐ垂直に立つ、すらりとした、彫り物入りの一千のミナレットの町。わずかな金のお礼でイスラム寺院に仕える人が、分厚いほこりの層をかぶったミナレットの中の階段を登らせてくれた。最後の踊り場に出ると、市が一望の下に見渡せた。迷路のような通り、家々の灰色の屋根、その向こうにリビア砂漠の砂丘、ピラミッドのシルエット。

ミナレットの構成（これは九世紀から現在まで変わっていない）というよりは、ミナレットの表面の石に彫った飾りの方がアラブ建築愛好家に賛嘆の気持ちを起こさせる。それは諜報活動上の関心の対象にはならないし、秘密の隠し場所の役にも立たない。ミナレットは曲がりくねったカイロの通りをさまよい歩くときの灯台の役割を果したにすぎなかった。


擦り切れた文学的決まり文句を避けたいのはやまやまだが、カイロとは、すなわち対照の町である。市の中心部の真上の永遠の太陽、旧市街のはてしない黄昏。公式レセプションでのフランスの香水の繊細な香り、市場《スーク》の不潔な匂い。満ち足りた裕福、宗教で納得させられた貧困。このようなことはすべてアラーによるものなのだ。最新流行の服装、飽食、温室育ちのエジプト人（土地の用語で「脂ぎった猫」）が、ぼろをまとい背の曲がった老人の横を無関心に通り過ぎる。最新式の車が、ゆったり歩むラクダや、背中に二人または三人も乗せてちょこちょこ歩く小さなロバの脇を疾駆する。このカイロのロバは交差点の赤信号で自発的に止まるようにしつけられている。

カイロは数万の観光客の磁石である。観光客はたいてい若づくりのお婆さんや四角張ったお爺さんたち。彼らは朝、バスでピラミッドの地区（ギザ）に出かけ、昼間カイロ博物館を見学するか、町全体が手のひらを指すように見渡せる要塞、ムカッタムの丘の展望台からカイロのパノラマを楽しむ。ガイドがヨーロッパの三か国語で聴講生たちを啓蒙しているさまが見られる。

カイロの歴史についてはガイドから面白いことがやまと聞ける。しかしわたしはここでは観光客ではなくて諜報機関の工作員であり、機密情報に接近できる人物を探す使命を帯びていた。

エジプト料理

わたしは文明の料理の特性を受け継いだエジプト料理をたくさん味わうことができた。現在、エジプト人が口にする食事の一部は彼らのはるか昔の先祖がつくった料理の変形である。古代エジプト人の食事にはコムギ、オオムギ、それにソラマメ、レンズマメなどのマメ科が用いられたが、今日でもエジプトの町や村で広く普及している料理はレモンジュースとオリーブ油で味付けし、ニンニクのみじん切りを振り掛けた茶色の煮豆料理フール・ミダソミスである。貧乏な人だけでなくエジプト社会の中流層にもうける安くて栄養満点の食事。

もうひとつイネ科の植物と野菜の料理ターメイヤ。これは細かく砕いたソラマメ、セロリ、コリアンダー、タマネギ、ニンニクを混ぜた団子の揚げ物。味をよくするにはゴマでつくった濃いペーストのタヒーナをかけるとよい。

安いレストランではソラマメとレンズマメのサラダにオリーブ油、レモンジュース、黒胡椒、パセリを加えたものを食べるとよい。サラダにはよくオリーブが添えてある。ついでながら、セロリは古代エジプトでは食事には使われなかった。それは悲しみのシンボルと考えられ、セロリでつくった冠を喪のしるしに頭に載せた。

エジプト料理では伝統的な野菜類（サラダ菜、アーチチョーク、ラディッシュ、キュウリその他）が有名である。野菜は付け合わせに用いるだけでなく、野菜の特別料理もある。それにはバーバガヌーグと言って、焼いて皮をむいたナスのピューレを、ゴマのペーストとレモンジュースにオリーブ油、それにみじん切りのニンニクで味付けした料理がある。

エジプトでは乳製品が普及している。例えばラバン（酸乳）やブルインズ〔羊乳チーズ〕などがある。エジプト人はだいたい、脂肪分では牛乳をしのぐ水牛の乳を飲む。

アラブ人による七世紀のエジプト征服は、エジプトの食事にも影響した。例えば、肉料理から豚肉が追放され、ダマスカス、バグダード、テヘランその他の首都で盛んだった料理が広まった。エジプトがオスマン帝国の一州にされてからは、ドルマ（ブドウの葉のロール巻き）、シシカバブ（シャシリク）、菓子類（バクラワ、ラハトルクムその他）に人気が出た。

ポピュラーな肉料理には羊肉のコフタがある。これはタマネギ、ニンニク、セロリ、ハッカで味付けした羊のミートボールをフライパンに入れ、植物油で炒めたもの。

カイロの街頭で目につくのは、肉をさした垂直の串がたえずぐるぐる回転している光景である。その横にやはり垂直の熱源が立っている。焼き上がった肉は上から下へ円錐状の受け皿に削ぎ落として平たいパンに載せ、トマトジュースをかける。この肉はショワルマと称される。

魚料理はとくに種類が多いとは言えない。ファシフがうまい魚料理だと思われている。これは太陽に灼かれた砂に四十日から五十日埋めておいてつくる。マアジ、ニジマス、ニシンは骨を抜いて、天火で焼くとアレクサンドリア風焼き魚となる。

エジプトには禁酒法はない。輸入アルコール飲料の他に、すでに七千年前にエジプトで栽培されていたブドウを主体とする地酒を飲むのもよい。すぐれた地ワインにはアルコール分の少ない「クレオパトラ」が挙げられる。氷を入れて飲むと急速に渇きが癒《い》やされる。

古代エジプト人はビール醸造の先鞭をつけた。エジプトのビールは古代ギリシアのヘロドトスやディオドロスの文章にも書いてある。ビールの残っているアンフォラが再三発掘で見つかっている。

ルクルスは、エジプト料理は洗練の極みとまでは言わなかっただろうが、エジプト料理はおいしくて、独自性があり、食糧の七〇パーセント以上を外国から輸入していることを考えれば比較的安い。

通信回線としてのオペル車

諜報員は人と会っている間に相手にそれと気取られずに綿密な情報収集をする。まさか相手に個人調査アンケートに（出生地、内外にいる肉親、政治的見解、生活状況、その他多くの事項を）万年筆で記入してくださいなどとは言えない。二、三回会うだけでこのような質問全部に回答を得るのは難しい。どこかの外国人がひとの身辺に関心を寄せて、何かわからない特別の目的を追求しているのではないかなど、相手に不審を抱かせてはならない。しかし完全に記入された調査アンケートでも安心はできない。相手の職場が変わったり、世界観が変わることもあるし、予測のつかなかった新しい状況が生じることもありうる。

誰かが外国人と接触したことを防諜機関に伝えようと思う。その誰かに他の諜報機関の人間から大変魅力的な提案がなされたとしよう。万事正常で、古典的図式どおりに協力態勢が進行しているみたいだ。つまり、情報を得た、謝礼金を渡した、新しい課題を出した、次の出会いを指定した。ところが、突然、何か異常なことが、何かトラブルが発生する。ターゲットが「でたらめなこと」を言いだしたり、すこぶる平静かつ自信たっぷりに振舞ったり、余計な関心を示しはじめたりする。ストップ！　そこで、どこでも、誰でもとことん相手を信じきるなという課報の鉄則が始動する。新しく発生した問題に対する苦渋の答え探しがはじまる。

わたしは何か月もカイロの通りや広場、イスラム寺院、バザールを自分の足で歩きまわったすえ、ようやく新しい「オペル・レコルド」を使ってもよいことになり、毎日「数千年のほこり」の積もった靴を磨くのをやめた。われすばしっこい小型車は家族の一員並みになった。われわれ（わたしと車）は二人いっしょに育ったような気持ちになることがあった。何か月もの徒歩行軍は今やカイロ市内の遠い片隅や郊外とか、他の町々にすら「一足飛び」の遠乗りで埋め合わせがついた。エジプト国民の精神は首都から遠く離れた地域へ行って初めて本当にわかるものなのだ。カイロはあまりにも雑多で、矛盾だらけで、外国人が溢れかえってどこか「みだら」な感じだ。

わが「オペル」はたちまち五万キロメートル以上走行して車検に出された。しかし指示に反してなぜかひと晩放置されていた。翌日そこの社員がきれいに洗車して元気になった感じの車を大使館へ届けてきた。

チーフは早速「どこでも、誰でも、とことん相手を信じきるな」という課報の鉄則を前面に押し出した。実際、工作員の運転手が他人の目につかない場所で車を綿密に調べた結果、巧妙に仕掛けられた盗聴装置を発見した。もちろん、生産国名も製作社名もなかった。どう処置するかということになった。すぐ除去することもできる。そのままにして電波ごっこに使うことも可能だ。どちらがいいか。はっきりした答えは出なかった。次に、誰が仕掛けたのかという問題。これも明確な答えは出せなかった。ここの課報取り締まりかもしれないし、修理工場で働いているＣＩＡのエイジェントかもしれない。

中央（モスクワ）と協議のうえ、この特別の〝通信チャンネル〟はそのままにしておくこと、ただし、「オペル」の中では当たりさわりのない世間話に限るということに決まった。それで、乗っている間じゅうまったく頭の痛い緊張源がもうひとつ増えた。口に貼られた封印は身体に鉄の鎖を巻いたみたいに重かった。

あるとき中央から電報が来た。

「課報責任者殿　信ずべき情報によると、ＣＩＡはワシントンの利益に反する政策を掲げている第三世界諸国と民族解放運動の公的リーダー数名を肉体的に抹殺する秘密工作計画を作成した。この計画遂行には現地市民のなかのエイジェント数名を参加させるとともに、アメリカの学術研究センター数か所で特殊化学薬品を製造させる予定である。その内外政策に対してアメリカ当局が極端に否定的な反応を示しているナセル大統領が秘密工作のターゲットのひとつである。ソビエト・エジプト関係の強固な性格と、中東とアフリカの民族解放運動に対するナセルの貢献を考えると、この情報を何らかの特別な方法でエジプトのリーダーに伝えるべきであろう。アメリカ特務機関の計画を裏付けているよその国の新聞記事を定期便で貴下に発送する」

わたしが暗号電報を読み終えると、諜報責任者であるチーフが言った。「そら、君の『オペル』の『通信チャンネル』が活動を始めるときがきた。誰でもいいから車に乗せて、あれやこれやとこのテーマで喋るんだ。全部任せる」

「しかし、『盗聴装置』はここの特務機関じゃなくて、アメリカ人が付けたものだったとしたら、どうなんです」

「それも悪くないよ。われわれが彼らの計画を知っていて、黙ってはいないだろうということをわからせればいいんだ。おそらく、それで彼らはお家芸のテロ行為から後退して知らぬ存ぜぬを決め込むだろうさ。第三世界はチェス盤じゃない。リーダーたちをゲームからはずして屑籠に放り込むというわけにはいかない。パトリス・ルムンバの悲劇の繰り返しを許してはならない。新聞記事はいくつかの筋に流したまえ」

かくして、特別「通信チャンネル」が活動を開始したが、それは唯一のチャンネルではなかった。われわれは中央の重要課題を遂行するために諜報代表部の持てる可能性を総動員した。

「盗聴装置」は活用した後、取り外した。このような「異物」に再び潜り込まれないように、あらゆる予防措置がとられた。やがて、技術一般、とくに特殊技術の改良が進んだ。例えば、「オペル」には特別危険信号装置がつき、そのお蔭で罠にかからずにすんだ……。

この国のある市民がさるアジアの国の大使の個人秘書をしていた。その男の「身元調査」は古典的な諜報スタイルで進められた。あるとき彼はこの国の元首がワシントンで行った交渉の結果に関する文書をわたしにくれると約束した。面白いですか？ もちろん！ わたしは約束の資料をもらえる希望に満ちて、カイロの新しい地区のひとつへリオポリスへ向かった。天にものぼる気持ち。こんな資料はやたらに手に入るもんじゃない。しかし、半道ほど行ったところで突然車の危険信号装置が鳴り響いた。中止！　これは直ちに予定の走行を中止して、周囲を確認し、引き返せという命令だ。その際いかなるためらいも、疑念もあってはならない。

ため息まじりに、とある喫茶店の近くで車を停め、コーヒーを一杯飲み、ぐるりを見まわした。疑わしいものは何もない。別のコースで大使館に戻った。そして、電波監視班がわたしの落ち合う予定地で無線電話を携帯したいくつものグループの活動が急増したことをキャッチし、諜報取り締まり作戦を展開する準備が進められていることを探知したことがわかった。内容はわからずじまいだったが、あれほど重要な文書の受け渡しの際に挑発が準備されていたものの、その罠にははまらずにすんだのだろうという結論だった。しかし、大使の個人秘書がエジプトの特務機関のエイジェントだったのか、特務の「調査」のターゲットだったのかという疑問ははっきりした回答のないままだった。

自動車、おまけに特殊装置までつけた車はほとんど常に諜報員の助手である。ほとんどであるが、いつもそうとは限らない。車はときとして破滅の原因にもなった。他の車との衝突、特殊装置の爆発、普通の（あるいは特別に仕掛けられた）事故などなど。それで二十世紀のケンタウロスの頭はマキャヴェリ流だけでなく、コンピュータ並みのスピードで回転させる必要があった。

カイロは、いろいろな地域の合法的（ときどき非合法的）な政治、移民、宗教の諸団体や政党、グループの所在地であり、毎日、多くの国の世論やリーダーのメンタリティに影響を与えるマスコミの集中しているところである。

従ってこの都会は、仲間同士か敵対関係にある諸特務機関の活動の場であり、これらの機関は特別な遣り口で自分たちに有利な影響をエジプトの内外政策に与えようとしている。カイロは、知能の戦い、知能獲得戦の舞台であった。

カイロはローマと永遠の都の名を競い、アラブ世界では観客のいない「見えない戦線の戦い」の舞台上でベイルートと覇者の月桂冠を共有していた。しかし、民主主義がアナーキーと背中合わせのうえ、諜報取り締まりがゆるいレバノンでは、特務機関は自由にはしゃぎまわり、大使館の多くはほぼ公然とプレスを支配下に置き、政党や半ば軍事的団体を抱えていた。一方、カイロでは大統領府の側から他の諸機構に対するもっと厳しい統制と、強力な諜報取り締まり（「マバヒス」）があった。カイロで仕事をするのはベイルートより大変だが、やはり面白い。カイロを起点とする波動、イニシアチブはペルシア湾地域と多くのアフリカの国々に達し、その地域の人民や政府を興奮させ、非同盟運動の参加者に影響を及ぼした。

パレスチナ人の切手収集家

諜報員の教本や観光客向けのガイドブックは、新しい町の見学はアル・タハリール（解放）と称される中央広場から始めるように勧めている。この広場の一部は「ヒルトン」ホテルに接し、別の側からは役所、銀行、省庁、商店、レストラン、カフェ、映画館などのある通りが数本放射線状に延びている。わたしは中央通りのひとつで切手の店を見つけて入ってみた。帳場の奥に黒髪で眼鏡をかけた浅黒い店の主人が座り、封筒やカタログをいじくっていた。

「こんにちは」、主人は伝統的な挨拶をした。「どうぞご覧ください」

「ショウウィンドウに切手があったので、見せてもらうことにしました。子どものころ切手を集めていたんです」

これは本当のことだ。

「子ども時代に身についたものは、大人になってもいつか必ず表れるもんですよ。ショウウィンドウには全部は出しきれなくて」

「アフリカのフランス植民地の切手はありますか」

「どうぞ、お時間がありましたら、アルバムをご覧ください。お掛けください」

気に入ったものを買う現金があるだろうか胸算用しながら、面白そうにアルバムをめくっていった。ここに立ち寄ったことはごく自然に思われなければならなかったので。店の主人が走り使いの子どもに合図をすると、その子は五分ほどして茶碗を二つ盆に載せて持ってきた。コーヒーからは湯気が立っていた。こんなもてなしは断ってはいけない習慣だ。他に客はいなかった。のんびりした会話が始まった。店内は涼しく、なぜかビャクダンの匂いがした。

この店の主人は一九四八年の第一次アラブ―イスラエル戦争の後、この町に来たパレスチナ人だということがわかった。多くの国の商売仲間や切手収集家と実務的な付き合いがあった。しかしソ連から切手を入れることはできなかった。主人は市内のほとんどすべての熱心な切手収集家を知っており、その人たちは毎月一回、隣の喫茶店に集まり、オークションに参加し、切手を交換し、いろいろなテーマで何時間も議論をする。

「政治的問題も？」わたしは冗談めかして訊いた。

「もちろんです。集まるのは男どもだけで、女性の夜会服の流行なんて論じたりしません」

「その立派な集まりに顔を出してもいいでしょうか」

「当然ですよ。あなたを紹介しますから、珍しいコレクションを持っている面白い人たちと知り合いになれるでしょう」

　さて、初回にはもう十分みたいで、そうでないとしつこく思われそうだ。ファルーク国王の肖像をあしらった革命前のエジプトの切手のセットを買った。フランス植民地の切手は高すぎた。

「この次は素敵な人たちにプレゼントするためにモスクワから持参した切手を持ってきますよ」、わたしは別れ際に言った。

「首を長くしてあなたとプレゼントをお待ちしていますよ。アラーのご加護がありますように！」

　わたしは切手店の常連になり、よく主人に自分の切手アルバムを贈り、ときには気に入った切手を買い、町の切手収集家の月例集会にも出席した。そこには省庁の役人、銀行員、学生、それに第三世界の外交官も二、三人いた。そのなかの一人はセルバンテスの長編小説の挿絵画家ドレの絵にあるドン・キホーテに似ていて、船の図案の切手を値段にかまわず熱狂的に集めまくっていた。

　チーフは、わたしが切手店へ定期的に行っていると報告すると、ひどく疑わしそうな顔をした。

「小さな入江だ。そんなところに大物の魚はやって来ない。まあ、続けたまえ。自然な感じだからな。ただし、切手作戦の出費は君持ちだぞ」

　すると最初の「くい」があった。船切手の収集家の外交官がいつものオークションで思いがけずわたしに借金を申し込んだ。

「貸さなきゃ怒るだろうし。貸したら、金の戻る保証はあるだろうか。借用書を請求するのもまずいし」。それでも、落ち着きはらって、ポケットから自分の月給の半分を引っ張り出し、喫茶店の片隅でそのアフリカの外交官に渡した。その人はいたく感謝し、延々と凝《こ》った言葉を述べた。それは要約すると「焦げつきはしませんよ」ということだった。

　時は過ぎたが、〈ドン・キホーテ〉（債権者による命名）は切手店や公式のレセプションで会うたびに喜びを表明したが、金は返してこなかった。あるとき彼は、自分は大使館で臨時に暗号担当の仕事をしていると言い、いきなり借金を電報二本の形で返す用意があると言った。一本は普通の電文で、もう一本はその暗号文だった。脳がきゅっと引き締まって素早く回転し、いろいろな想定が頭の中を駆けめぐった。

「すぐに受け取ると、自分が諜報機関の者だということを明かすようなものだ。いらないと言えば、金は戻らず、折角のチャンス、『黄金のチャンス』も見逃すことになる。こんなことは、そうざらにあるわけじゃなし」、と考える。

「わたしは、個人的には暗号よりも切手に関心があるんです。暗号はわたしのホビーじゃないが、同僚に訊いてみましょう。たぶん、関心があるでしょう」

「コーヒーを一杯いかがですか」

〈ドン・キホーテ〉は少し待つことに同意したが、その目は明らかに取引を少しでも早く終わらせたがっていた。

中央はその取引を承認し、受け取った電報は定期便で送るように要請してきた。しかしその後この暗号電報はモスクワですでに解読されていたので、〈ドン・キホーテ〉との工作接触を発展させることに対してはひどく消極的な態度をとるようになった。チーフは中央の消極的な態度に不満で、わたしも当惑した。

「目先もきかないくせに要求ばかりでかい奴らめ」、チーフはぶつくさ言った。「奴らにはアメリカ大使館の暗号担当をお小皿にでも載せてくれてやれ。君の〈ドン・キホーテ〉が外務大臣になりうるとか、西ヨーロッパの国に転勤するかもしれないとかいうことなんか、上の奴らは考えもしないんだ。〈ドン・キホーテ〉との世間的付き合いは中断しないで、切手を進呈して、あまり高くないレストランに飯にでも誘うんだな」

かくして最初の工作デビューは中盤戦にも行かないうちに引き分けで終わった。〈ドン・キホーテ〉とのよい関係はそれから長く続いた。チーフは〈ドン・キホーテ〉の将来をほぼ正確に言い当てていた。彼は大使にこそならなかったが、カイロ勤務の後、自国の外務省で働き、参事官の肩書でパリへ行った。おそらく、彼はパリで、切手収集とソビエト外交官との関係を思い出したらしい。ソビエト外交官は困難なときに「スポンサー」になって救いの手を差し延べてくれたのだったから。

〈ドン・キホーテ〉はわが国の大使館に儀礼訪問に行ったが、不幸なことに、応対に出たのは「生粋」の外交官で、切手にもアフリカ諸国にも関心のない男だった。われわれのキャリア外交官は自分の「近い隣人たち」には極めて消極的だったので、〈ドン・キホーテ〉の来訪についてパリ駐在の諜報責任者には報らせなかった。〈ドン・キホーテ〉のその後の運命はわからない。しかし万事あれほどうまくはじまったのに、何の収穫もなく終わってしまった。唯一の慰めは、そうしたことはわたしにだけ起きたのではなかったということである。

そのかわり、切手店の主人との関係はゆっくりながら、上向きに発展していった。店主は誠実さを確かめたうえ、一見他愛ないが重要な内容（暗号でカムフラージュした）の手紙を一部のアラブとアフリカ諸国とやりとりするのに利用した。これらの手紙はわれわれの非合法の工作員との通信ルートだった。外国人、それも外交官が書留便で送る手紙は問題だ。関心を呼ぶ。同じ便でも市民の名前で出すのは別で、疑われることはない。

あるとき切手店の主人が用心深い調子で、パレスチナ解放軍のための武器を入手できるかどうか尋ねた。

チーフは、君は「影響チャンネル」にされようとしているんだ、と言い、会話を「掩護《えんご》ライン」で記録するように助言してくれた。

文章化したものを大使の秘書に渡してから、共同部屋（庵）へ降り、トゥールカでコーヒーをいれ、そこにいる連中に言った。

「みんな、漁師（われわれはチーフを陰でそう呼んでいた）が僕を『影響チャンネル』と命名したよ。僕には尊敬の態度で接してほしい！」

同僚たちは書き物や読みかけの新聞を放り出して、活気づいた。

「影響がつくだけいいや。そうでなけりゃ、ただのチャンネルだ！」

部屋に居合わせた副チーフが話をもっと真面目な方向へ持っていこうとした。

「そのとおりだ。『影響チャンネル』とは外交と諜報の専門用語だ。海外勤務者は皆それぞれ自分の政府、役所、商社の『影響チャンネル』なんだ」

副チーフは最近、第一総局付属最高学校の年間研修を受けてきたばかりで、何でも理論化することを自分の義務と心得ていた。

「一方、現地当局もわれわれを自分たちの『影響チャンネル』にしようとして、一定の目的をもった資料とか、ニセ情報すらばらまく。つまり、二者択一だ。積極的な『影響チャンネル』か、消極的『影響チャンネル』かである」

「積極的な方がいいよ。向こうからそうされるよりもいいさ」、皆、いっせいに叫んだ。

諜報代表部で討議したテーマを食事のときに考えなが

ら、わたしはカイロの工作環境に「もぐり込んだ」最初の段階で自分が消極的な「影響チャンネル」だったことを思い出した。あるレセプションで驚くほど穏やかで冷静な顔立ちのあまり背の高くないアラブ人と知り合いになった。彼はクウェートの参事官と名乗り、初めて会ったときにもう非公式に交際したいと申し込んできた。

二人はわれわれの大使館とかレストランで定期的に会うようになったが、参事官はレストランでは「割勘」の食事は断固として拒否した。ピューリタン的首長国（「禁酒法」、イスラムの道徳）から自由の世界に飛び出したこの参事官はベリーダンスを見せるレストランの方が好きだった。かつてこの儀式的で半ばエロチックなダンスは、アラブの結婚式で結婚初夜を前に花婿の空想をかきたてる目的で演じられたものである。その後それはカイロのいくつかの高級レストランやカジノの音楽演目に欠かせない演し物のひとつになった。

この外交官とは普通、健康状態をたずねる伝統的な質問にはじまり、それから新聞を引用しながらのアラブ世界における当面の出来事を話し合った。参事官はいつも、クウェートは自主独立国家になったと強調して会話をしめくくった。

参事官がイギリス諜報部のために行動しているのではないかという疑念は消えた。疑念を裏付ける具体的な証拠はみつからなかった。彼は外交官としてのわたしにも、大使館でのわたしの仕事にも興味を示さなかった。結局のところ彼がずばり言いたかったのは、ソ連はクウェートの国際連合加盟を援助すべきであり、わたしはそれについて十分根拠のある提案をモスクワに書き送るべきだということだった。わたしは大使館の担当官と諜報代表部の平職員という立場上、ソ連はそれに対して何を得るだろうかという質問は控えた。

その後、他の国々で他の役職で勤務するようになって初めてわたしは、高度の政治とは可能性の瀬戸際での技術だけでなく、「われわれはあなたたちに、あなたたちはわれわれに」という鋸《のこぎり》の原則〔駆け引きの原則〕を実現する仕事でもあるということを理解した。国の政治は、オーケストラの楽器ではなく、指揮台で行われるのだということもやはり明らかになった。ソ連の諜報はアメリカと違い、めったにソロを演じなかった。

おそらく、エジプト以外でも行動していたクウェートの外交官たちの努力は成果をあげ、クウェートは国際連合の正式メンバーになった。一方、わたしのクウェートの友は自分の使命を果たすとわたしに対する興味を失った。そして、フルシチョフがエジプト滞在中のある公式の演説でクウェートについてひどくさげすんだ言い方をし、こともあろうにクウェートを「キュヴェート」〔道路の両側の側溝〕などと呼んでからは、まったくわたしと付き合わなくなった。クウェートの参事官との接触には多くの時間と努力を費やしたが、諜報にとっては参事官から得られたものはほとんど何もなかった。そのかわりわたしは、アラブ人は目的達成のためにはきわめて粘り強く、彼らの愛想と尊敬と友情の美辞麗句の裏にはしばしば、赤裸々なプラグマティズムが隠されていることを理解した。経験というものは、たとえその結果がゼロであろうと、真理の頂上に至る道のひとつである。

ルクソールを見ずしてエジプトを語るなかれ

あるとき、朝の新聞読み合わせの後で大使がわたしに話をしたいので残ってほしいと言った。大使の極端な多忙を考えると、それはめったにないことだった。普通、指令の伝達は内線電話で行われていた。

「テーベについてどんなことを知っている？」

思いがけない質問だった。「民間のオリエント学者」の顔を保つために記憶を総動員する羽目になった。

「テーベは古代世界の大きな政治的文化的中心地のひとつでした。王たちの居城がありました。中王国時代のエジプトの首都です」

「それから？」

「ラムセス四世の廟からそれほど遠くないところで、ほとんど盗掘されていないツタンカーメンの墓が発見されました」

「データは正しいが、大使館のガイドの姿でアジャールの文化大臣のお供をするには不十分だ。大臣のカイロ訪問の公式部分は終わった。受け入れ側の負担でルクソール旅行の用意をしてくれたまえ。この旅行は君の諜報責任者のOKをとってある。中央へは伝えなくてもいい。ついでだが、テーベは古代史の教科書に残っているだけで、今、それはカイロから五五〇キロメートルのルクソール市だ」

アラブ人が言うところのただで古代文明の史跡に親しめる「黄金の機会」がわたしに訪れたのだ。ガイドブックの前に座り込んだ。ガイドブックや観光会社の広告には、ルクソールはエジプトの真の観光の都であり、ルクソールを見なかった者はエジプトを見なかった者であり、その建築遺産の規模と保存性では世界に比類ないものであると書いてあった。

ナイル渓谷は古代文明の故郷のひとつである。そこには長期間にわたり太陽信仰が存在した。太陽はさまざまな姿で表現され、いろいろな物語がつくられた。太陽神はアモン。テーベの富と壮麗さはホメロスが指摘している。ファラオのテーベ人たちはアモンの息子たちであると宣言された。アモンは彼らの戦の勝利の庇護者であり激励者であると考えられていた。

ルクソールは数世代をかけて建設された。ひとつのルクソール神殿に統一されたいくつもの神殿の面積は延べ一万四千平方メートルを超える。最も美しい神殿の一つはアモンとその妻ムートおよび、彼らの息子で月の神コンスに捧げられたものである。神殿の北の塔門の前にはファラオの二つの像が保存されている。塔門の壁にはラムセス二世の戦闘の光景が描写され、円柱の間には黒と赤の花崗岩でつくったその像が安置されている。神殿では円柱がパピルスを開いた形で二列に並んだアメンホテプ三世の柱廊が目立つ場所を占めている。ルクソール神殿からは約一五〇〇を数えたスフィンクスの行列街道が延びる。この街道の一部は近代的建築物の下に埋まってしまった。

カルナック遺跡群でルクソールと並んで最大のものはアモン神殿である。その内庭はあまり高くない円柱に囲まれ、そこにあまり大きくはない寺院建築が接している。入口の門の前にはラムセス二世の壮大な花崗岩の像が二基ある。カルナックの心臓はパピルス形の柱頭を載せた一三四本の円柱が十六列に並ぶ多柱式大広間である。円柱には花のレリーフが施してある。

ルクソール近くのナイル川左岸に葬祭殿や地下の霊廟を擁する「死者の町」がある。この「町」の中心的場所に「王家の谷」（約四十の霊廟を算するファラオたちの墓所）がある。ツタンカーメン王の霊廟では多数の宝物や豪華な調度品（容器、大団扇、小櫃、腕輪、黄金のマスク）が発見された。

ルクソールから遠くないデイル・エル・バハリには女王ハトシェプストの葬祭殿がある。女王は自分の権勢と神の出自を強調するために生前は男性として呼びかけるように命じた。葬祭殿は三千五百年ほど前に建造された。円柱に支えられた三つのテラスからなり、内部には多数の彫刻と薄肉彫りがある。

ナイル川左岸にはそれぞれ高さ二〇メートルの巨大な座像、すなわちメムノンの巨像が二体ある。これはアメンホテプ三世を記念して建てられた。

ルクソールは建築の傑作、記念彫刻、絵画を有する世界の観光の真珠である。プロのガイドであるためには、わたしは明らかに古代エジプト史について知識不足だったが、その準備にはたった二日しか割けなかった。幸い文化大臣は忍耐強く、礼儀正しい人だった。

ルクソール旅行でわたしは古代エジプト芸術の文献を集めて書庫をつくる気持ちになった。しかし古代エジプト芸術を詳しく知るのは退職するまで延ばすことになってしまった。

スエズ運河の岸辺の秘密

金曜日はカイロの休日。国の最高指導部は車で、一般のイスラム教徒は徒歩でイスラム寺院へ行き、中級の国家公務員、外交官は自宅かプールのあるスポーツクラブで休むか、日頃の環境を変えるために町を出る。

スエズ運河の岸には大きくはないが、緑に囲まれたイスマイリア市がある。町の中央を通り越して、運河の近くで停まり、水平線に目をやると、純白の海洋船やずんぐりしたタンカー、貨物船などが自分目がけて「まるで陸を」直進してくるように思われる不思議な光景が出現する。もう少し運河に近づいて、目を吃水線の位置まで下げて見ると、その船たちは静かに用心深く小学生の定規のように真っ直ぐな運河を航行している。

イスマイリアには小さな屋外レストランがいっぱいある。どこも食事は素朴であっさりしているかわりに、「ステラ」ビールはいつもほどよく冷やしてあり、サラダには思いっきり胡椒がかかっている。

ある金曜日、とあるレストランの人目につかない一隅に男たちの一団が陣取っていた。その中に中央（モスクワ）から出張してきて日焼けしていないので目立つKGB第一総局「A」部の責任者がいた。この部はその後「A」班に改組された（一九九一年に解散）。

「A」という文字はソビエト諜報機関の重要な活動要素である「積極工作《アクティヴ》」という意味を秘めていた。これは諸国の世論や体制の考えがわれわれに有利な方向に作用するよう特別な方法で働きかける工作活動である。

アフリカの太陽に灼かれていない中央の代表が、業務会議に型通りの、全般的課題の提起から切り出した。

「諸君は『アクティヴ工作』により西側諸国の帝国主義的政策を暴露し、アラブとアフリカの指導者や国民の眼前でその威信を失墜させなければならない。が、これはいわゆる導入部分であり、プレリュードにすぎない」、中央からの客人は付け加えた。「大事なことは、諸君を欺瞞とあらゆる者を誤解に導く方法としての世論攪乱の普遍性、生命力、その永遠性にすら確信を持たせることにある。これが世論攪乱のすべてである。この普遍的原則は昔から諜報機関が活用してきた。世論攪乱は新聞記事、政治宣言、外交報道の中など目に見えるものも見えないものも至るところに存在する。それがないのはおそらく郊外電車の運行表ぐらいだ。CIAもKGBも世論攪乱を自分の武器に用いている。諜報代表部はいずれもあらかじめ作成しておいた記事の発表に対して現地のジャーナリストに金を払い、彼らはそれを自分の記事のような顔をしている。このような記事は他の国も含めて他の新聞に転載され、交渉や会談に役立てられる。

諜報活動にはこれとは別の、特別に組織された秘密情報の漏洩と称される、もっと手の込んだ手段もある。その際、秘密情報はフィクションも含めた机上の分析の結果なので、括弧つきで提供されることがある。この方法では、最高権力筋や諜報機関、それに大使の書簡などもニュースソースとする実際に秘密(または捏造した極秘)の文書、情報が公表されるという点にある。この方法の目的は秘密の計画を暴露したり、世論に探りを入れたり、有力政治家の反応を引き出したり研究したりすることにある。最高級でない秘密が公表された場合は、その『秘密』情報には、ひまなジャーナリストのでっち上げだという声明や否定が続く。それが本物だと受け取られると、国会で大問題になり、デモが始まったり等々である」

われわれの諜報機関のボス、つまりチーフは、聞き手の一部は政治的諜報活動の問題や積極的な手段を講じることには無関係だったので、世論攪乱の理論的命題に少々うんざりしだしたことに気づいた。彼らの関心はほかにあったし、仕事の進め方も違っていた。そこでチーフは中央の代表を当地の特殊な具体例に巧みに引きずり込むことにした。

「われわれの接触相手の一人が『替え馬』(諜報取り締まりの手先)ではないかという疑いが生じました。その面《めん》子《つ》をつぶさずに、現地当局の不興も買わないで、その『替え馬』を活用するにはどうすればいいのでしょう」

「そんなの簡単さ。その者との接触はいきなりやめないで、そのかわり、エジプトの内政に対する干渉ととられかねないような仕事は与えないことだ。ソ連とエジプトは同盟国であり、アメリカの陰謀に対する戦いが両国の共通の課題だという考えを吹き込むんだ。親米的な人物に関する具体的な資料があれば、そのことを『替え馬』らしい者の耳元で囁くとよい。そこで君たちの『マバヒス』(諜報取り締まり)に悟らせればよい。おつむのいい者ほどうまくいくだろう」

「A」部の責任者の意見では、カイロは積極的な手段を講じる(世論攪乱も含めて)という点で、われわれがまだ種を蒔きはじめていない広い畑であった。急がなければならない、さもないとカイロは西側の連中に乗っ取られて、この畑には「有毒なチョウセンアサガオ」がはびこるだろう。

「少し休憩をとろう」、中央の指導員が言った。「わたしは運河の向こう岸まで泳いでみたい。いいかい、モスクワへ帰ったら、自分は十五分でアフリカからアジアへ泳ぎ渡り、そこの砂浜で甲羅干しをして、またアフリカへ戻ったと自慢するのさ。何というエキゾチック！　わたしといっしょに行く人は？」

彼はスエズ運河独特の船舶の運行を知らず、アジアの岸に長居することになりそうだったので、わたしがお供をする羽目になった。他の面々は与えられた指令を討議しながらビールを飲み干すために籐のテーブルについた。

中央の代表は一時間後に泳ぎ戻ると、地ビールは有益だということを皆にわからせ、新たに「ステラ」がテーブルに林立すると、積極的な手段に役立つアジテーションを続行することにした。

夕闇が迫ってきた。運河の岸辺には街灯がついた。船舶の運行が再開された。カイロに戻る時間になった。わたしは帰途、ある知り合いのエジプトのジャーナリストから聞いた話を中央の職員に話せると思った。

「ワシントンは、ナセルが権力を手にした後、エジプトの新体制を手なずける手段を探しました。CIAは慈善団体を装って当時の首相ナギブ将軍に三百万ドル渡しました。これを知ったナセルは激怒し、将軍に報告を求めました。ナギブはしかたなく、それがアイゼンハワー大統領から贈られた『エジプトを共産主義から守るため』の特別ギフトだったことを認めざるをえませんでした。ナセルはその金を革命評議会の所管に移すように迫りました。一九五四年、ナギブはあらゆる職を解かれ、自宅に軟禁されました。権力は完全にナセルに移りました。

エジプトのジャーナリストの意見ですが、アメリカ人はそんな失敗にくじけず、エジプト国内の事態を自分のコントロールの下に置こうとする試みを続けました。彼らは高額の工業施設の建設や武器購入の貸し付けではソ連と競争せず、現地の幹部や、ジャーナリスト、それに一部のイスラム活動家とすら仕事をする方を選びました」

「それで君は相手に親米的な現地の幹部のことを訊かなかったのかね」

「もちろん、尋ねましたよ」

「どんな返事だった？」

「それには答えず、その種の情報は自分には出入りできない諜報取り締まり機関でしか入手できないということでした」

「それみたまえ」、モスクワからの客が結論を下した。「君はアメリカ人がわれわれに先んじてここの畑の耕作に着手したことを裏付けたんだ。失ったものを埋め合わせる必要がある」

わたしには巨大な野菜屑の山の中から数グラムの政治的秘密情報を得るほかに、積極的な工作にも従事しなければならないということは、以前から、カイロ到着の直後からわかっていた。中央の執拗な要求、「A」部職員との会話、必要性の自覚、これらのすべてがその後の活動の性格を決めた。

「ヒルトン」会談

わたしはカイロの出版物の特質を本格的に研究しはじめた。二大日刊紙の一つが明らかに親米的だということがはっきりした。

他の一紙は半官紙だとみなされていた。その編集長は大統領と極めて親しかった。当地の政治学者たちは、「大統領の頭の中にあるものは、編集長の記事の中にある」と思っており、編集長の署名入り週間展望を熟読吟味した。この週間展望では凝った文章の裏に現実の内外政策のアウトラインが見て取れるのだった。同紙は全体に穏やかな調子で、世界の出来事に対して中立的な評価をくだすように努めていた。大使館付き担当官の立場で編集長のところまで行くのは、不可能とは言わないまでも難しい話だった。

ある朝の会議で大使が、演劇の招待を受けたが自分には劇場へ行く時間がないと言った。大使の代わりに芝居見物に行きたいという外交官は一人もいなかった。

「たぶん、俺が行くことになるな。俺は最近来たばかりだし、ここの芸術も知っておかなくちゃ」、とわたしは考え、自らソビエト大使館を代表することにした。劇場は古い老朽建物で、座席はガタガタ、芝居のテーマは無邪気で単純なものだったが、観客は熱狂的に反応していた。芝居が終わったところで大使館とわたし個人の名で作者にお祝いの言葉を述べ、花束を贈ったところ、その劇作家はいたく感動した。お蔭で、文化省の役人や作家、詩人らが出席する晩餐会に招かれた。いささか思いがけなかったが、芝居の作者は半官紙の文化部長だということだった。

「これは面白いぞ」と思い、付き合いを続けることにした。ここにもいろいろ困難があった。劇作家であり新聞人でもあるこの人物は多忙をきわめていた。彼にはロシアの外交官と昼飯や晩飯を食べるヒマがなかった。二人の会話は新聞の編集室で行われ、ひんぱんに電話が鳴ったり、社の人や部外者や知人が入ってきたりで中断した。

あるときそんな会話の合間に都合のよい瞬間を見計って、わたしには中国に関する興味深い非常に重要なネタがあり、広範な読者の関心を呼べるだろうと仄めかした。

文化部長はすぐに言外の意味を理解して言った。「友よ、われわれはすべての大国と等距離を保っており、大統領はあらゆる国と仲良くやっていこうとしています。わが国は積極的中立主義を堅持していますが、それがなぜかはわかるでしょう。われわれは全部一度にやりたいのです。それに、われわれの編集長は非常に用心深くて、掲載される記事にはすべて目を通します。ボリショイ劇場とかチェホフの演劇とかなら、喜んで」

「うん、でかいフナだな。そんなのは釣り竿には食いついてこない。網でなきゃ駄目だが、そんな網はわれわれにはないし」、話の結果を報告されたボスが結論を下した。「もっとやってみなけりゃ。ここの新聞に記事を載せる問題は日程からははずすまい」

わたしは何やら猟師のような熱情にとりつかれた。どの付き合いも、諜報教科書どおりに、それを「工作目的」に利用する可能性の有無という観点から評価するようになった。こうした考えは頭にこびりついてほとんど離れなくなった。わたしはなんとか熱くなった頭を冷やすために、快適度も、場所も、フィルムの新鮮度も違ういろいろな映画館へ行くようになった。

あるとき普通の映画館でわたしはとても面白い光景を目にする機会に恵まれた。ワイドスクリーン近くの入口に一人のベドゥインが何とラクダを曳いて入ってきた。ベドゥインは最前列（いちばん入場券の安い席）に座り、綱を椅子の背に結んだ。しばらくすると映画館の係員が現れ、ベドゥインにラクダの入館は禁止されていると言いはじめた。するとベドゥインは入場券を二枚見せ、自分はとても映画を見たいのだが、ラクダは盗まれるかもしれないので、外に置いておけないのだと説明した。どちらも相手の言い分を聞こうともしなかった。

上映待ちの観客は大声で笑い、拍手し、口笛を吹く者もあった。すると係員は、平然としかも少しいぶかしげに事態を観察していたラクダを押しはじめた。口笛、大声、拍手はひときわ高くなった。係員はラクダには勝てず、外へ出ていき、すぐに警官を二人連れて戻ってきた。警官はラクダの持ち主を文字どおり館外へ抱え出し、ラクダも後についていくほかなかった。

わたしは『よろず万人向き』という名の週刊誌に関心を寄せた。それには世界政治をはじめ、ゴキブリ退治の薬、レシピ、ビジネスマン心得その他、実際いろいろな記事が載っていた。しかし、この週刊誌には外交団全体が注目している一頁全面抜きの「秘密」という題の欄があった。その欄には政府の人事異動や重要な外国政治家の非公式訪問、政治協定、経済協定、よその国での諜報活動など、現地の他のどの出版物も掲載していないニュースを読むことができた。「秘密」欄は猛烈な好奇心と、すべてをもっと詳しく細部にわたって知りたいという気持ちを起こさせた。しかし、同誌の報道を裏付けて、「括弧を取り払える」ような記事は当時ほかになかった。

「好奇心部の編集者を訪問しなきゃ」と思い、いつもの号が出た後で編集部を訪ねた。そこの雰囲気は民主的だった。誰も入口で「どなたですか」とか「誰にご用ですか」などと訊いたりしなかった。「秘密」欄の編集者はエアコンが静かな音を立てている小さな個室を持っていた。

わたしが公式に自己紹介すると、その編集者は「やあ、やっとロシアの外交官が現れましたな」、と言った。「自分が手がけている『秘密』欄にもう数か月も関心を寄せていた方と話せるのはとても嬉しいですよ。それであなたは、この欄にはいわゆるソビエト筋《すじ》が欠落していることにお気づきですか」

「気づいてました」、わたしは認めざるをえなかった。

「なぜかわかりますか。あなた方のAPNの記事は遅いし、退屈だからです。あれからは『ピリッと』したものは書けません。タスの情報は全部、官報です。ロイターやAPはもっと生き生きした面白い情報をくれます。しかし、わたしがざっくばらんに言ったことで腹を立てないでください」

「怒ったりしませんよ。あなたのおっしゃることにも一理あります」、わたしはわれわれの通信社に対する率直な評価にいささか心を打たれていた。わたしも遠回しはやめて、編集者が提案した正直な精神を守ることにした。

「あなたはアメリカが好きですか」、わたしは、第一印象と真剣な言葉から判断して今後の付き合いの発展を望んでいるうえ、交際体験が豊かだという印象を受けたこのジャーナリストにずばり質問した。

「何に対してアメリカを好かなきゃならないんですか。アメリカはわたしの国にそれほど多くもない小麦粉をくれていますが、その後で強引な圧力をかけてきて、誰と仲良くすべきで、誰と敵対すべきかと指図するのです」

「わかりました。あなたの欄用に激烈な反米資料がありますが、載せますか」

「載せます、大丈夫」

　賭が始まった。わたしは一か八かの勝負に出、諜報工作の一般的方法論を無視することにした。

「ペンと紙を用意して、あなたの欄に小さな記事を書いてください。『一部の情報によると、ウイルス・フィールド基地（レバノン）に駐留の米軍機はスエズ運河地帯とアフリカ数か国の領空で偵察飛行を実施している。ピリオド』」

「それで全部ですか」、編集者は若干失望していた。

「今のところはね」、わたしは、なぜか中央が大きな意義を与えていたこのネタをどこへどう処理すべきか何日も悩んでいたので、そう答えるほかなかった。

「イドリス国王はそれを知っているが、そのような行動に対して何の手も打っていない、と付け加えてもいいですよ」

「それは本当のことですか」

「わたしの持っている情報では、国王は健康がすぐれず、リビアの王政はまもなく崩壊します」、編集者は胸を張って答えた。「わたしがこの記事を発表して、あなたが満足したとすれば、『ヒルトン』ホテルで食事をしましょう。あそこの料理は素敵で、いつでもスコッチがあります」

「いいでしょう。記事の載った日に、お迎えに行きます」

　わたしは当座、『よろず万人向き』誌編集部を訪問したことをチーフに報告しないで、次号の発刊まで待つことにした。ボスに話せば、また釣り狂《きち》用語を振りまかれ、わたしは餌の引きを待ち切れずに早く合わせすぎたり、辛抱強く待つかわりに、よく肥えた虫を餌につけて、意地を張ることになるだろう。

　きっかり一週間後、リビア駐留の米国空軍が約束に違反して地中海諸国に飛び、空中撮影をし、その結果をテル・アビブに伝えているというニュースが「秘密」欄に載った。

「誰の仕業だ」、ボスが諜報機関の定例工作員会議で尋ねた。

「わたしです」、わたしはわざと控えめにボスに答えた。

「なぜ週刊誌と接触したことを報告しなかったんだ」

「あなたの誕生日を前にささやかなお祝いをすることにしたんで」

　実際ボスの誕生日は一週間後だった。

「中央とわたしにお祝いとは、ありがとう。だが急ぎすぎにはひと言注意しておくが、君は『ごくわずかな面識』があるだけで重要なデータを渡せるのかね。名前、名字、出生地、学歴、これまでどこにいたとか。よかろう、全部君の責任だ」

「レストランは行ってもいいですか」

「いいどころか、必要だ。そこですっかり調べたまえ。で、その編集者はどこへ招待するつもりなんだ」

「素敵な記事の筆者は『ヒルトン』がいいようです」

「『ヒルトン』ねえ」、ボスは思わしげに繰り返した。「あそこは蛇の巣じゃないか。西側のスパイどもが集まっているし、ここの諜報取り締まり当局の目も耳もある。用心しろよ。席は自分で決めるんだ。われわれも君を少しガードするが、ひとつへまをやれば、奈落の底だからな。後でそこから君を引き出すのはおおごとだ！」

五つ星ホテルのガラスのドアは二人の客の前で音もなく開いた。相棒は自信たっぷりにガラガラのレストランに入っていった。昼間で、客は多くなく、外国の観光客、若作りの老婦人や若く振る舞おうと努力しているお爺さんたちだった。堅苦しい、ひっそりした話し方、とても礼儀正しい人たち。ちょうどピラミッドか要塞の展望台で見受けられるような人たち。

「ロシア人の観光客をここへ連れてくればなあ。どんなふうだろうなあ」と考えた。ボスの指示を思い出して、自分でテーブルを選んだ。

「まずウィスキーのダブル、それからイセエビとビフテキ二つ」、招待された方の「機密保持者」が、さっと音もなく近づいてきたウェイターに注文した。「それでいいですか？」

「もちろん、かまいませんとも。あなたはわたしの客人ですし、一切あなたのお好みにおまかせします」

「ところで、わたしの記事は気に入りましたか」、そして返事を待たずに続けた。「午前中にもうリビア大使館から電話があり、あんなことはありえないと言いましたよ」

「何と答えたんです？」、わたしは内心緊張した。

「自分のレーダーステーションに米軍機の飛行を追跡させなさい。ステーションがそんな飛行はないと断言すれば、小さな取り消し記事を書きます、と言ってやりました。だが、イドリス国王にはそんなステーションのないことをわたしは知っていますから、心配ご無用。あなたの健康とわれわれの近づきを祝って」

「秘密」部の編集者はたちまちウィスキーのダブルを飲み干し、追加を注文した。すばしっこい、いい奴だ。これからも彼と付き合うことになれば、中央との交信では彼を〈ナリム〉〈ロシア産のカワメンタイ〉と呼ぼう。ボスの気に入るに違いない。

音なしのウェイターがイセエビと、わたしには名前もわからない野菜をどっさり持ってきた。のんびりした会話が始まった。わたしは話をしながら中央に必要なあゆることを慎重に聞き出した。〈ナリム〉は自分の政治的信条も、経歴も隠さなかった。会話は、半官報的表現を使うと、友好的な雰囲気で進められ、それにはウィスキーのダブルの飲み重ねが少なからず貢献した。

「そろそろ行かなくちゃ」、〈ナリム〉がコーヒーのカプチーノを飲み干しながら言った。「夜はある大使館のレセプションに行くことになっているんです」

わたしは「どこの大使館ですか」という質問をぐっとこらえ、あまり関心がないようなふりをした。

〈ナリム〉はわたしの考えを読み取ったみたいに、付け加えた。

「アメリカ大使館にもレバノン大使館にも行きません。インド大使の晩餐会に招かれているんです。われわれは、つまり、友人で」

音なしのウェイターが勘定書きを持ってきて、おそらく、誰が払うのか察して、わたしの前の小さな盆に置いた。数字の列の最後の合計を見て、開いた口がふさがらないほど驚いた。気まずい一瞬。

「驚かないでください」、わたしのいささかの動揺に気づいた〈ナリム〉が言った。「ここは五つ星のホテルですからね。ここの料理は市内随一だし、あなたもおわかりになったように、わたしの記事はこのランチ代に相当しますよ」

「ええ、もちろんです」、すでにわれに返った「テーブルのホスト」は答えた。「あの記事はこんな食事の二回分の価値があります」

「聞いちゃった」、〈ナリム〉はいたずらっぽく笑った。「つまり、一週間後に今日のプログラムを繰り返すわけですね」

「喜んでそうしましょう」、わたしは食事代のせめて一部の支払いでもどのようにボスを説き伏せるか考えながら答えた。

〈ナリム〉に関するデータと掲載された記事の翻訳は暗号電報で中央へ送られた。中央は黙っていた。もう一度「ヒルトン」で昼食をすることになった。〈ナリム〉はうんと飲んだが、ほとんど酔わなかった。中央から新しい課題が来なかったので、会話はあたりさわりのないものだった。食事の中ほどでイセエビとビフテキの間に、こんなにちょくちょく外国人と「ヒルトン」に来ても怖くないのか、さりげなく〈ナリム〉に聞いた。

「ええ、まず第一に、あなたの風貌は外国人らしくありません。あなたはカイロに何年も住んでいるギリシア人だと思われるでしょう。第二に、わたしには怖がることは何もありません。わたしの叔父はここの諜報取り締まり局の部長なので、わたしは彼の探偵がわたしについて書くことは全部わかるのです」

わたしはもうむせかえりそうになったが、気を取り直した。これが〈ナリム〉の正体なのだ。

「よし、破れかぶれだ」、とわたしは決心し、少し黙っていてから、尋ねた。「わたしは何と書かれるでしょう」

相手は答えを待っているソビエトの外交官を注意深く眺め、しばらく黙り、それから言った。

「わかりません。が、こう思います。あなたの大使館は当地の諜報取り締まり局の関心の主要な対象ではありません。あなた方は陰謀はめぐらしていないし、自分の信奉者たちを政権奪取に赴かせていないし、内政問題にはくちばしを突っ込まないし、アスワン・ダムの建設援助をしてくれているし。だが、今日のイセエビはそれほど新鮮に思えませんでしたが」

「なんだか小さかったですね。この前はもっと大きかった」

わたしはものすごくここの諜報取り締まり局のことを話題にしたかったけれども、ぐっとこらえて自制した。

「しかり、食事はあらゆる現実と同じようにそのつど同じではない」、〈ナリム〉は地場料理とその規格の不揃いに関する話題に哲学的な結論を下した。わたしに何かピリッとした（〈ナリム〉によると、「カレー」の味をきかせた）素材があれば、「秘密」欄に載せるという約束を交わした。

ボスは、この薬味のきいた食事のことを聞くと、中央宛てに緊急暗号電報を書き、わたしにはすべての会見に関する詳細な報告書を作成するよう指示し、どんな些細なことも落とすなと言った。

ボスは雑誌編集部の初訪問も、その後の食事のことも記した報告に目を通してから、「全部定期便で中央へ送ろう。向こうでも頭を使ってくれればなあ」、と言った。

二日後、中央から回答が届いた。


「諜報代表部責任者殿　〈ナリム〉は一定の関心に値する。彼との工作では慎重さを発揮されたい。現地の諜報取り締まり局の仕事については今のところ質問しないこと。掲載用の記事は定期便で発送する」

「スナモグリがナマズにひげの動かし方を教えている」、ボスは中央の電報を読みながら、ぶつぶつ言った。「決まり文句だけで、役に立つ話はほとんどありゃしない。だが、伊達に慎重さのことをわれわれに言っているわけじゃないな。万事、すごく早く進行しているじゃないか。なぜか。考えろ、〈ナリム〉のことを調べろ。彼に関する情報はわが国の友好諸国の大使館のプレス担当官から慎重に集めろ」

興味をそそられたというか、より正確には並々ならぬ能力や人脈、それに今のところは説明しがたい親しみやすさなどで好奇心すら起こさせたジャーナリストに関する難しい、骨の折れる資料収集が始まった。

〈ナリム〉との関係はついにクライマックスの時を迎えた。いつもの会見で、わたしは非常に心配げで、取り乱した人物を演じた。〈ナリム〉がそれに気がつかないはずはなかった。

「友よ、どうしたんですか。何か苦しんでいるみたいで。わたしで役に立てば」

「いや、無理でしょう。わたしはお国でのアメリカの政策について分析的情報を書くことを頼まれたんですが、新聞には面白い記事が全然ないんです。ここの親米的新聞が載せている愚劣な話だけを書くわけにいかないじゃないですか。アメリカの政治家の誰かが到着し、それから帰っていったとかいう短い公式報道だけですよ。それで終わり。これじゃ不足なんです」

「そう、難しい課題ですね」、〈ナリム〉は同情してくれた。「外務省にはちゃんとした知人はいないし。でもアメリカの活動のひとつの局面はあなたにわかるようにやってみましょう。」

「どんな?」

「わたしの叔父のところにアメリカ大使館のスタッフに関するファイルがあります。アメリカ人はエネルギッシュに、相当あつかましく行動しています。彼らはほとんどすべての省庁に広いつながりがあり、われわれの大統領の秘書室にまで入り込み、金に糸目をつけずレセプションを催し、必要な人物を探し求めます。そのなかの何人かはその後アメリカへ休養に出かけます。わたしは、叔父は自分の敏腕な部下たちがアメリカ人について集めたことを甥には隠さないだろうと思います」

わたしは心臓がどきどきしはじめたが、心配げな表情は崩さずに言った。

「それはもう情報の一部ですね。ほかのことは新聞や外交団での話の中から掻き集めますよ」

時間はうんざりするような流れ方で過ぎていった。〈ナリム〉に会っても彼の約束については尋ねず、これはもう済んだことで、とくに注目するほどのこともないと思わせた。しかし、いつもの編集部訪問のときに〈ナリム〉はドアに鍵をかけ、意気揚々と金庫を開けて、包みを取り出し、わたしによこした。

「満足されるだろうと思います」、〈ナリム〉は渡しながらずるそうに笑いながら言った。「これはエジプトの諜報取り締まり局の部の仕事の基本です。アラビア語で何と言うか知っていますか。『マバヒス』です。叔父は間もなく誕生日なので、わたしも優しい甥として何か贈り物をしなければなりません」

「ものにはそれぞれ価値がある」、わたしは封筒をズボンのポケットにしまい、こんな中身の封筒をくれるのは挑発ではないかなどと思い悩みながら、アラビアの格言で答えた。編集員室を辞して、あたりを見まわした。廊下にも出口にも誰もいなかった。離れて待っていた車へと急ぎ、後ろの座席に座って、神経質に煙草を吸った。運転席には諜報代表部の工作員運転手がいて、「静かだ。不審なことは何もなかった」、と言った。

「大至急、大使館へ」

三十分後、わたしは、ここの諜報取り締まり局のアメリカ大使館担当部がタイプで打った報告書をＣＩＡ専門のボスといっしょにめくっていた。報告書の構成は、ＣＩＡ諜報代表部のスタッフ全員のリスト、彼らのエイジェントと市民との実際的関係、最後に、単に知り合いになった市民、という順だった。そして一切のコメントなしで、アメリカ人とエジプト人の氏名だけが載っていた。

「『主要敵』を扱っている者を全員集めて、羨ませ、学習させるんだ」、ボスは報告書のリストを読み返しながら言い、二度読み返したときに、ある名字に目を止めて、のどを鳴らし「わあ、これにはわれわれの『お仲間』もいるじゃないか。彼は二重スパイか、アメリカの、いやもしかして、ここの『替え馬』〔スパイ〕かな。うん、君の〈ナリム〉はわれわれに喜びと心配をもたらしてくれた。よく考えて研究しよう。中央宛てに緊急電報をつくりたまへ」

「しかし、なぜエジプトの当局はアメリカのエイジェントの正体がすっかりわかりながら、その手を封じる措置を何もとらないんでしょう」

「微妙な駆け引きなのさ」、長年ここで過ごしてきたボスが答えた。「騒ぎ立てれば、新しい借款が得られない。それに、特定できているエイジェントの方が動きを見守りやすいし、ＣＩＡに尽くしている彼らの仕事をコントロールできる。もうひとつ問題がある。すなわち、このアメリカのスパイ網は現地当局から吹き込まれることを実行しないだろうか。『替え馬』の原則は普遍的なものだが、アラブ人はずる賢い連中で、この原則を実際にもよく用いている。しかし、いつもながら、疑問はそれに対する回答よりもはるかに多い。それこそまさに知恵の戦いであり、爆発による初歩的な魚のとり方とは違うんだ。よく考えなくっちゃ！」

町ごとにも友を持て

われわれは『CIAの本当の顔』という本を出すのがよいという結論に達した。その本には、北アフリカとアラブ東方におけるアメリカ諜報機関の工作に関する大量の事実が収められるはずであった。カイロで出版する難しさは、著者になることに同意する現地の有能なジャーナリストを見つけることにあった。単なる知り合いをはじめ、工作上の接触や信頼できる関係の中からこの役割にふさわしい候補者探しをはじめた。

〈ナリム〉は多くの理由でこの本の出版には向かなかった。理由のひとつは、同じ牝牛から同時に乳と肉を求めてはならないということだった。もうひとつの理由は、諜報取り締まり局に叔父さんがいるという点だった。叔父と甥の関係は外国大使館の担当官との関係よりもツーカーだろうということは十分に考えられた。

あるときわたしは大使館近くのAPN支局で『事実』という民間紙の社主と会った。彼は有料広告に関心があり、われわれの資料を、もちろん、謝礼と引き替えに掲載する用意があると言っていた。それは国（または他の資金源）からの助成金をもらっていないジャーナリストの普通のやり方だった。

「あれは誰、どんな考え方なの」、新聞社主がソビエト・スポーツの成果の写真入り記事を受け取って出て行った後で、わたしはAPNの支局員に聞いた。

「ナセルを褒め、側近を批判している。インテリだが貧乏で、ひたすら『脂ぎった猫ども』を憎んでいる。何でも載せるが、西側諸国の大使館の記事だけはあの新聞で見たことがない。彼の喜ぶようなことをしてやってほしい。編集部を訪ねてほしい。編集部は彼のアパートにある。便利だ。職場で生活し、生活の場で働く」

アラブの格言は、「町ごとに友を持て」と言っている。わたしも、エジプトのもうひとつの新聞にそのような友を持たないという法はない。しばらくしてから、訪問の口実にわが国の農業に関する記事を持って『真実』紙の編集部を探しに出掛けた。その場所は率直に言って、貴族的な地区ではなかった。その先は舗装してないでこぼこ道だったので、車は小さな広場に置いておくことになった。それにロバやラクダの牽く荷車とすれ違うのは不可能だった。彼らはたいてい道を譲らない。編集部へ行く通りには小さな店、工房、安い軽食喫茶店が並び、客は通りにじかに座って、水ギセルを吸っていた。

新聞社主はわたしが来たので喜んだ。前に載った記事代と次号用の記事を渡したとき、彼の喜びはいっそう増えた。彼はAPNの伝票に掲載費の領収書を書き、持ってきてもらった記事を載せますと言った。紅茶を飲みながら話をした(明らかに、社主にはコーヒーを買う金がなかった)。彼はカイロのアイン・シャムス大学を卒業し、エジプトのプレスで働き、それからサウジアラビアで働いて少し金を貯め、自分の新聞を始めた。その先の話は中断された。部屋に浅黒い少年が駆け込んできて、土地の方言で何か口早につぶやき出した。わたしは、外国人がいないところで解決する方がいい家庭問題が起きたのだなと感じた。

われわれは、〈アヴグール〉(中央との交信で彼をそう名付けた)が『CIAの本当の顔』の著者の役に打ってつけだと思った。ジャーナリストの経験があり、地元の印刷所と関係があり、金銭的に困っており、ソ連と、その後わかったところでは、カイロ駐在のソ連の代表たちにも肯定的な態度で接している。

あるとき、アパートにある編集部で会っている最中に〈アヴグール〉が突然質問した。

「黒いメルセデスであちこちへ出かける大使館の副領事はあなたの友人ですか」

「おかしな質問ですね。もちろん、友人です。わたしの友人でない人々はソビエト連邦に害をなし、ソビエトとアラブの友好に対して陰謀をめぐらしている大使館にいます。彼らがあなたにとっても敵になってほしいものです」

「副領事に伝えてください。彼が明晩カジノ『オマル・ハイヤーム』で会うことになっている人物はCIAのエイジェントです」

「なんと馬鹿気たことだ。副領事がエジプトの市民と会うにしても、それは大使館の外務省領事部それに空港での仕事のうえだけのことです」

「いいでしょう。しかしあなたは副領事が毎晩寝ていると思ったら見当違いですよ。猫は夜、ネズミの夢を見ます。副領事はおそらく彼がいわゆる友人からもらえると期待している文書の夢を見ているに違いありません」

「そのうえ、文書ですって?」、わたしは副領事はいかなる非公式文書にも関心がないと力説しなければならなかった。しかし、〈アヴグール〉は文書なるものを数えあげた。それは実際、ソフトに言って、領事の職務のテーマの枠を超えていた。

「ほう、それでどうなるというんです」、わたしはその後の詳しい話を待ち受けて質問した。

「口から出たどの言葉にもそれを聞いている耳があります。あなたは聞きました。これから先は好きになさい。わたしはソ連の心からの友です。あなたはそのことを何度も確信できたでしょう」

わたしはもっと詳しく、とくにそんな興味津々の情報の出所を〈アヴグール〉に問い詰めたいという強い欲望を抑えて、話題を変えた。諜報代表部でわたしは〈アヴグール〉の情報が完全に事実に合っていることを知った。実際、副領事は新聞社主が数えあげた文書を持ってくるように相手に頼み、カジノ「オマル・ハイヤーム」で会うことになっていた。

〈アヴグール〉はもう一度、庇護天使の役を演じてくれた。今度はわたしに関したことだった。

いつものように編集部で会っていると、彼がぶっきらぼうに言った。

「あなたが昨日三十ポンド渡した男は裏切り者だ」

またもや間抜けなふりをし、つまらない質問を浴びせてそんな話の情報源を明らかにしようと努める羽目になった。

「裏切り者ってどういう意味？　彼が金を借してくれと頼んだんで、貸してやったんですよ。彼は返さないいつもりだっていうことですか」

「彼はこれまでも借りた金をあなたに返したためしがありますか」

再びぐっとこらえて、この話題を打ち切らざるをえなかった。しかし今度はわたしのことで、友人である副領事のことではない。頭が苦しい思いでいっぱいになった。こういうことだ。つまり、わたしは同じ日に二人の接触相手と会い、謝礼金としてそれぞれ同額の三十ポンド渡した。

どちらが裏切り者なのだろう。

「君が、二人とも『おとりの鴨』だと考えるなら、その方がいいだろう」、ボスはさまざまの仮定や憶測を締めくくった。「夢中になりだして、『いつでも、誰でも、どこでもけっして』という諜報員の基本的戒律を忘れたんだ。〈アヴグール〉とは少し用心深く付き合った方がいい。そうでないと彼はじきにわれわれのエイジェント網をすっかり君に暴《あば》いてみせるだろうよ」

しかし〈アヴグール〉は再度センセーションを巻き起こし、一種の情報花火を打ち上げた。わたしは彼との話でよくアラブ東方におけるサウジアラビアの役割、保守的なアラブ諸国に対するその影響度などを論じていた。〈アヴグール〉は、自分はサウド王のプレス問題の顧問をしていたと断言した。われわれにはカイロで行動しているサウジアラビアの反王政グループとの関係がなかったので、その事実関係を確認したり否定したりすることはできなかった。ただ、彼がリヤドで四年過ごしたことは事実だった。

わたしがまたサウド王に対するアメリカの影響の程度や、国王の後継者の予想などについて話していると、〈アヴグール〉が言った。

「わたしはあなたのばらばらな質問にはくたびれました。こんな質問、あんな質問。王室内の情勢とか、アメリカ、イギリス、フランスを向いている主な三大対立グループなどについて、あなたに詳しいことを書いてあげる方がいいでしょう。ただ、あらかじめ言っておきますが、そんな報告書は高くつきますよ」

「かまいませんよ。APNには金があります。スポーツや農業の記事の掲載は減らして、報告の謝礼に回しましょう」

「APNではわたしの仕事に支払う金が足りないでしょう。ほかの、もっと裕福な団体が必要です」

「どんな?」

「あなたの方がよく知っているでしょう」

「いいや、支払いはAPNの評価価格で行われます。わたしには他の資金源はありません」

その一週間後、またもや何かほのめかしながら〈アヴグール〉がサウジアラビアにおける西側諸国の政策をはじめ、王室の多数のほとんどすべての成員の状況、信念、愛人、きわめて長期にわたりわれわれの「盲点」だったこの国の内外政策に対するイスラムの影響などに関する詳細このうえない報告書をわたしにくれた。報告書は急ぎ総出で翻訳して中央へ発送された。中央は次のような評価を下した。

「諜報代表部責任者殿 〈アヴグール〉の資料はサウジアラビア情勢のユニークな分析を含んでいるが、われわれには貴下の情報資料の事実関係を裏付けられる他の情報源がないため、上級機関へ提出することは不可能である」

「ユニーク」という語は中央からの電報にはめったに出てこなかった。五十頁もの情報に対する評価はこんな奇妙なものだった。花火は短時間アラビア半島の上空を照らし、その後再び闇が訪れた。それでも中央は〈アヴグール〉の助けで『CIAの本当の顔』を出版することにOK

した。

彼は同書の販売開始日にカイロの本屋やキオスクを見てまわろうと言った。わたしは『タイム』や『シュピーゲル』などの華やかな雑誌とともに、表紙にCIAのシンボルを描いた新しい本が並んでいるのを確認した。正直に言って、その日わたしは自分が祝福される当事者になったように感じた。

運命よ！　わたしをカイロへ戻してくれ

出張〔海外勤務〕は終わりに近づいていた。諜報員の海外滞在の最大期間は五年を超えてはならないと考えられていた。そうでないと、快適な条件に慣れ、危険感覚が鈍り、他人の信念を身につけてしまう。われわれのソビエトの現実はおぼろげなものになり、その輪郭が洗い流されてしまう。

わたしは徐々に民間の関係や副次的なものを同僚に分かち、その後の工作のためにエイジェントを引き継いでもらった。そして、気楽になった。

緊張がとけると、心の中では、周知のように癒《いや》しがたいノスタルジアという病気が緊張にとってかわった。ますます頻繁にモスクワやシラカバ林、溶けはじめた三月の雪などの夢を見るようになった。

出発の一か月前に、思いもよらず簡単ながら効果的な終盤戦を切り札なしで戦う機会に恵まれた。朝早く新しいボス〔釣り好きの前のボスは「全般的指導」に対する勲章をもらって一年前にカイロを去った〕が諜報代表部のスタッフ全員の会議を招集して伝達した。

「ある西ヨーロッパの大使館に当地〔エジプト〕の諜報取り締まり局員が働いている。われわれには彼の名前、人物描写、自宅の住所しかない。自宅に電話はない。政治的信条は不明。これらのデータをわれわれに伝えてきた情報提供者は、接触が成立した場合にどんなことがあっても自分を引き合いに出さないように頼み、そうでないと自分はとんでもないことになると言っている。つまり、名前、住所、勤務先はわかった。近づきになる必要がある。何か提案は？」

室内に沈黙が訪れた。各人が自分の案を考えた。

「その人物が自宅から出勤するところをつけ、途中でもっともらしい口実で近づいて、知り合いになるというのは」、諜報代表部の職員の一人が提案した。

「弱い手だ。対象は行きずりの人間と話したくないかもしれない。会話どころか、知己になることだって無理かもな」

最近赴任したての、海外勤務の経験皆無の男が、大使館へ行ってそこで接触を確立することを提案した。

「えらく単純だね」、ボスが鋭く反応した。「君はそこで身分や訪問の目的を尋ねられるぞ」

苦しい沈黙が支配した。誰もそれ以上何も提案しようとしなかった。「マバヒス」のスタッフと鬼ごっこを希望する者は誰もいなかった。

「わたしは家に行きます」、わたしにはきわめて単純な考えが突然浮かんだ。

「そこでどうなるんだね」、ほかにもっと気のきいた案もなかったので、ボスはこの考えが気に入ったように思われた。

「特別どうってことも。入って、話をします。アラブ人はたとえ気に食わない相手でも客を追い払うようなことはしません。オリエントの伝統で主人はドアを開け、不倶戴天の敵でさえ招じ入れます。それから先は話の具合によるでしょう。約束しますが、『単刀直入』に味方になってくれなどとは言いません。その家には電話がないので、警察に電話もかけられないでしょう。もし上司に報告したとしても、わたしはもうモスクワにいますからね」

「うん、正直言って冒険主義の匂いもするが、ほかに提案がなければ、君の考えを支持しないわけにはいかない」

支援工作のお蔭で、その大使館員の在宅が確認された。合図を受けるや、わたしは中流階級の人たちの住むカイロの一街区《ダッキ》の、あまりぱっとしない建物に近づいた。尾行はなかったし、建物の周囲にも不審な者は見つからなかった。歩いて三階に上がり、目指す部屋のベルを押した。美しい太った中年のエジプト女性がドアを開けた。エジプト女性は若いころは驚くほど美しく、二人に一人はネフェルティティさながら、しかし、嫁ぐと太り、重くなるが、美貌に変わりはない。

「お早うございます。ムハンマドさんとお話しできるでしょうか」

「お早うございます。どうぞお入りください。お掛けになって。おくつろぎください。今シャワーを浴びていますので、十分ほどすればお会いできます」

彼女はわたしの訪問に少しも驚いた様子は示さず、質問もしなかった。頭の禿げかかった男が入ってきて、丁寧に挨拶し、わたしの訪問の目的を尋ね、注意深く待ち受けているようにわたしを眺めた。

「お仕事は？」

「エジプト駐在ソ連大使館三等書記官です」

「とても嬉しいです」

これは普通の、伝統的なせりふ。何かからはじめなければならなかった。カイロには五年いたこと、カイロの建築も、市民の温かいもてなしも気に入ったことを話した。ついでに、雄々しいエジプト国民を高く評価しているとも言った。

夫人が湯気の立つコーヒーカップを二つ載せた盆を持って部屋に入ってきて、テーブルに置き、台所へ去った。

相手はずっと黙ったままで、とりとめのない、いわゆる一貫性のないわたしの話に注意深く耳を傾けていた。わたしはエジプトに関する自分の感想をほとんどしゃべりきってしまった。突然、彼はコーヒーをふた口飲み、煙草を吸い、まったく思いがけず口を切った。

「お若い方、わかっていますか、わたしは勤め先の大使館の秘密情報には全然近づけないのです」

二人のプレイヤーがトランプをしていて、いきなり一人がカードを机に出し、オープンで続けることを提案するという場面を想像してみてください。わたしはあらゆることを予想していたが、これだけは意外だった。

「ええ、わかっています。わたしは思っていたとおり、あなたのなかに愛国者と、帝国主義大国の圧力に対する戦いでの同盟者を見出していました」

この言葉はそのときわたしに何も義務づけるものではなかったが、その後の会見に橋渡しをすることを可能にした。もちろん、わたしは最初の接触で自分の手持ちのカードを全部見せることはできなかった。そのとき、わたしには手持ちの切り札がなかったので。

愉快な会話と信頼、それにもてなしに対して主人に礼を述べ、わたしは一週間後にまたお会いしたいとの希望を表明した。

「いつでも拙宅であなたにお会いできるのは嬉しいことです」、当地の諜報取り締まり局の職員が答えた。彼はわれわれに関心のある大使館にすでに長い間勤めていることが判明した。

わたしは諜報代表部に急いだ。そこではボスが目に見えるほど首を長くしてこの「騎士」のような突撃の結果を待ち受けていた。

「さあ、どうだった、この冒険主義者め、早く報告しろよ。俺はもう三時間も針の筵《むしろ》に座っているような具合なんだから。そこの主人が君を階段から突き落としたか、警察に引き渡したのか心配だったよ」

「万事順調ですよ。座って、コーヒーを飲んで、暮らしや天気、綿花の収穫予想などの話をしました」

「じりじりさせるな、全部しゃべれ」

細部の細部に至るまですっかり詳細に話すことになった。

わたしはムハンマドとさらに三回会い、その過程で自分のカードを見せた。最後に会ったときに諜報代表部のスタッフを一人連れていき、わたしは至急モスクワに戻ることになったと説明した。こうしてソビエトの諜報機関は、その後長年にわたって興味深い情報を提供してくれた身内をある西ヨーロッパの大使館でひとり手に入れた。それはわたしの大詰めの仕事で、その結果を同僚たちが首尾よく活用してくれた。いやそれがどうと言うのだ。同じ「釜」の飯を食った仲間ではないか。

アエロフロートのIℓ－62機は一千のミナレットの町の上空で一旋回してから、針路をモスクワへとった。乗客のひとりが悲しげに窓を覗き、当時有名だった歌「おお、運命よ！　わたしをカイロへ戻してくれ」を思い出していた。運命はわたしをカイロへ戻してくれた。わたしはほかの国へ、ほかの資格で、しかし国家保安委員会〔KGB〕が長い間抱えていた同じ基本的任務を帯びて赴く途中で、トランジットの旅客としてカイロに立ち寄ったのだった。

ニューヨーク

НЬЮ-ЙОРК

筆者の横顔

KGB個人ファイル

№ [redacted]

氏名	オレーグ・ドミートリエヴィチ・ブルイキン
生年月日	1931年9月12日
学歴と専門	最高教育　ジャーナリスト
外国語	英語
学位	なし
軍の階級	中佐
勤務した国	米国、インドネシア
家庭	既婚
スポーツ	ボクシング
好きな飲物	ジン・トニック
好きなたばこ	喫煙せず
趣味	ビールのジョッキ収集

愛する孫娘のＫチャンへ贈る
著者　おじいちゃんより

ニューヨークはビジネス・アメリカの文化センターではなくて、
アメリカ文化のビジネス・センターなのだ。

ソール・ベロー

国連本部で

ほぼ十年にわたる国家保安委員会でのキャリア（ハーヴァード大学留学も含めて）の後に、わたしは国連を「隠れ蓑」にしてニューヨークで働く支度をするように命じられた。国連事務局ロシアセクションの三等書記官のパスポートを持つ通訳という触れ込みだった。はっきり言って、アメリカ人は国連勤務のソ連人が携帯する外交官旅券は、トップクラスの連中の旅券以外は信用していなかった。わたしには外交官特権がなかったので、何かの際にアメリカの特務機関に見つかれば、即監獄行きだった。それで、国連での仕事はとくに周到に準備することになった。

国連本部はマンハッタンの最中心部のイースト・リヴァー沿いにあった。ガラスと鋼鉄とセメントで造られた四十一階建てのこの高層ビルは、記念碑的景観と壮大なことで印象的である。内部は、高速エレベーター、広い階段、快適な執務室などのインテリアがとくにすごい。多数のカフェテリア、レストラン、小食堂。素敵なホール、そのなかのひとつは有名な安全保障理事会の会議室で、ひときわ高い議長席がある。カリブ危機の際、ハマーショルド国連事務総長がソビエト代表団長ゾーリン氏を激しく非難したのは、まさにこの議長席からだった。ニキータ・フルシチョフが靴で机を叩きながら視線と怒りのまなざしを向けたのもこの議長席だった。

国連での仕事のシステム全体は非常に綿密にこしらえてあり、感嘆のほかはない。職員に何か参考資料が必要になった場合、それは議会図書館であろうが公共図書館の資料であろうが、最短時間で届けられる。郵便物の内部配達システムの素晴らしさ！　国連内の郵便物の大部分は館内気送便で配達される。わがロシア翻訳セクションには、髪の毛を生やしたいと熱望していたスタッフがいた。われわれは毛生え薬の新聞広告を切り抜いて、気送便で彼に送った。封筒は受け取り人と発送者自身の喜びのうちに二、三時間で着いた。

それにすごい用意周到な設計！　国連ビルの下には数百台駐車可能のガレージがあった。出口は一か所で、われわれ諜報員はそのため市内へ出るのが大変だった。この出口からはハドソン川沿いの高架道路か市中に直接入れた。

国連は年次総会のときには一種独特のバビロンに変貌した。そこで交わされないような言語はなかった。公用語は英語だった。ついでながら、国連職員はたいてい二か国語を知っており、三か国語を知っている者も珍しくなかった。しかし、通訳ビューローには本当に他に例のないような人たちが何人かいた。彼らは五か国語の通訳ができた。英語からフランス語へ、フランス語からロシア語へ、スペイン語から中国語へと自由自在。そのうえ彼らはとても博識だった。ときどき自国の代表が演説中にしどろもどろになり、自分の「発言」内容を読ませられても本人自身理解できないようなことをしゃべることがある。しかし、このプロたちは要点をピックアップして、そのうわごとを「人間の」言語に置き換えるのだ。

国連では働き、かつ楽しんだ。ピンポンをはじめ、もろもろの理由で局や部や課が催す夕べがとくに人気があった。多種多様な人間の集団はいつでも愉快に過ごす口実が見つかった。そのうえ、国連では酒に税がかからなかったので、ニューヨークの店頭価格に比べて十分の一の安さで酒が飲めた。パーティを主催した部のスタッフがバーテンを務めた。ロシア・セクションからはたいていわたしともう二人ほどが参加して、とくに課報員としてのわたしに興味のある客たちと知り合いになれた。

その他、国連では国連内部の日常の主な出来事を載せた十四頁から十六頁の冊子が発行されていた。「情報」のテーマはスタッフの昇格からスポーツ競技、記念日など多彩だった。

スポーツも特別の場所を占めていた。ボディビルの部のほかに、ここにはピンポン室がいくつかあり、会議の合間とか勤務の後で楽しんだ。

国連は国家のなかの国家みたいで、それなりのしきたり、習慣、重労働——とくに総会中の泊まり勤務などがあった。

わたしは入館許可証と出張手当をもらい、自分の職場を見てから、住居探しを始めた。諜報代表部ではわたしに十日間の猶予をくれ、その期間が過ぎるまでは顔を出すなと言われた。人事部では全部で三日くれて、落ち着きしだい直ちに出勤するように言われた。マンハッタンのアッパーサイドにあるホテルのあまり部屋代のかからない一室が借りられた。きちんと国連に通いはじめた。地下鉄には市の中央まで急行があったので、通勤時間はたいしたことはなかった。

わたしの仕事は英文露訳ということだった。めったになかったが、政治的内容のテキストならまだましだった。いちばん頻繁にぶつかるテキストは金融、法律、科学技術関係だった。こういう方面の語彙にわたしはどうしてもなじめなかった。ひどく疲れ、セクションのトップから大目玉の食らいっぱなしだった。われわれの部にはロシアからの移民が大勢いた。彼らはわれわれソビエト人を猛烈に憎み、あらゆる機会に「嚙みつく」構えだった。彼らは主に編集者の職責(二十年かそれ以上のキャリア)にあった。

彼らから聞かされた最初の注意は、「これがあなたの本来業務でないことはわかりますが、それでもせめて本来業務並みに立派にやるべきですね」というのだった。わたしは冷汗三斗の思いだった。後になってわかったのだが、これは彼らがソビエトから来た新人に対して使っている一種の「現地」の冗談だった。皆はわたしを励まして、自分たちも最初はまったく同じだったと言ってくれた。わたしは住んでいる地区のせいか、翻訳のひどい疲れのせいか、よく眠れなかった。

指令どおり十日後に諜報代表部へ行った。わたし自身が中央〔モスクワ〕で作成した自分自身の課題が渡された。読んでみると、想像を絶したことで目玉が飛び出しそうになった。中央でわたしがつくった計画は徹底的に粉砕されていた。今でも覚えているが、それには「何だ、これは、ひどい。これはニューヨークとワシントンの課報代表部を動員しても無理だ。君の提案は」というチーフの結論が書いてあった。わたしに何が提案できたというのだろう。

チーフに会った。二時間以上話し合った。チーフは工作状況をとてもわかりやすく説明してくれて、まず何に注意すべきか言った。わたしはそこを辞してから、なぜか「大学へ入ったら、高校で習ったことは全部忘れろ。就職したら、大学で教わったことは全部忘れろ」というライキンのおはこを思い出した。チーフは援護グループについてきわめて実際的な助言をしてくれた。本来業務がうまくいかなければ、そのグループを通じても叱りとばすと付け加えた。わたしが自動車の話に触れようとしたところ、目下、金はない、自分の負担で車を買いたければ反対はしない、諜報代表部はガソリン代、修理費、保険代は払うという返事だった。わたしはそうすることに決めた。国連の冊子で広告を見て、車を選んだ。それは三〇〇ドルした。

土曜日にわたしはマンハッタンを車で散策した。驚いたことに、車を置いたところに、自分の車がなかった。盗まれることはあるまい。あれに下取り代をつけても引き取り手はないだろう。もっと高くついてしまう。FBIの陰謀か。しかし車には保険がかけてあり、わたしはあれと同じようなおんぼろ車を買う金をもらえばよい。ブロックからブロックへ歩きまわり、二時間してやっと自分の「お婆ちゃん」が見つかった。ある通りに置いてあり、フロントガラスにチケット（所定外の場所の不法駐車に対する罰金切符）が四枚貼ってあった。

ここで少し説明が必要だ。つまり、赤ん坊が最初に発することばは「ママ」、二番目が「カー」だという自動車の国アメリカでは、非常に複雑な駐車システムがある。有料駐車場はいくらでもあるが、諜報機関は工作中を除いてほとんど料金を払ったことがない。わたしの車は二昼夜がかりで転々とあちこち牽引されたようだ。罰金は全部で四〇ドル。これは自分には相当な額だったが、もちろん、払わなかった。わたしには外交官旅券があり、外交官もその車にも外交官特権がある。

わたしは当座急いでやらなければならない仕事があった。手短に言うと、それは、まずカムフラージュのやり方に習熟し、しっかり街を研究して、わが家のように市内を熟知するという課題である。

わたしは昼間、国連で勤務し、夜は市内を走りまわって、ストリートやアベニュー、アッパーサイドやロアーサイド、落ち合うのに便利なバーやレストラン、有視監視員をまけそうな通りなどを研究した。寝るためだけに帰宅した。

フルシチョフとキャデラック

ニューヨークはわれわれの尺度では並大抵の都会ではなく、この都市を研究するのは容易ではなかった。秘密に落ち合う場所や秘密の隠し場所の選び方、有視監視員のチェックなどではごくわずかな誤りでも失敗を意味していた。

市の中心部は、わたしにとってある程度「透明」だった。つまり、レキシントン・アベニュー、五番街、四十二丁目、七十四丁目など呼び名のついた真っ直ぐなアベニュー、それに劣らず真っ直ぐな、番号で呼ばれるストリート。アベニューはたいてい両側通行だが、ストリートは一方通行だった。市のロアーサイドとアッパーサイドのストリートはひどく「迷い」やすく、番地ではなく、名前のついているものがよくあった。そのかわりブロックやサブブロックまで載せた詳細きわまりない市内地図があった。こんな地図があれば迷うわけがない。

諜報員が顔を出してはまずいところがたくさんあった。大銀行とか娼婦や麻薬常用者の溜まり、豪華な娯楽場、最高級ホテル、高級店舗などである。そこでは警官や有視監視員の視野に入る確率が高かった。

市内に悪路はほとんどなかった。とくに道路と道路標識が感動的だった。わたしはよい道、とてもよい道、本当に素晴らしい道だけを走りまわることができた。そして道路標識は進行方向、通行禁止、通行可などを実に詳しく表示しているので、「進入禁止」に行き当たるまでは、信号機を見る以外は文字どおり目をつぶっていても、平気で運転できたくらいである。言い換えると、どこで曲がるとか、スピードを落とすとかで頭を悩ます必要がなかった。

そうこうするうちに、アメリカは国をあげてニキータ・セルゲーエヴィチ・フルシチョフを迎える準備をしていた。フルシチョフは船でアメリカ合衆国へ向かった。その到着の二日ほど前に、わたしと、ワシントンから来たもうひとりの外交官は、ソビエト代表団用の「キャデラック」を二台入手するように頼まれた。代表部のチーフがわれわれにそんな依頼を「発した」ときに二人とも顔を見合わせた。キャデラックは予約車で、手に入るのは三週間か四週間先でなければ無理だった。ところがそれを二日でしろと言うのだ。ニューヨーク全体でこの型の車を注文できる事務所は三か所しかなかった。

われわれはディーラーと値段の話をつけた。彼は、いつ、どこへ車を届けるのか尋ねた。われわれは国連のソビエト代表部へ、明日、最低あさっての朝、届けるように言った。彼は異星人を見るようにわれわれを眺め、押し黙っていた。ついに、外交官が沈黙を破り、緊急の場合なので料金は倍払うと言った。ディーラーは駄目だというように頭を振った。外交官は今度は三倍の値を言った。またもや否定的な沈黙の返事。「こりゃ悪いディーラーだ」と彼はロシア語で言い、他の事務所に当たろうと言った。そこでも実際同じことの繰り返しだった。外交官は五倍にまで値を上げた。やっと、六倍にしたときに、われわれは黒い「キャデラック」を三台、明後日、大事なフルシチョフの乗船到着の日に届けるという確約を得た。

この「キャデラック」がその後どうなったかは知らないが、三台ともモスクワへ送ったという話だ。

八十六階までの階段を駆け上がる

わたしはフルシチョフ訪米のときに、わが国のリーダーのきわめて独特の行動のいくつかを目にすることになった。彼はまずフィデル・カストロと連れ立ってハーレムへ出掛けた。両国の指導者たちはそこで何を探したのだろう。人民にアッピールしたかったのだろうか。これはソビエト代表団の滞在プログラムにはなかった。彼らはハーレムの住民の黒人たちに何を語りたかったのだろう。苦しみ悩む皮膚の黒いアメリカの勤労者との連帯表明か、あるいは社会主義の優越性を示すためだったのか。

この地区はマンハッタンの下町の一二七番街と一三二番街の間にあり、公式代表団の訪問や、もちろん白人の居住は事実上シャットアウトされている。そこにはたいてい窓やドアのない古い数階建ての煉瓦の建物が並び、最も貧しい市民である黒人の家族がひしめき合って住んでいた。

フルシチョフとカストロはそこへ「突入」し、彼らの護衛やワシントンとニューヨーク双方の諜報機関、それにアメリカの安全保障部を慌てさせた。ニキータ・セルゲーエヴィチ（フルシチョフ）とカストロはハーレムに着くとバルコニーに上がり、ボロをまとった黒人の群衆を前に順にしゃべりはじめた。素晴らしい英語の翻訳がスピーカーで流れたが、群衆はさっぱり理解できなかった。

これはまだ予測不能の振る舞いをするフルシチョフが考えついた最もおかしな「行為」だとは言えなかった。大切なのは血湧き肉躍ることで、彼はたえずウオッカでそれを「湧き躍らせ」ていた。たいていは無事に済んだ。黒人は演説にどっぷり漬けられたようだった。しかし、ソ連邦の権威は十分強力な政治的パンチを食らった。つまり、アメリカ人は、白人が黒人に話しかけるという行為に対して彼を許さなかったのだ。

滞在日程のなかには当時世界最高の建物「エンパイア・ステート・ビルディング」見学があった。これは一九三一年にマンハッタンに建てられた。その展望台（屋内、屋外双方）からは事実上、五つの区を擁するニューヨーク全体が見渡せた。高速エレベーターが瞬く間に上に着く。下にはいつも市の景観を楽しもうとする観光客がはてしないリボンのような長蛇の列をつくっている。ビルの下の方の部分には商店、カフェ、レストランがある。一〇二階建ての〝ビルディング〟の他の部分はさまざまなオフィス、事務所その他の施設が入っている。このビルは三〇年代の技術進歩のシンボルである。

ある瞬間まで万事順調に進んだ。代表団はエレベーターに近づいた。中央エレベーターの側にはフルシチョフに同行したアメリカの高官がいて、丁寧にフルシチョフを前に行かせようとしはじめた。フルシチョフも高官たちにどうぞお先にと言った。やっと、フルシチョフがエレベーターに乗り、さらにアメリカ人がひとりと、アメリカ保安機関の職員二名が乗った。

突然、ドアが音もなく閉まり、エレベーターは「大四人組」を「世界の屋根」に運び去った。そこでどうなったことやら。アメリカの警備員は命令一下のように、アメリカの一般市民を脇へ押しやって、他のエレベーターに突進した。わが方の警備は八十六階の展望台へ通じる脇の階段に突貫して、「高速」で上へ向かった。

フルシチョフの護衛は数百段を克服して「世界の屋根」に着き、息せき切って展望台にたどり着いた途端に、エレベーターのドアが再び音もなく閉まり、「大四人組」はまっしぐらに下降していった。護衛はまたもや自分の足でこれもまっしぐらにその後を追った。彼らが世界一高いビルから早くも国連の方へ向かっているところで、われわれ護衛はやっとニキータ・フルシチョフといっしょになれた。

レストラン八十軒のコレクション

諜報代表部は乏しい予算割り当ての範囲で賄っていた。

われわれは「主要な敵」の人間をただでリクルートするように、しつけられていた。もちろんこれは矛盾だった。リクルートは基本的に金銭上の問題だった。われわれは自分でも信じていない社会主義体制の優越性を友人や勧誘相手に力説しなければならなかった。われわれは二重のモラルを宣伝していた。ひとつは党または、いわゆる労働組合の集会で口にし、もうひとつは「魂のために」とっておいた。しかし宣伝には全力を尽くした。

車の問題がすこぶる大変だった。車は真っ先に主流の政治担当の連中がもらい、次いで科学技術諜報関係に回り、その後でやっと、車の代金などほとんど全然残っていないその他の諜報部門の番だった。われわれが自前で車を買うと、それもたぶんわたしみたいな馬鹿がせいぜい数人だったが、褒められた。家族とアメリカに住んでいた者は車どころか掃除機さえ買うのが大変だった。そのために金を貯めなければならなかった。出張を終えて帰国する者から物を譲り受けるのが日常化していた。しかし、ここではわたしの場合のように古物で「やけど」をする可能性があった。わたしは格安でテレビを買ったが、それは数日で駄目になった。それを修理店に持っていったところ、じろじろ見られた……早々に退散することにした。店員に笑われ、つまみ出された。これはアメリカ人にとって珍しいことではないが、とにかくテレビはすごく古くて、その店にその部品のあるはずもなかった。

わたしには家族がいなかったので、食料品は買い溜めしなかった。食事は国連の軽食堂で食べた。ついでながら、そこはとても安くてうまかった。通りにいくらでもある小さなカフェテリアでもよく食べた。原則としてわたしは食事に金は惜しまなかったし、何と言っても若さで、食欲は申し分なかった。

わたしはニューヨークのすべての民族レストラン巡りを目標にした。それほど腹いっぱいには食べなかったかわりに、世界のあらゆる料理に通じた。わたしは「代表」国〔国連加盟国〕の数に相当する八十軒のレストランを回った。料理上手の中華とイタリアのレストランが一番魅力的だった。

ブロンクス動物園の秘密

ある暑い夏の日、わたしは、「目標」に会って資料を受け取り、諜報代表部に届けるという指令を受け、エイジェントの特徴と目印をはじめ、その他、危険信号、出会いの延期、出会い場所の変更などの諜報活動上の約束事項を教わった。ライオンの檻の近くで出会うべしという一点を除いて、通常の諜報活動に比べ特別なことは何もなかった。

この指令はきわめて困難に思われた。ブロンクス動物園にライオンの檻はなかった。広大な飼育場の中でライオンたちは自由の天地にいるように歩きまわっていた。この飼育場は一時間では一巡しきれなかった。「目標」はどこに、どんな場所にいるのか。そもそも彼はその場所にじっとしているのだろうか。それともわれわれは互いに相手の後ろについて飼育場のまわりを歩くのだろうか。チーフは、「君のラインだ。自分で解決したまえ。必ず会わなければいけない」と、まったくあいまいな台詞を吐いた。

当然、わたしはあらかじめ自分の位置を確認し、ニューヨークの五つの地区のひとつであるブロンクスの動物園がどんなものか知っておくために下検分に出かけた。きれいに手入れされた数十ヘクタールの敷地にはさまざまな動物相、それに植物相もあり、目移りするばかりだった。わたしはこのような「施設」の大の愛好者というわけではない。戦時中、わたしはモスクワの動物園で、なけなしの最後の金と列車の乗車券をすられてしまった。わたしは両親のいるキシニョフへ行く必要があったのに。

それ以来、動物園は敬遠してきた。

ブロンクス動物園とモスクワの動物園を比較するのは簡単ではない。ここでは動物たちは大自然の中にいるように暮らしている。むしろ湖水と呼べるような巨大な池があり、ものすごい数の世界中の鳥がそこで泳ぎ、潜り、突っつき合っている。広大な飼育場では、自然さながらの環境の下に巨大な象やサイがさすらい、ワニの背中が光った。ロバや馬、ポニー、ラクダ、象に乗れる。子どもや大人のための無数のメリーゴーランドその他の楽しみ。動物園全体が、巨大なガラスとコンクリートの灰色の数々の物体や、際限のない停止することのない車の流れから離れて、身を隠せる別天地だった。

わたしは動物どころではなかった。エイジェントを見つけなければならない。いつものように、「妙案は後から浮かぶ」。わたしは自転車を借りて、わが愛する野獣どもの飼育場巡りの速度を数倍に早めた。そして自分に必要な人物を見つけた。合言葉を交わし、資料を受け取って、別れた。

道路では子どもたちが自転車やローラースケート、スケートボードで走っていた。わたしは出口のひとつに行って、自転車を返した（自転車はそれがたとえ虎の飼育場であろうとも、動物園の中で返却するきまりである）。

仕事はすんだ。資料は諜報代表部に渡した。「目標」は無事だった。

祖国の裏切り者芸能人

元ソビエト市民で国外に出たまま帰らなかった有名な芸能人が、女性のパートナーと組んでニューヨーク公演に来た。わたしはアメリカの映画館に足繁く通っていたので、たぶん、それには気づかずじまいだったかもしれない。しかし事態はまったく思いがけない展開を見せた。

ある日、わたしはスタンバイの役で秘密工作に向かう途中、有視監視員に気づいた。わたしの後ろに隠れることもなく車が二台ついてきた。これ見よがしの「鉄面皮」な古典的尾行だ。

わたしは知人のアメリカ人、ジョゼフという演劇ファンのところへ向かうことにした。彼はわたしの「中立的友人」、つまり工作上の関心外の人物だった。諜報員には、「有視監視員」をまごつかせるということも含めて、このような人たちがいつでも必要なのだ。わたしはジョゼフを「明るみに出し」ても平気だったので、おおっぴらに彼に会った。

彼は在宅で、何か熱心にやっていた。ついでに言うと、彼の部屋は演劇、映画、俳優、芸術史の本の図書館さながらで、本、パンフレット、演劇ポスターが狭いワンルームマンションの部屋中に散乱していた（それはおそらくわたしが想像しうるかぎりの最も安い部屋だった）。ジョゼフは安レストランで働き、ごくわずかな給料と食事つきで食器洗いをしていた。彼は自分のすべての時間を演劇に費やす演劇マニアだった。ジョゼフは俳優も、映画の主人公も、アメリカやよその国の劇場の舞台の名優もひとり残らず知っていた。

ニューヨークには劇場が多い。客席が数百という劇場がいくつかある。客席数十というのもある。すべての有名な大劇場はブロードウェイに並ぶタイムズ・スクエアという事実上一か所に集中している。昼夜を問わずさまざまな色の広告ネオンに輝き、とても明るいので、マンハッタンのこの部分は「グレート・ホワイト・ウェイ」と呼ばれている。舞台には、観客が「足を運ぶ」かぎりたいてい同じ演し物がかかっている。例えば、ブレヒトの「三文オペラ」は数年間続いたし、七十六番街の「デラックス」劇場の客席三百のホールはいつも札止めだった。劇場内部のインテリアはわれわれの劇場（たぶんボリショイ劇場とマリインスキー劇場は例外）と変わらない。

わたしがジョゼフの部屋の敷居を跨ぐやいなや、彼はわたしの袖を摑んで、唾を飛ばしながら新来の芸能人をほめそやしはじめた。わたしを訪ねようと思ったのだが、交通費がなかったと言った。ジョゼフは、その芸能人が出演しているブロードウェイの大劇場の天井桟敷の「天井」の無料入場券を二枚手に入れられたので、わたしにぜひいっしょに行ってほしいというのだった。まさに奇跡だ！　そして内緒めかして、コンサートの後、どこでレセプションがあるか知っていると言った。そこへもぐりこんで、近距離から有名な芸能人を眺めて楽しむことも可能だった。もちろんわたしの払いで。

正直言って、それは全部わたしには「どうでもいい」ことだった。わたしには、しっかり有視監視員がついていたので、いらいらしてしまった。考えてみようと約束した。もちろん、わたしはソ連でこの芸能人についてたくさん耳にしたが、舞台の上の彼は一度も見たことがなかった。

突然、わたしは雷に打たれたように感じた。それはわが国の裏切り者のことではないか。彼は、自分の人生、仕事、教育、生活に対して何の関係もない人々を前に芸術を披露する権利があるのだろうか。彼は、自分にあらゆるものを与えてくれたソ連の出身なのだ。それなのに彼は自分の同志、先生、学校、両親を裏切った。なんという下劣、なんという恩知らず！……わたしは自分のなかでこの人間に対する憎悪の気持ちが増大していくのを感じた。にもかかわらず、わたしは彼を全然見たこともないではないか。

わたしはジョゼフに、彼の提案に賛成する、必ず二人でその公演に行こうと言った。彼には無料入場券のことは忘れさせよう。われわれは目いっぱい最大の満足を得るために一階観覧席の最前列の券を買おう。彼に白いワイシャツと靴下を買う金をいくらか渡した。アメリカでは必ずしもソ連のようにシックな身なりで劇場に行く必要はない。普段着で、スニーカーでかまわない。パンティ姿でさえなければ。切符を買って、入るだけのこと。

かくして、われわれはその日の晩に劇場へ向かった。もちろん、芸能人は見事に演じた。ジョゼフは満足してうなり声をあげた。ジョゼフ自身がその芸能人の化身になったみたいだった。一方、わたしは彼の立派な演技にもかかわらず、彼は被告席についているのだ、または……という思いが一分たりとも頭を去らなかった。

わたしは舞台に芸能人を見ていなかった。わたしは自分の愛する祖国の裏切り者を見ていた。

何年も経ってから、わたしはあのような憎悪が何に由来したのか理解しようと努めた。元来わたしはおとなしいたちなのだ。体制はわたしにそんな感情を植えつけることも伸ばすこともできなかった。たぶん、わたしが戦線ではなく、おそらく戦線に劣らず大変だった銃後で体験した戦争のせいだろう。戦線では殺し、傷つけ、銃後では単に飢えで死んだ。わたし自身それを目撃したし、自分もあるときそんな状態になった。医師たちはわたしはもう助からないと宣告した。しかし、わたしは生き延びた。そして今まで生きてきた。十中八九この苛立ちは、新聞、映画、図書などあらゆるところで裏切り者が罵倒されていた戦争の余波でもあったろう。おそらく、わたしはあの有名な芸能人のことも同じように見ていたのだ。

諜報代表部には、提案のない者は立ち寄るなという鉄則があった。もちろん、同僚仲間と「密室」でしゃべりたかった。しかしわれわれには、この不文律を破る権利はなかった。

あの芸能人がニューヨーク公演の成功を祝いにレストランへ来るまで四十八時間あった。芝居の後の夜は眠れなかった。ある計画が熟しはじめた。あの芸能人を仕事から脱落させるということでわたしには何の迷いもなかった。では、どうやって。中央は承認するだろうか。これにはほとんど疑問の余地はなかった。では「判決」はどのように執行すべきか。これは対応する部や工作グループの仕事だ。そしてわたしは自分の不安やリスクをかけてまず自力で工作準備に着手した。

ジョゼフはごく内密にと言って、件の芸能人が現れるはずのレストランの名前を教えてくれた。それはいちばん高級ではないが、マンハッタンのロアーサイドにある安くもないレストランだった。わたしは、昼間は人も来ないだろうと思っていたので、あらかじめ目立たないように、小さな店で変装用つけひげ、あごひげ、サングラスを買い、すごく人相を変えてしまった。全体にわたしは成功したビジネスマンに似てきた。その姿でレストランへ行ったが、人はまだ少なかった。もちろん、食事は始めず、バーのスタンドでウィスキーを注文した。物憂げにミュージックボックスに行って、コインを入れた。わたしの好きなフランク・シナトラの静かなメロディが流れ出した。その間にわたしはざっと見たところ十二卓ほどあるテーブルの配置を調べた。そのひとつに裏切り者が友人たちと座り、どこか近くに警備（彼に警備がついていることは疑いないと思った）がいるはずだ。

裏切り者をどう脱落させるかというもちばん重要な問題が残った。至近距離で撃つか。顔に硫酸をかけるか。手榴弾を投げるか。または気づかれないように手榴弾をテーブルの下に転がし込むか。わたしはグラスを手にトイレを探しているふうにレストランの中を歩きまわりはじめ……配電盤が目に入った。ここでは電気のスイッチが切れる。ウイスキーをちびちび飲みながらメニューを眺め、どこのレストランでも同じタイプの夜のプログラムも読んだ。つまらないストリップショー、ソロ二曲、ジャズ、キャンドルタイム。プログラムどおりに電灯が二十四時に消え、ろうそくが点いた。

　わたしは次のような状況を心に描いた。すなわち、ニュージャージー州で、人は殺さないが、傷つけて、きわめて長時間仕事に復帰できなくする手榴弾（破砕式でないもの）を買う（ついでに言うと、この州の銃砲店では、十六歳以下でさえなければ事実上どんな武器でも入手できる）。もうひとりの工作員かエイジェントがある瞬間にスイッチを切り（芸能人がろうそくの点く前に来るだろうという期待があった）、わたしはさっとテーブルに飛んでいき、手榴弾をテーブルの下に放り込む。自分自身は瞬く間に姿をくらます。わたしのひげは目印をわからなくするのに役立つ。ジョゼフは連れていかない。彼は金がないからひとりではレストランへ来ない。万一来たとしても、仮装しているわたしには気づくまい。わたしはニュージャージーへ行き、カタログに目を通し、銃砲店を数軒見つけた。それから、自分の計画を報告しに諜報代表部に向かった。

　諜報代表部のチーフは正当に評価されるべきだ。彼はわたしの「たわごと」を静かに受け止めた。いくつか質問し、いくらか補正し、中央に問い合わせる必要があると言った。

　数時間後、回答が来た。わたしは電報に何が書かれていたか知らないが、チーフは頭に来ていた。彼は怒りに震える声で、中央はわれわれの（われわれの？）提案にことさら否定的だと言った。ソビエト国家はテロは行わない、したがって今後このようなことを考えたり、準備したりすることは御法度である。わたしは、時差から見て、本部長は寝入りばなを起こされたのだろうと思った（ついでながら、ジョゼフとの連絡も中止するよう命じられた。あの「中立の友人」はあんなに無邪気な男だったのに、残念だ）。

ボリショイから来たバレリーナたち

　まもなくニューヨークへボリショイ劇場がやって来た。諜報代表部のチーフがわたしを呼び、微笑みながら（これにはわたしはすごく驚いたが）、わたしに特別の任務があると言った。ボリショイ劇場バレエ団のバレリーナ数人にニューヨークを見せる必要があるということだった。

夕方わたしは一座の泊まっているホテルへ行った。それは安いホテルで、彼らはひと部屋に三人か四人ずつ入っており、モスクワから持参したものを食べていた。ほぼ缶詰とソーセージだった。全体に哀れなありさまだった。チーフはわたしに、「賢明な範囲」内の出費（食事、映画館、劇場、ショッピング）に「ゴーサイン」を出した。

若いバレリーナたちが関心を示したのはショッピングだけだった。彼女たちにはほかのことに回す気力も金もなかった。アメリカの興行会社ユーロクにめちゃくちゃに働かされたので、彼女たちにはもう何もする力がなかった。わたしは何をいくらぐらいで買うつもりか訊いてみた。答えは簡単だった。ナイロンのコートがほしいのだった。しかし彼女たちの持ち金は一人三五〇ドル。これが彼女たちの一か月のアメリカ公演料！　何という恥知らずのふんだくりか。興行会社自身は公演実施で数百万もらい、劇場も巨額の金を稼いだというのに……。

わたしはまる一日使えたので、ニューヨークについてせめて何かつかむには彼女たちをどこへ連れていけばいいか思案した。もちろん、真っ先にマンハッタン「砂漠」のオアシスであるセントラル・パークへ。これは実際、島の中央にあり、五十街区に沿って延びている。セントラル・パーク、これはスケートリンク、ベルヴェデーレ城、メリーゴーランド、湖水、エキゾチックな動物のいる素晴らしい動物園、馬場である。そこでは一日じゅう過ごせる。

わたしは娘たちを公園からデパートめぐりに連れていった。まず、手頃な値段で知られる高層ビルの「アレグザンダーズ」デパート。何時間でもブラウスやパンティやシャツその他の物をかき回していられたし、選び出した衣類は食料品店と同じように出口で払えばよい。そのデパートには自動拳銃を持った警官が警備しているとても高価な売り場もあった。ぐるりには万引きに備えた警備員監視の「目玉」も設置してある。そのことは、わたしには当然とても具合が悪かったが、娘たちに注意しておいた。われわれはそこでは何も買わなかったが、好奇心でさらに二つほどデパートを回った。

もちろん、わたしは自分自身一度も入ったことのない宝石店「ティファニー」に立ち寄る満足を味わわないわけにいかなかった。店主はソ連人のバレリーナであるということがわかり、彼女たちが何か買うことがありうるだろうかということをたちどころに察知した。しかし彼はソビエトの芸術に対する尊敬の気持ちから彼女たちに金のリングを一個ずつプレゼントしてくれた。貧しいバレリーナたちの喜びは限りなかった。

その店を出て、近くのドラッグストアへ寄り、急いで食事をした。一般にドラッグストアはかなり前から本来の意味を失い、薬も売っているが、目玉焼きもホットドッグも、コーヒーも紅茶も出す。靴下も化粧品も、鉛筆も万年筆その他の小間物も買える。売っていない唯一の物はアルコール飲料だけである。

ドラッグストアからはロシア・コロニーでよく知られている毛皮商のヤーシカのところへ足を向けた。それが彼の名前かあだ名か、誰も知らなかった。ヤーシカ、ヤーシカ。この名前で彼は返事をした。彼には毛皮製品の小さな店があり、ソビエト市民はそこへよく寄った。ワシントン駐在のわが国の大使館員すらそこへ行った。たぶん、ソ連にはヤーシカがなかったのだろう。それに彼のところの値段は他の店より同じような品物が三〇パーセントは安かった。わが娘たちにはよその店で払えるような金がなかったので、モスクワでは当時恐ろしい品不足と考えられていたナイロンのコートを二着ずつ買った。

ヤーシカの店のほど近くにグリーシカの店があり、そこではドレスからラシャまでさまざまな商品が一定の値引き価格で買えた。これもわが国の観光客がいろいろな物を手に入れる「好みの」場所だった。長期間この町へ来ているわれわれには、ヤーシカもグリーシカもＦＢＩの雇われエイジェントだと思われていたので、原則的に訪れるのは禁止されていた。

マディソン・アベニューの四つの角

あるとき中央から暗号電報が来た。〈ラーリン〉というエイジェントがニューヨークへ着くという。その人物に会って、資料を受け取り、次回の指令を伝え、約八か月後に西ベルリンで会うことと書いてあった。ニューヨークで会う場所とエイジェントの特徴、合言葉も与えられた。落ち合う場所はマディソン・アベニューの一角、三十五番街のエンパイア・ステート・ビルディングの区域が指定された。そこはわたしには「不必要な」連中、とくに警官がうようよしているところだった。

このハイクラスの地区には高級デパート、豪華レストラン、非常に裕福な人々の邸宅やマンションが集中している。店に近づいてみて、ショウウィンドウにはキッドの手袋、スカーフ、ステッキだけだとしたら、われわれ国連の給料では入るだけ無駄である。もちろん、立ち寄るのは禁じられてはいないが、結局何も買わないで店を出るしかない。ショウウィンドウが広告商品であふれているようなら、うってつけで、自分の金で心配ない。高級商店の品は信頼できるが、安い店のはだまされて、店ざらしを買わされやすい。例えば、舞踊団「ベリョースカ」がアメリカ公演に来たとき、ダンサーたちがコートを二着ずつ買おうと例の高くないグリーシカの店へ出かけた。モスクワで判明したところでは、彼女たちが買った全部で約三百着のコートは「欠陥」商品だった。われわれのニューヨーク駐在代表部員がその店へ「釈明」に行ったところ、正面に「倒産のため閉店」の札が下がっていた。しばらくすると、その店主がその同じ場所に違う店名で、同じ売り子の顔ぶれで「新」店を開いた。

ところで、本題に戻ろう。

誰が西ベルリンを落ち合う場所に選んだか知らないけれど、ニューヨークで「ラッシュ」時に会え、と言ったのはニューヨークに一度も来たことのない人間に違いないと思う。その後わかったが、わたしの推定どおりだった。

指令には、エイジェントは何とか通りの、何とかアベニューの角に立っているとあった。しかしそんな角は四つあった。そして落ち合いの条件では、エイジェントはきっかり五分待ち、それから立ち去るのだ。わたしはエイジェントがどこに立つのがいちばん都合がよいか見るために、二度行ってみた。そこには地下鉄の出口が二つあった。そのうちのひとつだと考えた。そのとおりだった。

指定の日時にわたしは会いに行き、直ちにエイジェントがわかり、合言葉を言い、彼はむにゃむにゃ応答し、わたしは自分についてくるように指示した。わたしは前を進み、彼は十メートルほど後を歩いてきた。そうやって地下鉄の次の駅に着き、下へ降りた。二駅過ぎてから電車を降りた。エイジェントは遅れなかった。われわれはわたしが新しい落ち合い場所に選んだ、落ち着いて話のできるバーに着いた。

エイジェントは気分が悪そうだった。煙草を吸うときに手が震えていた。わたしはどうしたのか尋ねた。彼はＦＢＩにつかまったと思っていたのだ。やっと彼は安心し、二人は本題に入った。彼は資料を示し、いくつか説明を加えた。それは疑いもなく興味をそそるものだった。資料にはミサイル基地や細菌戦、化学戦用のものを含む新型兵器の開発研究所など、アメリカの重要な戦略的軍事施設の位置が示してあった。

中央から諜報局長の署名で、アメリカの施設に関して

〈ラーリン〉から得た資料を再調査せよという指令がこちらのチーフに届いた。そのような施設はおよそ四十か所あり、アメリカの諸州にわたっていた。

シカゴでの「挟み撃ち」

十年ほど前に切れたエイジェントとの連絡を復活するために大至急シカゴへ行くことになった。エイジェントは以前わたしのラインで動いていた。夕方、ニューヨークーシカゴ間の列車に乗った。食堂車（とても高い）へ行かないですむように、サンドイッチとウィスキーを一瓶持ち込んだ。シカゴまでは二十時間かかったので、その瓶はすこぶる役に立った。

朝、わたしは本能的に何か危険を感じた。初めは何が起きたのかわからなかった。自分の名誉を傷つけるような書類は持っていなかった。エイジェントの住所、連絡用の合言葉その他「もろもろ」は頭の中にあった。それなのになぜ危険な匂いが漂っているのか。万一を考えてコンパートメントから通路を覗いた。車掌を先頭にカナダの国境警備隊が通路をやって来る。しかしなぜカナダなんだろう。

突然思い出した。シカゴ方面へ行く七、八本の列車のうち、一本は一部カナダ領域を通過するのだ。数万のカナダ人とたぶんそれと同じくらいの数のアメリカ人が毎日通過するので、特別の検査もなく、アメリカとカナダの間には原則的に実際の国境はない。しかし、わたしはカナダ市民でもなく、ましてアメリカ市民でもなかったから、書類検査で厄介なことになるおそれがあった。外交上のスキャンダルにまで発展しかねない。もちろん、わたしは国連職員として逮捕されることはない。わたしの身分証明書はカナダその他の多くの国の国境を越えることを許していたが、別の面から見れば、わたしはソビエト人だった。そんな馬鹿げた状況になったら、チーフからどんなことを言われるか想像してみた。最後まで手を打たなかったな、期待はずれだ、無駄に金を使って、あせりおって、その他……。

とっさに決めた。あらかじめすきっ腹にウィスキーを相当流し込み、コンパートメントの床に少し振りまいて、座席に横になった。帽子を顔に載せ、切符を帽子の帯に挿しておいた。そんな姿を前に見たことがあった。切符はちゃんとある酔っぱらいのふりをした。車掌と国境警備隊が入ってきたのが聞こえ、しばらくわたしを揺すり、車掌が切符を取ってパンチを入れたのがわかった。誰かが、この人はぐでんぐでんに酔っているんだと言った。

彼らは笑い、コンパートメントを出ていった。数時間後シカゴに着いた。アメリカの国境警備隊は列車のチェックはしなかった。

だが、エイジェントとはうまくいかなかった。彼はどこかへ出かけていた。シアトルの友人だと名乗って、彼の細君から電話番号を教わり、またかけると約束した。二週間後、公衆電話から電話した（アメリカでは公衆電話から世界のどこへでも、少し料金をかければ、電話できる）。彼は在宅だった。わたしは名乗らずに、数日内に訪問を約した。わたしは今回は諜報代表部の同僚を相棒にして出かけた。われわれは彼の車でボルティモアまで行き、そこに車を置いて、飛行機でシカゴへ飛ぶことにした。エイジェントと会うほか、〈ラーリン〉の資料による施設を二か所再調査することも含めてさらに二つの任務があった。

それはわたしの三度目のシカゴ行きだったし、旅行の前にはいつも綿密に地図を見ておくことにしていたので、市内の様子はかなりわかっていた。空港からの途中四十分ほどしたところでわたしは尾行を発見した。相棒には何も言わなかった。われわれは市内をぐるぐる回り、止まったり、店やカフェテリアへ寄ったりした。全体に二時間半のチェックの間に尾行の車を六台数えた。彼らはわれわれをがっちり「挟み撃ち」にしていた。われわれはどこでしくじったのだろう。シカゴではないか。つまり、ニューヨークで相棒がちゃんと状況確認できなかったのだ。われわれには秘密の隠し場所に置くべき資料があった。わたしはそれを直ちに破棄するように命じ、この先どうするかを冷静に考えはじめた。相棒はまだ資料は捨てないでおこうとせがみだしそうにしたが、わたしは彼を一喝してから、冗談に、君は資料を持って車を降り、FBIの抱擁に身をゆだねてもいいんだよと言った。彼は冗談どころではなく驚いて、すぐにフィルムを露出させた。

われわれは観光目的でシカゴに来たのだという話をつくりあげた。わたしはミシガン湖畔にある中級ホテルの区域へ車を向けた（この湖の広さはむしろ海ほどもある）。ホテルを選び、一間続きの小部屋を借りて、「乱痴気」を始めた。プールで泳ぎ、バーに入り、市内を走りまわった。観光客なんだ、観光客なんだ。

この都会自体は重苦しい印象を与える。ニューヨークの地下鉄はだいたい地下を走るか、地表に出るかだが、シカゴの地下鉄はとうてい慣れることのできない恐ろしい騒音を立てながら、柱に架かったレールやビルの間に架けたレールを進む。

シカゴでは万事「アメリカ最大」である。この都会は摩天楼の数、肉の処理量（有名なシカゴの屠殺場）、市の白人人口一人当たりの黒人の数（市民の三人に一人は黒人）、ドイツ、ポーランド、イタリア、ロシア、ウクライナ、ユダヤ、ギリシアなどの諸人種のコロニーの数でアメリカ最大の都会である。

船舶が頻繁に運行しているにもかかわらず、ミシガン湖は水泳に適している。厳しい環境監視が実施されている。

有名なシカゴの公園には最近まで世界最大の観覧車と最高の塔があり、そこから命知らずのアクロバットが目隠しのまま小さいプールに飛び降りた。もちろん、多数のネオンサインが夜を昼に変えている。湖に沿って高級ホテルが立ち並び、どのホテルにもプールがあり、ホテルによってはプールが二つ以上ある。

シカゴはナイトクラブ、ストリップショウ、選り取り見取りの娼婦を誇っている。市の郊外には企業、貧しい住居、安い労働力の住む場所が間断なく続く。

出張は三日間の予定だったので、諜報機関では心配はしていなかった。われわれがプールへ泳ぎに出かけた最初の数時間に、ホテルの部屋の二人の持ち物はひとつ残らずこれ見よがしに捜索されていた。何も発見されなかったが、何か仕掛けられたおそれもあった。しかし、ありがたいことに、何ごともなかった。二日間悪さをしてから、朝の列車に乗り、ニューヨークへ帰った。

ホワイトカラーの町での恋

国連の夕べのひとつでわたしはあるアメリカ女性と知り合いになり、それは非常に面白い結果をもたらした。彼女のマンションへ行った。家の中でも愉快な雰囲気が続いた。わたしは帰宅しないで、泊まることにした。夜、何があったかは彼女とお月様しか知らなかった。翌朝は土曜日だったが、わたしは出勤しなければならなかった。自分の車を取りにいったけれども、どこへおいたか思い出せなかった。ニューヨークの中心地で駐車する、ましてひと晩、これは大問題だ。警察が車を運び去る理由になる禁止標識が見えた。わたしは持っていかれた車を一時間半ほども探しまわった。

わたしは新しい知り合いの女性と会うようになった。彼女にはわたしに対する気持ちが芽生えたみたいだった。わたしはチーフに報告する義務があった。「枠」を出ない交際（キスだけ）が許された。ボスはわたしに難しい問題を提起したものだ。もしわたしがすでにこの境界を越えていたとしたら、どうやって元へ戻り直せるだろう。ある会話のときに彼女が、国連での契約がまもなく終わり、ワシントンのアメリカ国務省で働くことになるだろうと言った。わたしはこれをチーフに報告した。二日後、彼女を別の諜報代表部員に友人として「引き渡す」ように命じられた。引き渡しを命じることと、引き渡すということは別問題だ。これは牝羊をほかの者に贈るという話ではない。しかし命令は命令だ。あるとき、二人はわたしの同僚といっしょに夜のレストランへ行った。われわれは彼女を家へ送り、彼女は自宅の電話をわたしの友人に教えた。ついでだが、その夕べはわたしが休暇へ出かけるのに合わせて行われた。こうしてわたしの彼女を「友人として引き渡す」ことができた。

ある日、わたしは昼食をしにパーク・アベニューの地域にある大きなカフェテリアへ行った。そこでは安くて特大のビフテキが食べられた。ロシア・セクションの職員もアメリカのビフテキを味わいによくそこへ行った。わたしは店を出てから、五番街を散歩した。向こうから女の子のグループがやって来た。わたしはその中に国連の彼女のいるのが一目でわかった。彼女はグループから離れて、わたしの首に飛びつき、抱きつき、キスして、なぜわたしがもう彼女と会わなくなったのか訊きはじめた。彼女の友人たちはデリケートに先へ進んでいった。わたしは氷のように冷たかった。彼女が「前みたいに会いましょうよ」と言ったときに、わたしは多忙を口実に断った。彼女は国務省に勤めていて、今もわたしを思い出していると語った。わたしはさらに冷たくし、急いで退散した。彼女はたぶんわけがわからず長い間わたしを目で追っていたことだろう。ここでは、人をほかの者に引き渡したら、その人のことは忘れろというのが決まりだった。これがまさにそういうケースだった。

なぜか国務省での仕事に関する彼女の言葉が（彼女は前にもそこで働くつもりだと言っていたので、われわれは半分秘密めいた会い方をしていたのだ）頭を去らなかった。わたしはチーフに報告した。思いがけない反響が返ってきた。君はなぜワシントンの彼女の住所をもらわなかったのだ、なぜ会う約束をしなかったのだ、その他何千という「なぜ」のつぶて。わたしは不意をつかれて口がきけず、何も返事できなかった。わたしの知り合いの女性が働いていたセクションはＣＩＡと結びついていたことがわかった。会話のしめくくりは次のようなものだった。いますぐ出かけ、飛んで行き、ワシントンに潜り込み、「自分の女の子」を見つけ出せ。彼女と接触を確立し、アラスカであろうとどこだろうとこれからも会うという約束をしろ。

わたしの同僚は彼女と何事もなく、二人はすぐに別れたようだった。そして彼女はまもなくどこへとも言わず、立ち去ってしまった。その日の夕方、わたしはあらかじめ尾行のないことを十分確認して、列車でワシントンへ出発した。

ワシントンはホワイトカラーの町、そして黒人の町である。黒人は市の人口の七〇パーセントを占めている。この都会にはシカゴかニューヨークのような摩天楼はない。事実上どのような工業もない。そこでは政治が行われ、世界的なドクトリンがつくられている。ここには世界中の在外諜報機関やその情報源から得られたすべての情報が集まってくる。ここはアメリカ合衆国の頭脳である。

ワシントンの最も厳しい部分は、観光客が盛んに訪れるこの国の主要政府機関であるホワイトハウスをはじめ、国会議事堂、上院、国務省、最高裁判所その他の政府諸官庁の中心地である。町自身はポトマック川とアナコスティア川の間にある。この町は風の吹き抜けない藪の中にあるみたいなので、夏は高温多湿である。いちばん気持ちのよい季節は町じゅうで桜の咲く四月である。気の遠くなるような白い泡、頭をくらくらさせるような優しい香り……。

ワシントンは諜報工作を行うには不都合なところだ。警官やFBIの職員が多すぎる、大使館が多すぎる、テロが多すぎる、テロから守るべき人々が多すぎる。それにつけ加えると、ここには強力きわまりない有視監視局、われわれ諜報部員に対して用いられる最も近代的な追跡手段がある。そして町そのものが異常なほどに「線で区画」されている。町は広場の蜘蛛の巣で出来ているみたいで、各広場からはアベニューと交差する通りが出ている。ある通りはアルファベットの文字の名がつき、他の通りは番号で呼ばれている。A通り、B通り、一番街、二番街等々。ワシントンの「絵」はスポークのついた車輪を思わせる。しかしこれは町の中央だけで、郊外は混沌たる無秩序の中に放置されている。ワシントンの郊外は一歩ごとに「触るな、命に危険」といった調子の「私有地につき進入禁止」という禁止の表札があることも特徴的である。

わたしは町に着いて車を借り、郊外の高くないホテルの一室をとり、何はさておき、最新版の住所帳であのガールフレンドを見つけるために郵便局へ行った。彼女と同じ氏名のある住所がいくつかあった。わたしは三日間住所帳に記載されている家々を訪ねまわった。最初の住所には「コールガール」が住んでいた。もうひとつの家の女主人は数週間前に死亡していた。三番目の家はイタリア・ブロックにあった。「わたしの彼女」がこの地区に住んでいるはずがなかった。残りの三日間をわたしは彼女に会えるかもという希望でランチタイムに国務省近くのカフェテリアや小食堂へ行ったが、無駄だった。

　もしかして彼女の職場はワシントンの全然別の部分にあり、必ずしも国務省のビルの中にあるとは限らないという考えが閃いた。ついでながら、そのとおりだったことが後からわかった。

　わたしは何の結果も得られないままニューヨークへ飛んだ。否定的結果も結果には違いない。

　数年後、彼女が見つかったことを知った。わたしの名で挨拶が送られ、会うことが提案された。彼女は、ロシア人は全部スパイで、あなたもそうだと言いきったが、わたしに対しては深い尊敬の気持ちを抱いているので、わたしもわたしの同僚の工作員もアメリカ当局には売り渡すようなことはしませんと言った。もう自分を煩わさないでほしいと頼んでいた。その後、彼女は自分の考えでロシア語を勉強し、ヨーロッパ駐在のアメリカ大使館で働いていた。彼女のもとへ再度われわれの諜報員たちが「駆けつけ」た。彼女は再び協力を拒み、いやみたっぷりに、今度は、ロシア人が自分に「つきまとって」いると諜報のボスに報告しますよと言った。以後わたしは彼女について何も耳にしなかった。

東京

TOKIO

筆者の横顔

KGB個人ファイル

№ [redacted]

氏　　　名	ニコライ・ペトロヴィチ・コーシキン
生年月日	1925年8月6日
学歴と専門	大学　法律
外　国　語	日本語、英語
学　　　位	なし
軍の階級	大佐
勤務した国	タイ、シンガポール、日本
家　　　庭	既婚
スポーツ	競歩
好きな飲物	ウオッカ
好きなたばこ	LM
趣　　　味	チェス

東京はとても人口が多いので、
犬も尻尾を左右に振れず、
仕方なく縦に振る。
ウォルト・シェルドン『日本を楽しんでください』

日《ひ》出《いず》る国への長い道程《みちのり》

たった今、モスクワをものすごい雷雨がとおりすぎたばかりなのに、どこかまたソコリニキの方角から遠雷が聞こえてきた。最も平凡な六月のある日。最も平凡な、ただしわたしにとっては平凡でなかったある日。

モスクワ法律大学の卒業生、二十六歳のわたしは数分前、自分が諜報機関の職員に採用され、一年間の特別養成訓練を受けることになったと言い渡された。誇らしい気持ちが心に満ち溢れた。自分がそれほど有益で責任のある、そして危険な仕事に従事するのだと思うと幸せだった。

わたしはまた、日本語を勉強するのだとも言われた。それは今後の自分の運命を日本と結びつけるということを意味した。しかし自分はこの国について何を知っているというのだろう。

わが国と日本との国交関係はまだ確立していなかったし、両国はツァーリの時代にも、国内戦のときにも戦った過去がある。それに、わが国国境での日本の不断の挑発。三〇年代にわが国では多数の日本のスパイ、――当時は彼らを人民の敵と呼んだ――を摘発し断罪した。そして、四五年にわれわれは日本に勝った。また、わが国は日本の広島、長崎両市に対するアメリカの原子爆撃を非難した。

日本には天皇がいて、首都東京に住んでいることは知っていた。帝国主義に対してはは日本の共産主義者がわれわれの戦いを助けている。彼らの指導者はかつてモスクワで死亡し、赤の広場のクレムリンの壁に葬られた片山という人だったようだ。さらにわたしは、戦争中は決死の「カミカゼ」特攻隊員がいたことも知っていた。もちろん日本の庶民がわれわれとちがい、生活が大変だということもわかっていた。

知識が貧弱だ。しかしわたしはそのことで自分を責めはしなかった。大体がネガティヴな当時の半官紙の新聞には日本関係の記事が少なく、日本に関する本は全然手に入らなかったのだから。

俄然、わたしの中で日本に対する関心が目覚めた。翌日わたしは朝から国立レーニン図書館へ出かけ、閲覧室で日本史の本を頼んだ。その多くは革命前に出版されたものだった。それはわたしの、「ニッポン」——日出《ひいず》る国という名の国——との間接的ながら最初の出会いだった。

古代文化と文明、われわれの大多数がこれまでほとんど知らなかった豊かな歴史を持つこの民族は、なんと驚くほどロマンチックな名前を自分のふるさとに選んだのだろう。日本文化はわれわれの文化にあまりにも似ていないので、一度それに触れると、すべてが珍しく、すべてがいっぷう変わった異世界みたいなところへ踏み込みはじめる。

地球上のどこに、残りの世界全体が十九世紀の半ばまで事実上何もその国について知らなかったような国があるだろうか。日本の支配者は外界に対してきわめて固く扉を閉ざしてきたので、この神秘的な世界に入ったのは一部の商人か宣教師にすぎなかった。

多くの大旅行家がこの扉を少し開けてみようとした。ロシアの航海家も隣人の扉をノックした。かの有名なツァーリの使節レザーノフは長い時間、空しく日本人と交渉した。一八五〇年代に初めてアメリカ人のペリー、次いでプチャーチン提督が本格的に日本を開く、すなわち、通商条約を結び、最初の外交上の接触を確立することに着手した。

今は、何万もの客人が日本を訪れる。東方のエキゾチシズムだけでなく、まれにみる科学技術の発展に感嘆するために。なぜ日本人は何世紀もの間、あらゆるものから孤立して生きようとしてきたのか。愛想がよくて外見は開かれているが、今でも依然として多くの点で異邦人には入り込めない自分たちだけの生活を生きているこの民族自身の性格の中には、おそらく何かがあるのだろう。

　また、日本の歴史には驚くほど美しい伝説がどれほどあることか。事実がときに空想とからみ合っているとしても。例えば、「カミカゼ」ということばは誰でも知っている。この前の戦争に関する本や映画で、決死のパイロット〔特攻隊員〕がアメリカの艦艇に体当たりする様子を見て知っている。わたしは初めて日本へ行ったときに、戦闘に赴くこれらの義勇兵を見送る場面の記録映画を観る機会があった。指揮官の前に十八人から二十人の隊員が一列に整列していた。全員が白鉢巻きを締め、目は固い決意と熱意に燃えている。指揮官はひとりひとりに握手をする。強い印象を与える映画だった。誰もが、これらの若い戦闘員がもうけっして飛行から帰還しないことを知っていた。彼らの機のタンクにはきっかり目標までの燃料しか入っていないのだ。

「カミカゼ」という言葉の由来をご存知だろうか。十三世紀、モンゴルの皇帝が大艦隊を編成し、大軍とともに日本へ向かった。しかし彼が緒戦の勝利を収めはじめたとき、突如恐ろしい台風があらわれ、征服者たちの船を殲滅してしまった。この台風は、言い伝えによると、「神聖な風」――「カミカゼ」と名付けられた。


わたしはレーニン図書館で興味深いことをたくさん読んだ。しかし、本当に日本を知るのはずっと先のことだった。

　この国の研究、主にその言語は諜報学校で勉強する予定だった。わたしは法律大学で英語の成績がよかったので、これから先もそれに磨きをかけるつもりだった。しかし、そうはいかなかった。日本語は文字どおりなだれを打ってわたしに襲いかかり、ひまな時間をほとんど取り上げてしまった。そのうえ、専門科目も勉強しなくてはならなかった。

　日本の文字は周知のとおり、象形文字、つまり表意文字に基づいている。象形文字は表記上、音だけを示す文字ではない。一個の象形文字はひとつの概念、現象、単語を意味することができるが、他の象形文字と結合するとまったくその意味を取り替えたり、さまざまなニュアンスを帯びることができる。

　この記号を正しく美しく書くということは……本当に、何か芸術家の素質が必要なのであります！　象形文字を一つ一つしっかり覚えるためには、ときには一つの字を百回も書かなければならなかった。「日本人たち」〔日本担当諜報員の卵につけられたあだ名〕は年がら年じゅう、教室か寄宿舎の自室で懸命に象形文字を書き直したり、まったく尋常ならざる句の暗記に没頭していた。

文字、語彙、並大抵ではない文法を会得するうえでの困難は、発音のやさしさで若干つぐなわれた。われわれの言語は互いにその響きが驚くほど近い。ロシア語をよく知っている日本人と付き合ったことがあれば、おそらく、どの外国人にもあるなまりが実際上あまりないことに気付くと思う。あなたが今、「スパシーバ」（ありがとう）という意味の「ドーモ・アリガトー」、という句を声に出して言ってみても、不正確な音で日本人に耳障りだなどということはない。

日本に行くことがあれば、驚くようなある「ちょっとしたこと」があるのは事実だ。つまり、日本語にはわれわれのいくつかの音が全然ないということである。日本人は、ロシア語の単語の中でわれわれには当たり前の「ℓ」がとても発音しにくいので、その音を「r」に替えて発音する。わたしは、ロシア語を話すある日本人と初めて付き合ったとき、"Reningrad" という町がロシアのどこにあるのかすぐにはわからなかった〔ロシア語の綴りは "Leningrad"〕。同じことが日常、今では事実上誰でも知っていて、普段接している英語の単語についても起こる。例えば、喫茶店で「ハモ・サンドゥ」をすすめられても、驚いてはいけない。これは単に「ハム・サンドイッチ」、すなわちハム入りのサンドイッチのことである。

並大抵ではないが、それなりに驚くほど美しいこの国の言語は心底愛せずにはいられない。

英語、フランス語、ドイツ語を学んでいた「ヨーロッパ人たち」〔ヨーロッパの言語を学んでいた諜報学校の研修生のあだ名〕はわれわれを笑って、君たちは頭ではなく、「尻」で言葉を覚えているんだ、と言った。われわれは、別に腹も立てなかった。彼らとちがいわれわれは、諜報学校から日本語の初歩的知識しかないままに赴任し、仕事でことばが使えるようになるには何年もかかる、ということは言わなかったが。

しかし、日本担当の先輩たちがちょくちょくやって来て悲観論を吹き飛ばしてくれた。

そのなかの一人がわたしに話した。「日本語を一年で覚えた者はまだ誰もいない。いずれうんと勉強することになる。しかし、マスターしたら、君たちは足で上司の部屋のドアを開けるようになるだろう〔上司もこわくなくなる〕。諜報部にはもうすぐ日本通がたくさん必要になる。今のところはごく少数だけどね」

勉強の一年は非常に早く過ぎ、わたしは対外諜報工作部のスタッフになった。この部はその後、ソ連国家保安省第一総局と称されるようになったのだが、アジアにある諜報機関の監督をしていたので、わたしは日本以外の問題も扱うことになった。当時われわれの工作員は日本には指折り数えるほどしかいなかった。

工作員はたいてい、各種のソ日委員会その他の一時的性格の機関を隠れ蓑にして活動していた。彼らは、休暇か出張から戻ってくるとわれわれ若い日本担当者に日本のことや、首都東京の生活などについて話してくれたほか、日本語の文献も持ってきてくれた。わたしは仕事の後も定期的に講義を受けて、日本語を「補充」し続けていたので、それは非常に役に立った。そして、完全に試験に合格した。

その後、数年のバンコク出張から帰国後数か月すると、わたしは通商代表部の隠れ蓑の下に工作員として東京駐在の諜報機関へ派遣された。

六〇年代の東京

そしてわたしと日本の最初の出会い！　われわれは東京の「羽田」国際空港にいる。清潔で規律正しいことをはじめきちんとした身なりの人たちが多数、わが国の空港や駅で見られるように群れたりせかせかしたりせずに、税関や手荷物カウンターの前にいくつもの短い列で静かに並んでいることに驚く。誰もひとを押しのけたり、並ばないで通り抜けようなどとはしない。すべてが非常に整然としているので、誰も便に遅れては大変と、自分に必要なカウンターを探してロビーを走りまわるようなこともない。

東京は、濃いスモッグでわれわれを出迎えた。わたしは生まれて初めてスモッグを見た。言っておくが、今日、東京を訪れる人にはもうこの光景を「楽しむ」ことはできない。現代の東京の空気は万が一にも現在のモスクワの空気より悪いことはない。スモッグ、巨大都市の汚染問題の解決には、大量の資金投入、特別な国家計画、さまざまな対策が求められたが、結果は見事その努力に値した。これは六〇年代初めにこの都市を見たことのある人間を感嘆させる。東京の大気汚染対策は多くのロシア諸都市当局の極めて教訓的模範である。

これほどの自動車交通量もわたしはそれまで見たことがなかった。わたしが知っていたのは、日本人の大多数は五〇年代初めは自転車に乗るか徒歩で、車は少なく、アメリカ製が主だったということだった。世界市場で「トヨタ」「ニッサン」「ホンダ」などの日本の自動車会社の名がすでによく知られていた六〇年代初頭には、日出《いず》る国は大モータリゼーションの時代に入っていた。

規律正しさにかんしては、歩行者もドライバーにひけはとらなかった。誰も不適当な場所で通りを横切らなかった。人々は辛抱強く青信号を待って歩道のへりに立っていた。

東京その他の日本の大都会では、歩道に黄色い小旗を入れた箱があり、通りを渡りたい子どもは、その旗を手に取り、頭の上に高く掲げて通りを渡り、反対側の歩道にある箱に旗を入れる。大人は言うに及ばず、どの子どももその小旗を「拝借」しようなどという気は起こさない。ベンチ、看板、自動販売機、公衆電話等々社会的に有益な物品を大事にするこのような態度は日本人の性格の基本的特徴である。

わたしは、ある交差点にそびえる大きなパネルに注目した。それには地方自治体が、日本の首都における交通事故者数の表を毎日掲示していた。この統計はとても悲しいものだった。東京ではドライバーと歩行者が一年間に約三〇〇人死亡していた。しかもそれは東京都民が交通規則に対してあれほど強い責任感を持っているのにもかかわらず発生してしまったのだ。

最初のひと月かひと月半にわたしが東京から受けた印象はこのようなものだった。東京は、人や車がひしめく巨大な都市、無数の通りと高速自動車道路、ガラスとセメントの巨大な建物、多数の吊り広告のあるメガポリスとしてわたしの前に立ちはだかった。そのときわたしには、このジャイアンツと一対一で取り残されたら、茫然自失して自分に必要な通りも見つからないし、わたしをどんどん押し流す間断ない自動車の流れの中からけっして車で脱出できないという気がした……。

「ニコライ、どうした。浮かない顔をして」、われわれの諜報機関の工作員で、わたしを空港に出迎えて、大使館まで連れてきてくれたボリスが、わたしの思いを遮った。われわれは諜報学校で学び、何年か同じ部で働いた親友だ。彼は日本でもうほとんど三年働いている。「東京に押しつぶされたな」、わたしの考えを読み取ったように彼は続けた。「どうってことないさ。みんなそういうことがあるんだ。手伝うよ。ここじゃそうしてるんだ。二人で研究すれば、君は何か月もしないうちに西も東もわかるようになるよ」

日本人との最初の会話

忘れもしない、到着して二日後にボリスは、ある日本の大手商社が開催した最新無線機器展の開会式にわたしを連れていくことにした。

わたしは新しいうすいグレーの服を着、明るい花模様の流行のネクタイをしめた。すっかり出かける用意ができたときに、ドアのベルが鳴った。ボリスだった。

「だめだ、それじゃだめだ」、彼は敷居際で素早くさっとわたしを見て、言った。「ネクタイは替えなくちゃ」

「なぜだい、どこが悪いんだ。これはアメリカの高いネクタイなんだよ」

「問題は値段じゃなくて、配色だ。日本人は明るい派手なネクタイは好まない。低俗な趣味だと思われる。君、ほかの持ってる?」

二人で洋服だんすに行き、彼がつつましい水玉模様のネクタイを選んだ。

「この方がいい」、ボリスがネクタイの結び目をなおしながら言った。「いいかい、君は今日、ひととの付き合いをはじめ、ことばの練習をしなければならないんだから、あまりごてごてしたネクタイはその障害になりかねない」

わたしはそのとき、正直のところ、いささかうろたえた。日本人の習慣や衣服のことはたくさん読んだり聞いたりしてきたが、彼らが明るい色のネクタイを好まないことは初めて知った。

ボリスは、わたしの新しい靴を見た。

「靴は大丈夫だ。踵のすり減った靴で出かけた連中もいたが、日本人にはそれもいただけないことだ。君はもう気がついただろうが、彼らの靴は光っているし、踵もちゃんとしている。それから、靴下に小さな穴なんかあいてないように。誰かの家か料亭に上がるときは必ず靴を脱いで、入口の扉のところに置かなくてはいけない。穴のあいた靴下で君はとても気づまりな具合になる」

「日本人を名字で呼ぶときは、必ず『さん』づけだということも言えよ」、わたしは靴や靴下に対する日本人の態度はよく知っていたので、少し険しい調子で言い返した。

「怒るなよ。君が知っていることを僕から余分に聞いたって、気まずいことになるよりもいいだろう。日本人は、われわれとはまったくちがう生活をしているから、彼らが君に好意を持てるようにするためには、彼らの習慣や伝統を守らなければならない。このことは、君の予備知識や僕の助言があったとしても、いずれもっと実体験するだろう」

わたしは一週間後、ボリスの正しさを信じることができた。タクシーで家へ着いて、メーターの料金よりほんの少し多い額の札を運転手に渡した。入口に向かっているときに、運転手が追ってきたのに気がついた。わたしはきまりが悪くなった。間違って少ない札を渡したので、文句を言いにきたのだろうと思った。そういう口実での挑発もありうるので、スパイにとっても好ましいことではない。でも、彼が走ってきたのは、公衆電話をほんの二回かける分ぐらいのお釣りを返すためだったということがわかった。わたしは、日本人はタクシーだけでなく、喫茶店でもホテルでもチップを受け取らないということを、まったく忘れていたのだ。

展示会場には人が大勢いた。外国人もいたが、主として日本人だった。わたしは、直ちに、日本人が互いに挨拶し合っている様子に気をとられた。握手の代わりに低いお辞儀。彼らは、お世辞を言ったり、再会できたことに互いの満足を述べ合いながら、何分もお辞儀をすることがある。別れのときも、素敵なもてなしや楽しい会話に感謝し、いずれの再会の希望や用意を表明して、お辞儀をする。

その後わたしは東京の街頭で面白い挨拶の光景を目撃した。通りで偶然出会った二人の知り合いが歩道の真ん中に向き合って立ち、両手を膝に当てて低いお辞儀をしていた。その際、各人はお辞儀に対するお返しにもっと低く身をかがめようとつとめていた。歩行者は二人をちゃんと避けて通るので、二人はそうやって長い間、歩行者の流れの中に立っていられた。これがモスクワのスレチェンカかグム〔クレムリン前の国営デパート〕の付近だったらどうだろう。もみくちゃにされて、何度もひどい罵声を浴びせられることだろう。どの民族にもそれぞれの伝統や習慣があるわけだが……。

しかし、日本人のこれらの挨拶には一定の上下関係がある。部下は上司に会うと何度も低くお辞儀をするが、上司は数秒間立ち止まってちょっと会釈するだけである。

近づきになる儀礼に必須なのは名刺交換である。名刺を持たないで大勢いるところへ顔を出してはならない。わたしは同僚が手配してくれていたお蔭で、到着初日に早くも黒い漢字の名刺を百枚入れた小箱を手にしていた。わたしは、名刺がないことによって興味深い交際を逸するおそれがあるので、万一の場合に備えて、どの上着にも名刺を数枚入れておくように言われた。日本人は、自分の名刺を与えて相手の名刺がもらえないと面白くない。

展示会の開会と展示品を見た後でささやかなカクテルパーティがあった。ボリスは数人の知り合いの日本人に会った。彼は東京のあるビジネスマンにわたしを紹介した。それはわたしが会話を始めた生まれて初めての日本人だった。

初めのうちは大変難しかった。彼の言葉の多くはわたしにはわからず、聞き直すことになった。彼にもわたしの言っていることが全部伝わったわけではなかった。わたしは記憶を動員して、単語を思い出し、文を組み立てた。会話は一般的なものだった。彼はわたしの東京の第一印象に興味を持ち、わたしには自分の家族のことを話した。わたしは、この語彙は全部よく知っていたが、実際の言語体験のないことが響いた。

わたしはすごく居心地が悪かった。とても英語に移りたかった。その方がずっと簡単だった。相手も英語がよくできたようだ。彼の名刺で、彼がハーヴァード大学の経済学士だということがわかった。しかし、降参して自分の敗北を認めたくはなかった。その後、日本人が彼らの言葉でしゃべる外人を尊敬するということを、わたしは一度ならず確信する機会があった。

会話は首尾よく終わりまで持っていくことができた。わたしはその日本人と伝統的なお辞儀で別れを告げはじめ、ことばの知識が少ないことを謝った。

「あなたはかなりよく日本語をお話しになります。すぐに実践がものを言って、ことばになんの不自由もなくなりますよ。お詫びを申し上げなければいけないのは、むしろわたしの方です」

「なぜですか」

「わたしはロシア語はひとことも知らないのです」

スパイの妻への指令

東京到着後まもなくのある日曜日に、ボリスはわたしと妻のために東京見物を計画してくれた。

たいていどこの大国の首都にも市内見物の起点になるシンボルとか、記念建築物がある。これは日本の首都については言えない。東京には独自のクレムリンも、エッフェル塔も、ウェストミンスター寺院もない。東京にはそこに君臨する象徴的な目印がない。都心の一〇〇ヘクタールの面積の土地にあって、濠をめぐらした皇居でさえ、大きな公園としか思われていない。

東京は、すごくぎっしり、かつ無秩序に密集している家の海である。その程度が強烈なので、通りとか小路など都市につきものの概念が実際上存在しない。全体が街区、分区（「町」、「丁目」）に分けられ、これらの街区や分区では、家々は通し番号に関係なく雑然と建っているので、ある程度は市電やバスの停留所の名前で見当はつくが、必要な家の番地を見つけるのは至難の技である。したがって、都民は自宅にひとを招く場合、入念に地図を書き、家の探し当て方を長い間説明する。

わたしは到着直後から自分で東京の研究を始めた。最初は車で自宅と大使館の間だけを往復し、ときどきは近くの通りの店へ行った。都内を移動する際の大変さはすでに述べたが、そのほか、日本へ来る熱狂的な自動車狂にはもうひとつの驚きが待ち構えている。日本は「イギリス」式の左側通行なのだ。これには歴史的な経緯がある。慣れるのはやさしいが、それでも何日かはすごく緊張して走る。今では日本の中古車が普及しているわが国の極東で、すべての問題がいわゆる「反対ハンドル」にあるとすると、実際の「反対」通行では初めのうちは、おそるおそる角を曲がるという具合だ。だから、日本を訪れたら、レンタカーにするか、それよりも、立派に組織された公共運輸機関や清潔で快適なタクシーにするか、よく考えた方がよい。

わたしは東京の地図を買い、ひまさえあれば都内に親しむため方々の地区へ出かけた。車で行くだけでなく、地下鉄にもバスにも乗り、徒歩でもたくさん歩きまわった。

数多くのレストラン、喫茶店、商店のある都内で最も活気のある地区のひとつ新宿、学校やよい書店で有名な神田、商業や娯楽施設の多い浅草、それに渋谷、池袋などの地区を訪れた。

これらの地区を訪ねたときには、今後の工作活動でひとと会うのに適した場所を選定する機会を逃がさなかった。喫茶店やいろいろの食堂に立ち寄った。そういう店の状況は、そこが人知れず落ち合うのに役立つという確信が持てるものでなければならなかった。

わたしはまもなく東京の多くの地区で方角がわかるようになった。車を乗りまわすときは、監視チェック・コースを選んだ。あるとき後方に有視監視者が見えた。

数知れない交通渋滞の東京では有視監視は近距離でしかできない。「追跡車」は「目標」からだいたい一台か二台後方を走るが、ときには、いわゆる「バンパー対バンパー」式にぴったり真後ろにいる。それで、尾行はいつも一目瞭然だった。尾行を「引き離す」のは難しくなかった。例えば、別の車線に移って、尾行よりも五台か六台先行してしまうと、尾行はもはや切れ目のない流れの中でこちらに追いつけない。

しかし、わたしはけっしてそれをやらなかった。目標を見失うことは有視監視員の「しくじり」である。ひんぱんに「引き離される」と、彼らは激怒するおそれがある。防諜側からすれば、わたしが何か緊急かつ重大な諜報活動を遂行中だという印象を受けるだろう。そうなると諜報員は数台の車で「取り囲まれ」、駐在所が動員され、交通警察も参加して町なかで捜査、逮捕される。それは望ましくない話だ。そんな場合には、有視監視員は工作現場で「尻尾をつかむ」ことになる。つまり、失敗は免れない。

それにわたしは常に、自分の敵であろうと、わたしと同じように困難な工作活動を遂行している人たちに敬意を払っていた。わたしは有視監視機関の防諜員を苛立たせたり、不愉快な目にあわせるようなことはしなかった。そうした場合に備えてわたしには、他の仕事仲間もそうだが、でたらめなコースがあらかじめ数本用意してあった。例えば、商店に一、二軒寄って買い物をしてから元の道に戻るとか、映画館に入って評判の新作映画を見るとか。もちろん、エイジェントとは落ち合えなくなる。しかし、ほかに選択肢はなかった……。

有視監視はときには数週間かそれ以上にわたることがある。定例の出会いも、予備的に組んだ顔合わせも不可能になる。これが諜報員をいらつかせないわけがない。彼は自分が急に関心を持たれるにいたった可能性のある原因を分析しはじめる。みすみす好機を逸してしまう。長期間中断した後でエイジェントと連絡を復活するのはきわめて困難なことがある。

妻はそのような不愉快な日々に大きな支えになってくれた。彼女はもちろん何が問題か知らなかったが、わたしが大変だということを理解し、質問攻めにせず、なんとかわたしの気をまぎらせ、気分を盛り上げようとしてくれた。工作活動は多くの力を要し、神経系統に否定的に作用する。それに加えて、家庭で何か問題が襲いかかってきたら……しかし、幸いわたしの家庭ではどこへ赴任してもそういうことは全然なかった。わたしは、いつでも帰宅すると休息できる、不愉快な気持ちから離れられる、気が安らぐということを知っていた。わたしはこのことで賢明な妻にとても感謝している。

たった一度だけ彼女を教育しなければならないことがあった。あるときわたしは郊外の公園地帯で貴重なエイジェントと長文の指示について話し合ったことがある。カムフラージュに妻と子どもたちを連れていった。尾行はわたしが家族連れで休みに出かけることに関心はなかったし、それにその日は日曜日だった。

子どもたちは妻と公園で遊び、わたしは彼らから遠く離れたところにエイジェントと二人きりでいた。妻は子どもたちの写真を撮ろうとカメラを持っていった。何日かして出来上がった写真を見て、わたしはそのなかの一枚に、ボールで遊んでいる息子たちのバックにわれわれの姿が見えるのに気がついた。幸い、鮮明ではなかった。

われわれの顔を実際見分けるのは不可能だった。しかしやはりこれは注意しないではおけなかった。つまらないことのようだが、諜報活動では、些細なこととしてはすまされない。どんな手ぬかりも失敗に通じる。

わたしは妻とそのことを真剣に話し合った。彼女はすべてをたちまち理解した。そのような理解不足による不用意な行動は二度と起こらなかった。

寿司屋の大物

日本人は、会社の幹部だけでなく、普通の勤め人も、よく自分の仕事上のお得意さん（外国人も自国人も）のためにレストランで大盤振る舞いをするということも言っておかなければならない。実業界の大物は自分たちのロビイスト、国会議員や諸官庁の有力者を料亭に招待するのを日常化している。

わたしは到着後まもなく、ある料亭で、思想的にわれわれに協力していたある日本の大新聞の編集長で〈ツナミ〉というエイジェントと連絡をとった。彼は日本政府のアメリカ志向を肯定せず、共産主義運動に親近感を抱き、日本共産党の指導者のことは好かなかったが、日本のためにはソ連との関係発展を優先すべきだと考えていた。

〈ツナミ〉には政府筋に多くの友人や知己があり、われわれにとって政治情報のよいニュース源だった。エイジェントはまた政治的にわれわれに有利な内容の記事を彼の力で新聞に載せさせるなど、積極的な手を打つためにも利用できた。工作員イーゴリは彼と三年間、連絡を保ったが、在日勤務期間が満了したので、わたしがそのエイジェントとの仕事を引き継ぐことになった。わたしはモスクワで、日本出張に備えて〈ツナミ〉に関するあらゆる資料を注意深く研究し、彼の性格の特徴がいくつかわかっていた。

大多数の日本人と同じように、〈ツナミ〉も口数が少なかった。提供される情報は完全に信頼できるもので、われわれは彼の誠意と善意を疑わなかった。しかし彼はわれわれに自分のニュースソースを明かさず、情報源の職務上のレベルを言うだけで、その人物のことにはまったく触れず、自分たちの相互関係についても話さなかった。これにはプレス関係者は自分のニュースソースを明かさぬというジャーナリストのモラルもものを言っていた。これは中央〔モスクワ〕の気にいらず、中央は機密保持者〔情報源〕に関する「明確な資料」をエイジェントから入手するように言ってきた。

〈ツナミ〉との工作でわたしにもこの任務が課せられた。

先回りして言うと、自慢じゃないがわたしは一年後にいち早くこの任務を遂行した。われわれにとって重要なある日本の役所の機密保持者についての「明確な資料」を〈ツナミ〉から得ることができた。その人物は突然物質的に困難な状況に陥っていた。〈ツナミ〉の資料を参考に、在日諜報機関のある工作員がこの日本人のところに赴き、協力者にしてしまった。

午後七時ごろだった。イーゴリが綿密に調べてから車を大きなスーパーマーケットの駐車場へ入れ、それからわれわれは東京の中心のとある静かな通りにある料亭まで五分ほど歩いていった。

入口で美しい着物の仲居が微笑んで出迎え、愛想よく広間へ案内してくれた。われわれは靴を脱ぎ、しきたりどおり、靴はきちんと爪先を出口へ向けて置いた。われわれには心地のよいスリッパを履かせてくれた。

ホールでは、六十歳位の小柄な日本人がソファにかけて、たばこをすっていた。その人は当時はやりだしたさまざまに色変わりする合成繊維のダークグレーの服を着ていた。彼はわれわれを見ると微笑して、ソファから立ち上がって挨拶し、伝統的なお辞儀をした。イーゴリはすぐにわれわれを引き合わせ、二人は名刺を交換してから、急な階段を二階へ上がった。そこにはもう仲居たちがわれわれを待ち受けていた。通常、このような料亭では男性は客の接待はせず、料理人やバーテンとして働いている。

われわれが席につくやいなや、娘たちがきれいな絵模様の屏風でわれわれを囲い、人がやっと一人通れるほどの入口のある個室をつくり上げた。可愛らしい仲居が二人、われわれの横に座り、微笑みながら注文を待った。イーゴリがいく品か料理の名を言い、〈ツナミ〉がそれに何か追加し、五分後には机の上はたちまちさまざまな料理を盛りつけた皿、椀、鉢でいっぱいになった。酒を入れた小さな首長の陶器のびん〔徳利〕と色とりどりのさかずきが現れた。同席している仲居たちがめいめいの小グラスに酒を注いだ。

食卓の上は圧倒的に海の食事だ。魚の切り身、黄金色のテンプラ、酢漬けの赤かぶ、ネギ、ダイコン、新鮮なアスパラガスと竹の子。小さな黒いうるし塗りの椀で湯気の立つスープとご飯が供された。娘たちはわれわれに酒を注ぎ、われわれの誰かがどの料理かが気に入ったらしいと気付くと、早速その者の皿にお代わりをつけてくれた。わたしはときどき横に座っている仲居にいろいろ料理のことをたずね、どのソースと合わせて食べるのがいいのかなど、日本の料亭ではそういう「相談」を持ち掛けるのがよいことを知っていたので、質問した。

食事の中ほどで〈ツナミ〉が娘たちに手でほとんどわからないくらいの合図をし、彼女たちは即座に座をはずし、われわれだけにした。こういうしきたりなのだ。これは、客が自分たちだけで、何か問題を話したがっているという意味である。仲居たちはどこか近くにいて、必要に応じていつでも呼ぶことができる。

しかしわたし個人はエイジェントや連絡員とは料亭ではなく、あまり大きくない喫茶店とか食堂で落ち合う方が多かった。こういう店はたいてい独自の名称はなく、「スシ」とか「テンプラ」等々という看板がその店が専門にしている料理を示していた。わたしは普通、それを「スシーチナヤ」〔寿司屋〕とか「テンプールナヤ」〔テンプラ屋〕などと呼んでいた。

築地の魚市場からそう遠くない、有名な「松竹」映画劇場の界隈に、うまくて比較的高くないスシが食べられる「スシーチナヤ」〔寿司屋〕街がある。

原則的に、このような場所は工作目的にも利用される。都心のレストランでは外国人同伴で入ってくる日本人は人目を引きやすい。

面白いことに、根っからの東京人にすら彼の知らないレストランや食堂の場所を説明するのは実際上不可能である。店は東京で切り株の上のナラタケ〔雨後の竹の子〕のように押し合いへし合いしている。しかし、この状況から抜け出すのは大変簡単だ。どの店にも広告目的でマッチ箱や、ときには名刺型のカードが備えてある。それには全部、詳しい住所や、しばしば店の案内図まで書いてある。いろいろの場所のこういう「指標」はあらかじめ何十枚もためておいて、次に落ち合う場所を指定する際に、余計な説明抜きでそれをエイジェントや連絡員に渡すだけですむ。


「スシーチナヤ」〔寿司屋〕にまつわるとともに、セルゲイというわれわれの工作員のひとりの身の上に起きたことを述べておきたい。セルゲイが隠れ蓑にしていた組織の性格上、彼は緊密な関係を積極的につくるのに都合のよい機会を持ちにくかった。彼は非常に仕事熱心な人間で、日本人と知り合いになれるどんな可能性でも利用しようとした。そしてあるとき、セルゲイはその目的で、外務省その他われわれに関心のある対象の職員が出席するはずの政治セミナーに出ることにした。セミナーの後でカクテルパーティがあり、そこで彼は、ホールの真ん中に威厳のある態度で立っている若いエレガントな日本人と知り合いになった。ウェイトレスたちがしばしばその人物に近づいてお辞儀をして、並々ならぬ敬意を払っていたので、セルゲイはこれは大物に違いないと結論した。

セルゲイはその日本人と名刺を交換した。新しい知人の名刺には職場が書いてなくて、氏名と電話番号だけだった。セルゲイは話している間も、その日本人の勤務先も肩書もわからずじまいだった。その人物は自分の職務の種類に抵触する質問はそらして、伝統的な日本的微笑で答えるだけだった。その後は喜んで会いにきたが、相変わらず「あいまい」なままだった。彼はセルゲイの仕事にも興味を示さず、その人物がよく通暁しているらしい政治問題も話題にしたけれども、二人の会話はすべて一般的なものだった。いつも寿司屋で会った。セルゲイはその日本人をいろいろな寿司屋に招いたが、その人が彼を連れていく店はセミナーで知り合いになったホールの近くの寿司屋だけだった。その店ではその人物をよく知っていて、非常な尊敬ぶりだった。彼は現金では払わず、請求書にサインするだけだった。

セルゲイは三か月の間にその日本人をよく知ることができ、彼の妻や両親の趣味までわかってしまったが、彼がどこに勤めているのかは依然として不明のままだった。在日諜報機関ではこの問題でさまざまに推測した。その日本人はいつもセルゲイを招く寿司屋の近くで働いているはずだということから推理していった。明らかに、そこは彼に便利で、ツケを許されている以上、たぶんいつもそこで食事をしているのだろう。近くにはどんな役所があるのか調べた結果、この寿司屋から二街区先にあるのは……公安調査庁東京支所だということになった。それでこの日本人をそれ以上研究するのは問題だということになった。この推測について中央〔モスクワ〕に伝え、返事を待った。返事はとても早くきたが、中央からではなかった。いつもの寿司屋で会っているときに、突然ひとりの女性がその日本人を脇へ呼び、何か会計書類を見せていた。彼らの会話が断片的にセルゲイまで聞こえ、寿司屋に税務署員が来て、何か問題があったということがわかった。日本人はセルゲイに詫びを言い、女性と事務室へ立ち去った。

今やセルゲイにはすべてがわかった。その日本人はただ単にこの「スシーチナヤ」〔寿司屋〕の主人だったのだが、そのことは言いたくなかったのだ。セミナーのカクテルパーティはこの店のスタッフが用意し、店の主人が威厳のある態度でサービスの指図をしていたのである。

わが友アリタさん

ある日の夕方、わたしは路上の監視状況をチェックしながら都内を走りまわり、かなり疲れてしまった。少し力を抜いて銀座でバーに寄り、ビールでも飲もうという気になった。

小さな気持ちのよい店には客がほとんどいなかった。アベックが隅の小テーブルにぽつんといた。スタンドには痩せた中年の日本人が掛けて、たばこをくゆらせていた。わたしには、その人が何かがっくりしているように思われた。そのかたわらには何かの紙の束があった。後でわかったが、それは花の展示会のパンフレットで、彼はそこから帰る途中バーへ寄ったのだった。

わたしはスタンドの彼の近くに掛け、ビールを頼んだ。外では強い風が吹いていた。窓がパタンと開いて、紙がバーじゅうに飛び散った。わたしは紙を集めるのを手伝った。

「どうもありがとうございました」、彼はスタンドに掛け直す前に英語で言い、お辞儀をした。

「お手伝いできて嬉しいでした」、わたしは日本語で答えた。

彼はびっくりしてわたしを見た。わたしが日本語を話すので驚いたようだった。当時の東京では日本語を話す外国人にはそれほどしょっちゅうぶつかるわけではなかった。

「あなたはアメリカからですか、ヨーロッパからですか?」

「ヨーロッパです、ソビエト連邦からです」

これはもっとその日本人を驚かせ、何事か少し心配げに見えた。わたしは、彼はたぶん今すぐ急いで支払いを済ませて、バーを飛び出すだろうと思った。ほら、もう財布を出そうとポケットに手を入れ、がさがさやっている……そして名刺を取り出し、わたしに差し出した。

「ヒデオ・アリタと申します」、彼は優しく微笑みながら言った。「お差し支えなければ、一緒に飲みませんか?」

わたしは並んで座り、自己紹介して、やはり名刺を渡した。断っておくが、わたしの氏名はすべて変名であった。どんな場合でも、これは倫理上の問題で、ましてやスパイがらみなのでなおさらだった。

わたしはバーの暗い照明の中で新しい知己の名刺を読まずにそのまま、ポケットにしまった。後で、帰宅してからそれを見ると、彼はわれわれがとても関心を持っている役所に勤めていることがわかった。

この最初の会話のときにアリタは自分自身のことはほとんど何も語らなかった。あとになってはじめて、彼は最近やもめになったばかりで、十三歳の息子を育てているということがわかった。わたしとは同年齢で、生まれた月も同じだった。わたしについても詳しいことは尋ねなかった。日本語を知っているロシア人が面白いだけだった。わたしが、また会おうかと訊くと、

「むしろ、家へ電話してください。夜」と答えた。

後にわたしは、なぜ彼がそう言ったのかわかった。彼は機密保持者で、外国人との接触は報告することになっていた。しかし今度の場合はそうしないことに決めたらしかった。それで彼の職場に電話したり、通商代表部や家に電話をかけてわたしを呼び出すのはまずかったのだ。会話は盗聴のおそれがあった。一週間後、電話をかけ、あるレストランで会おうと言った。彼は同意した。

アリタは熱心なアマチュア園芸家だった。自分の小さな家には室内に花がたくさんあると言い、その手入れについて夢中で話した。大多数の日本人は花に強い愛情を寄せている。家、役所、商店、レストランなど、花はいたるところで見られる。多くの日本人のようにアリタは、花や枝を花瓶に生ける生け花に熱中していた。生け花は芸術の一部門として明確な理論を持ち、数派に分かれる。花の生け方に自由と奔放の原則を主張する派もあるし、厳格、簡素を旨とする派もある。アリタは長い時間わたしに第一の原則の優れている点を力説し、ついにわたしにそれを信じさせてしまった感じだ。

アリタはわたしが定期的に会うようになった最初の日本人だった。この交際のお蔭でわたしは日本人の民族的性格をよく認識することができた。

もちろん、すべての日本人のように、アリタは非常に礼儀正しく、丁重だった。「『礼儀正しき』は『成功のもと』にして、すべての扉を開く」という日本のことわざがある。日本人は罵り合ったり、いがみ合ったりしない。日本では熱くなって口論するのは、粗野の表れとみなされる。

わたしとアリタはあるバーで会っていた。隣のテーブルに丸刈り頭の青年が四人かけていた。彼らは大声で何か言い争っていた。話の内容から、彼らはアメリカ人で、それもウィークエンドに東京へ来た沖縄の米兵だということがわかった。ウィスキーの量が増えるにつれ彼らの会話はますます声高になった。

わたしは、アリタがこの連中にいらいらしているのに気付いた。アメリカ人の一人が煙草の空き箱を丸めてテーブルの下に捨てたとき、アリタは我慢しきれなくなっ

て、わたしに言った。

「自分の国にいるみたいに図々しく振る舞って。あの国民は嫌いです」

こんな告白は日本人には珍しい。たいてい彼らは自分の気持ちや感情を隠すことができるので、日本人がああ言ったからには、アメリカ人に対する彼の憎しみは限りがないのだろう。その後、二年ほどして、わたしはアリタがアメリカ人にあれほど否定的な態度をとった真の理由を知った。

わたしはそのときは、ああいう気持ちはアリタをわれわれの協力者にするのに使えるというように理解した。その後、会っているうちに、アメリカ人は日本を自分の外交路線に乗せて他の国々と日本の関係をコントロールしようとしているという話を彼にした。

彼はそれにうなずき、アメリカ人を鋭く批判した。われわれは、アリタの職場には米国の対日政策に関する機密資料がありうると考え、用心しながらアメリカ人の活動について何かわかるのか訊いてみた。

アリタはときどき秘密の内容の情報を伝えてくれた。あるとき彼は対米関係に関するある日本の官庁の秘密報告を引用したことがあった。わたしは、彼を通じて秘密文書を入手する可能性が得られるだろうと考えた。もちろん、それは危険なことだった。アリタが驚いて、わたしとの交際を中止するかもしれない。しかし、わたしは踏み切った。

「アリタさん、わたしはこの文書の全文を知りたいんですが。とても面白いんです」

アリタはちょっと考えてから、静かに言った。

「いいでしょう。今度お会いするときに持ってきましょう」

在日諜報機関のチーフはわたしのしたことがあまり気に入らなかった。口頭の情報と日本国の秘密文書とでは問題が違う。アリタが突然びっくりして、自分の役所の保安機関に通報する。そうなれば、われわれにとり不愉快な事態になるではないか。しかしわたしは心の中で、アリタはそんなことはしないと確信していた。

次に会ったとき、アリタはアタッシュケースからそれほど大きくない袋を取り出して、わたしの方に押しやった。

「これがあの文書です。二日くらいで返してください」

それは疑いもなく成功だった。日本人がこれほど自分にとって危険な行動に出た以上、きわめて重要な動機があるに違いない。もちろん彼には感謝の気持ちを表明しなければならない。

それまでわたしはアリタにあまり高価ではない贈り物をし、彼も同じようにお返しをくれた。日本人はそうするのだ。しかし贈り物は何かを義務づけるものではない。これは単に親しみの気持ちのしるしであり、ときには相手に与えた不快感とか不安に対する償いなのである。

わたしは二度、いわゆる「思いがけない」贈り物を受け取ることがあった。わたしの家の横にホテルがあり、いつだったかそこで小火《ぼや》があった。消防隊が来て、たちまち消し止めた。ついでながら、ホテルの向かいに駐車してあったわたしの車は傷つけたりよごしたりしないように、消防隊員が作業を始める前に防水カバーで覆ってくれた。その日の夕方、ホテルのオーナーが来て大きなデコレーションケーキをくれた。彼は近所の住宅を訪ねて、ホテルの火事で迷惑をかけたことを詫び、すべての居住者に贈り物をしていたのだった。

もう一回は、わたしの窓の向かいに家を建てたビジネスマンから三リットルの酒瓶をもらった。彼は騒音のお詫びのしるしに一本持ってきたのだ。こういう伝統はこの国民の性格について多くのことを語っている。

今度は、われわれとの物質的協力に関心をもたせるために、わたしが彼に金銭の報酬を渡す段取りだった。アリタは役所でそれほど高い職務についていなかった。ことばを換えれば下級の官吏で、給料は少なかった。われわれの物質的援助はおそらく彼の役に立つはずだった。しかし、彼はどう反応するだろう。わたしに大変好意的だった人間が腹を立て、わたしの行為を買収ととってもらいたくなかった。

しかし、アリタは実際、若干ためらってから金を受け取った。わたしは、彼にとって金を受け取るのはとても具合が悪く、悩んだという印象を受けた。

その後、アリタからはわれわれに貴重な秘密文書が入り、彼はそれに対し金銭上の報酬を受け取った。しかしわれわれに渡される資料はすべてアメリカ問題だけに絞られていた。あるとき日本の東南アジア外交が活発になったのに関連して、わたしはこのテーマの文書を持ってきてもらいたいと頼んだ。彼は約束したが、持ってこなかった。彼はまた、日本の西ヨーロッパ諸国との協力に関する資料をほしいというわたしの頼みもかなえてくれなかった。われわれはそのことを検討して、アリタはアメリカ人に反対する事柄だけを果たすつもりなのだと考えた。彼はわれわれを助けることによって、アメリカ人に損害を与え、アメリカの対日関係破壊に努めていたのだ。

われわれが知り合いになってから二年ほどして、わたしの記憶に深く刻みこまれたことが起きた。あるときアリタは思いがけず金の入った封筒を受け取ろうとしなかった。

「わたしはもう金は受け取りません。もう必要がないのです。これまでわたしは金を息子の治療に使っていましたが、息子は先週死にました」

わたしは、はっとして驚いてアリタを見た。彼はとても落ち着いて、冷静だったので、彼にとって唯一の近親者の夭折をわたしに伝えているのではなく、家でたまたま急須を割ったか、通りで車に引っ掻き傷をつけたことを話しているみたいだった。このような態度が日本人の性格にはある。彼らは自分の悲しみや不幸を隠すためによく微笑む。自分自身の悲しみでひとに不快感を与えてはならないという、彼らのしつけの特性である。わたしがアリタにお悔みを述べた後に、彼は自分の家族のことを語った。

彼は未来の妻を子どものときから知っていた。二人は長崎郊外の隣同士の家で育った。郵便局員だった彼の父は四二年に東京へ転勤になり、家族ともども東京へ引っ越した。これが彼の家族全員を救った。しかしアリタのフィアンセは四五年にアメリカの原子爆弾で放射線症に罹った。病気は息子に伝わり、息子は子どものときから白血病に苦しんだ。こうしてアリタは近親者を失った。その後彼はけっしてこのテーマに触れなかった。しかしわたしは、彼がアメリカ人、正確にはアメリカに非常に深い恨みを抱いており、それが彼をわれわれに対する協力に赴かせたのだと理解した。その後もアリタは定期的に無償でわれわれに文書を渡してくれ、危険な仕事を償わせてもらいたいというわたしの申し出は一切断られた。

「これはあなた方に劣らず、自分にとって少なからず大事なことなのです」、あるとき彼が言った。「それに、わたしたちは友人です。これには何の打算もありません」

われわれは実際、友情を深めた。わたしはアリタと付き合うのがとても楽しかった。彼は諜報活動の面で協力してくれただけでなく、日本民族の性格の特性を理解することも助けてくれた。

わたしは日本人を知れば知るほど、日本人と彼らの生活様式をより注意深く見つめるほど、日本全体が独自に発展した独特の精神で貫かれているということがはっきりわかるようになった。この国は南北いずれの土地にあっても、東京であれ、遠方の島であれまったく同じ家庭的社会的慣習が存在し、同一構造の思考、理解、習性がある。

日本人の勤勉さには感心する。彼らには「肥えた土地に働き者なし」ということわざがある。わたしは日本民族の成果に驚くたびに、いつもこのことわざを思い出す。人口過剰の国、事実上ほとんど天然資源のない国、肥沃な土地が比較的にわずかしかない国、地震、台風、洪水など世界の誰も味わったことのない破壊的な自然災害をこうむっているこの国は前代未聞の経済的成功を達成することができ、食料は完全に確保している。

日本人と自然の相互関係はすばらしい。日本人は本当に自分を、自分を取り巻く周囲の世界の一部と感じ、他の民族とはまったく違ったふうに周囲の世界と付き合っている。この点、有名な「石庭」が象徴的である。一見そこには何も特別なことはなく、きれいに砂を撒いた、ただの平らな小さな広場でしかない。この小広場に雑然と丸石が転がっている。ぐるりにはベンチがあり、人々がそこに完全な静寂の中に腰掛けている。腰掛けて、石を見ている。その人たちに合流すると、しばらくして心が安らぎ、日常のありきたりの問題がおのずと忘れ去られて、永遠なるものについて考えたくなる……その感じはたぶん、森の中で、焚き火の側でひとり火を眺めているときに生じるものに似ている。

「わたしたちはたいそうまとまった国民です」、アリタが言った。「おそらく、長いこと隔絶状態にあったお蔭で、より強力な隣接諸国の侵略を待ち受けていましたが、結局誰にも征服されませんでした。したがって、わたしたちには少数民族も移民も少なく、皆一つの言語を話します。方言は交流の妨げにはなりません。わたしたちは現在まで自分たちの内部世界を乱暴な外部の侵入から守ろうと努めてきました。それからわたしたちには、痛み分けの感覚、忍耐、集団主義、相互援助、敬老、権威のある人たちに対する服従などの気持ちがとても発達しています。日本ではひとの成功をねたんだり、他人の不成功を喜ぶようなまねはしないことになっています。おそらく、こんなことでわたしたちはとても厳しい条件下で生き抜き、自己を確立できたのでしょう」

わたしはアリタから日本の歴史上の興味深い事実をたくさん知った。彼自身造詣の深い自国の芸術について語ってくれた。概して彼はとても博識で、読書家だった。アリタはわが国についても興味を示し、わたしはときどき自分の国について話すことになった。われわれは互いに補足し合っているような具合だった。

わたしはアリタとたえず付き合うことがすっかり身についてしまい、出張期間が終わって彼と別れるのがつらかった。帰国の少し前に、仕事を引き継ぐはずのスタッフをレストランで彼に紹介した。わたしは、アリタもわたしと別れるのを悲しがっていることを感じた。別れ際に彼は釈迦の坐像を彫った象牙の根つけを贈ってくれた。それは今もわたしの自宅に飾ってあり、見ては日本の友を偲んでいる。

途中に交番

わたしは、自分には何かしら日本との一種独特の関係があることに気付いた。日本とは二度別れ、もう永遠の別れと思われたが、その後またやってきた。

どうやら、上司がわたしの東南アジア、タイでの以前の仕事を思い出して、日本から帰って少しすると再びわたしをこの地域へ派遣することにしたようだ。この期間に東南アジアでは在外諜報機関がいくつか設置、強化されていた。経験に富んだスタッフが緊急に必要だった。かくしてわたしは、シンガポールでの諜報機関のチーフになり、そこに数年間勤務した。

帰国後、東南アジア数か国を担当し、その中のどこかで諜報機関の責任者になるチャンスがあった。日本チームはわたしをすっかり忘れてしまったみたいだった。工作員は日本から他の地域へ行くことはめったになかったし、再び日本問題に戻るということはもっとまれだった。

しかし、この不文律はわたしには適用されなかったようだ。わたしは再度東京出張を打診され、大喜びで引き受けた。

出発準備中にわたしは〈ツナミ〉やアリタとは会えないということがわかり、すごくがっかりした。〈ツナミ〉は最近病気になり、目がよく見えなくなった。彼はもう何年かジャーナリスト生活は送っていなかったが、ときどきは政治家に会っており、いくらかの情報は持っていた。われわれの工作員は定期的に彼と会い、物質的に支援していた。しかし、一年前に彼の妻が死に、長女が彼を北海道の小さな町の自分の家に引き取ったので、連絡は途絶えてしまった。

アリタはわたしが日本を去った後もわれわれとの協力を続けていた。彼からは非常に貴重な情報が入ったが、それに対してわれわれから金を受け取ることは依然として断固拒否していた。近親者を失ったことで健康を害してしまったようだった。アリタは病気がちになったが、一度もそれを訴えたことはなかった。それで数年前、心臓発作で彼が死亡したことはわれわれにとり、誠に思いもかけないことだった……。

十年の別れの後、わたしはまた東京と再会した！

最初の数日でわたしは、この数年に生じた日本人の生活の著しい変化に気がついた。住民の生活水準が向上したことは明らかだった。日本人の衣食住は改善された。国連の資料によると、日本は七〇年代中ごろに世界一の長寿国になった。若者は背が高くなり、頑健になった。

風習もいくらか変わった。東京の街頭では抱き合っているカップルの姿が見られるようになり、ナイトクラブやディスコが多数オープンした。しかしこれは日本人の生活習慣や敬老精神、子どもとしての義務の遂行〔親孝行〕、勤勉、仕事の高度の組織性にはあまり影響していなかった。

モータープールが一新され、シックな内装で、おまけに乗客用のポータブルテレビまでついた近代的な優雅な車が登場していた。もっとも、テレビの電源を入れるには、コイン投入口に追加料金を入れなければならないが。

都内の建築もいくらか姿を変えていた。新宿と池袋ではいくつもの摩天楼――五〇階から六〇階の高さの近代的建物――に目がいった。日本にはこのような大建築物の建設に反対する人が多いのも事実だ。地震帯であることに変わりはないのだから。しかし現代の建築上の成果は懐疑論者の論点を否定し、これらの高層建築が生存権を得た。東京の地価はとくに都心では信じがたいほど高い。そのためこのような大高層ビルには将来性がある。

都内の交通はずっと楽になった。これは高架高速道路の建設のお蔭である。東京には二階が出現したような具合で、支柱の上高く持ち上げられた高速道路は都内の多くの区域を結んだ。その建設のインパルスは一九六四年の東京オリンピックの準備だった。十年後、高速道路は事実上東京全体を取り巻き、運輸問題を大幅に解決した。東京を郊外の町やその他の諸都市および「成田」国際空港と結ぶ高速道路も始動した。東京の通りの様子もいくらか変わった。銀座は日曜日ごとに完全な歩道になり、自動車は通行止めになった。わたしが銀座その他の東京の通りへ出てみたとき、そこでは全力で新年の用意が進んでいた。おそらく日本で最大のこの祝日にはどの家庭でもあらかじめ懸命に準備をする。家々の入口はたいていドアの両側に二本の松の枝を飾る。松の枝の後ろにはそれぞれ竹を三本縛りつけ、門か家の入口の上には神聖な縄であるシメナワを下げ、シメナワには藁の束と細い白い紙を結ぶ。これはすべて長寿、健康、幸せの願いを表している。

わたしは新年を東京で迎え、この祝日はわたしにとっても新しい状況と新しい職責での活動開始の祝日になった。わたしはすでに在外諜報機関の経験豊かなスタッフだった。かえりみればこれまでに三度の長期海外出張があり、そのなかの一回は在外諜報機関の責任者としてだった。今、まわりにいるのは主に若者たちだ。彼らに自分の経験を伝えなければならない。この仕事はなまやさしいものではない。

東京にいなかった空白の十年はもちろん痛かった。すでに述べたように、日本の首都はとても変わった。これはわたしに新しい課題を提起していた。記憶の中の町を「一新」し、新しいものを見聞し、監視チェックコースを新たに作成しなければならなかった。

交通状況は変わっていたが、悪名高い交番は残っていた。これは諜報員にとって最も不愉快な施設だった。

交番はまだ自動車、いや、おそらく人力車さえなかった大昔から日本にあった。警官は路上や近隣の家々の秩序を監視していた。交番へ行くのは、助けを求めたり、無礼者に対する苦情を言ったり、単に道を訪ねるだけでもよかった。やがてこれらの哨所には電話がつき、今では近代的な電子機器を備えている。われわれには、有視監視機関が積極的に交番を利用しているという確かな資料がある。

警官は外交官ナンバーで簡単にそれがどこの大使館の車かわかり、有視監視機関の制御盤にその車の出現を通報する。もしもその車がすでに「マーク」中であれば、通報はとくに注目されない。しかし、その車が単独で走っているか、監視からはずれてしまっていると、防諜部は急いでそれを見つけ出して、強い監視の下におくための措置をとる。

これはとても危険な話だ。交番はこちらの車をチェックコースの終わったところでマークするかもしれない。つまり、監視員はこちらが行動を起こす直前にわれわれを発見してしまうのだ。一時間半ほど都内を回って、うまくはぐらかした、「尾行」はないと確信しても。あっ、あそこに……。もちろん、われわれは途中で、とくにコースの最終部分で交番にぶつからないようなルートを選ぶように努めた。しかし、そのためにはこの巨大な都市をよく知る必要があった。

連絡員をつくらなければならなかった。年齢や大使館での地位のお蔭で、高いレベルでの交際を探すことが可能になった。そして実のところ、わたしはある程度それに成功した。

新しい連絡員が現れた。高官である。わたしはわれわれの信頼できるあるエイジェントの手引きでその人物に会った。その官吏は日本が要求しているクリル諸島の数島の「北方領土」問題をとても心配していた。彼は多くの日本人のようにそれら諸島の引き渡しを積極的に主張していた。しかし彼はソ連との講和条約の早期調印論者でもあった。アメリカ人を好かず、よく批判していた。

彼は、非常に衝動的な人間で、その点、日本人的ではないが、論争すると自分の正当性を主張して熱くなった。それでわたしはときどき、彼にわれわれに必要なテーマで話す気にさせ、面白い情報を手に入れることができた。われわれはもちろん、彼に金は払わなかった。しかし、彼はキャビアやウオッカなどの贈り物を拒んだことは一度もなかった。

もうひとりの知人はかつてジャーナリストで、経済新聞で働いていた。わたしは彼がある研究所の専門家になったとき知り合いになった。そこへはときどきアメリカ、日本その他の政府の機密情報が入った。

この人物は大家族で、年とった両親がいた。彼は金に困っており、それが彼をわれわれとの協力に走らせた主な原因だった。

出張終了の半年前にわたしは、自分が出発した後で工作員の誰をエイジェントの連絡や新規開発に当たらせるべきか在日諜報機関の責任者と相談した。しかし……。

一九七九年十月末、東京の諜報機関で裏切り行為が発生した。『新時代』誌記者をよそおって働いていた工作員のスタニスラフ・レフチェンコがアメリカ人に政治亡命を求め、急遽アメリカへ連れていかれた。

これについては多くのことが書かれたから、重ねてこの重苦しいテーマに戻ったり、考えたり、何があの工作員をあのような挙に出させたのか推論したりしたくはない。われわれの社会は今、別の社会になったが、わたし自身は、とくに政治的迫害を受けた人ならなおさらのこと、あの当時ソ連を去った多くの人たちを批判できないし、理解さえする。しかし、それとこれとは話が別だ。自国民に奉仕することに命を捧げた諜報員の裏切りは、どんな社会にあっても、どんな国にあっても裏切りである。

そのときはわれわれは全員が、何年もいっしょに働いてきた仲間だっただけに、この裏切りにショックを受けた。諜報には厳しい掟があり、われわれのエイジェント網の逮捕を免れるために緊急措置がとられ、多数の連絡が「封印された」。多数の人々の多年にわたる仕事の結果が水泡に帰さないように、事件の結果をわれわれの言うところの「局限化」するために、あらゆる可能なことがなされなければならなかった。

多くのわれわれの工作スタッフも大至急立ち去ることになった。数か月後、わたしも東京を去った。

日本とは別れなかった！　対外諜報要員を養成する教官になった。わたしは日本での仕事に就くことが予定されている聴講生たちと勉強していた。彼らとの授業のたびにわたしの心は「東の都」にあり、その色合いを感じ、車がいっぱいの広告に彩られた通りを見、目の前にいる若人たちがいい意味で羨ましかった。彼らにはまもなく東京という名の並々ならぬ都会で、難しくも魅力的な仕事があるのだ。

リオ・デ・ジャネイロ

РИО-ДЕ-ЖАНЕЙРО

筆者の横顔

KGB個人ファイル

№ [redacted]

氏名	ニコライ・セルゲーエヴィチ・レオーノフ
生年月日	1928年8月22日
学歴と専門	モスクワ国立国際関係大学卒　歴史・国際関係論
外国語	英語、スペイン語
学位	歴史学博士
軍の階級	中将
勤務した国	カナダとパラグアイ以外の南北アメリカ各国
家庭	既婚
スポーツ	水泳、スキー、射撃、チェス
好きな飲物	カクテル「ダイキリ」
好きなたばこ	モンテクリスト
趣味	園芸

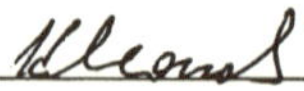

筆者の横顔

KGB個人ファイル

№ [redacted]

氏名	ニコライ・ニコラエヴィチ・ウルトミンツェフ
生年月日	1932年1月16日
学歴と専門	モスクワ国立大学　ジャーナリスト
外国語	スペイン語、ポルトガル語
学位	なし
軍の階級	大佐
勤務した国	コロンビア、パナマ、ブラジル
家庭	既婚
スポーツ	水泳
好きな飲物	カクテル「キューバ・リーブル」
好きなたばこ	マルボロ
趣味	木工

リオ・デ・ジャネイロ、わが少年時代のまぶしい夢

オスタプ・ベンデル

われわれは共に働き、一度ならず共に諜報工作を行った。われわれ二人は世界で最も美しい国の一つブラジルとそのいちばん有名な都市リオ・デ・ジャネイロでの仕事上の経験で結ばれている。われわれの思い出は「集団的」思い出である。しかし、素晴らしい町《シダージ・マラヴィリョーザ》の物語の読者が理解しやすいように、二人はこの話を一人称で進めることにした。では、いざ……。

旅行中も働く諜報員

わたしはモスクワ郊外の絵のように美しい小川の岸辺にあるサナトリウムで休んでいた。素敵な六月の天気だった。早い時間にはたいてい誰も砂浜にはやって来ない。突然、優しい女性の声がわたしの瞑想を破った。

「あなたはどこでそんなに日焼けなさったんですの？」

振り返ると可愛い娘さんが目に入った。彼女は微笑みながら、ブラジルの太陽の熱線で赤銅色に焼けたわたしの肌を驚いたような顔で眺めていた。

「リオ・デ・ジャネイロでですよ」、わたしがあっさり返事をすると、彼女の眼差しは光を失い、不信と憤りの色が目に浮かんだ。

「わたし、真面目にお尋ねしてるのに、あなたは……」、その女性は言うと、立ち去り、「ほら吹き」と話す気など

ないことを全身で示していた。

アディス・アババで日焼けしたとでも答えれば、娘さんはたぶんわたしを信じただろうが、オスタプ・ベンデルが讃えたリオ・デ・ジャネイロでなどというのは、あんまりだった。

わたしは幸運だった。イリフ・ペトロフのヒーローが夢見たあの素晴らしい町を見るだけでなく、そこに住み、毎日その通りを歩きまわり、世界一のコパカバーナのビーチで日焼けし、日ごとキリストの像と絵はがきでお馴染みのパン・デ・アスーカルを眺め、年に一度有名なカーニバルにも見物人として参加した。これに自分がラテン・アメリカのほとんどすべての国で勤務したり短期出張で行ったこと、このエキゾチックな大陸への途上ヨーロッパ諸国とアメリカ合衆国を訪れ、自由の女神像に上がり、ニューヨークの通りをぶらついたことなどを付け加えると、少なくとも地理学的知識の面では運命を恨むことはできない。

休暇はたちまち過ぎていった。サナトリウムでの休息に二週間(それ以上は時間がなかった)、肉親や友人と会うのに一週間、その後は諜報機関での慣習で初めから終わりまで中央本部に通いつめる。そしてこれが休暇と称されるのだ。しかしどうしようもない。

休暇期間中や海外への出発直前の諜報部での勤務は、誰も腹を立てなかった。上司との最終的打ち合わせが翌日延ばしになるときの方がもっと悪かった。もっと悪いのは、ある部長のときだったが、いつ上司に呼び出されるのか自分の出発の前夜になってもわからなかったことだった。

幸い、部長は新任で、問題は全部あらかじめ詳細かつゆったり検討できた。最後の打ち合わせでわたしは、中央〔モスクワ〕の代表とアメリカから来る非常に大切なエイジェントをリオで落ち合わせるのだと言われた。秘密の会合場所と数回の連絡を用意し、計画の安全を守らなければならなかった。

「われわれはエイジェントを危険にさらしてはならない。アメリカでは工作が難しい。リオは保養地で、毎日何千もの観光客がやって来るから、われわれのエイジェントもそれに『紛れ込み』やすい」

諜報員は旅行中も働いている。諜報員は鯨のようにぐるりの広範な人々を注意深く視界に入れておき、その人々を鯨の口ひげを針の穴に通すように工作というふるいにかけ、有益なプランクトンは残し、必要のないただの水は美しい噴水の形で放出してしまう。わたしはゆったりと旅客機の椅子に腰掛け、隣席の人たちを注意深く眺め、誰がわたしに関心のある諜報情報を持っているのだろうかとか、誰と接触すれば、後からそれを発展できるだろうかとか、そして向こうでは……とか、いろいろ見定めておこうと努める。これから十八時間のフライトだ。

わたしの視線は、右の席で『ヘラルド・トリビューン』に読みふけっている三十三から三十五歳ぐらいの男性にとまる。「ふーん、おっさん、英語がわかって、世界政治に関心があって、つまり、わたしのお得意さんだな」と思う。スチュワーデスが朝食を持ってきたときに、彼が何語で注文するだろうかと聞き耳を立てる。なまりがあるが英語でしゃべっている。彼と話をしてみなきゃ。わざと彼の座席の下にライターを落とし、謝ったり、感謝したりしながらいっしょに探す。助けてもらったお礼にソビエトの煙草をあげる。彼は好奇心から一本取り、火をつけ、会話が始まった……あるヨーロッパ大国の大使館勤務のためにブラジリアに赴く途中で、ラテン・アメリカ大陸へ飛ぶのは初めてなので、先輩から有益な助言をもらうのが嬉しいということがわかった。「いやはや、まったくお誂え向きだ」という考えがひらめく。彼は家族は連れず、単身で、リオで数日過ごすつもりだった。名刺を交換し、あまり高くなくて便利な街区とホテルを勧め、リオを「昔から」知っている者としてお役に立ちましょうと言った。彼は心から感謝し、わたしに助けてもらうために必ず電話しますと約束した。わたしは喜びと、旧世界の仲間のために何でもする用意のあることに打ち震えた。「接触」第一号だ。電話してきたら、教育開始。必要ならばターゲットを彼に絞るよう、ブラジリアにいる仲間に伝えよう。

「一月の川」

一五〇一年末、ゴスパリ・デ・レムシュ大尉の指揮する三隻の船からなるポルトガルの艦隊が南アメリカの大西洋岸沿いに北から南へ進んでいた。一五〇二年一月一日、船員が大きな棒砂糖に似た奇妙な形の岩を見た。岩の右手には広い湾があり、ポルトガル人たちはそれを満々たる川の河口だと思って、リオ・デ・ジャネイロと命名した。これは訳すと「一月の川」という意味である。その後この湾はグアナバラという名になった。一五五五年十一月、湾の岸辺にこれもラテン・アメリカのパンに食指を動かしていたフランス人が入植した。ポルトガル人はこれには我慢ならなかった。競争者の間に長い流血の戦いが始まった。一五六七年になってようやくポルトガル人がフランス人を陣地から追い出し、リオ・デ・ジャネイロという名の町をつくった。一七六三年、この町はブラジルにおけるポルトガル王国の所領全体の首都と宣言された。

リオ・デ・ジャネイロの歴史的意義は大きい。それはブラジルの主要な政治的、経済的、文化的中心地であった。すぐれたブラジルの建築家オスカー・ニーマイヤーがジュセリーノ・クビチェック・デ・オリヴェイラ大統領の指示で、才能の限りを尽くして造ったブラジリアに首都が移ったことと、大経済都市サン・パウロの成長に伴い、リオ・デ・ジャネイロの役割は現在、若干低下した。しかし、リオは政治と工業で首位の座を譲ったとはいえ、観光産業では先端をいき、ブラジルだけでなくアメリカ大陸全体の保養の中心地になった。市内にはきのこのようにホテルが林立し、ビーチは拡大され、整備されている。観光分野でのリオの展望は大きい。町はかなり前から自分の古い境界線を外へ延ばした。山々にはトンネルが掘られた。美しい十八キロメートルのビーチのある新しいバーラ・ダ・ティジューカ地区が建設されつつある。

リオの住民の誰と話をしてみても、相手は確信をもって、「シダージ・マラヴィリョーザ」はどんなことがあろうとも、これまでどおり国の中心だ、と言うだろう。

隠れ蓑の職業

海外での時間は驚くほど速く過ぎていく。一日は時間刻みではなくて、文字どおり分刻みのスケジュールだ。わたしの「隠れ蓑」は厄介な代物だ。わたしは公式的にはタス通信特派員だ。だが、特派員となると毎日、編集部へニュースを送らなければならない。ところが、何か重要な事件を見落とすか、遅れて伝えでもしようものなら、たちどころにテレックスで「大目玉」。「ロイターが、リオで教員の賃上げ要求の大抗議運動があったと打っている。君はなぜうんともすんとも言ってこないんだ」

なぜわたしがうんともすんとも言わなかったって？　わたしはちょうどそのときエイジェントと会っていたんだ。重要な情報を得たんで、大至急暗号文をつくって中央に打電しなけりゃならなかったんだ。体を二つにして、エイジェントと会い、同時にデモにも行くなんて芸当はできやしない。そんなときには「普通の」ジャーナリストが羨ましくなる。彼らは極楽の生活だ。ところがこちらはひとつの給料で二つの仕事、そのうえ「大目玉」まで食らう。言い訳もままならない。なぜロイターは教員のニュースをわたしより早く流したかなんて編集部に説明もできない。秘密維持がすべてに優先する。

こうして一日は新聞に目を通し、朝のテレビニュースを見、編集部向けのニュースを用意することで始まる。ニュースを書き、モスクワへ送る。編集部がニュースを受け取ったとテレックスで打ち返してくる。これでやっと心おきなくメインの仕事ができる。

まず、中央から何か暗号文が入っていないか調べる。それから同僚と彼らの作業計画を検討し、彼らに「貴重な」指示や助言を与え、エイジェントと会い、隠密工作をする。ところで、仲間のひとりが新車を買って、わたしがまだその車を見ないうちに二日経ってしまった。わたしは不愉快な目にあって以来、諜報員各人は諜報代表部にあるすべての車の操縦特性を心得ておくべきだという規則を厳守している。事の次第はこうだ。

われわれは中央の責任者と非合法活動家との会合をお膳立てした。それは郊外の秘密の別荘で行われるはずだった。どんなことがあっても会合場所まで「尾行」につけられないために、二台の車でテストをすることになった。

最初にわたしが出発して、自分のタス通信の用事みたいにして何時間か市内を走りまわる。それからチーフがモスクワからの客人と市内に乗り入れる。基本的なチェックをしてからチーフは、反対側の通りに出口のある店の前で車を停める。その裏口でわたしが「お客さん」を拾うはずだった。時間は秒刻みで確認されていた。わたしも客も一分たりとも相手を待たせてはならなかった。わたしは客を拾って、その場を離れ、迷路に姿をくらまし、たぶんいるはずの監視に一杯食らわせるのだ。万事単純かつ素晴らしかった。しかし綿密に計画された工作は予見不可能な、いわゆる「卑劣な分子」のせいですっかりパーになることがある。

目当ての店の一ブロック手前でわたしの「ダッジ」のハンドルの具合が悪くなった。どうするか。工作は失敗の危機にさらされている。車から飛び出して、客が降りる予定の場所へ走る。間に合えばなあ。間に合った。チーフの「メルセデス」がちょうど店に近づくところだ。わたしの姿を見たチーフは今にも怒り心頭の構え。思いもよらなかったクロスカントリーでやっと息をしながら、自分が現れた理由を説明する。チーフは一瞬考え、命令した。

「急いで俺の車の運転席について、もう一度まわりを確認のうえ、別荘へ行け」

わたしは舌がこわばり、「メルセデス」なんて一度も走らせたことがないし、スピードだって四速か五速かも知らないと言えなかった。幸い、ギア・ボックスはわたしの「ダッジ」のと同じだった。一分ごとにハンドルを握る手に自信が湧いてきた。あちこち通りを走り抜ける。何事もないみたいだ。尾行はない。どんどん暗くなっていく。郊外の幹線道路へ出たところに夜になった。ライトをつけなければならない。それも難しくはなかった。わたしはますますチーフの車が気に入った。速い車。軽快な車。鳥のように飛んでいく。バックミラーを見る。灯火は何も見えない。つまり、尾行はないのだ。小さな丘の上の別荘へ行く道へ曲がる角に来た。スピードをあげ、念のためにライトを消す。監視がついていればわたしの右折に気づかず、横を通り過ぎるだろう。まだ空を背景に見える道沿いの立木の樹冠を目印に事実上手探り運転で進む。側溝に落ちないように祈るのみ。丘の上に出て、別荘の門の前で停まる。車はハンドブレーキを引いておいて、門に近寄り、合図のベルを押す。われわれは待たれているのだ。門が開く。庭に乗り入れなければ。わたしの車の「ダッジ」ならブレーキを解除するレバーのある計器盤の下へ手を伸ばす。レバーがない。真っ暗闇の中で夢中に手探りする。

「こいつのレバーはどこなんでしょう」、「客人」にも手伝ってもらうが、客にもわからない。

ブレーキをロックしたままで別荘の庭に車を入れようとするが、ブレーキはしっかり車を押さえていて、エンジンがすごい音を立てる。何回か無駄な試みをしたあげく、「メルセデス」から這い出して、身体を二つに折り、車内をくまなく手探りで探す。何か手の下にボタンが当たった。ぐいっと引っ張る。すると車はスピードを増しながら山道をバックで降りていく。わたしの胴体は座席にあり、両足は道路にある。「側溝に落ちるかな」、さっとそんな考えが頭をかすめる。車内に飛び込もうとするのだが、開いたドアはたえずわたしを突き倒そうとする。ついにチャンスをとらえて「メルセデス」に潜り込み、側溝ぎりぎりのところで停めた。助かった！　それ以来わたしは新車は全部研究することにしている。

カリオカとは

古いブラジルの伝説によると、グアナバラ湾に注ぐさる小川の河口に最初のある移住民のあばら家があった。インディオたちはその家を「カリオカ」と呼んだ。彼らの言葉で「カリ」は白い、「オカ」は家、すなわち白い人の家である。明らかに、最初の開拓民は強い男であり、インディオは彼が白い肌の持ち主だったという同じ理由で彼をまるっきり神様扱いし、彼に自分たちの妻子を届けることを自分の義務と考えた。まもなく浅黒い子どもたちが生まれるようになった。徐々にこの呼び名であるカリオカがこの地域のすべての住民、それからリオ・デ・ジャネイロ市の住民全体の呼び名になった。

ブラジル人はポルトガル、スペインその他のヨーロッパ諸国の出身者と、インディオや十六世紀以後アフリカから奴隷として連れてこられた黒人との混血の結果形成された民族である。ブラジル人の外見と心理的性格は端的に言えば次のようになろう。すなわち、ブラジル人は背は高くなく（カリオカを別として）、痩せていて、黒髪、浅黒い肌、人付き合いがよく、魅力的で、好意的で、ソフトで、センチメンタルであると同時に誇り高く、とくに白人との関係ではかっとなりやすい。ブラジル人は本来優しく、温かい気持ちの持ち主で、デリケートな人たちだ。

国内線用のサントス・ドゥモン空港はリオの真ん中にある。その建設に際しては花崗岩の山をそっくり切って海へ投棄しなければならなかった。空港ビルにはブラジルの航空開拓者たちの記念碑がある。記念碑には「ブラジルの空の征服に出掛け、まだ戻ってこないパイロット、航空士、スチュワーデスに捧げる……」と彫ってある。この文体のこまやかさは、「非業の死を遂げた」、「墜落して死亡した」などという言葉を避けていることにある。

ブラジルの大作家ジョルジェ・アマドはかつて、「わたしたちの仲間にはなんという精神的な温かさがあるのだろう。どのビストロでもコップ一杯の水を、どのパン屋でもパンひときれをただでくれる……あなた方ヨーロッパ人の前でわたしたちの仲間はしばしば恥ずかしがり、非常に神経過敏になり、劣等感に悩む。彼らはいつもあなた方よりも低く見られるのを恐れている……彼らに対しては自然に、普通に、率直であってほしい。彼らはそれを十分に感じる」、と言ったことがある。

これは実際にそうだ。ブラジル人は尊敬の気持ちを持って接すれば、何でもしてくれる。しかし彼らをどなりつけたり、見下すようなことはしてはならない。その場合は、何もしてもらえない。

数年前、あるフランス人が海路リオに着いた。「メルセデス」といっしょに着いた！　税関の役人がその車をうっとりと、じっくり眺めはじめた。ハンドルをいじったり、計器類を研究したり。時間は過ぎていく。ついにフランス人は業をにやし、自分の書類は整っている、車は持っていくと乱暴な口調で宣言した。それに対して税関吏は静かに「ノー」と言って立ち去った。フランス人は所管省、自国大使館、新聞に訴えてまわった。共和国大統領のところへまで行った。結果として、「メルセデス」はいぜんとして港の税関で腐っていた。ブラジル人は荒々しい口調は我慢できない。この地で奴隷制度が廃止されたのはかれこれ百年ほど前のことで、その「素晴らしさ」は人々の記憶から拭い去られてはいない。

ブラジル人はとても穏やかだが、いったん自分たちの名誉が傷つけられると、厳しくなる。フランス人とスイス人の混血の作家で、ブラジルに関するいくつかの本の執筆者ブレーズ・サンドラールは次のように書いている。「コルシカ人と同じようにブラジル人は侮辱を加えられたり名誉を汚されると、しばしば秘密の場所に潜んで、敵を待ち伏せる……ブラジル内陸部の道端に、ヴェンデッテ〔コルシカの復讐〕で殺された人間を示す木の十字架が道路標識のように林立しているのもゆえなきことではない。個人的ヴェンデッテは家族ぐるみの闘い同様、当地ではやむにやまれぬものである」

カリオカはもちろんブラジル人の中の人種的エリートである。彼らは背が高く、スマートで、大変美しい。

最初のポルトガルの植民地主義者やその後の巨大地主たちはリオ・デ・ジャネイロに住むことを好んだ。彼らは妻や家族を連れずにブラジルへ来て、強者の権利で最も美しい女性を自分のために選んだ。これは世代から世代へ受け継がれた。遺伝的淘汰によりブラジル国民には、いくつかの民族の最良の特徴を統合したカリオカという独特の「準民族」が形成された。

カリオカはすべてのブラジル人のように温かく、愛想がよく、親しみやすい。二度目に会うときにはもう友人だと思って背中をぽんと叩かれる。彼らは正直で、約束を守り、客もてなしがよく、ひとの役に立つ気構えでおり、相手にもそれを期待する。レストランやカフェではどこでもブラジル人がカリオカの好きな飲み物のビールを飲んでいたが、われわれはリオ滞在中、一度も街頭で酔っぱらいを見かけなかった。市内ではけんかや暴力行為、不埒な行為などがどういうものか知らない。それは盗み、強盗、殺人がないという意味ではない。どこの大都市とも同じように、あばら屋の飢えた住民は観光客の財布を狙って町に出る。しかし盗みは圧倒的多数の市民に非難される。通行人の声援の下にへまな泥棒にリンチが加えられるのを一度ならず目撃したことがある。

リオでは最近、バスの乗客に対する武装襲撃が頻発した。この交通手段を利用するのはすこぶる危険になった。しかしバス襲撃は強盗自身にとっても非常なリスクに結びついている。ピストルをポケットに入れている乗客が一人でもバスに乗り合わせていれば、その人はためらうことなく武器を取り出して強盗たちに向かって発砲する。これもカリオカの性格のうちなのだ。彼は用事をすますと、悠然とドアに近づく。運転手はバスを停め、「思いがけぬ保護者」がゆっくり野次馬の中に紛れ込めるようにしてやる。

事件現場に警官が駆けつけても、乗客の連帯は際限なく強くて、発砲した人物に関しては何の手掛かりも得られない。

ブラジル式コーヒー

大事なエイジェントと秘密に会うための手はずはとっくに作成して、中央に発送済みだった。落ち合う場所、時間、合言葉、返事、エイジェントの目印、エイジェントの移動コース、危険合図、その他どのような深刻なスパイ活動にも必要な要素が織り込んであった。しかしひと月、ふた月過ぎても、中央はわたしの情報をのみこんだまま何の返事もよこさなかった。毎日のようにモスクワからはいろいろな指令や助言が来るのに、大事なエイジェントと秘密に会うことについては一言もなかった。

しとしとした長雨と、夜はひどい涼気を伴うブラジルの冬（五－九月）に代わって、焼けつくような熱帯の夏がやって来た。ドラムの響きと爆竹のはじける音とともに国中がクリスマスと新年を祝っていたが、中央は相変わらずこちらが一生懸命に準備した工作に関しては絶対の沈黙を続けていた。「これはよい方向に向かっているのかも」、とわたしは考える。しかしむなしく失われた時間がこのうえなく残念だ。

すると、わたしにはこのことはもうどうでもよくなって、皆がわたしに与えた課題を忘れたように思われたころ、モスクワがやっとのことで「至急」と書いた暗号電報をよこした。それには、中央の代表がすでにブラジルに向かったとあった。翌日、彼を出迎えなければならないことがわかった。しかし、明日は予定がいっぱいだった。工作予定をすっかり変更しなければならない。

わたしはいつも、中央がまさに最後の瞬間にしか何も連絡してこないということに驚き、腹を立てていた。俺の立場に立たせてやりたいものだ！

なぜ一週間かせめて数日前に知らせられなかったんだろう。まあ、中央の代表はわたしがよく知っている人物N・Sで、難しい工作に一度ならずいっしょに頑張ったということだけが気休めだった。彼は将軍だったが、いまだかつて事務所に腰を落ち着けていたことはなく、諜報代表部のあらゆる問題や困難に通暁していた。一言で言うと、知識も経験も豊かな勇敢な活動家で、これは工作を首尾よく遂行するうえでのよい保証だった。

今回彼はわが国中央紙の特派員という名目で飛んでくるが、それはブラジルに関する連載記事の取材のためという触れ込みだった。便利な「隠れ蓑」だ。少なくとも、わたしにとって。われわれは同僚であり、友人であるからには、日がな、一日二人で町を彷徨するという事実は誰にも疑念を抱かせずにすむ。

翌朝。ガレオン国際空港。客は九時半到着の予定。まだ自由時間が三十分ある。エレベーターで三階に上がり、出迎え人のための特設展望台に出る。ここからはあらゆる大陸からリオ・デ・ジャネイロへやって来る飛行機がとてもよく見える。小さなレストランが数軒あって、軽く食べるか、香りのよいブラジル・コーヒーを一杯飲むかして予定の飛行機が着くまで時間をつぶせる。

コーヒー、コーヒー！　ブラジルのすぐれている点で誰に訊いてもまず頭に浮かぶのはコーヒーだ。そう、ブラジルはこの素晴らしいエネルギー増強剤の世界最大の生産者だ。ブラジルは毎年世界のコーヒー生産の二〇パーセント以上、約百万トン生産している。コーヒーはアフリカ原産の作物だ。アメリカ大陸に初めてもたらされたのはわずか十八世紀のことだが、ここが栽培条件に理想的とわかり、コーヒーもふるさとを変えた。記憶に残ったのはアラビック種の名前だけで、最も普及したこの品種が当初エチオピアで生育したということを物語っている。一方、カカオはまさにブラジル原産で、これも「移民」して、現在では多くのアフリカ諸国の主要作物になった。

ブラジルのコーヒーは特別にこくがあって、濃い。コロンビアのコーヒーはおそらく香りでまさっているが、「濃さ」でブラジルとは比べものにならない。

早い時間にもかかわらず、太陽はすでにそこらじゅうで照りつけている。ものすごくうまい冷たいビールをジョッキ一杯注文し、職業的習慣で人々を眺め、誰が誰を出迎えに来ているのか推測してみる。テーブルの隣に大きな花束を持った若者が座っている。「フィアンセを出迎えるんだな」、と思う。あそこには少し太りすぎの白人と黒人のハーフの女性が子どもの一団といる。「ママ、ママ。パパはいつ着くの？」、あれも明瞭だ。夫と父親を出迎えているのだ。その先の中年の、上品な身なりの男性はテーブルに新聞を広げ、片手にコーヒーカップを持っている。「たぶん、上役を出迎えに来た会社員だろう」、と想像する。「そうでなけりゃ、この暑いのにきちんと服を着て、ネクタイで自分を締めあげたりしないだろう」。事実、その男は小さな頭、なで肩、突き出した腹で、高価なシャンパンのボトルにすごくよく似ている。この類似でわたしは思わずおかしくなってしまう。笑いを隠そうと、ジョッキをあおる。

有線放送がわたしの待っていた旅客機の着陸を知らせる。ウェイターを呼び、ビールの代金を払い、急いで乗客出口へ降りる。出迎えは到着した人々とガラスの壁で隔てられている。あ、わたしの「客人」だ。パスポート審査も無事にすみ、わたしはほっとする。「客人」は自分のスーツケースを待ちながら、ちょいちょい出迎えの人々に視線を走らせる。わたしは後ろの方にいるので、彼はわたしが見えないが、わたしがここにいることはちゃんとわかっている。もちろん、中央の代表を出迎えるには、飛行機のタラップまで行ける領事をよこすことも可能なのだが。しかし、それは必ず当地の特務機関の注意をひくだろうから、望ましくない。それで「客人」にはパスポートの窓口を堂々とひとりで通過する可能性を提供することになった。それに彼は言語の障壁を知らないことだし。しかし、もし何かあったら、領事が近くに控えている。領事は自分の領事館の仕事で空港に来るはずなのだ。だが、もしもわたしが「客人」を見つけられなかったら、そういう場合のあらゆる外交特権のある領事が乗り出す手はずだった。

「客人」がスーツケースを提げて悠然と出迎えホールへ出てきた。彼の顔の筋肉はぴくりともしないが、わたしには、彼の心の中がどうなっているかわかる。将軍がパスポート審査を無事に通過したことは、明らかにブラジル人は立派なシニョールのふりをした「名うての」スパイが自国に着いたことに感づかなかったことを示している。

抱き合い、ブラジル式に互いに背中を叩き合い、空港ビルから出口へ向かう。横目で領事を見、まわりの人にはわからないように手で合図する——「万事順調。ありがとう。君はもういいよ」

異国情緒を味わいながら

車に乗ってから、また握手する。

「無事の到着おめでとう。ニコライ・セルゲーエヴィチ！　途中はどうだった？」

「普通さ」

「モスクワはどうだい」

「後で」
「手紙持ってきた？」
「うん、お嬢さんからのも、職場の連中からのも」
「ホテルへはどう行こうか。山を越えて直行するか、町の中心地と異国情緒の両方を味わいながら行くか」
「異国情緒にしよう」

ここで少し脱線して説明しておく必要がある。概して、わが国から出張してきた連中がリオ・デ・ジャネイロから受ける第一印象は完全な失望である。皆、この町についてたくさん話を聞いてきたので、おとぎの国に出会うような期待を抱いている。しかし、空港から通商代表部その他のロシアの代表部まで乗ってみても、イリフ・ペトロフが書いた異国情緒も、宮殿も、白いズボンの人たちも見かけはしない。数日経ってリオが本当に世界で最も美しい都会のひとつだということが初めてわかりだす。

問題は、ガレオン国際空港がグアナバラ湾のゴベルナドール島、すなわちリオ・デ・ジャネイロ北部の工業地帯にあるということである。一方、われわれの代表部である領事館、通商代表部分室、タス通信支局は市の最南部のレブロン地区、市の自然の境界線であるドイス・イルマンス山の間近にある。空港から領事館または通商代表部へ行くには二つのコースがある。中心地と有名なコパカバーナ・ビーチ沿いのアトランチカ大通りを含む高級街区を経由して行くコース、あるいはもっと真っ直ぐだが貧民街と山の中を行く全然異国情緒的ではないコース。当然、官庁関係の用事でリオに来る者は皆最短距離のコースで連れていかれる。われわれは短くない方の、しかしもっと面白い方の道を選んだ。

かくして、車は発進し、われわれは市内へ向かう。これがリオ－サン・パウロ・ハイウェイで、いつものように自動車であふれている。車は双方向にそれぞれ数車線の道路をひた走る。スモッグで涙が出る。客人は驚いたように道の両側を眺めている。彼は明らかに垣根や工場の煙突や見すぼらしい小さな家々ばかりの貧弱な光景にがっかりしている。思わず笑ってしまう。「こんなのを見るとは思わなかったって？　この先はもっときれいだよ」

車は両側に高い格子状の塀を連ねたコンクリートの高架道路に飛び込む。高架道路は一本の通りに沿って走っている。そこは信号が多く、たえず渋滞している。こちらは高速幹線道路で、町も高みからずっとよく見える。左手ははてしない港の倉庫。右手はみすぼらしい、気のめいるような薄汚い港湾事務所の建物。そして林立する大型クレーンや世界のすべての国から来た数十隻の浮かぶ港そのもの。と、景色は突然変わる。リオ・デ・ジャネイロとその衛星都市ニテロイを結ぶ十五キロメートルにも及ぶ橋とグアナバラ湾のパノラマが眼前に開ける。湾はとても広いので、世界のあらゆる国の艦隊を隠すことができるほどだし、橋はすごく高いので、いちばん背の高い艦船でもその下を自由に通航できるほどだ。ここの景色はまったく印象的だ。「金門橋」などとべた褒めに讃えられているサン・フランシスコの橋なんて物の数ではない!

さらにもう少し進むと、眼下にはプレジデンティ・バルガス大通りが貫く市の中心部。市の幹線自動車道路には、ほぼ二十年にわたり(一九三〇-四五年と一九五〇-五四年)国を率いていたジェトゥリオ・バルガスの名がついている。彼の時代に国家セクターに依拠する国の工業の基礎が築かれた。一九五四年、彼に反対する一揆が起きたとき、彼は自殺して果てた。彼の名はブラジル人にとって愛国主義のシンボルとして残った。

この大通りは十六世紀末に建立のカンデラリア教会に始まり、マラカナン・スタジアムの区域で終わる。教会と大通りは高架道路からよく見える。教会のすぐ後ろでプレジデンティ・ヴァルガス大通りを市の最も近代的なリオ・ブランコ大通りが横切っている。これは銀行と各種の商社の地区である。日中は文字どおり車と歩行者がひしめき、釜のなかのように生活が沸き立っている市の中心部は、一日の仕事が終わった後は徐々にひとけがなくなり、従って、観光客にも、わがスパイ仲間にも不必要な場所になる。

高架道路はしだいに下りぎみになり、われわれはもう数百艘のヨット、ボート、ランチでいっぱいの入江に沿った広い道を走っている。入江の対岸には棒砂糖そっくりの巨岩がはっきり見える。

右手には美しい丘の展望が開け、丘の上にはヤシの間にグローリア教会が聳え立っている。夜には、天を目指しているような白い軽やかな教会の建物がサーチライトでライトアップされ、グローリアが町の上を飛翔しているような印象を受ける。

グアナバラ湾の岸辺には第二次世界大戦で戦死したブラジル人を偲ぶ一九六〇年建設の慰霊塔が見える。それは二本の高い柱に載る四角い杯の形をしている。この記念碑の下には第二次世界大戦史博物館と、戦死者の氏名を彫った四六八の墓碑を収めた霊廟がある。慰霊塔の左手には水兵、歩兵、飛行士の彫刻群像がある。慰霊塔の前にはアメリカ、ブラジル、イギリス、フランスの旗を掲げた旗竿が四本立っている。われわれロシア人は、わが国の旗がこの記念碑の傍らに翻ってないことにくやしい悲しみを覚える。しかしこれは冷戦の痕跡なのだ。

フラメンゴ、ボタフォーゴ両地区を通り過ぎ、車はトンネルに入る。するとまた前方に水が見えてきた。あれはもうグアナバラ湾ではなくて大西洋だ。われわれはアトランチカ大通りに出る。左にはコパカバーナ・ビーチ、右には互いに同じではないが、ひとつの建築思想で建てられた美しい高層住宅の列とホテル。建物の一階はしゃれた店、レストラン、バー、カフェ、娯楽施設、ディスコに当てられている。歩行者の大多数がつけている衣服が目に飛び込む。正確に言うと、男性の海水パンツと女性のビキニを衣服とみなさなければ、どんな衣服もないのだ。

アトランチカ大通りは、小公園で隔てられたそれぞれ一方通行の二本のベルトからなる。ここでは「ぶっ飛ばせる」と思われるかもしれないが、多数の信号と無数の車のために亀のようにのろのろ進む。

やっと五キロメートルのコパカバーナ・ビーチが、要塞のある山の多いアルポアドール岬をもって終わる。一八二二年七月五日、シケイロス・カンポス中尉をかしらとする若き士官十八名が独立ブラジルの旗を押し立てたのはまさにこの要塞の塔であった。

右折して、もう一本トンネルを抜けると、早くもイパネマ・ビーチに沿って走っている。

実のところ、ここの家々は少し低いし、道も少し狭いが、そのかわり空気はずっときれいで、あんな雑踏もないし、ビーチはもっと家族的に感じられる。しかしこれは平日だけの話。日曜とか祭日には数千人がビーチだけでなく、舗装道路にも満ちあふれ、灼熱の太陽光線の下で行ったり来たり歩きまわる。そんなときには海岸通りの交通は遮断されるので、もしも、例えば、市の中心部へ行く必要があると、平行して走る道を行かなければならないが、それも大渋滞なのだ。

われわれの車は、ロドリゴ・デ・フレイタス湖から大西洋に水が流れているそれほど幅の広くない運河の橋を渡った。この運河はイパネマとレブロン両地区の自然の境界線である。われわれはほとんどこの小旅行の目的地に近い。前方にドイス・イルマンス山が見えだした。山の手前数百メートルで右折し、二ブロック通過して、われわれの客人が泊まる予定のレブロン・ホテルで停車する。

「面白いものだな」、彼は車を下りながら言った。「走っている間じゅうずっとキリストの像が見えたよ」

「そうだよ。だからリオでは道に迷うことはない。市の地図を思い描くだけでいい、そして、キリストの手の向きで自分がどの地区にいるか簡単にわかるんだ」

シュラスカリアの二十四種類の肉

リオには他の大都市同様世界中の料理があるが、自分を大切にする人は、土地の食道楽の僕《しもべ》が他に比類のない民族料理をつくる店へ行く。旧世界ではメキシコ料理は避けて通ること。それはひどいまがいものだったり、ときにはでっちあげにすぎない。われわれ諜報員は何でもよく知っている。

客をどこへ食事に案内するか妻と相談した結果、シュラスカリア「パルカン」(ロシア語で「イノシシ」)で一致した。二人の見解では、それはリオで最高のシュラスカリアだった。市の新しいバーラ・ダ・ティジュカ地区の同名の素晴らしいビーチから数ブロックのところにあるこの店は、毎日数百人の観光客を扱い、なおかつ市の根っからの住民の好きな店であり続けている。これは日曜日に入ろうと思うと行列することになるリオ・デ・ジャネイロで唯一のシュラスカリアである。この店に夕方入るということは、食べすぎで一睡もしない一夜を覚悟することを意味する。

よそから来たロシア人はこのシュラスカリアをいわれのない乱暴な言葉で「大飯食らい店」と呼んでいる。決まりだ。「パルカン」へ行く。

妻は以前からN・Sとは知り合いで、彼には好意的である。だから、妻を連れていかないのはただただ罪な話だ。それに彼女の同席は「客人」のブラジル訪問の真の目的をカムフラージュすることになる。

ホテルに近づいてみると、N・Sはもう入口付近でぶらぶらしながらわれわれを待っていた。わたしはトンネルを通って真っ直ぐシュラスカリアへ行くことを提案したが、妻が即座に反対した。

「リオは初めての方よ、町の美しいところは全部ご覧になりたいでしょう。それなのにあなたはこの方をトンネルに追い込むつもりなのね」

妻に賛成するほかなかった。実際、大西洋岸に沿ったドイス・イルマンス山周辺の道は、ずっと素晴らしかった。

曲がりくねった狭い道を飛ばす。とても狭い道だ。こちらに劣らないスピードでやって来る対向車は土地の道の「王様」、巨大なバスだ。衝突は避けられないように思われる。だが、こちらは岩にへばりつき、バスはガードレールに密着し、万事ことなく終わる。

この道、ニーマイヤー大通りは海抜百メートルほどの山腹をえぐってつくられた。右手には切り立った岩がそそり立ち、左手は断崖絶壁。どこか下の方で波が湧きかえり、巨大な岩にぶつかって細かい飛沫となって砕け散る。この道は頻発する自動車事故のため「死の道」の異名をとっている。とくに夜が危ない。対向車のライトでドライバーは目がくらみ、しばらくはほとんど勘で進むのだ。

どこかの車が深淵に落ちない月はない。救命隊が海底から死亡者を引き上げるが、車を引っ張り上げるのは不可能だ。それに壊れた金属の塊など誰にも必要はないし。波がかつて自動車だったものを一、二週間でいっさい飲み込んでしまい、海洋に洗われた岩はまた新たな生け贄を待ち受けている。

下り坂にかかった。ドイス・イルマンス山は後方に去り、眼前に広い、ほとんど無人のビーチと、五つ星のホテル・インテルコンチネンタルが岸辺に見える。直角に右折し、住宅群を過ぎ、ハイウェイに出る。ハイウェイの両側では盛んに建設が行われている。ここでは言葉だけでなく、「シダージ・マラヴィリョーザ」が急速に成長しているさまを実際に目にすることができる。あ、左に目指すシュラスカリアが。Uターンして、警備つきの駐車場に入る。

「パルカン」は八方から木で囲まれた大きな平屋を占めている。シュラスカリアに入る際に行列があると、待合室に案内され、そこでは低い小卓の横のソファに掛けて、ジュース、ビールまたは何かもう少し強いものでも飲める。ときには行列が通りまで続くことがある。しかしそこでも冷たい飲み物や小さな「パサボカス」というサンドイッチを勧めてくれる。

番が来て巨大なホールに入り、テーブルにつくと、すぐさまサービス担当者の愛想のよい手に身を委ねることになるが、彼の目的は客にできるだけ多くの食べ物を詰め込むことにあるみたいだ。

われわれは美しい山の景色が楽しめる窓際の席を選んだ。同時にその席からは、ボーイたちがせわしなく動きまわっているホール全体が見渡せた。めいめいが片手に巨大な串刺しの肉、片手に長いナイフを持っている。

「いや、彼らは歩いているんじゃない。あれはテーブルの間を飛びまわっているんだ」、客人がびっくりしたように言う。

客人がそう言い終わらないうちに、われわれのテーブルはもう文字どおり前菜でおおいつくされていた。さまざまなサラダ、炒めバナナ、食欲をそそるソーセージ、鶏のもも、フライド・オニオン、特別な方法で煮た米、その他たくさんあった。しかもそれは全部主食ではなく、プレリュードにすぎない。

「飲み物は何にしようか。ビールとカイピリーニャ・デ・カシャッサをひとつずつお勧めするよ」

妻と客人は同意のしるしに頷く。カピリーニャはカクテルで、背の高いグラスで供する。細かく切ったレモンをグラス半分に入れ、そこへサトウキビを原料とするラム酒のカシャッサをワイングラス一杯加え、砂糖小さじ一、二杯と氷を載せる。これは全体をつきまぜると気持ちのよい味と、重要なことだが、爽快な飲み物になる。カシャッサの代わりにわが国ロシアのウオッカを用いるともっとよい。その場合、このカクテルは「カピラフスカ・デ・ボディカ」と呼ばれる。

客人が自分の皿に前菜を取っている間に、ボーイがビールと酒を持ってきた。もうひとりのボーイがすでに巨大な串刺しの肉を捧げてテーブルの脇に立ち、妻に勧めている。彼女は断る。客人に肉の選び方を教えるために、ボーイに肉を裏返しにして見せるように頼む。よく焼けている肉を見て、薄くひと切れ切り取ってほしいと頼む。ボーイは巧みにナイフを使い、希望のひと切れがもうわたしの皿に載っている。N・Sにも素早くひと切れ、さらにもうひと切れ。N・Sが黙っている間に、その皿には三切れ目が飛んでいく。

「ありがとうと言わないと、ボーイは肉を全部皿に入れてしまうよ。この先まだまだうまい料理が来るよ」

N・Sはボーイに感謝し、ボーイは別のテーブルに走り去る。われわれが四分の一も食べないうちに、またひとり、きつね色に焼けたマトンを捧げたボーイが駆けつけた。それから豚肉、何かのリブ付き肉、エビの腹、鶏の心臓などが運ばれた。シュラスカリアでは全部で二十四種類の肉が勧められる。わたしの助言で何種類かは断った。われわれはクッピン（コブ牛の背中のこぶの肉）を待っている。ブラジルでは牛にはラクダのようにこぶがある。クッピンはなんとも言えずおいしい。それは柔らかく、汁けがたっぷりで、香りがよい。この料理は何日もかけてつくる。まず特製のソースに浸してから、バナナの葉に巻いて、地中に埋める。埋めた肉の上で数時間火を燃やす。肉が真っ赤な炭の下で焼けたら、掘り出して、バナナの葉をはがし、直ちに食卓に供する。このレシピがどれほど正確かはわからないが、クッピンを電気レンジのオーブンで作ろうとしたが全然駄目だった。固くてまずい肉しかできなかった。

シュラスカリアの客のなかで肉料理のすべてのメニュ

ーを食べられる人は少ない。しかし、十分食べ足りなかったということであれば、何度でもトライすればよい。一時間でも二時間でも、好きなだけ席についたままで構わないので、その間じゅうこのうえなくおいしい肉を運んでもらえるだろう。

シュラスカリアは本当に安い。まさにこのゆえに祭日や日曜日ごとにブラジル人は家族ぐるみで子どもを大勢連れて「パルカン」へ行く。子だくさんなのは、ブラジル女性は情熱的で、閨房で足を組んだまま寝られないし、妊娠中絶は国の法律で禁止されているためである。

帰りの道はトンネルを抜ける直線コースをとった。これはずっと速いが、それほどエキゾチックではない。それにわれわれはあんな食事の後ではエキゾチシズムどころではなかった。

客人をいったんホテルまで送り、アメリカからの大事なエイジェントとのこれからの工作について話し合うため、夜、諜報代表部で会うことにした。

軍艦の女性は災いを招く

今日はモスクワから外交郵便の着く日で、中央から来た文書を読まなければならない。通商代表部支所の門前に車を停め、モスクワの客人がもう寝ているはずの向かいのホテルに視線を走らせる。はっきり言えば、彼が羨ましいが、どうしようもない。仕事は仕事だ。くぐり戸のベルを押して、ソ連領内に入る。

諜報代表部では同僚がめいめい問題を抱えてわたしを待っている。デスクには指令や助言やおそらく命令も入っている中央の書簡の山がきちんと積んである。何から始めるか。皆との会話か、それとも手紙からか。好奇心の方が勝つ。何かおいしい話でもあるかな。デスクに向かい、最初の封筒を取る。相変わらずの紋切り型。この二通はN・S宛のだな。大きい封筒は明らかにリオでの彼の行動計画だが、小さい方には何が入っているんだろう。四方から封印してある封筒をしばらく眺めてから脇へ置く。封は切れない。彼宛で、わたし宛ではない。つまり、秘密なのだ。特務機関の活動は過去、現在、未来ともそれで保《も》っているのだ。

郵便物を調べてから、同僚たちと話し合う。これはよどみなく進む。「でかした！」、じきにこの男の昇進に祝杯だ。だが、こっちの男は面倒を見てやらなきゃ。青二才。どうしても問題の核心がつかめない奴だ。あ、もうひとり同僚が入ってきたというより、突入してきた。ぴかぴかに磨きあげた銅のサモワールみたいに全身光り輝いている。

「報告してもいいでしょうか」

「報告したまえ」、顔つきから見て、エイジェントとの接触がうまくいったのだ。

時間は気づかないうちに過ぎていく。もうN・Sが来るはずだ。皆に濃いブラジル・コーヒーをいれるように頼む。「客人」との話は長くなるだろうから。

N・Sは大きな封筒を開ける。思ったとおり、それには今後予定されている課題、エイジェントと協議する問題の具体的リスト、アメリカで彼と連絡をとるために使う秘密のポストの説明が入っていた。

「中央はこれからの秘密の会見実施に関するあなたの提案に同意している」、将軍は公的口調になって言った。「そのうえ、モスクワはエイジェントとの今後の個人的接触はあなたがひとりで行うのだと考えている。これに関連して次のように決定された。すなわち、秘密の会見にはわれわれはいっしょに行く。あなたにとってきわめて重要なのは、あらかじめエイジェントと知り合いになり、彼と友好関係を確立することである。おわかりのように、これは工作を成功させるための鍵である。次回の秘密会見の時と場所についてあなたはわたしを通じて中央に伝えること。エイジェントとの接触の日時についてあなたは暗号電報で通知される」

「始まるんだ」、わたしはちょっと考える。「こっちだって、仕事はいっぱいあるのに」

「これはわれわれが二日後に会うエイジェントの写真だ。この写真は万一に備えて諜報代表部に保管しておくこと。危険なときは真っ先に廃棄すること」、将軍はこう言いながら小さい封筒を開けて、わたしに写真を渡した。

「ニコライ・セルゲーエヴィチ、何たることだ。これは女性じゃないですか！　それに何たる女性だ！」、わたしはつい口に出してしまった。とんでもない。わたしは諜報活動の新米じゃない。エイジェントは少なからず見てきたが、女性のエイジェントと仕事をしたことは一度もない。

「いったい、わたしは花を抱えて彼女に会いに行くんだろうか」

「たぶんね。花も抱えて。それはあなたの接触にベールをかけるのにいいかもな」、将軍は平然と言い放ち、来るべき秘密の会合の詳細な検討に移った。

彼はいろいろ質問し、チェックコースについて詳細に突っ込んできた。わたしはてきぱき答えようと努めたが、自分では「厄介なことになった」という考えに悩んでいた。気分は台無しになった。わたしは艦隊勤務をしたことがあり、元水兵として「軍艦の女性は災いを招く」という艦隊の真理をよく覚えていた。

「エイジェントが秘密の会合地点に接近したときに、防諜機関がエイジェントを監視するだろうとあなたが想定した場所を明日、見に行こう。彼らがわれわれのレディの後ろで『尻尾』を見せるかどうか確かめておく必要がある。もっとも、わたしは彼女には監視はつかないと確信しているよ。彼女はアメリカで疑惑は持たれていないし、だいたいブラジル人がアメリカ女性の後をつけるだろうかね」、と将軍はしめくくった。

リオのビーチ

寒い二月のモスクワから来た人間にとって当然の欲求は、熱帯の太陽の下で日焼けし、大西洋の温かい波に浸ることだ。レブロン・ビーチに行くか、バーラ・ダ・ティジューカのビーチに車で行くか、どちらもお勧めしたい。N・Sは断固わたしの提案をしりぞけた。

「駄目だ。泳ぐならコパカバーナ・ビーチだ。モスクワで誰がレブロンとかバーラ・ダ・ティジューカなんて知ってるって言うんだ。誰もいやしない。だけどわたしは世界的に有名なコパカバーナ・ビーチで日焼けしたと言えば、友人は皆羨ましがるに違いない」

「いいですよ。コパカバーナならコパカバーナで」

リオのビーチはソ連の整備された海水浴場とはいささか異なる。ここにはプールもシャワーも脱衣所もない。ここにあるのは海洋、砂、それに頭の上の青空だけだ。実際リオ・デ・ジャネイロは水に囲まれ、市の境界の大部分が砂浜だ。それでコパカバーナ、イパネマ、レブロン各地区の住民にとっては、家の敷居をまたげば即砂浜なので、彼らは水着姿でマンションを出る。手にはタオルぐらいか、よくて敷き物か折り畳みのアルミのチェアを持つだけ。

翌朝、ホテルへ行ったころは太陽はすでに耐えられないほど照りつけていた。日陰で三十度。何百人ものカリオカがほとんど裸で海へ向かっていた。N・Sは海水パンツで無造作にタオルを肩にかけ、ホテルの車寄せで待っていた。明らかに、彼は雪のように白い身体を太陽光線にさらして、熱と太陽を楽しんでいた。わたしはたちどころに、あんななりではたった三十分でも砂浜にいれば、客人の日焼けしていない肌は必ず灼けてしまうだろうと思った。N・Sに、部屋に戻って、シャツを着てズボンをはくように勧める。N・Sはわたしの助言に従うが、その顔にはいやいやそうしていると書いてあった。

コパカバーナへ行く途中で、わたしは街灯の一本にわれわれの非合法活動家から合図がつけてないか見るためにヴィスコンデ・デ・ピラジャ通りを通過する必要があった。あの連中には敬服するほかない。彼らは肉親とも友人とも離れ、母国語で話す可能性もないのに孤高を守って何年も自分の国のために働き、彼らを祖国と結ぶ唯一の糸は、あの人目につかぬ場所につける合図だけなのだ。水平のハイフン、垂直のハイフン、波状のハイフン記号。ハイフンにはそれぞれ「万事順調」、「頭上に暗雲集中」、「隠し場所設置」、「大至急資金必要」など非常に重要な伝達事項を含んでいる。わたしはふいに発生した大問題を検討するために中央の指令でそのなかのひとりと会うことになった。母国語で話せるということと、同志と話せるという彼の喜びを理解するために、その幸せに輝く目を見る必要があった。別れ際に彼はせめて短い出会いを一秒でも伸ばそうと、長いことわたしの手を握っていた。

将軍に、非合法活動家からの合図がないかコパカバーナへ行く途中で見るつもりだと言った。N・Sは黙っていて、しばらく考え、それから手を振って「やれ」と言った。わたしは自分でも、中央からの客を工作活動に引っ張っていってはならないし、何かあったらモスクワはわたしを厳しく糾弾するだろうということはわかっていた。しかし、やることは、停車しないで走りながら電柱に目をやるだけという、ひどく簡単なことなのだ。

ウルキズ将軍通りを横切る。

われわれの非合法活動家が残した合図があるはずの電柱がある。横目で何もないのを見る。つまり、予期できないことは起こらず、安心して進行してよいという意味だ。右手にオサリオ将軍記念広場が開けてきた。あそこは日曜日ごとに土産物売りでいっぱいになる。右に曲がって、五分後にコパカバーナ・ビーチに着いた。

わたしはペルー、キューバ、パナマ、コロンビアのビーチを見た、カリブ海、太平洋、大西洋で泳いだ、有名なカルタヘナ・ビーチで甲羅干しをした、スパイの運命はわたしをサン・ブラス諸島のヤシの生い茂る砂浜へ放り出した、しかしどこにもリオ・デ・ジャネイロのビーチにまさるところはない。わたしはよく、「なぜだろう、あそこにも同じような砂、同じような海があるじゃないか」と自問してみる。リオに数年生活して初めてわたしは、すべてが水浴者たちの陽気さのせいということを理解した。人々はビーチに来ると、祭りの雰囲気や、日焼けしたすばらしい体格の渦に巻き込まれ、印象が万華鏡のように目まぐるしく変わる。ビーチの生活は何時間でも飽かず観察できる。いたるところに笑い、陽気、あふれんばかりのブラジル人の情熱が満ちている。彼らにとってのビーチは焼けるような太陽の光の下で寝そべっているか、岸に打ち寄せる波とたわむれるだけということではない。カリオカにとってのビーチは愉快な暇つぶし、モードショウなのだ。水着はブラジル女性にとって外出着と同じである。モードはその掟を押し通す。材料が少ないほど、ファッションモデル・メーカーの空想はいっそうエレガントになるはずだ。

沿岸一帯が数千本の明るいパラソルや、そこここで売っている色とりどりの風船や美しい凧に彩られている。空中、とくにバーラ・ダ・ティジューカの上空には、ビーチの砂をソフトランディングに利用している色彩豊かなハンググライダーが舞っているし、スポーツ機が「コカ・コーラをお飲みなさい」とか「ブラジル・コーヒーは世界一」とか書いた巨大な色刷りの宣伝幕を引っ張って岸沿いに低空飛行をしている。

サーフィンは若者向きの娯楽だ。一方、七歳から十歳の子どもたちはボードでも海洋の波でもなく、波が引いたばかりのところに現れる湿った砂の上をパネルですべる。彼らは自分の前にパネルを投げ出しておいて、駆け寄って飛び乗り、スキーヤーが雪の上をすべるように砂の上をすべる。この子どもたちは一、二年後には両親の資産が許せば本物のサーファーになる。そうでなければ、ミネラルウォーターや飲み物、果物、アイスクリーム、サングラス、凧などあらゆるビーチの必需品を扱う無数の行商人の隊列を補うことになる。彼らは、水浴に来た人たちの身体の間を朝から夜まで灼熱の砂の上を、たえずガラガラを振りながら歩きまわる。ガラガラの音で客は商品満載の重い籠に吸い寄せられる。

泳いでいる人たちの後ろにはバレーボールかサッカーの愛好者が陣取っている。砂に直接太い鉄棒を打ち込んで、間にネットを張り、競技が始まる。だいたい二人対二人で対戦する。バレーボールはブラジルでたいそう人気があるが、サッカーの方がもっとポピュラーである。

ビーチではあちこちに即席のゴールができる。プレイは見事で、皆熱中している。しかも気温が日陰で四十度に達する熱帯の太陽の下で。かつて有名なペレはやはりこんなビーチで自分のサッカー生活を始めたのだ。

われわれは波打ち際に立っている。背後には海洋の波のとどろきとはてしない大海原。前には、熱い砂に寝そべるジュピターとダイアナの娘たちの何千というむき出しの尻。

「いいや、あれは女じゃない。あれは彫刻家の冴えた腕で彫られたミロのビーナスの像だ」、N・Sが横を通った三人の美女を目で追いながら言った。

実際、リオの女性は稀に見る美しいスタイルをしている。彼女たちは自分の容姿にすごく時間をかけ、金を惜しまず、いろんな健康クラブやマッサージ教室を訪れる。特別注意を払っているのは腰から下。リオには一種の女性のお尻崇拝がある。お尻の写真は広告の看板や、ショウウィンドウ、ガソリンスタンド、そこらじゅう、いたるところで見かけられる。偉大なブラジルの建築家オスカー・ニーマイヤーさえ、その建築作品「サンボドロモ」に女性のヒップの形をしたアーチを飾りつけた……。

キリストのモニュメント

リオ・デ・ジャネイロは驚嘆すべき都会だ。山々の間の谷間にあって、三方を海洋に囲まれたリオは、鳥瞰する——高みから望む——と素晴らしい景観を呈する。人は鳥ではないので飛べない。そのかわりカリオカや観光客にはコルコバードの丘がある。この丘は市の地理的中心であり、頂上にキリストのモニュメントがある。そこの七〇四メートルの高度からはリオのパノラマがすっかり見渡せる。それはまるで生きた地図のようで、通りやビーチ、それにトンネルで相互につながっているいくつもの街区の配置がよくわかる。

パリのエッフェル塔、ニューヨークの自由の女神像のようにコルコバードの丘のキリスト像は市のシンボルである。キリスト像抜きのリオ・デ・ジャネイロなど考えられない。それで、われわれは「シダージ・マラヴィリョーザ」を客人に案内するにあたってコルコバードの頂上の展望台行きから始めることにした。そこへ行くのはたいしたことはない。登るのにいちばんよい手段は自動車だ。タクシーとバスは毎日この有名なモニュメントに観光客を数百人運んでいる。そのほか、一八八四年に建設されたケーブルカーがある。ケーブルカーは山麓のコズメ・ベーリョ通りにある始発ホームから、展望台の二十メートル下の終点まで三十分で行く。展望台へは像の背後から斜面に沿った広いゆるやかな階段で登る。

ヘイテル・デ・シルバ・コスタの設計でモニュメントの建設が始まったのは一九二四年。キリスト像そのものの設計者はポーランド出身のブラジルの彫刻家ポール・ランドフスキ。像の高さは三十メートル、台の高さは八メートル。像は鉄筋コンクリート製で、グレーの石貼り。山がこの壮大な建造物の自然の台座である。長い服をまとった背の高い人が疲れはてた表情で黒花崗岩の丘の断崖の縁に立っている。その人は両手を広げ、地上に生きるすべての人々を抱擁しようと願っている。

一九三一年十月十二日、モニュメントが盛大に披露された。一九六四年、アメリカのジェネラル・エレクトリック社が市へのプレゼント、実は自社の宣伝を目的にコルコバードの丘の頂上に像をライトアップする照明を四十四基設置した。現地時間の一九六四年十二月三十一日、バチカンからの無線信号でスイッチが入り、それ以来リオ・デ・ジャネイロの上には空中を飛翔するようなキリストの姿が夜ごと輝く。

コルコバードの山上はエイジェントと落ち合う場所としてはまったく不向きだ。世界のどんなスパイも自分のエイジェントといっしょに観光客のレンズにとらえられるのはまっぴらお断りだ。それにここには警官もすごく多い。もちろん、彼らはこそ泥から皆の懐を守っているのだが、こちら諜報活動は内緒の仕事。

帰り道に、コカ・コーラを一瓶ずつ飲みにカフェに寄る。照りつける太陽と暑気のせいで喉の渇きに苦しむ。テーブルについて、冷たい飲料をストローで飲む嬉しさ。われわれの客人は明らかにご満足で、ご機嫌上々。ブラジルの暮らしや、すりやペテン師のことを話す。N・Sに万一盗まれないように大金を懐に入れて歩かないように、パスポート類はなるべく離して隠しておくように言う。その証拠に、去年われわれの代表団が市のど真ん中で盗難にあったという例を話す。それも女たちに盗られたのだ!

睦むことはブラジル人の生業

ポルトガル人は南米で広大な土地を占拠すると、インディオの村落が稀に点在するだけのこの天地に新しく植民することを考えた。華やかなリスボン王国の住民をそっくりブラジルへ移したとしても、この問題は解決できないだろう。人的資源なくして国は維持できない。ブラジル沿いにうろちょろし、今にも上陸しそうなフランス人、オランダ人、イギリス人に対抗するにはどうすればいいか。そして解決策が見つかった。「インディオ女性抜きではどうしてもこれほど長い沿岸への入植は無理です」とディエゴ・デ・バスコンセロスなる人物が新しい植民地からポルトガル国王に書き送った。国王はしばし考えてから、臣下がインディオ女性と同棲することに同意した。たちまちどんなことが始まったか。カトリック教徒のポルトガル人たちが、それまでもそれほど遠慮もしないでインディオ女性とねんごろな仲になっていたのに加えて、記録家のアンキエンタ神父が手記で伝えているように、「彼女たちは全裸で歩きまわっているし、誰に対しても抵抗できない。それにこの女たちは、われわれの男たちにつきまといさえして、ハンモックに連れ込む。それは彼女たちは白人と寝るのを自分の名誉と考えているからだ」、という状況だった。国王の是認を受けてどのセニョールも、なるべく多数のインディオ女性と「睦む」ことを各自の愛国的義務とみなした。

風紀の乱れ？　そうだ、それなしにありえなかった。ポルトガル人はヨーロッパではほとんど騎士的なマナーを守っていたが、植民地では……証人が「セニョールたちは食事のときに全裸のインディオの娘たちに食卓の給仕をさせていた」と語っている。

インディオたちが死に絶えるか、ジャングルに逃げ込んでしまうと、ポルトガル人は同じかたちの関係を黒人たちと持ちはじめた。

十六世紀にフェルナンド・カルジム神父は、「セニョールたちが自分たちの家で犯している罪は数えきれない。彼らは一度に多くの女たちと同棲している。神の忍耐は偉大なるかな！」と書いている。

奴隷所有者たちの放埒な生活は彼らの息子たちに受け継がれ、拡大された。「まさに老教師たちが子弟に淫乱の手本を示している」、とは時代の記録の伝えるところ。ロペス・ゴメス神父は、セニョールたちの子弟は「成熟するやいなやとめどなく最も不潔な欲情に耽る」と指摘している。フラジェル司教は一七〇〇年にブラジルから戻り、「彼らは狂ったように淫乱を好んでいる」と述べている。

ブラジル研究家のピエール・ロンジェは、「ヨーロッパが宗教裁判の闇から抜け出そうとしていた時代のこの放埒な暮らしは、ブラジルの風習全体に刻印を残さないではいられなかった。霞のかかったヨーロッパにはわからない自由が今日も、昨日と同じようにこの地に君臨している」、と書いている。

尊敬するピエール・ロンジェ、あなたは何と正しいのでしょう。リオ・デ・ジャネイロ郊外のどの自動車道路にでも出かけてみるとわかる。道の両側に多数のモーテルが立っている。一般に、モーテルとは自動車旅行者のためのホテルだが、ブラジルではこれは万人周知の愛の聖堂だ。わたしの友人でブラジルのジャーナリストのジョゼ・ラミレス君が請け合ったのだが、カリオカにはほとんど誰でも最低一人は愛人がいる。もっといてもよい。それはすべて情熱と財布の中身次第だ。周知のとおり、愛は稀な例外を除き金を必要とする。

自由な風紀はリオでは当たり前のことだ。ビーチで一群の若者の横をビキニ姿の魅力的な娘さんが通る。若者たちは話をやめて、感嘆の眼差しで彼女を爪先から頭の天辺まで眺めまわし、歩み去っていく彼女の後ろから号令一下のように口笛を吹く。彼女はコケティッシュに振り返り、彼らに可愛い手を振り、何事もなかったように歩き続ける。あなたも娘さんに近づいて、ざっくばらんに、あなたのお尻に感心していますと言ってもかまわない。リオならでのことだ。よそのどんな国でもそんな失礼な行為に対してはびんたを食らうだろう。ここではそれはお世辞ととって、必ず「セニョール、ありがとう」と言われる。リオに夜が訪れると、ビーチに、公園に、胸壁にすごい数の愛するペアが現れる。彼らは少しも側を通る人たちを気にせずに接吻し、抱き合い、互いに優しく愛撫し合っている。恋人たちの好きな場所は駐車している車のボンネットだ。普通のポーズは、彼がボンネットに腰掛けて、両足をバンパーに載せ、彼女は彼の足の間に立って、彼に全身を押しつけている。このようなペアは諜報員にとっては、とくにリオに来て数週間しか経っておらず、まだ土地の風習を知らないうちは、災厄にすぎない。

あるときわたしは、エイジェントから秘密資料を撮ったフィルムを受け取り、自分の車に戻りながら、そんなペアに気づいた。誰だろう。恋人たちか、わたしを待ち受けている土地の特務機関の「ご同輩」だろうか。自分は諜報取り締まり機関がいとも簡単にわれわれのエイジェントを割り出せるフィルムを持っているのだという思いで、額に汗が流れた。離れなければ。最初の路地に入り込み、また次の路地に入った。「尾行」はないようだった。万一に備えてフィルムを芝生に伸びている草の下へ放り込んだ。半時間ほどして車へ戻った。ペアはボンネットに座り続けている。「いまいましい奴らめ。俺はもう証拠品なんか持ってないぞ」つかつかと車に近寄って、ドアを開け、座席に座る。ペアはボンネットに乗ったまま、全然気にもかけない。エンジンをかけたときに初めてペアはあからさまにいやいや隣にあった車のボンネットに移動した。そこを離れて、さらに三十分ほど市内を走り、後ろに監視のないことを確信してから芝生に向かった。通りはがらんとしていた。車から飛び出して、熱病にかかったみたいに草むらを手探りで掻きまわした。あった、フィルムだ。それを掴むと、車に乗り、今度は落ち着いて諜報代表部へと出発した。

マラカナン・スタジアム

数百万のブラジル人にとってサッカーは唯一の喜びであり、永遠の心痛事である。これは他の何よりも積もり積もった感情のはけ口になる、新しい芸術の一種だ。ブラジル人はサッカーについてはいつまでも語れる。これは彼らの第二の人生なのだ。

ブラジルは三度Wカップに優勝した記念に、「純金の女神」〔ジュール・リメ杯〕の永久所有者になった。ブラジルは南米の残りのすべての国を合わせたよりもサッカー人口の多い国である。

それで真のサッカー崇拝者にとってリオ・デ・ジャネイロは、カトリック教徒にとってのローマ、イスラム教徒にとってのメッカと同じである。そしてマラカナン・スタジアムはサッカー・ファンにとっては、信徒にとってのバチカンかカーバ〔メッカの神殿〕に少しも劣らぬ意義がある。

マラカナンは、Wカップのフィナーレにふさわしいスタジアムを急遽つくる必要に迫られて、一九五〇年に建設された。当時それは世界最大の球技場であり、現在もその規模と施設で感銘を受ける。外国人が指摘する唯一のことは、スタジアムの観覧席は換気が不十分なので、十五万の観衆が全部シガレットをふかしたら、スタジアムの上には煙草の煙がもくもく立ち昇るだろうということだ。選手の更衣室には酸素ボンベがあり、それなしには試合の合間は過ごせない。

「フィールド」の大きさは一一〇メートル×七五メートル。プレイヤーはフィールドではなく、スタジアムの内部につくられた特別の広いホールでウォーミングアップをする。そこにはスタジアムの状況がそっくり再現されている。足元にはフィールドのように自然の芝生、屋外と同じ蒸し暑さ、同じゴール。

スタジアムは純粋にサッカー用で、ランニングのトラックもない。観客席は二層になっており、フィールドぎりぎりから設けてある。観客とプレイヤーを隔てているのは深さと幅がそれぞれ三メートルの濠と鉄製の網だけである。フィールドそのものはリングのように一段せり上がっている。全景が素晴らしくよく見渡せる。

スタジアムには、プレイヤーのためにレントゲン装置や手術室のある小病院に至るまであらゆるものが備わっており、酒で悲しみをまぎらわすことも、喜びの祝杯をあげることもできる四十六軒のバーのドアが観客のために開いている。

ファンは、イギリスのように乱暴で攻撃的ではないが、いずこも同じで、他チームのファンにとっては結構な相手とは言えない。リオでは、ロシアのスパルタータ並みの人気のあるフラメンゴを応援する方がよい。

ブラジルのサッカーは、リオでも、政治よりも高く位置づけられている。一九六四年、ブラジルでアメリカに支持された軍事クーデタが発生し、ソビエト大使館に対する重苦しい敵対的な雰囲気がかもし出されたころが思い出される。喧嘩好きの連中が大使館を包囲し、一日に二人だけ外出して市場へ食料の買い出しに行くことを許された。そのとき誰かの頭に、空よりも高い権威の主レフ・ヤーシンをリオへ招くという考えが浮かんだ。ブラジルのサッカー界は軍事独裁など意に介さず、われわれの有名なゴールキーパーに夫妻でブラジルへ休養に来るよう招待状を送った。どんなことになったか。リオはレフ・ヤーシンを救世主のように待ち受けた。数千の群衆が空港に集まり、大使館はその日包囲を解かれた。軍部も国民の力にはあえて抵抗しようとしなかった。

レフ・イワーノヴィチがマラカナンに到着したとき、何か考えられないようなことが起こった。数万の熱狂的ファンの歓声、自動車のクラクション、空には打ち上げ花火の光の束……まさに一見の価値ある光景だった……ヤーシンは感動した。彼は数日間滞在を延ばしてフラメンゴのゴールキーパーたちをコーチする仕事をしないとは言えなくなり、ボタフォーゴとの年間試合でフラメンゴのゴールを守備するという契約が成立した。もっとも実際は、試合の前半だけで、それ以上はボタフォーゴが同意しなかった。そしてその前半はリオじゅうを沸きに沸かせた。ヤーシンは見事にゴールを守り、フラメンゴのゴールでペナルティキックを受けたときは、ファンの熱狂的な歓声でゴールがその場所から動いたようにさえ思われた。

われわれがサッカー試合を諜報資料の瞬間的引き渡しに再三利用したことは恥ずかしい気すらする。われわれには、諜報取り締まり官は「マラカナ」ではわれわれどころではないことがわかっていた。

カーニバル

これは国民的現象である。祭り、あらゆるものを包み込む歓喜、喜び、背中あわせの陽気と哀愁。狂乱、シャマニズム、社会あげての異常、麻薬。フランス人のピエール・ロンジェはカーニバルを語って、「これは毎年祝われるブラジルとアフリカの結婚式、奴隷の黒い血と、ヨーロッパ移民の白い血と、インディオの暗紫色の血の混合崇拝である」と要約している。

カーニバルは歴史的には、ヨーロッパの大土地所有者が自分のアフリカ人奴隷に与えた狡猾な独特の施し物だった。奴隷といえども一年三六五日働かせることはできない。奴隷が食べ、眠り、おとなしく主人のために働くためにはときには楽しまなくてはならない。大土地所有者たちは、黒人が短い休みの間でもメランコリックな太鼓の音に合わせて最初は哀愁を帯びたメロディを口ずさみ、次いで太鼓のリズムが速くなり、音が大きくなると、奴隷の足がさまざまなステップを踏み出すことに気づいた。しばらくすると黒人は激情にとらえられ、荒々しい踊りで主人に対する怒りをほとばしらせて、失神状態に陥る。積もりに積もった怒りのありったけは消え、奴隷は翌日には再び従順になり、旦那のために勤勉に働く。

大土地所有者は、奴隷の休息が自分たちのために役立つことを見て、奴隷に完全とは言えないが自由を与えるために一年に数日を与えた。

当初、祭りのプログラムは、奴隷と彼らの遥かな故郷アフリカとの唯一の結びつきである宗教歌を伴う黒人のリズミカルな踊りで構成されていた。奴隷の情熱的な踊りにとらわれた白人もしだいに祭りに参加するようになった。十六世紀中頃から黒人の祭りにブラジルのイエズス会徒も加わった。彼らは簡単でわかりやすい聖書の中のシーンを演じ、寓話の馬車の上で教会、ポルトガル、国王、征服者の英雄たちを称えるシーンを演じながら行進した。

カーニバルには、あらかじめ少しずつ金を貯めて仮装行列の衣裳や寓話の馬車を用意するようになった。祭りの前夜には通りや広場に舞台を設け、必要な飾り付けをした。祭りの期間もしだいに確定し、およそ一週間になった。

カーニバルのプレリュードは一七一一年に導入された「カーニバルの黒人王の戴冠式」とマクンバから始まる。マクンバは異教のセクトの祭りで、セクトのメンバーはリオ・デ・ジャネイロを囲む山中か砂浜に集まる。祭りの主役はファベーラ、つまりスラム街の一般大衆。

ファベーラとは、板切れ、パネルのかけら、割れたれんが、鉄板、石など手に入るあらゆるものでつくったあばら屋の群れを指す。ファベーラには水道も下水道もない。下水は質素な家々の間をどぶや溝を伝って上から下へ流れる。

ファベーラは山際まで延び、間近に迫った美しい都会の身体を醜くしている疥癬《かいせん》のように遠くからは見える。

注意深くファベーラを眺めると、全然一様ではないことがわかる。ファベーラは山の高くにあるほど、貧しい。

ファベーラは一八八八年、奴隷制度廃止の年に出現した。自由を受け取ったものの、ひとかけらの土地も頭の上に屋根もない昨日までの奴隷は、稼ぎを求めて都会に向かい、山の斜面や沼地に住み着いた。

ファベーラは町の「長老」たちの頭痛の種だ。一九六〇年にファベーラの住民を強制移住させることでこの問題の解決を試みるということが決まった。リオから四〇キロメートルのところに彼らのために水道と下水道つきの村が建設された。しかし、貧乏な人は町で糧を得ているのに、そんなところで何ができただろうか。「新住民」は徐々にリオへ戻り出した。数年後、焼き払われたファベーラの跡に同じようなみすぼらしい、汚いファベーラが新しく生まれた。万事明々白々。

マクンバはコパカバーナ・ビーチで最も華麗に行われる。十二月三十一日、太陽が水平線の彼方に去り、都会に夜の帳《とばり》がかかるころ、何千ものセクトの仲間が白い毛布に身を包み、自分たちのファベーラからビーチへ降りていく。砂に突き立てた何百本ものろうそくが燃える。太鼓が、儀式はカーニバルの黒い王様の宣言で始まる。太鼓が、タンバリンがとどろく。しかし、そこへ主に物寂しい哀調を帯びた群衆の声が湧き起こり、ゆっくり増幅していく。黒人の長老が祈りの言葉を読み、その単調な響きに合わせて若い女たちが輪になって踊り、進み、娘が数人ヒステリックにのたうちまわる。突然すべてが静まり返り、数千の群衆が大洋に向かってゆっくり進み、アフリカの海の女神イエマンジャへの贈り物を海に投げ入れる。それは花輪でも、果物でも、煙草でも、安いワイン一瓶でも、手製のネックレスでも、宝石入りの指輪でもかまわない。波がざぶんと岸に押し寄せ、皆が熱心に砂浜を見つめる。女神が贈り物を受け取ってくれれば、大晦日に占った望みがかなえられるという迷信がある。贈り物が波で岸に打ち上げられれば、新しい年には何もよいことは期待できない。

このような供物は燃えているろうそくの横の砂の上にも置かれる。これは他の異教の神々への贈り物である。食物かワインか煙草に手を出そうものなら、不心得者には恐ろしい罰が待っている。

リオはカーニバルの一週間前から太鼓のとどろきに震動している。アマチュアの音楽家たちが二月の第二土曜日の有名な催しに備えている。サンバの練習に身が入り、踊りの動きに磨きがかかる。しかし、彼らは公式行進には参加しないで、町の通りに踊り出る。

ブラジル人は誰でも高度の音楽性の持ち主で、すぐれた踊り手、かつ歌い手であるだけでなく、作曲家でもある。それで、例年のカーニバル前夜音楽コンクールにはおびただしい数の「サンバ」の応募がある。作曲家は港湾の荷役労働者、タクシー運転手、ファベーラの失業者、上流社会の人などさまざま。優勝したサンバはその年のすべてのカーニバルの祭りで使われる。大人から子どもまで皆がそれを知っている。ときには優勝サンバはもっと羨ましい運命が待ち受けている。それはカリオカたちの心に何年も残る。例えば、そのような運命が作曲家アンドレ・フィーリョの陽気で情熱的なサンバの歌「シダージ・マラヴィリョーザ」に訪れ、それはリオ・デ・ジャネイロの市の歌になった。

カーニバルの最中は数百万の人で市の通りが埋まる。方々で自然発生的に仮装行列が始まる。リオはいつ終わるとも知れぬ太鼓、パンデイロ〔ブラジルのタンバリン〕または鍋とか空き缶のとどろきに震動しつづける。大切なのはリズム、狂ったようなリズム、人を惹きつけ、魅惑し、貧しい黒人も百万長者も恍惚状態でひとつに結びつけるリズム。

二月の太陽は仮借なく照りつける。通りの蒸し暑さ、焼けつくようなアスファルトは最後の衣服まで脱ぎ捨てさせる。一九九〇年、市当局は初めて公式カーニバルに全裸の娘たちの参加を許した。条件はひとつ。すなわち、身体には創意に富んだ模様を描くこと。乳が震え、腰が揺れ、引き締まった尻が揺れ動き、足は複雑なステップでほとんどアスファルトについていないほどだ。おーい、音楽家の諸君！　もっと暑くしてくれ。今日は完全な自由の祭りだ、今日は本能の祭りだ。今日、夫は妻から、妻は夫から自由だ。今日は仕事のことを考える必要はない。今日は町じゅう、狂乱の天下だ。

さて、「サンボドロモ」の街頭カーニバルと公式カーニバルについていくらかお伝えしたが、リオにはまだクラブ・カーニバルというものがある。その主なものは市立劇場での舞踏会だが、その入場券はすごく高く、一般市民にはとても手が出ない。舞踏会のプログラムの目玉はカーニバルのコスチュームのコンクールである。どのコスチュームも芸術作品だ。ステージではダチョウの羽、ビロード、金襴で飾り立てた凝った衣裳の人たちがゆっくり歩く。ときとしてこのようなカーニバルの装束は数十キログラムもする。

コンクールが終わり、荘重な雰囲気は魔法の杖のひと振りのように、一気に消え去る。今度は本物のお祭り気分になる。シャンパンの栓を抜く音が絶え間なく響くなかで劇場の広いホールでは着飾ったと言うか、むしろ半分裸のエリートが夜っぴてはしゃぎとおす。

普通のクラブではカーニバルの夜な夜な何が行われているのかは、描写できない。一九九〇年にそのようなクラブからテレビの生中継があった。百戦錬磨のテレビカメラマンでさえ、カーニバルの祭りというよりも羽目をはずしたポルノまがいのシーンがテレビ画面に出ないように、ときにはカメラをそむけなければならなかった。

オデオン座近くでの密会

カーニバル三日目。この都会は文字どおり気が狂った。やむことのない太鼓のとどろき、多彩なカーニバルの衣裳、通りにあふれて底なしの陽気さでサンバを踊る数千の人々を前に頭がくらくらしてくる。

マリアとの密会をカーニバルに移した《中央》はなんと正しかったことか。観光客の大洪水とリオの通りのものすごいお祭り騒ぎの中では、現地の特務機関もスパイどころではない。今晩、わたしの妻とN・S、それにわたしの三人はサンボドロモへ出かける。客人必見の大規模な公式行進は夜の祭典だが、午後二時にわれわれは大切なエイジェントのマリアと会う。写真で見る彼女は美しいけれど、実際にそんなにきれいなのだろうか。

密会のすべての打ち合わせはとっくにすんでいた。日、時間、会う場所は会いに行く者全員が母親の名前のように覚えて知っていた。当日何か予期しないことが発生しても、予備日として翌日、同じ打ち合わせどおりに行われるはずだった。

密会の三時間前に市内に入る。チェック・コースは微細な点にいたるまでつくってあった。大切なことは、「尾行」を会見場所まで引き連れていかないことだ。あらかじめ考えておいた口実に従って、リオの数地区を訪問し、郊外に出、山道で迷い、再びリオの迷路を走りまわる。背後に監視のないことが十分確認できた。時計の針は二時に近づいている。そろそろ車を捨てて、タクシーで密会場所まで行く時間だ。

タクシーに料金を払い、はしゃいでいるカリオカの群衆の中に混じって、数ブロック通過し、アメリカからの大切なエイジェントと会う場所だった映画館オデオン座の横に出た。数分後、映画館のポスターケースにマリアが近づく。わたしは疑わしい分子がいないかを調べ、入口から離れた隅に近い都合のいい席をとるためにレストランへ入る。そこからは室内の様子を人知れず観察するのに最適だし、入口を監視し、ボーイたちの動きを見ていられる。

N・Sはこれまでの接触でよく知っているマリアを迎えるために通りに残った。二人には言葉や物による合言葉は必要ない。彼らは長年の協力で一体化している。

好きなアペリティフ、スペインのシェリー酒をちびちびやりながらメニューを見ていると、部屋の薄暗がりからマリアとN・Sがテーブルに近づいてきた。目の輝きや息遣いを見ただけでわかったが、二人とも興奮していた。昔からの恋人同士がながの別れの後で出会ったとも思われた。諜報関係ではマリアは実際前々から心底皆に愛されていた。彼女はアメリカの対ソ政策の核心を規定する最も主要な文書を扱う重要な国家機関に勤務していた。

N・Sがわれわれを紹介した。マリアは本当に魅力的な女性だった。彼女の話しぶりや立ち居振る舞い、着こなしには感嘆のほかなかった。われわれは食事を注文し、旧友同士の親しい、軽妙な会話が始まった。どう転んでも、われわれ「三羽がらす」ははた目にはそう見えた。だが、実際にはN・Sは今後の目標指示、課題、助言などを伝えていた。

マリアはハンドバッグを開けて、N・Sにピンクの繻《しゅ》子《す》をぴったり貼ったボタンを一個差し出した。それは彼女の軽いブラウスについているのとそっくりだった。

N・Sの顔に浮かんだ質問を見てマリアが言った。

「十分大事をとって、今回は資料をマイクロドット写真にして持ってきましたのよ。このボタンの底にプリントしてあります。写真が千枚ほど入ってます」

「あなたはこのボタンをなくしたり、バッグを盗まれたり、町でひったくられたりしたかもしれないじゃないですか」、N・Sが指摘した。

「いいえ、ボタンはここへ縫っておいたんです」、マリアは胸のV字形の切り込みが始まるところを指した。「バッグには旅行用の針や糸といっしょに普通の予備のボタンを入れておきました。密会に来る直前に両方を取り替えたんです」

そうするうちに食事は終わりに近づいた。マリアは、今日はサンボドロモを見るつもりで、その後は自分の古い親友のひとりが住んでいるし、前からオスカー・ニーマイヤーの申し子を見たかったという旅行のうまい口実をつくるため、この国の首都ブラジリアに数日間寄る計画だと言った。

「あなた、あそこでは何を見るのがお勧めですか」、彼女はわたしに古株のブラジル人に尋ねるような言い方をした。

わたしは話しはじめたが、マリアは目をそらさず、まばたきもせずにわたしの目を見つめていた。彼女の眼差しは今も覚えている。それはハートそのものに突きささり、諜報機関も、レストランも、周囲の人も何もないように感じられた。存在するのはわたしと彼女だけだ。

「ぜひ、カテドラルにおいでなさい。近代教会建築の驚くべき傑作です。それは地面深くに設けられているので、内部は不断の涼しさが、耐えがたい外部の熱帯の暑気から心身に安らぎを与えてくれます。建築家が国会両院をどのように工夫して建てたか、ご覧になるのも面白いでしょう。球を赤道平面で切った一対の半球さながらです。下半分が下院、はずして横に並べた上半分が上院になりました。ニーマイヤーが、どちらが偉いかという大臣同士の永遠の争いをどう解決したかも興味深いと思います。各省の建物はすべて完全に同じ、同一規格で、質素で、機能的です」

工作活動での密会に長い時間はとれない。周囲がまったく平穏であっても、長居は無用だ。次にマリアが来るときにはわたしが応対するはずの今後の密会について詳細に打ち合わせたうえ、支払いを済ませ、レストランを出て、通りであっさり実務的に、しかし目には深い悲しみを湛えて別れる。われわれはマリアがチャーターの「フォルクスワーゲン」に乗り込み、車の流れの中に溶け込んでいくのを見送る……。

サンボドロモ

車ははてしない渋滞に巻き込まれ、のろのろサンボドロモへ動いていく。最近まで公式カーニバルの行進は市のいちばん広い中央通りであるバルガス大通りを通った。そこには見物用に木製のスタンドや、プレス、お偉方、観光客専用の観覧席が設えられた。臨時スタンドの組み立てと解体には多くの時間と金がかかった。それに行進は午後九時から翌日の午前十時または正午ごろまでひと晩じゅう続いたし、カーニバルの期間中ずっとそうだったので、スタンドは見物客にとってあまり便利ではなかった。現在リオの中央ではバルガス大通りの隣にオスカー・ニーマイヤーの設計で建設されたコンクリートの総合施設「サンボドロモ」がある。

やっとのことで駐車の場所を見つける。正確には、「サンボドロモ」から遥か遠くのバルガス大通りの脇で他の何千という車の間に乗り捨てたと言う方が当たっている。われわれが車から降りきらないうちに十二歳ぐらいの少年が駆け寄って来た。

「セニョール、セニョール、車の番をしてましょうか」

「よし、番をしててくれ」と言って、歩きかけた。

「いいや、セニョール、今お金を払ってください」、と黒人の少年は言い、平日の駐車料金の五倍の値を言った。

「でも、どうしてそんなに高くて、なぜ今、払わなきゃいけないんだい。いつでも車に戻ってから払うんだよ」

「今日は祭りですよ、セニョール。今日はカーニバルで、前払いでなきゃいけないんです」

言い争っても仕方がないので、黒人少年に言い値の額を払い、「サンボドロモ」に向かう。

だいたい、リオの通例だが、中央かコパカバーナで公設の駐車場以外に車を停めると、たちまち地から湧いて出たように自称「警備員」が現れる。そして少なくともわたしの場合、車に何か問題が起きたということはない。

「サンボドロモ」とはどんなものか。それは幅百メートルほど、長さ約二キロメートルのアスファルト舗装の広場である。広場の両側に普通のスタジアムのようにスタンドがあるが、屋根つきだ。

時計の針はゆっくり午後十時に近づく。突然、空気を震わせながら太鼓がとどろき渡った。広場の上、スタンドの上、市全体の上空に強烈なサンバのメロディが響く。

太鼓のとどろきは最初耳を打ち、苦しいが、数分すると慣れる。粘り強くつきまとうこやみないリズムは身体中の孔に浸透する。それは人を魅了し、包み込み、恍惚状態にする。

行進の開始は、スモーキング姿で立派なシルクハットを手にした行進のリーダーたちが延々と続く荘厳な整然たる行列で幕を切る。彼らに続いてライトブルーのドレスやコスチュームの「侯爵」や「伯爵夫人」が片足の爪先旋回をしながら進む。「侯爵」と「伯爵夫人」の後には暗赤色や鮮緑色の制服に身を固めた廷臣たちが取って替わる。どのグループにも自分の色がある。太鼓だけが奔放なテンポを変わることなく続けている。それから、サンバ学校がそれぞれの旗を掲げてたえまなく踊りながら通過する。

即興の踊りのモチーフになっている情熱的で強烈なサンバのリズムは、古代アフリカの踊りが基になっている。このリズミカルな音楽の愛好者が一種のサンバ・クラブ学校に集まる。リオには自分のサンバ学校がないようなファベーラはひとつもない。たいてい、どのサンバ学校にも四千人はいる。カーニバルの準備は一切厳重な秘密のうちに進められる。どの学校もスタンドいっぱいの見物人の前だけでなく、演技力、仮装衣裳、恍惚状態で踊るブラジル人たちのステージのテーマ性に評価を下す厳格な審査員たちの前でも演じなければならないからだ。

　スタンドの大衆は新しく繰り出してくるどのサンバ学校も大歓声で迎える。この大衆のなかのどこかにわれわれのマリアもいるのだ。明日、彼女はブラジリアへ飛んでいってしまい、そこからはアメリカへ戻るのだ。再び彼女に会えるかどうかは誰にもわからない。

　東では空焼けの縞が真紅に染まった。あと数分で日が昇る。そろそろ家に帰る時間だ。だが、サンバ学校のパレードはまだ数時間は続くだろう。

　車のところへ行く。「警備員」が迎えてくれる。

「大丈夫でしたよ、セニョールの皆さん」

「ありがとう、アミーゴ。正直にパンを稼いだね」

ローマ

РИМ

筆者の横顔

KGB個人ファイル

№ [redacted]

氏名	レオニード・セルゲーエヴィチ・コロソフ
生年月日	1926年8月25日
学歴と専門	大学卒　外国貿易経済専門家
外国語	イタリア語、フランス語、セルビア語（若干）
学位	経済学博士候補
軍の階級	中佐
勤務した国	イタリア、ユーゴスラヴィア
家庭	既婚
スポーツ	空手
好きな飲物	ウオッカ「モスコーフスカヤ」
好きなたばこ	キャメル
趣味	古い錠前の蒐集

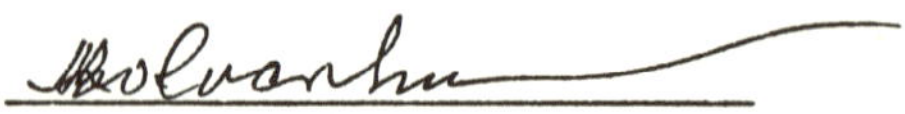

旅人は三つの物を持ってローマを出る。
やましい良心、下痢、空《から》の財布を……
ウルリヒ・フォン・グッテン

すべての道はローマへ通じる。
古代ローマのことわざ

コロセウム、こんにちは！

永遠の都に寄せるわたしの愛はかなり以前から芽生えていたのだろうか。ずっと昔の少年時代に、父が未成年者の不良仲間からわたしを引きずり出す決心をしたころからだろうか。連中はサッカー・チーム「スパルターク」のファンだった。そのとき父はわたしにこのチームと同じ「スパルターク」〔スパルタクス〕という名前のすごく分厚い本を一冊くれた。誰でもいいから今のイタリア人にラファエロ・ジョヴァニオリを知っているか訊いてほしい。彼は正直に知りませんと言うだろう。だけど、親父のプレゼントを読んだ以上、わたしは、ジョヴァニオリはイタリアの解放者ジュゼッペ・ガリバルディの友人で、伝説的なスパルタクスに関する最も興味深い長編小説を書いた偉大な作家だと自信たっぷりに答えられる。そしてわたしはその少年時代から「イタリア病」にかかってしまった。この世の中で何よりもコロセウムを見たかった。雄々しい剣闘士たちが進み出た白大理石の円形競技場、競技場の血にまみれた砂から自由を愛した愛情豊かなスパルタクスが自由への悲劇的な道を歩みはじめた、その競技場を見たかった。

戦争が終わり、わたしは十年級を卒えてモスクワ対外貿易大学に入った。イタリアへ行き、唯一無二のコロセウムを見たいという密かな望みがなかったわけでもない。通貨金融学部の授業でわたしはこれらの学科で優秀な成績をおさめるとともに、基礎教程の講義をしてくださったフョードル・ペトロヴィチ・ブイストロフ教授にたいそう気に入られた。国家試験の合格後、教授はわたしをソ連対外貿易省外貨局へ連れていき、即座にわたしを若い専門家にとっては並みでない俸給額のついた主任コンサルタントにしてしまった。数か月後、ブイストロフ教授がわたしを自分の研究室に呼んで、言われた。「われわれは協議の結果、君を短期海外出張に行かせることにした。一週間したら、君が行くのは……」

「イタリア！」、わたしは自分でも思いがけずはじけたように口にしてしまった。

「そのとおり、イタリアだ」、部長が驚いたようにおうむ返しに言った。「しかし、どうして知っているんだ。上司がしゃべったのかな」

上司が問題なのではない。それ以外にありえなかっただけのこと。つまり、宿命なのだ……。

わたしはローマへ、そう、覚えているが、夕方着いた。駅には出迎えの人たちがほんの少しいただけだった。プラットホームに通商代表部の陰気な経理部長がひとりぽつんと立っていた。彼は使い古したわたしのトランクを横目で見やってから、誰でも彼でもうろつきまわって、日曜日にも休ませてくれない、とあからさまに言いはじめた。

「同志、すみませんが、わたしを怒らないでください。できたら、わたしの荷物を受け取っておいてもらえないでしょうか。そして、コロセウムへ行く道を教えてください。わたしはコロセウムをひと目見たいんです」わたしは彼にすごく親しげに言った。

史跡を訪れたいというわたしの情熱は経理部長に何の感興も呼び起こさなかった。彼はうさんくさそうにわたしを眺め、少し考えてから、手をひと振りして言った。

「いいだろう。どうせ今夜は駄目になったんだ。行こう。君にその猫屋敷を見せてやるよ……」

古代競技場の暗い巨大な塊は神秘的で美しかった。わたしは歩みを速めた。想像が耳の中にファンファーレの響き、野獣の咆吼、剣戟の打ち合う音を轟かせていた。競技場の中では飢え衰えた猫たちがふらふら歩き、人を呼び込もうとしているみたいにニャーニャー鳴いていた。外ではなりふり構わない娘たちがぶらついていた。そのなかのひとりがわたしに近づいて何か言った。わたしは「娼婦だ！」と恐れをなして考え、とっさにフランス語しか話せないと返事した。彼女も「パルル・フランセ（ワタシハフランス語ヲ話シマス）」ということを理解した。

その後のモノローグで、彼女は愛の一部に関して非常な達人で、あまり高くとらないということが判明した。わたしは史跡にしか興味がないんだと答え、その娘に尋ねた。

「どうしてコロセウムは白大理石というんだい。大理石はどこにあるんだろう」

「そんなこと知るもんかい。いつだったか野蛮人が壁を剝がしたとか……。で、あっちはどうなのよ……」

男を誘惑しようとしている女が答えた。経理部長が助け船を出してくれた。彼は断固たる足取りでわたしに近づき、古代からの女性代表を厳しく一瞥すると、ドスのきいた声で言った。「さあ、もうたっぷり見たろう。畜生。ホテルへ行くぞ」

「なんだかロシア人みたい。つまり、金がないんだわね……」、夜の女は歌うような声で面白そうに言い、しなやかに腰を振り振り遠ざかった。イタリアの娼婦はわたしの見るところ最もエレガントで、丁寧で、思いやりがあり、万事心得ている。わたしが娼婦たちと知り合いになった国々と比べてもやはりそうだ。

しかし、コロセウムの最初の夜の女はある点で正しかった。伝説によると、一千年にわたり建設され、再建されてきた古代競技場の大理石は、一度ならずローマで乱暴狼藉をはたらいた野蛮人が剝がしてしまったらしい。

ところで、コロセウムの壁はなぜ外側が正方形の穴で仕切ってあるかご存知だろうか。その伝説はわたし自身もっと後で、二度目のアペニン山中〔イタリア中部〕滞在のときに知った。すなわち、かつて放蕩に身を持ち崩した永遠の都を征服した野蛮人が、あるとき、コロセウムを爆破してしまおうと、へこみをつくって火薬を詰めた……たぶん。ただ、当時、野蛮人にもイタリア人にも火薬はなかった。中国人からちょっと借りたのだろうか。それも怪しい。それでコロセウムの穴はいまだに研究者を待っているとか。ところでわたしは何度も自分のエイジェントと落ち合う場所にコロセウムの壁際を指定した。便利だった。ほとんど安全だし、夜の女たちとも会話ができた。しかしそれはすべてもっと後の話。

クリトゥンノ通り四十六番地

そのときのわたしの初めての出張先はクリトゥンノ通り四十六番地の通商代表部だった。今でも住所を覚えている。その通りは全然ぱっとしなくて、モスクワ式にクリヴォコレンヌイ小路〔鉤の手小路〕と称してもいいくらいだった。両側に大きくないが手入れの行き届いた別荘が並んでいた。車も通行人も少なかった。なんというか田舎の静けさ。諜報活動の駆け出し時代にわたしはここを自分のエイジェントのひとりと会う場所に指定するというへまをやらかし、諜報代表部のチーフから大目玉をくらった。彼はわたしに向かってつばを飛ばしながら咆えたてた。「貴様は気でも狂ったのか。そこにはわれわれの通商代表部があるし、万事まる見えなんだぞ!」

「しかし、自分は通りの上のはずれを落ち合う場所に指定したんです。通商代表部からずっと離れた……。それに、あそこなら『尾行』も見つけやすいし」、わたしはおずおず弁解した。

「どっちみち同じだ」、責任者はがなりたてた。「二度と繰り返すな!」

それ以上繰り返されることはなかった。このクリトゥンノ通り、それは本当に個性のない通りだった。われわれの通商代表部だけが小路の一隅で大きな庭つきのたいそう瀟洒な邸宅を占めていた。戦争が勝利に終わった後、イタリア共産党書記長のパルミロ・トリアッティ同志自身がソビエト政府にこの凝った四階建ての別荘を贈ったとか言われていた。ついでだが、これもたぶん、伝説だろう。わたしは調べてはみなかったが、目まぐるしく交代する多くの歴代イタリア政府にとってクリトゥンノ通り四十六番地の別荘は、あえて言わせてもらえば、歴史的かつミステリアスな関心の対象ではあった。しかし、彼らはそれどころではなかった。

土地の古老は、この別荘にはときどき元の持ち主たちの幽霊が出現すると断言していた。その持ち主たちはファッショの上層部に属していたかどで弾圧されたとかいう話だ。「幽霊」のひとりは、わたしも通商代表部に「純粋な」経済専門家として働いていたときに見た。あるときとても早く出勤し、白大理石の階段を自分の四階の仕事部屋へ上がっていった。ふと当時の通商代表部の個室のドアが少し開いているのに気づいた。ドアの隙間から覗くと、薄暗い廊下の端で白いタオルを身に巻きつけた女性の姿がちらっと動いたのが見てとれた。その姿は現れたときと同じように不意に消えた。

「ああ、驚いた。まさかミステリーにばっちりお会いできたんだろうか」、と思った。二つの状況に悩んだ。そのほっそりした姿は、わたしも正直そのころアタックをかけていた通商代表部の美人秘書を強く連想させた。もうひとつは、その数日われわれの、年配だが多情の通商代表が独身生活を送っていたことである。彼の貞淑な細君はモスクワにいた。まあ、わたしは何も断言できないが……。

一言つけ足すと、わたしの情報交換場所はラーゴ・ディ・レジーナ通りとランチャーニ通りの二か所にあり、いずれも永遠の都のはずれの、中流の人々が住み、古代の史跡がまったくない、ほとんど目立たない小路にあった。それにはわけがあった。目立たない静かな小路は閑《ひま》人《じん》をひきつけなかった、したがって多数の警官をもひきつけなかった。その他、それぞれ二軒ずつの両隣はつつましい人たちで、厚かましく近くの友人の家に押しかけたりしなかった。すべてが謙虚で静かだった。「ここでKGBの特別職員レオニード・コロソフが生活し、働いていた」といった類《たぐい》の壁掛けの大理石板すら残っていない。つまりラーゴ・ディ・レジーナ通りとランチャーニ通りを観光目的で訪れる意味はない。

少し先へ進みすぎた。

スパゲッティ・アッラ・キタッラ

わたしは外貨局の上司から与えられた最初の課題を首尾よく果たした。同時にイタリアの経済概況についても書き上げた。当時の通商代表はいたく喜び、きっかり三か月後にわたしが上級経済職員として自分のところへ配属されるように要求した。わたしは当然反対しなかった。

通商代表部での四年間の勤務は無駄ではなかった。わたしはもっとイタリアを愛するようになった。わたしは事実上大小すべての通商交渉に参加できたし、多数の国政担当者、政治家、銀行家、イタリア工業の首脳と知り合いになれた。

隠す気はないが、わたしは自分のイタリア生活のこの時期に、たいそう感じのよい人物だがイタリア経済には完全に暗い、党から抜擢されてきた当時の諜報代表部チーフの注意をひいた。パール・ニコラーイチは信頼関係の付き合いで、ときどきわたしをさまざまなレストランへ誘い、イタリア筋、つまりエイジェントから受け取ったものの彼には全然理解できない通貨金融問題について、公金で食事をしながら、無料の助言をわたしから得ていた。おそらく、彼はわたしのことも「ソビエト・コロニー」のそんなエイジェントとみなしていたのだろう。

パール・ニコラーイチはみずからのすべての美点のほかに、非常なグルメだった。わたしは彼のお蔭で自分の懐ではとうてい口にはできない多くの料理を味わうことができ、しかも、イタリアで公式に登録されているワインは二八〇種もあることがわかった。わたしは生涯の三つの「イタリア期間」を通じてその上限を極めるべく努力したが、教皇ヨハネス二十三世のところでちょっと飲んだワインですらようやく二〇〇種類目だった。まあ、そんなところだ。

わたしはパール・ニコラーイチと初めてロブスターをまるまる一尾食べた。これは素晴らしい食事だ。各種の海外のスパイスを入れてゆでた大きなはさみをもった真っ赤な巨大なエビが皿に載り、スチール製のピンセットやフォークとともに運ばれてくる。ピンセットで殻から取り出したロブスターの肉の味はホワイトソースをかけるか、かけなくてもいいが、どんなカニもクルマエビも比べものにならない。ロブスターにランブルスコまたはラクリマ・クリスティ、つまり「キリストの涙」のような熟成した白ワインをかけると、もうほっぺたが落ちそうだ。これ以上はもう原稿用紙によだれが垂れそうで話せない。


わがパトロンはスープにスパゲッティ・アッレ・ヴォンゴレ（あさり入り）、メインディッシュにポッロ・アッラ・ディヤーヴォア――悪魔風チキン――をよく注文した。これは肉づきのよい雛鶏を白ワインにマリネし、いろいろなハーブで味つけし、串刺しにして、白ワインを振りかけ、香りのよい炭火で焼いたものだ。わたしとパール・ニコラーイチはあらゆるマナーをかなぐりすててこの料理の奇跡を頰張り、マリネードの詰まった小骨までかじりまくった。わたしたちはフォークもナイフもナプキンさえ忘れて悪魔のチキンに食らいついた。

しかし、おそらくどんな料理も本場のイタリアのスパゲッティにはかなうまい。言い伝えによると、スパゲッティを発明したのは十三世紀の有名な旅行家、ジェノヴァのマルコ・ポーロと言われる。彼は何についても一番であることに努めた。万里の長城をものともせずヨーロッパ人として初めて中国を訪れ、イタリア最初の新聞を印刷し、スパゲッティを発明した。イタリアにどれくらいスパゲッティの種類があるか、わたしは知らないが、おそらく、ワインより多いだろう。

細いのも太いのも、長いのも、短いのも、穴の開いているのも、そうでないのも……。どの町にもミラノ風、ナポリ風、フィレンツェ風……など「地元の」特製スパゲッティが際限なくある。言うまでもなく各種のソースも無数にある。激辛スパイス入りの「きちがいスパゲッティ」というのがあり、目玉は眼窩からとび出し、焼けるような胸の炎を消すにはよく冷えた白ワインが大量に必要だ。

一方、わたしも最もポピュラーなイタリア料理用に独自のソースのレシピを発明した。ランチャニ通りにあるわたしのローマの情報交換所からほど近くに、バルドーという名の美青年が店長兼コック兼ウェイターをしている小さなレストランがあった。わたしはバルドーがスパイスを惜しまずにつくる絶妙のローマ風スパゲッティを食べにそこへ通った。

バルドーはとてもわたしに好意的で、必ずテーブルにやって来て、どこかローマ近郊の自分の田舎から持ってきた農民の白ワインのグラスをわたしと何杯も傾けた。あるとき、わたしは「軽く飲んで」、わが友に自分の「ロシア」ソースをすすめた。よく刻んだ哺乳期の子豚の細切れと、タマネギの角切りを別々に軽く炒め、次に新鮮なグリンピースを煮、上等のニンニク数片をできる限り細かくみじん切りにする。これを全部混ぜ合わせて、熱いスパゲッティの上にかけ、すりおろしたパルメザンチーズ、碾いた黒胡椒を振り掛け、さらに温めたトマトジュースを注ぐ。

何日かしてバルドーが嬉しそうにニコニコしてわたしを出迎えた。わたしのソースはレストランの常連の間にすごいセンセーションを巻き起こし、それでスパゲッティ・アッラ・キタッラ（バルドーは新しい料理をなぜか「ギターの伴奏つきスパゲッティ」と命名した）が値上がりした。わたしはそれ以来、レストランが閉店の深夜でもそれをただで食べられたが。

最初の海外出張は終わった。永遠の都との別れは夜がいちばんよい。青白く鈍いネオンの光が人影のないがらんとした橋の歩道にまんべんなく流れる。空気はきれいで、涼しい。歩く音は地下のようによく反響する。そのときわたしは愛する女性と別れるようにローマに別れを告げた。市内すべての思い出の場所を回り、飲みかつ食らう祭りには一度ならず行った、ローマのザモスクワレーチエ〔モスクワ川の川向こう〕ともいうべきトラステヴェレを覗き、そこから中央のわたしの好きな静かなラタ小路へ向かった。そこへはあらゆる美女、とくにモスクワの知人のメッセージを持ってやって来るソビエトの観光客のなかの美女は全員必ず案内した。「親愛なリョーニャ〔レオニードの愛称〕、俺の親しい知り合いをよろしく頼む……」

それにラタ小路は気配り発揮に好都合の場所だった。一隅に、鼻の欠けた「水運び人」の像が突っ立っている。この像にはある言い伝えがある。昔々、ワインしか飲まない水運び人がおりました。彼は黄金色の酒のグラスを手から離さずに、十字を切るのも忘れて死にました。厳しい大天使たちはこの自堕落な若者にひどく腹を立て、水だけを満たした酒樽を永遠に運ぶという罰を与えました。それで「水運び人」の腹にあてた石の小さな樽からは透明な、冷たい、驚くほどおいしい泉の水が流れ出しているのですとさ。わたしの束の間のガールフレンドたちは皆必ずこの水を飲んでみた。ひと口飲むと朧げな月の光の下で完全に無意識の熱いキスになり、さらなる罪深い行為を伴うのだった。

わたしは有名なトレヴィの泉にも最後の「サヨナラ」を言いに行った。ここにも言い伝えがある。永遠の都にもう一度戻りたいなら、泉に背を向けて立ち、必ず左の肩越しに泉の水盤にコインを投げ入れるがよい、と言う。わたしはコインをどっさり投げ込んだ。そしてローマは再度わたしを呼んでくれた。新たな邂逅までにいくつかの出来事があったのも事実だが。

KGBとはデリケートな仕事

またもや善良このうえないパール・ニコラーイチ、こよなく「腕白小僧のリョーニャ」が気に入り、おそらく、わたしを並みでない仕事に向いた有望な若者と見込んだパール・ニコラーイチが当時の国家保安省にわたしを売り込んだ。

一方、わたしは好成績をあげたとか言われながら対外貿易省に戻り、対西側諸国貿易局で仕事を始めた。また、「第二次大戦後のイタリアの対外経済関係」というテーマの学位論文にも着手した。

ある夏の日、わたしは対外貿易省の当時の党委員会書記で親友のサーシャ・トゥトゥシキンに急いで呼び出された。わたしは彼の事務室に入りながら、あまり背の高くない、ひどく無表情な人物がデスクに向かっているのに気づいた。その顔は今も思い出せそうにないが、名前は記憶に残った。アクーロフ〔サメ〕とかいうすこぶる優しそうな名前だった。サーシャは申し訳なさそうにわたしを見ていた。「じゃ、お二人にしますので、お話しなさってください」

同志アクーロフは、わたしの目に光線があたる位置で彼に差し向かいで座るように勧め、打ち解けた調子で話しはじめた。まず彼はわたしの経歴についてわたしに詳細に語り、とくに良好な要因としてわたしには父方にも母方にも三代にわたってユダヤ人がいないことを挙げた。次いで、わたしは立派な教養ある対外貿易勤務員、真のプロレタリア出身の模範的なソ連共産党員、党活動家、社会活動家、在外「機関」に対して何事も拒まない助っ人、要するに「身内」の人間だと宣言した。同志アクーロフはさらに、イギリスのスパイで極道者のラヴレンチヤ・ベリヤがその共謀者ともども銃殺された後の、国家の安全保障の貧弱な状況についてわたしに打ち明けた……。

「わが国の対外諜報機関のメンバーが手薄なんだよ、同志コロソフ……。君、われわれのところで働く気はないかね」

「肩書は何ですか」

「まあ、例えばイタリア駐在通商代表部次長、もちろん、君の本来任務を遂行するわけだが」

「それはどんな任務ですか」

「うん、それはわれわれが君に仕込んであげるよ」

「二、三日考えさせてもらえますか」

「なんで？　パトリチェフ大臣はもう君がわれわれの役所に移籍する書類に署名してしまってるよ。何か反対でもあるのかい」

「いいえ、しかし……」

「『しかし』は先のことだ。今は直ちにわれわれの課報学校での訓練の準備をしたまえ」

かくしてわたしは諜報学校に入った。再びイタリアに会えるという見通しがあらゆる「しかし」より強烈だった。わたしたちは八月の末に、当時「森」と呼ばれていたスパイ学校へ連れていかれた。数棟の快適なコッテージを囲んだ木の塀に「諜報学校」とチョークで書いた半分消えかかった字が読めた。明らかに、秘密活動というものはきわめて相対的なものにすぎないということを人々に示すために、土地の誰かが夜いたずら書きしたのだろう。

第一〇一諜報学校でわたしは逞しくなり、ピストルその他の武器の巧みな射撃、図々しくかつ大胆な車の運転、あらゆるアングルの写真撮影、金庫破り、「見張り」すなわち防諜機関の尾行のはぐらかし、常識を皮肉っぽく扱う(たとえば、ソビエトのホモは悪い、リクルートの「ホモ」候補はよい)、政治局全員、とくに書記長に対する熱烈な愛情、自分に親しい者の妻君をはじめ、ソビエト女性には汚れなく付き合う、巨額の公金使用を恐れない——

―ひたすらそれが共産主義建設のために費やされるのであれば、何でもへっちゃらな気さくな男のふりをする、数は少なくても長年の付き合いで実証された真の友人を何よりも大切にする、ついには、ゴーリキイ記念文化と休息の公園に当時あった塔からパラシュートで飛び下りることまで学んだ。

わたしはソ連KGB第一総局ヨーロッパ部のひとつに発令され、「知ること少なくば、長生きすべし」という第一〇一学校の教官の教訓を即座に理解した。これは真に正しい教訓である。「特別重要」というものすごい文書や、外国のエイジェントの問題、当てにならないソビエト市民（その後反体制と呼ばれた市民）に対する「密告」等々は言うに及ばず、まったくくだらない紙きれにさえ「極秘」の判が捺してあった。そのかわり学校では〝ドイツ方式〟を身につけた。つまり、何がどこでどうだったということを忘れたり、なくしたりなど、めっそうもないということだ。

わたしは学位論文の準備を続けたが、個々の国における輝かしい共産主義社会建設にとって有益なイタリアの国家資本主義の経験に関する自分の考えは一切その論文には入れなかった。これは論文の指導教官の故ニコライ・ニコラエヴィチ・リュビーモフ教授の助言によるものである。教授は「この邪説を撤回しなければ、君はコルイマ〔シベリア北東端の流刑地〕で論文を仕上げる羽目になるよ……」と厳しく言われた。それからわたしはイタリアの政治経済に関する若干の記事を『対外貿易』、『イズヴェスチヤ』などいくつかの新聞雑誌に発表した。あるときわたしは部長室に呼ばれた。部長の前のデスクにはわたしの記事が載っていた。

「ねえ、君（彼は誰にも優しく接した）、君にはジャーナリストの素質もあるんですか」

「はい、少し書いています。これは学位論文で……」

「学位論文のことは後にしよう。君はイズヴェスチヤの記者になってイタリアへ行くというのはどうかね。アレクセイ・イワノヴィチ・アジュベイ（『イズヴェスチヤ』編集長）はわたしの友人だが」

一週間後、わたしはニキータ・セルゲーエヴィチ・フルシチョフの女婿（これはきわめて重要）である『イズヴェスチヤ』編集長の執務室にいた。

話はわたしにとり自動小銃を浴びせられたような、思いもよらない、あっけないものだった。

「われわれはあなたのイタリアの記事を読みました」

「ありがとうございます」

「まずい記事です。気の滅入るような。広範な読者向きではありません」

こんな話の展開にわたしの顎はあんぐり開いたままだった。

「またローマへ行きたいですか。『イズヴェスチヤ』特派員として」

わたしは何かわからぬことをもぐもぐ言った。

「あした研修部へ行きなさい。もう指示を出してあります。研修は最大限短期間です。八月にはあなたはローマにいなければなりません。政治、スキャンダル、マフィア、それに娼婦のことも書きなさい。これはイタリアの一大社会問題です」

ナヴォナ広場での会食

しかし娼婦や政治的スキャンダルやマフィア問題のほかに、わたしはもうそろそろ本来業務をしなければならなかった。

イタリア到着後最初の仕事は、社会党出身で〈フリッツ〉という呼び名のイタリア国会議員との関係復活だった。彼はすでにわれわれのネットワークに引き入れたエイジェントのなかに数えられていたが、たえず取り決めを守らず、指定の場所に現れなかった。

わたしは諜報代表部のチーフと、わたしが市内で調べてから、〈フリッツ〉に電話をかけて、関係復活のために彼のところへ立ち寄るという段取りにした。わたしは電話をし、イズヴェスチヤ特派員だと自己紹介した。彼はそっけなく、しゃちこばった調子で、三十分ほど後に自宅でお待ちしますと言った。

彼はなぜかパンツとランニングシャツ姿でわたしを出迎え、「自分は足を蒸さなければならないんです。そうしないとひどく痛んで」と言いながら、わたしを台所へ案内した。台所には実際小さな浴槽があり、蒸気が立ち昇り、エキゾチックな薬草の匂いがした。「承りましょう」、議員は両足を浴槽につけながら、歯の間から押し出すような言い方をした。最初わたしは以前の仕事について彼に礼を言い、彼から前に伝えられた情報のお蔭でわれわれにはイタリアの国内政治情勢がより客観的に評価できるようになったと述べた。

「われわれとは、誰のことですか」、〈フリッツ〉はあおざめ、用心深く尋ねた。

「関心のある向きにです」。それからわたしは、イタリア社会党にきしみをもたらしている対立に関する記事を当然無報酬ではなく、わたしのために書いてほしいと頼んだ。彼は同意した。

〈フリッツ〉は記事というか、正確には社会党員の間にみなぎっている無秩序に関するきわめて詳細かつ興味深い情報を、わたしが指定したナヴォナ広場の非常に高いレストラン「ビブリオテーカ」での出会いに持ってきた。このレストランは部屋部屋の壁を囲っている格子の向こう側にあらゆる時代と民族のワインや強い酒があるということで（とにかくそういう話で）有名である。ここではナポレオン時代のコニャックのボトルや十九世紀のスペインのワインを注文できる。料理も素晴らしく、値段もとびきり高い。そのため人が少なく、つつましやかな身なりのイタリア防諜員はひと目で本物のシニョーレと区別がつく。

……まあ、まずナヴォナ広場について。ローマはよく噴水の町と言われるが、ナヴォナはおそらく最も〝噴水的〟と言えよう。広場中央には有名な彫刻家ベルニーニの名を恥ずかしめぬ、世界の四大河川を表す神々の巨大な像を載せた有名な大理石の噴水があり、必ず誰かが興味深い歴史や、お望みとあらば伝説を語ってくれるだろう。

ベルニーニがその天才的創造物をつくる前に、彼の競争相手の建築家ボロミーニが、マドンナの像がてっぺんにある、ひどく悪趣味なサンタニェーゼ教会を広場に建てた。ベルニーニはそれは広場の芸術的アンサンブルを壊してしまったと考え、この建物にたいそう不満だった。それでベルニーニは教会に面した像のひとつに恐怖の表情を与えた。川の神はマドンナから顔を隠すように抗議の身振りをしている。ボロミーニは大彫刻家の冗談にひどく怒り、噴水から水は出ないだろうという噂をローマ中に流した。ベルニーニは数学が不得手だったので、心配した。彼はボロミーニが正しい計算図を自分の工房にしっかり隠してしまったことを知った。あるときベルニーニはいちばん若くてハンサムな自分の弟子に建築家の女中と近づきになるよう頼んだ。この「産業スパイ」のはしりの詳細は歴史に残っていない。しかし大群衆が噴水の除幕式に集まったところで噴水は勢いよく噴きだした。ボロミーニは恥ずかしい思いをした。

わたしと〈フリッツ〉とのスパイ関係はナヴォナ広場の「ビブリオテーカ」で始まった。彼は時間どおりに来て、タイプに打った紙を数枚すぐわたしに渡したがり、内ポケットから取り出しかけた。わたしは万一に備えて彼の気持ちを鎮め、「食後の方がいいでしょう」と言った。わたしは自分の客にスッポン・スープ、血のしたたるフィレンツェ風ビフテキ、クリームをかけたイチゴを勧めた。〈フリッツ〉は顔をしかめた。「若い友よ、イタリア人には高血圧、アテローム性動脈硬化症、卒中、梗塞がなぜ少ないのか知っていますか。知らない？　イタリア人は肉よりも魚その他の海の幸を好むんですよ。ローマの魚の値段は肉の倍もするのにお気づきでしょうか」

気がついた。われわれスラヴ人は当時は安かった子牛の肉、最上肉、若豚、カフカースのシャシリク〔串焼き〕にした羊の肉などを食べまくっていた。もちろん、これは全部どのような「海の幸」よりもずっと安かった。わたしは恥ずかしくなった。

「申し訳ありませんでした、ドットーレ〔博士〕。全部あなたのお好みにおまかせします」

「それじゃ、イタリア・ロシア折衷メニューにしましょう。まず、前菜にはレモンをかけた新鮮なカキ、サケ、キャビアを注文して、スープには『ズッパ・ディ・ペーシェ』、つまり、あなた方のウハー〔魚のスープ〕のようなものがいいですね、メイン・ディッシュにはワイン・ソースをかけた炭火焼きの魚、デザートにパイナップル・アイスクリームとあなた方のアルメニア・コニャックを入れたブラックコーヒー……」。幸い金は足りた。しかし諜報代表部のチーフがわたしのレストランのレシートを調べだしたとき、わたしには彼が今にも脳卒中に襲われるように思われた。彼は最初わたしにあらゆる卑猥な罵詈雑言を浴びせてから、次の〈フリッツ〉との食事は自前で払えと宣言し、わたしのレシートを金庫に仕舞ってしまった。

世紀の取引

〈フリッツ〉は食道楽に対するわたしたちの支払いの元手を完全に取り戻してくれた。彼がしてくれた最大の手助けは、ボルガ河畔の将来のトリアッチ市に大自動車工場を建設することに関するソビエト代表団とコンツェルン「フィアット」との交渉のときだった。

そのとき交渉は暗礁に乗り上げていた。イタリア側はわれわれに提供する長期借款に年利八パーセントの利息を要求していた。われわれの閣僚会議はソビエト代表団に六パーセントしか許していなかった。タラーソフ自動車製造相は帰り支度をし、「世紀の取引」はフランスのルノー社に回すと脅していた。わたしとチーフは取引をフランス人に回してしまうのは残念だった。それで彼はわたしにこの問題を〈フリッツ〉と話してみるように言った。われわれの知るかぎり、〈フリッツ〉には対外貿易相その他のイタリア政府の重要人物と近い関係があった。

わたしは約束の電話符号で〈フリッツ〉にヴィットリ

オ・エマヌエレ広場へ緊急呼び出しをかけた。そこの古い壁には非常に独創的な記念物がある。二匹の太鼓腹の怪物が守る大理石板の上に何か謎めいた記号が彫ってある。言い伝えによると、それを解読できた者には無制限に金を作る非常に簡単な公式が手に入るという。過去には何百人もの錬金術師が神秘的な公式を解こうとしたが、無駄だった。しかし〈フリッツ〉にはできた。当然、比喩的な意味で。

彼は正確に指定時間にやって来た。彼はわたしの残念そうな話を聞いてから、シニョール・タラーソフにはフランスへ逃げ出してもらいたくないと言った。わたしの友は少し考えて、一日後にここで会うと約束し、さらに「わたしがお手伝いしましょう」と確信ありげに言った。「わたしにはよいコネがあるし、自分もイタリア側の可能性について何かわかるような気がします」。次に落ち合ったとき、われわれの善良な友は秘密文書をいくつか持ってきた。それによると、イタリア側は借款について根本的に譲歩することもありうるという。彼は別れ際に「わたしはある人たちと話しました。彼らはわれわれの代表団に必要な影響を与えるでしょう」と言った。

翌日、わたしの情報を受けた大臣はイタリア人に年利五パーセントの借款を断固要求した。彼らはいくらか動揺の後、五・六パーセントに同意した。「世紀の取引」は締結された！　タラーソフ大臣はわたしのチーフに「あの若者に何度もキスし」、できる限り「惜しみなく褒美を与える」ように頼んだ。その三日ほど後、中央から電報が来た――「ソビエト国家に多大の利益をもたらした貴重な経済情報を入手可能としたエイジェントとの巧みな工作に対し、本庁指導者の指示により同志レスコフ（これが今や明らかにされたわたしの偽名である）は表彰され、高価な贈り物を与えられる」

贈り物は休暇に行ったときに受け取った。立派な十二口径の手造りの二連銃で銀の名札がついていた。それはともかく、そのときわれわれは愛する祖国のためにきっかり三八〇〇万ドル稼いだのだ。それで？　貿易は貿易、互恵の貿易。そのかわりわたしには立派な銃がある。もうそれを持って狩りに行くこともなかろうが、ロシアや旧ソ連諸国や外国ではどこかの「ルノー」ではなくて、ロシアの「ジグリ」〈ソ連製フィアット〉が走りまわっている。

付け加えるならば、わたしは「世紀の取引」の「教父」、シニョール〈フリッツ〉が、イタリアでクーデタが準備されていることをわれわれに教えてくれたことに対しても彼に感謝している。

クラウディア・カルディナーレと再会

　かつてイタリアのスクリーンにコメンチーニ監督の『ブーベの恋人』という率直に言って出来の悪い映画が上映されたことがある。当時あまり知られていなかった若い女優が主役を演じた。しかしその映画はイタリアの共産党員のパルチザンと平凡な田舎の小娘の悲劇的な恋愛だったので、イズヴェスチヤは同紙の従順な召使、わたしの長大な映画評を載せた。多くの新聞がその映画評を転載し、映画はエカテリーナ・フルツェワ・ソビエト文化相の勧めで、ほとんどすべての旧社会主義国が購入した。いずれにせよ、クラウディアはその後の名声のごく一部をソビエトの政府機関紙に負っている……。

　そしてあるとき、イズヴェスチヤのローマ支局で電話が鳴った。支局長はちょうど楽しい独身のひとり暮らしだった。

「クラウディア・カルディナーレです」、受話器で女優の特徴的なハスキーヴォイスが響いた。

「シニョール・コロソフ、ちょっとお寄りしてもかまいませんか」

「もちろんです。住所は知ってますか」

「はい。あなた方の大使館で教わりました。今から行きます」

　約十五分後、支局にエレガントきわまりないクラウディアが現れた。彼女は片手に細長い小箱を持っていた。わたしは彼女を客間へ通した。彼女は持ってきた物を開けた。小箱には赤いビロードの中にフランスのブランデーがあった。

「これはナポレオン時代のブランデーですのよ」、クラウディアは誇らしげに言った。「わたしの映画についてイズヴェスチヤに載った素晴らしい批評にプレゼントです。あれでわたし大助かりしまして、あの映画評が……」

　それからわたしがあわてていれた伝統的なブラックコーヒー、次に熟成したアルメニアのコニャック一、二杯と前菜にキャビア、それから……、それから気づまりな会話の途切れが訪れた。クラウディアは励ますように、同時にまた待ち受けているようにわたしを見つめた。しかしわたしは正直のところ、彼女には〝見張り〟がついて来ているのではないか、わたしと女優がわたしのベッドルームにいるところへ、嗅ぎまわって訪ねてくるのではないか、などと考えていた。電話が救ってくれた。わたしは受話器を取った。大使館の当直が急いで大使のところへ来るように言った。これは偶然だった。単に（実際そうだったが）次の任務を与えるために諜報代表部のチーフがわたしを探していたにすぎなかった。

「クラウディア、とても残念だが、大使が呼んでいるんで。行かなきゃならない。彼はひどく厳格な人間で」

「本当に大使？」、彼女はおかしそうにわたしを見た。「ソビエトの外交官て、なんて間の悪いときに電話するのかしら。でも、行きましょう……、あんたを（コニャックの後で二人は「君」「お前」で呼んでいた）いっしょに乗せて行きましょうか」

「いいや、とんでもない。僕が君を送るよ」

リムジンに乗り込むと彼女はまたもやおかしそうにわたしをちらっと見た。「ねえ、わたしのお友達、こんな機会はもう二度とないような気がするわ……」

何年か後、わたしはミラノのソビエト映画週間のレセプションで、このイタリア映画のスターと再会した。クラウディア・カルディナーレはシャンパンのグラスを手に多数のファンに囲まれて立っていた。

「まあ、レオニード！」、彼女は崇拝者たちの輪の中から出てきた。「どうしてここに。今もイズヴェスチヤの記者なの？　皆さん、ごめんなさい。わたし、こちらのシニョーレと二人だけでお話があるの」

二人はホールの隅に行った。彼女はまたもやあの支局のときのようにおかしそうにわたしを見つめた。

「レオニード、言って、正直に言ってちょうだい……、なぜあんたはあのときわたしから逃げ出したの？」

「君は電話の話を聞いただろ、クラウディア。大使に呼ばれたんだよ。本当にとても緊急の仕事だったんだ」

「本当？　でもわたしって罪深いわね。あんたが怖じ気づいただけなのかと思ってしまって……」

概して、ときどきは怖じ気づいた。とくに人類の麗しき半分の代表が仕事に介入してきたときには。

スタルエノ墓地のフョードル

あるエージェントとは墓地で落ち合うことにした。地上にこれより悲しい場所はほかにない。おそらくここでは人間の生命の細々とした流れが涸れきり、その後にはもはや何もない最後のひと休みがあるだけだからだろう。ジェノヴァのスタルエノ墓地に自分が初めて来たのは、この墓地が観光カタログで市内だけでなくイタリア全体の名所のひとつとされているためだけではない。事実、天才的なイタリアの彫刻家たちの手で造られた、これほど壮大な大理石の記念碑のあるようなところはほかにない。わたしはスタルエノでジェノヴァの「カンポサント」

――イタリア人は自分たちの墓地をこう称しており、終戦直前にナチスとの戦いで斃れたイタリア・レジスタンスの勇士たちが永久の眠りについている墓地――の一隅に葬られたロシアのパルチザンの地味な墓に関心を持った。銘板にはロシア人のずいぶん変わった名前、父称、名字が刻まれている。「フィエダール・アレクサンデル・ポエタン（フィエダール）」、それに死亡地と日付「カンタルーポ・リーグレ　一九四五・二・二」。墓標の上の方には、この下に横たわっている者が戦時献身金メダルを授与されたことを示す二語「メダッリャ・ドーロ」がある。

金メダルは非常に高い表彰である。その帯勲者が兵営を訪れる際には共和国大統領と同じ敬意が払われる。金メダル帯勲者に対しては、本人が士官であろうと一兵卒であろうとイタリア軍の最上級軍人の方が最初に敬礼をしなければばならない。この勲章を持っている者はイタリア全体で数十人にすぎない。その中で当時唯一の外国人はわがロシア人であった。ジェノヴァ・パルチザン協会では、イタリア共和国がソビエト兵士に最高戦功章を授与する旨の政府命令を見せてくれた。それには「自ら規律と勇気の模範であり、確実な死に赴くことを知りつつも、フィエダール・ポエタンは攻撃に際して敵のただ中に突入し射撃した。その襲撃はきわめて不意かつ勇敢であったため、敵は茫然自失し、降伏を余儀なくさせられた。ドイツ軍は大きな損失を出し、多数が捕虜になった。同日戦況全体を一変させたこの英雄的エピソードの際、諸国民の自由の理想の名において英雄としての死を遂げた」と書いてある。

リグーリアにあるレジスタンス史研究所の古文書館には、「イタリアで捕虜収容所にいたフィエダール・ポエタンは、ほど近い山岳地帯でパルチザンが行動していることを知るや、同国人のグループと夜半ドイツの強制収容所を脱走。彼は歩哨を奇襲するとともに、可能な限り多くの兵器を歩哨から奪うことに気を配った」と記してある。

「わたしはフョードルがわれわれの班に来たときのことをはっきり覚えています。彼は一人で来たのではなかった。ぼろぼろの服を着た、飢えたロシアの青年が全部で九人でした。サーシャ・キリコフ、オヌフリイ、アファナシイ、ヴィクトル、ワシーリイ、セルゲイ、ステパン、イワンそれにフョードル。フョードルはすごく背が高く、まさに古代の勇士、われわれはその後彼をジャイアンツと呼ぶようになりました。彼は自己紹介してはっきりフョードルと名を言い、静かに名字をポエタンとかいうように発音しました。それでわれわれの書記はその名字を師団の戦闘員名簿にそのように記入したんです。変な名字と思うでしょう。まったくそうだと思います。皆さんの名字の多くはイタリア人の耳には奇妙に聞こえます。皆でも当時は確認どころではなかったのです。名前があればよろしい、それがパルチザンでの呼び名か、両親が名付けたものかなどということは、誰にも関係ありませんでした。人々は毎日命を危険にさらしていましたから、パルチザンの最高の名刺はワインを前にした武勇伝ではなく、戦闘で発揮される行動でした」

パルチザン協会で会ったときに、フョードルについてこう語ってくれたのはガリバルディ師団のアウレリオ・フェッランド、またはパルチザン名スクリヴィア（稲妻）司令官である。

「それで彼は自分の名字は一度も言わなかったんですか」

「名字ですか。ええ、言いませんでした。フョードルはフョードル、皆それに慣れました。われわれは、あなた方の古文書にもそういう名字は見つからなかったと聞いています。悲しいことです、もちろん。しかし、どうお手伝いできるでしょう」

ローマ駐在ソビエト領事館の古い記録文書の薄いノートに、レジスタンスに加わりリグーリア州解放闘争中に戦死したロシア人のリストがついている。わたしは領事に手伝ってもらい、フョードル・アンリアノヴィチ・ポレターエフという氏名と、一九四五年二月二日という死亡の日付、埋葬地はジェノヴァのスタルエノ墓地という記載を発見することができた。ノートが発見されたとき、モスクワでもイタリアの英雄の名字、名前、父称が判明し、同人は間もなくソビエト連邦英雄になった。

わたしはジェノヴァ博覧会の際、大切なエイジェントと墓地で落ち合ったときに彼の墓に詣でた……わたしたちが実際に会った場所は別の記念碑のところだったが。当時、ソ連のためにジェノヴァの造船労働者の手で造られたタンカー「フョードル・ポレターエフ」号が世界の海洋を航行していた。この名前は広場や通りにもつけられ、大理石の墓碑の銘はすべて歴史に沿って表記された。

自由と独立の事業のためにイタリアの地で戦い、死んでいった数名のロシア人の名前も残っている。その後有名な俳優になったF・P・コミッサルジェフスキーがガリバルディの数多くの遠征のひとつに参加したという資料もある。著名な地理学者L・I・メチニコフはガリバルディ個人の指示でガリバルディ本部に編入され、ある戦闘で負傷し、生涯、障害者であった。ロシアの士官N・

P・トルヴェツコイはイタリアでガリバルディ隊員に砲術を教えた。女流作家A・N・トリヴェーロワは看護婦としてガリバルディの負傷兵の介護に当たった。彼女はイタリアの指揮官の親しい友人になった。「ガリバルディ軍には少なからぬロシア人がいた。男性だけでなく、女性も」。ロシアの社会活動家N・V・シェルグーノフはかつてこのように書き、「イタリア解放闘争にロシアを代表する人たちが参加したことによりロシアとイタリアの民主主義の間の団結と友情のきずなが強化され、ファシズムとの苛烈な戦いの中で新たな力となって発揮された」と指摘している。歴史は二つのエポック、二つの世代を結びつけた。その根底に自由を目指す戦いがあったからである。「ロシア人は立ったまま死んでいく……」

こういう次第で、歴史について若干触れ、そのエピソードを思い出して紹介した。

真実の口

わたしの日常は目まぐるしかった。朝、重要事件を見逃さないよう大至急主要新聞に目を通し、情報や記事を新聞用にまとめて（編集部は毎朝イタリア時間九時にわたしを呼び出した）、ほとんど毎日本社の可愛い、辛抱強い速記嬢たちに電話で書き取りをさせた。それからやはりほとんど毎日エイジェントと落ち合ったが、それは防諜チェックを含めて三時間から四時間、五時間のときもあった。一日の締めくくりに夜遅くまで課報代表部での夜間作業、その日入手した情報を調べ、暗号電報をつくり、チーフから当面または今後の「重要指示」を受けるか、いつもの大目玉をくらうかする。まあ、当然、両方のこともあり、共産党員と諜報員にふさわしい精神生活、慎ましい生活を送る必要性に関する短いレクチャーがあった。

十一月、ソ連大使館は例年どおり恒例の大十月社会主義革命記念日のレセプションを催した。これにはたいてい大使館のまるまる一年間に割り当てられている予算全体の半分が費やされた。ウオッカとシャンパンが川のように流れ、食卓はサーモン、キャビア、イクラ、燻製やゼリーで固めたチョウザメ、その他、今の若者は知らないさまざまな山海の珍味できしいだ。わたしの妻は「関心をひく」女性群のなかでおしゃべりをし、わたしはウイスキーのグラスを手に氷をカチャつかせながらホールをうろついていた。われわれローマ諜報機関の工作員にとってレセプションも「仕事」だった。

わたしたちの諜報代表部のチーフはこの機会に対して、

「飲み干しのグラスが多いほど、面白い知り合いが増える」という公式を考え出した。わたしは飲み相手をむなしく探し疲れ、まだ手つかずのゼリーをかけた子豚の皿を目指して、とあるテーブルの脇で立ち止まった。その瞬間、美しく着飾った二人のマダムとそろって近づいてくる自分の妻を見た。一人は白髪の巻き髪の老婦人、もう一人は四十歳ぐらいの美人で、むき出しの両のなで肩に豊かな黒髪を振りわけている。

「レーニャ、ご紹介するわ」、妻は陰謀家めいたウィンクをした。「この方たちは、わたしたちと同じロシア人ですけど、アメリカ人のミリーツァ・セルゲーエヴナと……」

「エレン・スマイルズです」、黒髪美人は手を差しのべながら自己紹介した。「奥様があなたはイタリアでのイズヴェスチヤ常駐記者だとおっしゃったので。ああ、それは面白いですわね（彼女は軽いイギリス風のアクセントで話した）。あなた方ジャーナリストは進歩的な方たちですわ。ですからわたし、帝政時代の元将軍の娘で、連れの叔母は父の妹ですけれど、こうやってあなたとお近づきになりに参りましたの。わたしたちと知り合いになってもお気になさいません？　あなた、ひどく叱られませんか？　えーと、何と言いましたっけ。ああ、そうそう。党の物差しで」

「党の線で」、わたしは相手の言い間違いを直した。「いいえ、全然、叱られたりしません。あなた方はとにかくわたしたちと同国人じゃありませんか。それでローマへはどうして、マダム、あ失礼、マドモアゼル？」

「マダムです。離婚してますの。マダム・エレン・スマイルズです。ただ来ただけですわ。ワシントンから飛行機で来ました。わたし、あそこで離婚の後、働いていました。そしたらまたアメリカ大使館の仕事に来させられたんです……」

「面白いですか」

「何と申し上げればいいんでしょう。仕事は忙しいです。わたし、アメリカ海軍武官の秘書なんです……」

わたしは心臓が止まりそうになった。妻は無意識に眉が釣り上がった。彼女は何か口実を設けて巻き髪のおばあちゃんをホールの反対側へ連れていった。妻もわたしの「狩り」を手伝っているのだ。わたしはエレンと二人になった。ありふれた経歴だ。父親は白衛軍の将軍。やもめ。最後の勤務場所はコルチャックの軍。それから壊滅。満州へ逃避行。ハルビンで生活。エレンはそこで終戦と父の死後、アメリカの将校と知り合いになり、結婚。叔母といっしょにワシントンに移った。数か国語の知識と速記の心得で離婚後軍関係に勤めることができた。そして今、ローマ……。

「やあ、えらいねえ」、諜報代表部のチーフはわたしが新しい知己について語り終えると感動して言った。「君、これは神様があらゆる罪に対して褒美をくださったのだ。すぐに中央〔モスクワ〕へ照会しよう。『金の魚』が替え馬でないとしたら、こりゃまったくお宝だ。君は家族付き合いでさらに親交を発展させたまえ。金は惜しむな」

それでわたしは発展させはじめた。家族ぐるみの食事、劇場や映画もいっしょに鑑賞、ウィークエンドは戸外で本物の「コーカサス」風シャシリクつき。エレンとミリーツァ・セルゲーエヴナは大満足。「わたしたちまた家族ができたみたいだわねえ」、老婆がさえずるように言った。「皆さん本当に素敵なご夫婦で……お二人となら気楽で、気持ちがよくて。それに肝心なことは、自由にロシア語で心を割ってお話しできることよ」

一度だけエレンは、短い時間二人だけになったときじっとわたしの目をのぞきこんで尋ねた。「リエーニャ、なぜあなたはわたしの仕事に興味を持たないの。あなたはわたしが何をしているか知りたくないの？」

「いいや」、わたしはまばたきひとつせず答えた。「わたしは君の仕事に関心はありません。わたしはジャーナリストで、スパイじゃないんです」

「ああ、よかった」、彼女は喜んだ。「わたしったら、わたしに対するあなたの関心は専らプロの関心だと思ってたのよ」

「エレン、なんてことを。僕は女性として君が大好きなんだよ」いいや、わたしは、神かけて、嘘をついたのではない……。

そうこうするうちに中央から、エレン・スマイルズはアメリカ諜報機関の職員リストには入っていないし、同志レスコフ、つまりこの罪深きわたしは、最も積極的な方法で彼女との関係を発展させて、この貴重このうえない情報源をリクルートする準備をせよという文書が届いた。

「やあ、君はたいしたもんだ」、チーフは有頂天かつ厳しかった。「奥さんはモスクワへ冬休みに子どもたちのところへ行かせるんだ。君自身は情事を開始しろ。彼女をベッドに引っ張り込みしだい、機密文書のコピーを持ってこさせるようにしろ。どう見ても彼女は君に惚れ込んでるぞ。バルザックの歳〔三、四十歳代〕の女は男が要るんだ！　リクルートできれば、また新しい勲章をつける穴を開けとくんだな」

わたしは腹が立った。「ボス」、わたしは穏やかに切り出した。「どうしてそんなことになるんですか。モデルとの罪のない恋愛ごっこは厳重戒告で、白衛軍のマダムとの恋の楽しみは勲章ものなんですか。もしわたしの妻が知ったら。つまり、離婚、家庭生活よおさらば？　あなたはわたしの幼い子どもたちのことを考えてみたんですか？」

「レオニード・セルゲーエヴィチ、馬鹿げたことをしゃべくるのもいいかげんにしろ」、チーフは激しくわたしを遮った。「奥さんとは、もし何かあれば、話をする。彼女は、祖国の利益はすべてに優先するということを理解するだろう。それから君はもうとっくに放蕩と仕事を区別しはじめていいはずだ。仕事に取りかかりたまえ……」

わたしの妻はすべてを理解した。彼女も模範的なソ連共産党員だった。驚いたことに、エレンもミリーツァ・セルゲーエヴナをワシントンへ行かせてしまった。彼女はへ飛び立った。驚いたことに、エレンもミリーツァ・セ
このことをわたしの妻が出発したきっかり二日後に支局へ電話で知らせてきた。「いつお会いしましょうか」、エレンが訊いた。わたしは自分の電話が防諜機関に盗聴されていることを知っていたので、誰にも疑念をおこさせないようなところを会う場所にした。「明日の晩八時にレストラン『エスト・エスト・エスト』で」

「いいわ、決まりね」エレンは受話器をおいた。自動電話特有のカチャンという音が聞こえた。明らかに外からかけたのだ。会話の最中、自動車の警笛もよく聞こえたし。わたしは「偉いぞ」と思った。

またしてもレストランは、ローマの真ん真ん中、サンティ・アポストリ広場にある非常に高い店を選んでしまった。このレストラン、より正確には、その店の名前の由来はとても面白い。一一一一年、ローマへ向かう皇帝ハインリヒ四世の随員中にバッカスを自分の主神とみなしていた高官がいた。彼は召使を行列の先に行かせ、よいワインのある酒屋に「エスト！」、つまり「あります！」と書くように命じた。道中ずっと主人の命令を忠実に果たしてきた召使があるとき突然消えてしまった。高官は心配になったが、モンテフィアスコーネというローマ郊外の小さな町で、みすぼらしいワインの酒蔵の戸に「エスト！　エスト！！　エスト！！！」と書いた巨大な字が目に入った。その酒蔵では半分空になった樽の横でとことん酔いつぶれた酒蔵の主人と高官の召使が心地よさそうに鼾《いびき》をかいていた。それからというもの、ローマのレストラン「エスト・エスト・エスト」は尊敬すべきお客様方には、モンテフィアスコーネのワインだけをお出しするようになったのでございます、とレストランの主人が語ってくれた。

ワインは実際に極上、それに燻製の生ハム、色とりどりのサラダ、上等のフルーツ。夕食の最中わたしとエレンはありとあらゆることを話した。その晩、彼女は魅力的だった。彼女はいつも魅力的だったが。背が高く、すらっとして、足が長く、緑色の目、冠のように束ねた豊かな髪。一度だけ彼女はじっとわたしの目を見つめながら尋ねたことがある。

「あなたは、わたしがアメリカの武官のところで働いているので困ってらっしゃらない？」

「もちろん、困ってなんかないよ。だって僕はどっちみち君にインタビューはしないし、質問することなんか何もないし、ただひとつのことを除いて……」

「わたしあなたを愛してるわ」、エレンはわたしを遮った。「こんなことってわたしの人生で初めてよ。だから、すぐ……わたしのとこへ行きましょ」

「ついに俺の死ぬ時の鐘が鳴った」とわたしは思ったが、たちまち諜報代表の厳しい目を思い出した。「もし君がその女をベッドへ引っ張り込んだら、彼女はすぐに自分の海軍武官のところから機密文書のコピーを持ってくるようになるぞ。なぜなら、ねんごろな関係ほど老けゆく女性を男に縛りつけるものはないんだから」

エレンが住んでいるきれいな邸宅の三階に上がり、二人はコートを脱がずいきなりキスを始めた。何をすべきか！　わたしは若く、熱しやすかったが、エレンは経験豊かで美しかった。「客間で待っててちょうだい」、彼女はわたしの抱擁から滑り抜けながら囁いた。「すぐに戻るわ」

彼女は浴室から髪を垂らし、豪華な部屋着で出てきた。「ねえ、あなた」、彼女は悲しそうに言った。「花火は上がらないわ。わたし、ちょうどどんな女性にもあることが始まったの。わたしたち、ベッドでお互いに苦しめ合うだけになるわ。官能のお祝いは四日ほど延ばしましょう。あなた、またわたしのところへ来てくれるでしょう？」

「もちろん、来るよ」。わたしはこんな事態の転換にすごく喜んだが、口に出すのはフェアではなかった。その瞬間わたしはいっときでもいいから諜報活動に唾を吐きかけてやりたかった。

わたしが帰りかけたのは夜更けだった。

「エレン、僕の太陽、ひとつだけお願いがあるんだ。君たちの原子力潜水艦の秘密基地をサルディーニャに建設することでスキャンダルが起きたけど、記事にして大至急『イズヴェスチヤ』に送らなきゃならないんだ。君、何か海軍武官のところで見つけられないかなあ。信じてよ、これは純粋にジャーナリストの頼みなんだ。できれば素晴らしい。できなくても何でもない……」

　沈黙は相当長かった。エレンはまた注意深くわたしの「ナイーブな」目を覗き込んだ。

「何か見つかるかやってみるわ。ソビエトの……ジャーナリストのお手伝いをしないでいられますか」

「それじゃ明後日の晩、サンタ・マリア・イン・コスメディンのポーチの下で会おう。『トリトンの頭』の付近で。知ってる？」

　古いローマの教会サンタ・マリア・イン・コスメディンのポーチの下には、歯を剥き出したトリトンの口が彫ってある大きな大理石の円板が壁に嵌めてあり、今に至るまで聖物のように保存されている。昔、真実味を疑われた者は、被告か証人かに関係なく、「真実の口」に手を入れて自分の証言を繰り返さなければならなかった。子どもやナイーブな観光客は何が起こるかわからないので、今でも「真実の口」に手を入れるのを怖がる……生粋のローマっ子は怖がらない。彼らは、昔はトリトンの像の壁の後ろに本物の刑吏が立っていて裁判官が疑いなく罪ありと認めた者の手を切り落としていたことを知っているから。

　ともかく、「真実の口」はエイジェントと落ち合ったり、とっさに秘密資料を手渡すのに理想的な場所である。いつでも観光客がいっぱいで、簡単に群衆に紛れ込める。エイジェントと「トリトン」に近づいて「口」に手を入れれば、マイクロフィルムなどの手のひらに入るほどの、あまり大きくない秘密の品をそっと渡せる。

　諜報代表部のチーフは〈ラーダ〉（エレンにはこういう匿名をつけた）との進捗具合に満足だったが、機密文書を頼んだことには小言を言った。「君、ちょっと急ぎすぎだな。メンスが終わるまで待つべきだった、その後で……まあ、いいや。今のところ君はついてるよ。繰り返すが、万事うまくいけば、上着の胸の折り返しに次の勲章用の穴を開けておけるよ」

　穴は開けることもなかった。二日後の早朝、受話器で彼女の心配そうな声が響いた。「リエーニャ、わたしの叔母がワシントンで重病なの。ミリーツァ・セルゲーエヴナが危篤だって言ってきたの。飛行機は今夜。見送りに来てくれる？」

　わたしは血のように赤いバラの束を抱えてフュミチーノ空港〔レオナルド・ダ・ヴィンチ国際空港の通称〕へ飛んでいった。少数の友人や知人のグループがエレンを見送りに来ていた。最後の人が彼女と別れを言うまで待った。近づいて、バラの束を渡した。エレンの目は涙が溢れそうだった。「さよなら、あなた……」わたしは彼女に何と答えればいいのだろう。
「パルドン、マダム……」
わたしはその瞬間、たいそう真面目だった。本当に。わたしは、諜報活動には真面目と潔白が不可欠だと常に信じてきた。賢明な範囲内で、もちろん。

仕掛けられた時限爆弾

わたしは、優れたイタリアの政治家で才能豊かな企業主、ヨーロッパ最大のイタリア炭化水素公社（ＥＮＩ）会長のエンリコ・マッテイ技師との関係でどれほど自分が真剣かつ潔白だったかよく覚えている。石油市場に長年君臨し産油国を略奪してきた国際カルテル「セブン・シスターズ」を追っ払ったのは彼だ。「冷戦」の最中にアメリカの厳しい「バトル法」に反してソビエトの天然ガスと引き換えに大口径管をソ連に売り、ソ連・イタリア通商経済関係史上かつてなかった数十億の「世紀の取引」をさらにひとつ締結して、イタリア＝ソビエト・ガス・パイプラインを建設したのも彼だ。彼に致命的な危険が迫っていたので、密かにイタリアを出てクリミヤへ休養に行くか、あるいはどこかもっと遠くへ行けば、という旧友レオニード・コレソフの熱心な助言に耳を傾けなかったのも彼だ。

われわれのエイジェントの一人から、マッテイの暗殺計画が準備されているということがわかった。首謀者は怒り狂った「セブン・シスターズ」の独占資本家たち、実行者はＣＩＡとアメリカのマフィア「コーザ・ノストラ」それにシチリア・マフィア。わたしは急遽、イタリアの「石油王」にしてわが国の偉大な友人にインタビューするという口実でパレルモへ飛んだ。

わたしは、一九六七年秋、この島が地震に見舞われ、多くの人命が失われた悲しい状況の下で、最も間近にシチリアとその首都パレルモ市を知ることができた。わたしはそのとき、軽い被害ですんだパレルモ到着後、瓦礫の下から人々の傷んだ死体を引き出している多くの町や村を回った。

しかし思い出されるのはいいことだけではないだろうか。「シチリアを見ずして、イタリアはわからない。まさにシチリア、この空と大地と海の驚嘆すべき調和こそあらゆるものへの鍵なのだ……」、住民が太陽の島と呼んでいるシチリアの地に初めて足を踏み入れたとき、ヨハン・ヴォルフガング・フォン・ゲーテはまさにユニークなこの島について感激してこう書いた。

しかし太陽にも黒点がある。それはこの島にもある。

地中海最大の島シチリアはイタリアには似ていない。しかしすぐそれには気がつかない。空路か海路で島の首都パレルモに着いてみると、そこは中央にお定まりの摩天楼、土地のブロードウェイ、ヴィア・ローマすなわちローマ通りのあるごく普通のヨーロッパの町だと思う。ローマ通りの両側にはしゃれた商店、レストラン、カフェが並ぶ。最新型の国産車や外車が切れめなく流れている。辻々ではローマと同じように、落ち着きはらった御者たちが、赤い車輪の伝統的な黒い無蓋の四輪馬車にどっかりと座って、辛抱強く観光客が乗るのを待っている。まだ封建的残滓が生きていて、しばしばマフィアのしきたりの方が国の憲法で宣言された法律よりも強いことのある、イタリア中で最も貧しい州のひとつシチリアにいるとは、信じられないほどだ。

パレルモのはずれへ行くと、この町が全体的にイタリア的で、同時にまたイタリア的でないということに初めて気づく。古いパレルモは古いアラブの市街、アルジェリアのカスバを彷彿とさせるそうだ。ついでだが、古い建築物はあらゆるスタイルと時代の刻印を帯びている。そのことに奇妙なことは何もない。カルタゴ人、ヴァンダル人、東ゴート人、アラブ人、ノルマン人など、いったいシチリアに来なかった者があるだろうか。仮借なき征服者の後には廃墟や、自分の父親を知らない子どもたちが残った。現在の島民が話す言語があまりイタリア語を感じさせないのはそのためだろうか。

もうひとつの特徴が古いパレルモとカスバを近似させている。それは貧困である。港の区域では、ほとんどが壊れそうな状態の三階か四階建ての低い家並みが町から岸沿いに東西に延びている。家々はドアの代わりにカーテンをぶら下げ、食事をつくるコンロは直接通りに置き、紙の船を汚い水たまりに浮かべている子どもたちは放ったらかしである。文明と後進性のコントラスト、富と貧困のコントラストがこれほど大きいパレルモのような町は、イタリアにはそうざらにはない。

シチリアの多くの小さな町もパレルモに似ている。圧倒的多数の家々は凝灰岩造りで、百年から百五十年前に、今日では最も基本的な衛生条件にも応えられない水道と下水道とともに建てられた。

しかし、シチリア自体は全然貧しくない。ここでは硫黄が採掘され、豊かな石油、メタンその他の有用鉱物の鉱床が発見された。島の水資源も十分である。水資源は一定の支出で廉価な電力を得たり、肥沃なシチリアの広大な農地の灌漑に用いるのにも十分であろう。歴史は自らの歩みで進んでいる。

今日、シチリア島は多くのヨーロッパ諸国の裕福な観光客にとって、ますます魅力的な場所になりつつある。かつてはコート・ダジュールかエキゾチックな島々を好んだ人たちを、今では有名なタオルミーナまたは新しい総合保養施設「チッタ・デル・マーレ」（海の町）が出迎えてくれるだろう。

シチリアでの休息は非常に多様である。シラクザ、メッシーナ、カターニアなど名前だけでも魂が奪われそうな町々をめぐる旅、エトナ火山への遠出、きれいな紺青の海での散歩や海水浴は欠かせない。野性的で明るい、色鮮やかな島の自然、これはすべてシチリアの保養地に大きな未来を約束している。

そのとき、真剣な話し合いの後でエンリコ・マッテイはわたしの懸念を一笑に付して、笑いながら言った。「君、レオニーダ、どこへでも、ローマへでも失せてしまえ。何を考えてるんだ。わしは政治局員よりもしっかり護衛されているんだぜ」。それでわたしはローマへ失せた。しかし間もなく『イズヴェスチヤ』は「エンリコ戻らず」というわたしが書いた追悼文を載せた。確かな腕前のパイロットが操縦桿を握っていた彼の自家用機は、仕掛けられていた時限爆弾でパレルモとミラノの間で空中爆発した。

教皇に会見

バチカンとサン・ピエトロ大聖堂抜きでローマを語るのは、おそらくクレムリンやワシーリイ・ブラジョンヌイ教会抜きでモスクワを紹介するようなもので話にならない。確かに、これらの概念は同意義ではない。バチカンは国であり、クレムリンは政治家たちの臨時の隠れ家にすぎない。それにわたしはサン・ピエトロ大聖堂とワシーリイ・ブラジョンヌイ教会を、かりにも規模や歴史的意義であえて比較しようとは思わない。

中世の風刺作家ウルリヒ・フォン・グッテンは永遠の都に満ちている風潮を嘲笑して書いた。「旅人は三つの物を持ってローマを出る。それはやましい良心、下痢、空《から》の財布である……ローマでは三つの物を商っている。それはキリスト、聖職者の座、女である……ローマでは三つの物にとくに高値がつく。それは女性美、優秀な馬、教皇の書き付けである……ローマではのらくら者たちが三つのことをする。それは散歩、放蕩、賭博である……ローマは三つのことですべての者を自分に服従させる。それは暴力、策略、偽善である……ローマでは三つの物がありあまっている。それは娼婦、聖職者、物書きである……」

広大な灰色の石畳のサン・ピエトロ広場は人を小さくし、群衆を個性のないものにしてしまう。たぶん、ベルニーニの有名な三列の柱廊で囲まれたこの広場はそのような着想でつくられたのだろう。この三列の柱廊は古い聖堂の中でひとつに合流する。それは人間のはかなさと、大地と結びついた大円柱群と、ゆるぎない岩や、同時に空中に浮かぶ大理石の雲のように見える神の庵《いおり》が、時間という破壊的なものとは無縁であることを強調するためであろう。

広場にはそこから三本の円柱が突如一本に合わさって見える驚くべき場所がある。彫刻家のベルニーニがそう考えたのだ。視覚効果だろうか。もちろん。しかし、それは存在し、カトリック自体と同様に現実的であり、バチカン国家もやはり客観的現実である。

柱廊が合流してコンチリアツィオーネ通りの側に向かって開けている場所のアスファルトに白線が引いてある。それは、面積四四ヘクタール、人口千人強のこの小国の境界である。

教皇公邸、サン・ピエトロ大聖堂、長さ七百メートルのバチカン鉄道駅、郵便局、電信局が四四ヘクタールの土地にある。教皇庁はラジオ放送局、テレビスタジオ、新聞その他の情報手段を持っているし、さらに国民が冒瀆的行為のかどで禁固の時を過ごす監獄もある。

教皇公邸には教皇の住居、教皇護衛隊の建物、カトリック教会の諸中央機関、図書館、古文書館、あらゆる時代と国民の最も有名な芸術家たちの傑作のある貴重な画廊がある。バチカンの入口はスイスの親衛隊の衛兵二名が警護している。衛兵は、昔ラファエロの下絵を元に縫われたエキゾチックな服装をしている。

サン・ピエトロ大聖堂の扉口にも警備員がいるが、これは平服である。彼らはショートパンツやミニスカートの俗人とか、はだしや肩まる出しの女性観光客が聖堂に入り込まないように注意深く見張っている。それでも彼らは、なんとかしてミケランジェロの「ピエタ」を見ようとする。「ピエタ」は、どうして聖堂に潜り込んだかわからない狂人にハンマーで壊されたのだが、今は多くの人に知られているように、すでに修復された。わたしは壊された像と、直ちに悲劇的事件の現場に急行した教皇パウルス六世を見た。教皇は泣いていた。教皇も泣くことがあるのだ。

わたしも正体不明の悪人の手にかかり自動車事故で負傷した。もっともその事故はほかの人間を狙ったものだったが。具体的に言うと、それは最近死亡した『イズヴエスチヤ』編集長だったアレクセイ・アジュベイを狙ったものだった。彼はバチカンでローマ法王ヨハネス二十三世と会談のはずだった。

アジュベイとヨハネス二十三世の会見準備は大使館をはじめ通商代表部、もちろんわれわれの諜報機関、ジャーナリスト関係は言うに及ばず、あらゆるルートで進められた。わたしには非常に多くの仕事が課せられた。実際上、秘密諜報員全員が作業を展開した。会議が開かれ、協議がなされ、われわれは夜も昼もエイジェントたちと会った。

わたしも参加した会見の結果はあらゆる期待を超えていた。教皇ヨハネス二十三世は、必要な条約を締結してバチカンとソ連の外交関係の調整を図ることを提案した（このような条約は、まもなく「党の同志たち」がニキータ・セルゲーエヴィチ・フルシチョフをあんなに非紳士的に扱わなかったら、調印されたはずだった）。教皇は、ユニテリアン教会の迫害中止とソ連における宗教の自由を少しばかり拡大することを要請しただけで、ソ連側に多くのことは求めなかった。そのかわり多くのものを与えてくれた。教皇は語った。「そのかわり皆さんはソビエト国民とその指導者が熱望している平和の戦士である三億のカトリック教徒の軍勢を受け取るでしょう」

ヨハネス二十三世の「親ソビエト的」態度には皆が皆満足したわけではない。一部の者は教皇を「モスクワのエイジェント」呼ばわりすらした。

そして誰かがカトリックの聖体礼儀をこわす（すっかりぶちこわす）ことにした。もちろん悪いのはわたしだ。アレクセイ・イワノヴィチ〔・アジュベイ〕が夜遅くホテルから支局へ電話してきて、おそらくわたしの車で空港へ行くことになるだろうと言った。電話が昼夜を分かたず盗聴されていること、当時テロがイタリア全土を襲っていたので自動車、とくにソビエトの車は夜間ガレージに入れておくべきだということをわきまえつくしていたわたしが、破壊工作の可能性を軽視して、自分の「ジュリエッタ」はその夜路上に置いたままだった。

朝、アジュベイが空港へ向かったのはわたしといっしょではなかった。しかし、帰途わたしの高速車が時速一三〇キロでローマから一三キロメートル地点にさしかかったところで左前輪が破裂した。「ジュリエッタ」から残ったものは『パエーゼ・セーラ』紙の記者が写真に撮った。わたしは病院で重態だった。事件現場へ行ったわれわれの防諜機関の専門家は、タイヤが高速でパンクするように切り裂かれていたと断定した。しかし、狙われていたのは、もちろんわたしではなかった……。

ボスはモスクワへそれほど明白ではない電報を打った。「フュミチーノ空港からの帰途、ヴィア・デル・マーレ街道のローマから一三キロメートル地点でレオニード・コロソフ・イズヴェスチヤ記者事故死……」。この報せを受けて悲しんだアレクセイ・イワノヴィチは本紙外信部に追悼文を書くように頼んだ。イタリアでの長期療養の後モスクワに戻ったわたしはこの追悼文の原稿を読んだ。それは、「われわれは彼をただレーニャと呼んでいた……」という書き出しだった。

なお、最近、元ソビエト諜報員としてイタリア・テレビのテロ問題の「円卓会議」に参加したときのこと、隣の席に防諜機関のボス、シニョール・フェデリコ・ウンベルト・ダマートが座っていた。休憩時間にわたしは彼にたずねた。

「シニョール・ダマート、あなたのお役所にはわたしに関する大きな報告書があったんでしょうなあ」

「すごく大きかったですよ、シニョール・コレソフ。わたしたちは、もちろん、あなたのジャーナリストとしての超大活躍に舌を巻きました。しかし、あなたの活動はわが国に損害をもたらしませんでした。あなたが『黄金のマーキュリー』メダルをもらわれたのは当然のことです。この栄誉にあずかれるジャーナリストはあまり多くありません。イタリアはあなたが好きだったようですな」

そうでないことがあろうか。わたしもイタリアが大好きだ。イタリアの古代の大地、ラファエロの空、「アペニンの長靴」を洗う四つのすべての海の青い波、もちろん、誰にも似ていないその住民が好きだ。おそらく、わたしはロシアよりイタリアがずっと好きだ。たぶん、人生の最良の十五年ほどがイタリアに捧げられていたからだろう。

……サン・ピエトロの鐘が優しい音色で朝の歌を始めた。太陽が昇った。わたしは有名なバチカン大聖堂の柱廊のそばでローマに最後の別れを告げた。それから朝のこの時間には閑散としているトレヴィの泉に移動した。泉の大理石の水盤に近づき、古い伝統に則って泉に背を向け、コインをたくさん出して、左の肩越しに水に投げ入れた。ローマ、また君に会えるだろうか。偉大な町に向かって「君」と呼んでも怒っていないよね。これはけちな厚かましさではないんだ。ただわたしは長い年月、七つよりもずっと多い君のいくつもの丘に慣れ親しんできたし、君の伝説は全部、秘密中の秘密の伝説すら知っているんだ……ホテルへの帰途、テラス・カフェがあった。コニャックの「ヴェッキア・ロマーニャ」のグラスを取り、ジュトンを買ってミュージック・ボックスに入れた。スピーカーからわたしの好きなレナート・ラシェールの古い歌が流れ出した――「アリヴェデルチ、ローマ、グッドバイ、オー・ルヴォワール」……この歌には対応するロシア語の歌詞がなかった。それでわたしは鼻歌を歌った――「ダ・スヴィダーニヤ、ローマ」(＝ローマ、また会うまで)。そう、わたしは「もうさようなら」〈最後の別れ〉とは言いたくなかったのだろう……。

訳者あとがき

娼婦とスパイは人類史上、最も古い職業といわれる。古来、娼婦は真偽不詳の哀れにも悲しい身の上話で客を操り、スパイは世界を相手に秘密入手競争を展開してきた。いずれも身を挺しての情報戦士だ。ただ、スパイはよほどの事情がなければ、自分の素性を明かさない。

しかし、世界のスパイ史上でも珍しいスパイの身の上話ブームが起きた。それも、およそ七十年間秘密の王国といわれつづけた超大国ソ連の国家保安委員会KGB（ロシア語読みでカーゲーベー）の超ベテラン・スパイたちが、堰を切ったように自らの海外スパイ生活を発表しはじめたのだ。本書はその体験集。体験を語るのは、ソ連の最高学府を卒えた教養人たちで、たいてい二、三か国語を自由に操る。ほとんどの者が軍隊の階級では将官クラスだったエリート中のエリートだ。どの人物も大学卒業と同時にKGBに採用され、スパイ学校で特殊教育を受けた後、ジャーナリストや国連要員、在外貿易代表部員などの肩書で海外に赴任し、表看板と秘密の顔の二重生活を送った経歴の持ち主である。

この本の原題は『KGBの世界都市ガイド』、初版が一九九六年の二巻本である。発売と同時にロシア国内では地下鉄構内でも売られるほどの人気となった。数か国語に翻訳されて、海外のマスコミでも評判になった。その秘密は、語り手がジェイムズ・ボンドなどの姿を借りた架空の人物ではなくて、れっきとした本物の生身の元スパイだという点にある。

一見ソフトな旅行案内の感じだが、読むほどにこれは元KGB要員がガイドブックの名に隠れてKGBの手法の一端を明かすとともに、冷酷無比のサディスト集団と思われていたソ連のスパイの中にも実は人間がいたということを、読者に直訴《じきそ》しているのではないかという気持ちになる。スパイの妻としての気苦労をさり気なく、淡々と描いている元ワシントン駐在諜報員の未亡人の手記も、CIAの行動描写を含めて興味深い。ベルリンを根拠地に活動していたスパイは、当時のソ連が西側のイメージをどのように国民に叩き込んでいたかを、モスクワから派遣されてきた人物を通じて軽妙に伝えている。東京では恰幅のよい寿司屋の主人を日本政府の高官と勘違いして、よいカモとばかりに接近し、親密な交際を続けたドジなスパイもいたという。

KGBのスパイはこれらの土地を舞台に、昼も夜も全神経をとぎすませ、たえず捕り手の目や耳を意識し、息をひそめ、足音を忍ばせ、世界の舞台裏を歩きまわる。どのスパイも赴任先の国民や文化を知れば知るほど、その国に愛着を感じ、ソ連帰国後もたえず望郷の念にも似た気持ちであの町この町を思い出すと書いている。

ソ連は、ソ連のスパイを「諜報員」、ソ連以外の国のスパイを「スパイ」と呼び分けていたが、第三者から見れば、いずれもスパイに変わりはない。国の内外にスパイ網を張りめぐらせていたソ連スパイの総元締めがKGBだった。KGBは、モスクワ市中心部にあったその本部所在地の名から一般に「ルビャンカ」と呼ばれ、在外諜報員が「中央」と言えばKGB本部を示していた。訳者は車でモスクワを走っていたときに、同乗のロシア人がKGBの建物を指差して、あれは通称「幼稚園」と言うんですよとブラックユーモアを披露してくれたことがある。ついでながら、最近サンクト・ペテルブルグで出版された『ソビエト用語詳解辞典』によると、民衆はKGBを「粗暴な強盗グループ」とか、「国事犯グループ」という句の頭文字に置き換えて皮肉っていたようだ。

ＫＧＢには、一九一七年のロシア革命直後に保安と社会秩序の維持を目的に設置された全露反革命・サボタージュ取締非常委員会（ロシア語の略語でチェーカー）以来の歴史がある。五年後の一九二二年、チェーカーは内戦終了に伴い国家政治局（ＧＰＵ、ゲーペーウー）と改称されたが、さらに数か月してソビエト連邦の結成により、反スパイ活動監視を主要任務とする統合国家政治局（ＯＧＰＵ、オーゲーペーウー）が発足、一九三四年まで存続した。一九三四年、ＯＧＰＵは内務人民委員部（ＮＫＶＤ、エヌカーヴェーデー、後に内務省、ＭＶＤ、エムヴェーデーとなる）の設置でＮＫＶＤに組み込まれたが、一九四一年初めに独立して秘密警察を司る国家保安人民委員部（ＮＫＧＢ、エヌカーゲーベー）となった。

ＮＫＧＢは数か月して独ソ戦開始により、対独スパイ戦に備えて再び内務人民委員部に吸収された。対独戦後半の一九四三年四月にＮＫＧＢが復活し、これはさらに第二次世界大戦終了の翌年国家保安省（ＭＧＢ、エムゲーベー）と改称された。その際、ＭＧＢはＮＫＧＢの秘密警察組織も継承した。

一九五三年三月のスターリン死後、内務人民委員ベリヤの下でＭＧＢとＭＶＤが統合されたが、ベリヤが失脚して処刑されると、一九五四年三月にＭＧＢはＭＶＤから分離されてＫＧＢとなった。

ＫＧＢは反体制活動取り締まりをはじめ、国内の保安活動や対外情報活動などに専念する強大な権力機構となり、「泣く子も黙るＫＧＢ」と恐れられる存在だった。本書はまさにこのＫＧＢから海外に派遣されていたソ連諜報員の回想記なのだが、戦慄するような血なまぐさい工作活動の記述は避けており、また、彼らが接触した各国市民については、差し支えない範囲でソフトに触れているという感じだ。ＫＧＢは過去の遺物とはいえ、実態を完全に再現すれば、ロシア内外に及ぼす影響もはかり知れず、現時点ではまだ非常な制約、限界があるのだろう。

ロシアの元首プーチン大統領は、レニングラード大学卒業後ＫＧＢに就職し、一九八四年から六年間KGB要員として東ドイツで働いた。今年三月末の人事異動で新たに国防相になったイワノフは、KGBの対外諜報部門に十八年間勤務、そのうち六年から七年をイギリスやフィンランドで過ごした。このひとたちの赤裸々な回想録も、世界史の歩みと連動して、いつか新生ロシアで発表される時代が来るものと思いたい。

十年前、世界は東西の冷戦終結と歓喜したのも束の間、二十一世紀早々、アメリカとロシアはそれぞれスパイ活動を理由に相手国の外交官多数の追放合戦を展開した。双方は先方の出方しだいで報復を中止する意向を表明したといわれるものの、人類最古の職業は今日明日にこの世から消え去るものでもなさそうだ。スパイは今この瞬間も気苦労だらけの毎日を送っていることだろう。

原書に登場するのはアジア四か国の東京、バンコク、ジャカルタ、デリーをはじめ、中東のカイロ、米州三か国のワシントン、ニューヨーク、メキシコ・シティ、リオ・デ・ジャネイロ、それにヨーロッパ七か国のロンドン、ベルリン、パリ、ローマ、リスボン、マドリード、コペンハーゲン、計十五か国の十六都市である。日本語版の本書では残念ながらジャカルタ、デリー、メキシコ・シティ、リスボン、マドリード、コペンハーゲンを割愛し、本文にいくらかの削除を加えた。

今回のスパイ体験集は、西側諸都市の観光ガイドブックの体裁の下にソ連スパイの隠密行動を紹介しているわけだが、かつてのいくつもの社会主義諸国でも当然情報収集に従事していたはずのKGBスタッフの体験談も早く読んでみたい。翻訳では、元将官たちが以前はタブーだった諜報用語や隠語、スラングの類を連発するので、従来の辞書では到底理解できない表現が多く、近年ロシアでこれも雨後のたけのこのように出回りはじめた各種の裏ことば辞典が大いに役に立った。

この翻訳に当たって訳者を晶文社に紹介してくださった創価大学の畏敬する林俊雄教授、および奮闘のすえ拙訳を本にしてくださった晶文社編集部の川崎万里さんのお二方に、心から感謝のことばを述べさせていただきたい。

二〇〇一年五月六日

小川政邦

訳者について

小川政邦（おがわ・まさくに）

一九三一年、大阪生まれ。五四年、東京外国語大学ロシヤ語学科卒業。五四〜五九年、ソビエト・ニュース通信社勤務。五九〜八八年、NHK勤務。現在、創価大学教授。

訳書―E・ファインベルグ『ロシアと日本――その交流の歴史』（新時代社）、A・ミコヤン『ミコヤン回想録I「バクー・コンミューン時代」』（共訳、河出書房新社）、A・ヤーリン『遙かなるロシア』（共訳、ダイヤモンド社）、N・コルサコフ『金鶏』（テイチク・レコード社）など。

KGB《ケージービー》の世《せ》界《かい》都《と》市《し》ガイド

二〇〇一年七月一〇日初版
二〇〇一年八月一〇日三刷

訳者　小川政邦

発行者　株式会社晶文社

東京都千代田区外神田二―一―一二
電話東京三二五五局四五〇一（代表）・四五〇三（編集）
URL http://www.shobunsha.co.jp

ダイトー印刷・三高堂製本

Printed in Japan